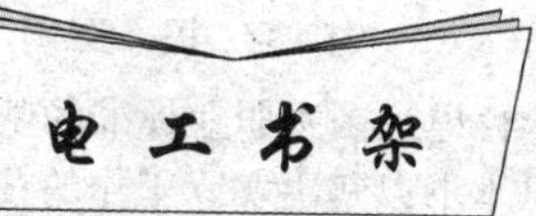

电工线路快速入门

王 建 李利军 刘民庆 主编

河南科学技术出版社

·郑州·

内 容 提 要

本书是根据最新维修电工国家职业标准的基本内容和工厂维修电工的实际工作需要编写的。本书以解决实际工作的技术问题为目标，用大量的图片并配以说明，增强了直观性，便于人们掌握操作技能。其主要内容包括电工线路基础、变配电线路、电动机的控制线路、建筑电气工程线路、常用电气设备的控制线路、电气测量线路和电气保护线路。

本书可作为广大电气安装与维修工作人员的技术参考用书，也可作为电气技术人员的培训用书。

图书在版编目（CIP）数据

电工线路快速入门/王建，李利军，刘民庆主编．—郑州：河南科学技术出版社，2013.4

ISBN 978-7-5349-5749-9

Ⅰ.①电… Ⅱ.①王… ②李… ③刘… Ⅲ.①电路-基本知识 Ⅳ.①TM13

中国版本图书馆 CIP 数据核字（2013）第 037666 号

出版发行：河南科学技术出版社
地址：郑州市经五路 66 号　　邮编：450002
电话：（0371）65737028
网址：www.hnstp.cn

策划编辑：孙　彤
责任编辑：司　芳
责任校对：柯　姣
封面设计：张　伟
责任印制：张艳芳
印　　刷：辉县市文教印务有限公司
经　　销：全国新华书店
幅面尺寸：140 mm×202 mm　印张：13　字数：340 千字
版　　次：2013 年 4 月第 1 版　2013 年 4 月第 1 次印刷
定　　价：29.00 元

为了落实国家关于高技能人才工作的精神，满足“加强高技能型人才的实践能力和职业技能的培养，高度重视实践环节”的要求，切实解决目前人才市场上电气实用型人才急需的问题，具体针对电气实用型人才的培养，使他们能够顺利上岗并尽快胜任岗位要求，以及对有一定工作经验人员的充电，适应新技术的发展需要，我们编写了本书。

本书编委会组织一批学术水平高、经验丰富、实践能力强的专家，在充分调研的基础上，共同研究培训目标，结合维修电工国家职业标准，编写了本书。

本书的编写特色：一是坚持“以市场为导向，以技能为核心，以满足就业为根本落脚点”的培养方针，突出实践，所有的实例都来自生产一线。二是内容上涵盖国家职业标准对知识和技能的要求，注重现实社会发展和就业需求，以培养职业岗位群的综合能力为目标，从而有效地开展实际操作能力的培养，更好地满足企业用人的需要。三是编写内容充分反应新知识、新技术、新工艺和新方法，具有超前性和先进性。

由于水平有限，书中存在的不足之处，敬请广大读者批评指正。

编　者

2013 年 1 月

《电工线路快速入门》编委会

主　编：王　建　李利军　刘民庆

副主编：仉学金　李长斌　祁鸣书　付　凯

郭名宜

参　编：徐小明　杨贵平　朱彦齐　韩春梅

张育斌　刘喜华　王春晖

主　审：张　宏

目 录

第一章 电工线路基础

第一节 低压电器基础

一、低压开关

低压开关主要用来隔离、转换、接通和分断电路，多数用作机床电路的电源开关和局部照明电路的开关，有时也可用来直接控制小容量电动机的启动、停止和正反转。低压开关一般为非自动切换电器，常用的有负荷开关、组合开关和低压断路器。负荷开关又分为开启式和封闭式两种。

1. 开启式负荷开关

开启式负荷开关又称闸刀开关。生产中常用的是HK系列开启式负荷开关，适用于照明、电热设备及小容量电动机控制线路，供手动不频繁地接通和分断电路，并起短路保护。HK系列负荷开关由刀开关和熔断器组合而成，如图1-1所示。

开启式负荷开关型号及其含义如下：

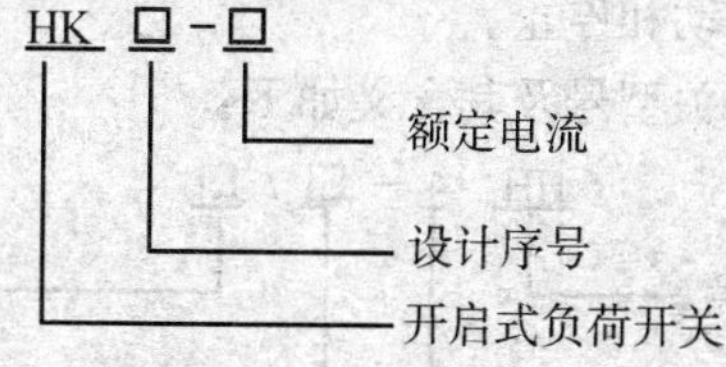

开启式负荷开关的结构简单，价格便宜，在一般的照明电路

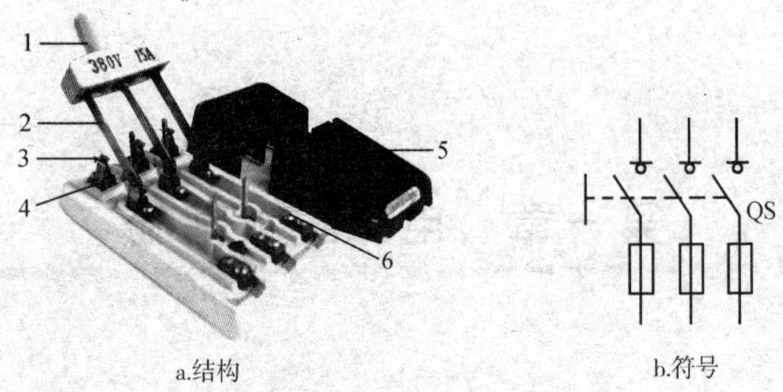

a.结构　　b.符号

图 1-1　开启式负荷开关

1. 瓷质手柄；2. 动触头；3. 静触头；4. 进线座；5. 胶盖；6. 出线座

和功率小于 5.5kW 的电动机控制线路中被广泛采用。但这种开关没有专门的灭弧装置，其刀式动触头和静夹座易被电弧灼伤引起接触不良，因此不宜用于操作频繁的电路。具体选用方法如下：

1）用于照明和电热负载时，选用额定电压 220V 或 250V、额定电流不小于电路所有负载额定电流之和的两极开关。

2）用于控制电动机的直接启动和停止时，选用额定电压 380V 或 500V、额定电流不小于电动机额定电流 3 倍的三极开关。

2. 封闭式负荷开关

封闭式负荷开关是在开启式负荷开关的基础之上改进设计的一种开关，其灭弧性能、操作性能、通断能力和安全防护性能都优于开启式负荷开关。因其外壳多为铸铁或用薄钢板冲压而成，俗称铁壳开关。可用于手动不频繁地接通和断开带负荷的电路及作为电路末端的短路保护，也可用于控制 15kW 以下的交流电动机不频繁的直接启动和停止。

封闭式负荷开关型号及其含义如下：

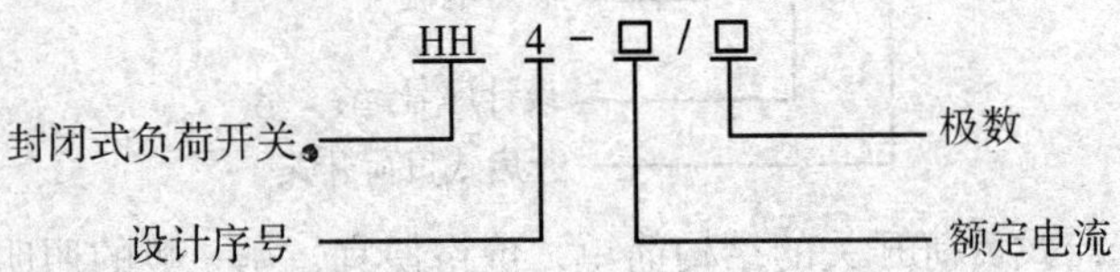

常用的封闭式开关有 HH3、HH4 系列。其中 HH4 系列为全国统一设计产品，其结构如图 1－2 所示，它主要由刀开关、熔断器、操作机构和外壳组成。封闭式负荷开关具有两个特点：一是采用储能分合闸方式，提高开关的通断能力，延长其使用寿命；二是设置了联锁装置，确保了操作安全。

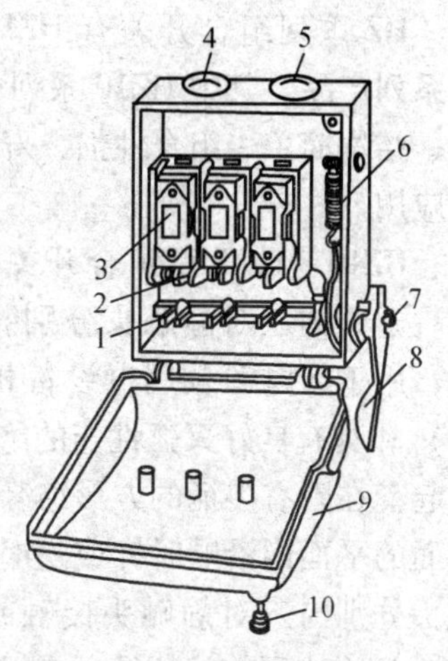

图 1－2　HH4 系列封闭式负荷开关

1. 刀式动触头；2. 静夹座；3. 熔断器；4. 进线孔；5. 出线孔；6. 速断弹簧；7. 转轴；8. 手柄；9. 开关盖；10. 开关盖锁紧螺栓

具体选用方法如下：

1）选用封闭式负荷开关时，应使其额定电压不小于线路工作电压。

2）用于照明、电热负荷的控制时，开关额定电流应不小于所有负载额定电流之和。

3）用于控制电动机时，开关的额定电流应不小于电动机额定电流的 3 倍。

3. 组合开关

组合开关又称转换开关，它体积小，触头对数多，接线方式灵活，操作方便，常用于交流 50Hz、380V 以下及直流 220V 以下的电气线路中，供手动不频繁地接通和断开电路、换接电源和负载，以及控制 5kW 以下的交流电动机的启动、停止和正反转。

组合开关的型号及其含义如下：

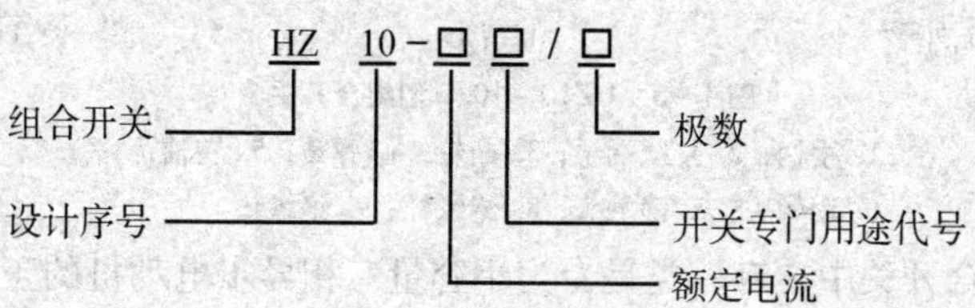

HZ系列组合开关有HZ1、HZ2、HZ3、HZ4、HZ5及HZ10等系列产品。其中HZ10系列是全国统一设计产品，具有性能可靠、结构简单、组合性强、寿命长等优点，目前在生产中得到广泛应用。

HZ10－10/3型组合开关的外形、结构和符号如图1－3所示。开关的三对静触头分别装在三层绝缘垫板上，并附有接线柱，用于与电源及用电设备相接。动触头由磷铜片（或硬紫铜片）和具有良好灭弧性能的绝缘钢纸板铆合而成，并和绝缘垫板一起套在附有手柄的方形绝缘转轴上。手柄和转轴能在平行于安装面的平面内沿顺时针或逆时针方向每次转动90°，带动三个动触头分别与三对静触头接触或分离，实现接通或分断电路的目的。开关的顶盖部分是由滑板、凸轮、扭簧和手柄等构成的操作机构。由于采用了扭簧储能，可使触头快速闭合或分断，从而提高了开关的通断能力。组合开关的绝缘垫板可以一层层组合起来，并按不同的方式配置触头，可得到不同的控制要求。

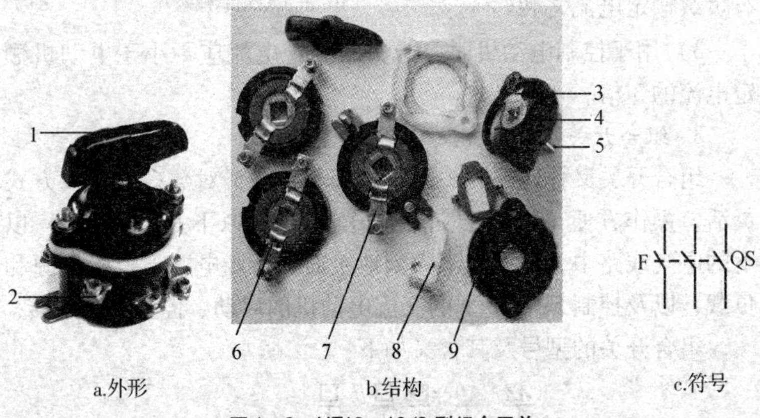

图1－3 HZ10－10/3型组合开关

1. 手柄；2. 接线端子；3. 凸轮；4. 弹簧；5. 转轴；
6. 动触头；7. 静触头；8. 绝缘杆；9. 绝缘垫

组合开关中，有一类是专为小容量三相异步电动机的正反转而设计的，如 HZ3－132 型组合开关，俗称倒顺开关或可逆开关，如图 1－4 所示。倒顺开关电路状态见表 1－1。

开关手柄有“倒”“停”“顺”三个位置，手柄只能从“停”位置左转 45°或右转 45°。

表 1－1　倒顺开关电路状态

触头	手柄位置		
	倒	停	顺
L1－U	×		×
L2－W	×		
L3－V	×		
L2－V			×
L3－W			×

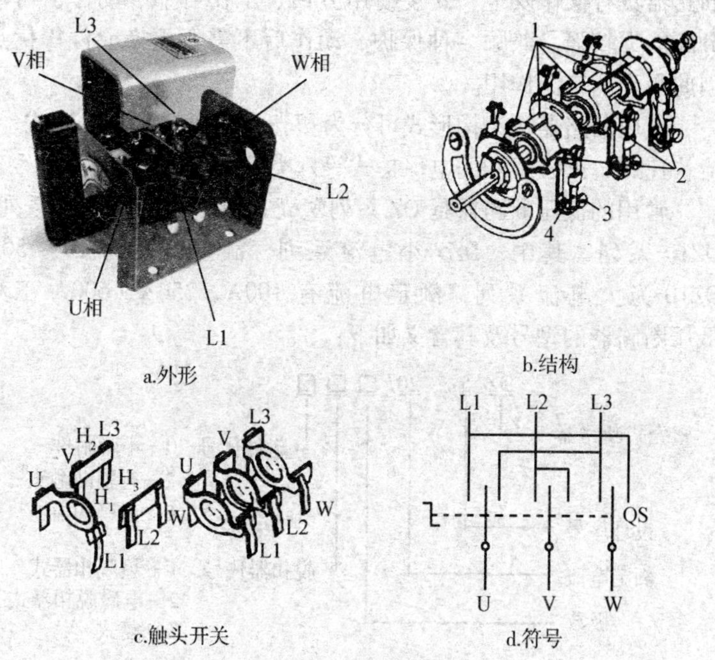

图 1－4　倒顺开关

1. 动触头；2. 静触头；3. 调节螺钉；4. 触头压力弹簧

必须注意的是，当电动机处于正转状态时，要使它反转，应先把手柄扳到“停”的位置，使电动机先停转，然后再把手柄扳到“倒”的位置，使它反转。若直接把手柄由“顺”扳到“倒”的位置，电动机的定子绕组会因为电源突然反接而产生很大的反接电流，易使电动机定子绕组因过热而损坏。

4. 低压断路器

低压断路器又称自动空气开关或自动空气断路器，简称断路器。它是低压配电网络和电力拖动系统中常用的一种配电电器，集控制和多种保护功能于一体，在正常情况下可用于不频繁接通、断开电路及控制电动机的运行。当电路发生短路、过载和失压等故障时，能自动切断故障电路、保护电路和电气设备。低压断路器具有操作安全、安装使用方便、工作可靠、动作值可调、分断能力较强、兼顾多种保护、动作后不需要更换元件等优点，因此得到了广泛作用。

低压断路器按结构形式可分为塑壳式、框架式、限流式、直流快速式、灭磁式和漏电保护式等六类。

常用的低压断路器是 DZ 系列塑壳式断路器，如 DZ5 系列和 DZ10 系列。其中，DZ5 小电流系列，额定电流为 10～50A。DZ10 为大电流系列，额定电流有 100A、250A、600A 三种。低压断路器的型号及其含义如下：

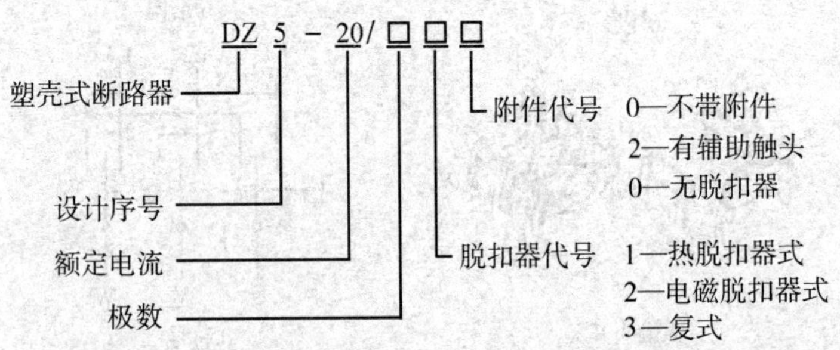

DZ5－20 型低压断路器如图 1－5 所示。断路器主要由动触头、

静触头、灭弧装置、操作机构、热脱扣器及外壳等部分组成。

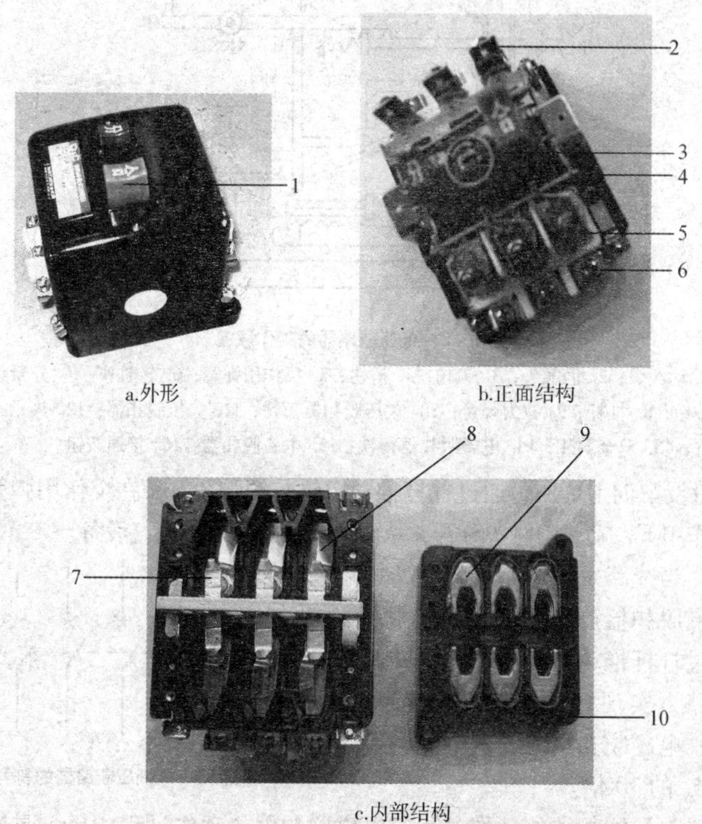

图 1-5 DZ5-20 型低压断路器

1. 按钮；2. 热脱扣器；3. 电流调节；4. 自由脱扣器；5. 电磁脱扣器；6. 接线柱；7. 动触头；8. 静触头；9. 灭弧罩；10. 底座

低压断路器的工作原理如图 1-6 所示。使用时断路器的三副主触头串联在被控制的三相电路中，按下接通按钮时，外力使锁扣克服反作用弹簧的反力，将固定在锁扣上面的静触头闭合，并由锁扣锁住搭钩使动、静触头保持闭合，开关处于接通状态。

当线路过载时，过载电流流过热元件产生一定的热量，使双金

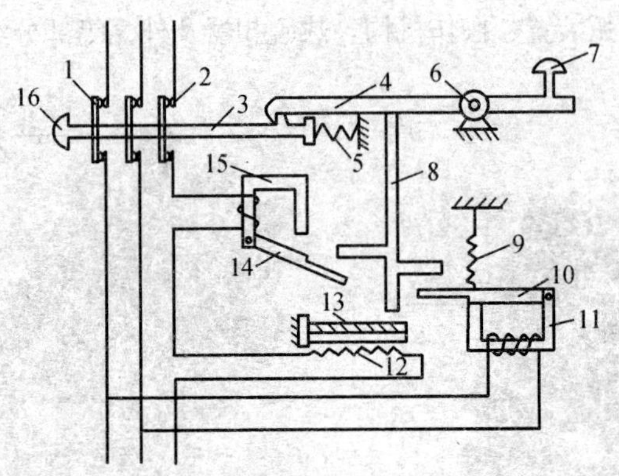

图 1-6 低压断路器的工作原理

1. 动触头；2. 静触头；3. 锁扣；4. 搭钩；5. 反作用弹簧；6. 转轴座；7. 分断按钮；8. 杠杆；9. 拉力弹簧；10. 欠压脱扣器衔铁；11. 欠压脱扣器；12. 热元件；13. 双金属片；14. 电磁脱扣器衔铁；15. 电磁脱扣器；16. 接通按钮

属片受热向上弯曲，通过杠杆推动搭钩与锁扣脱开，在反作用弹簧的作用下，动、静触头分开，从而切断线路，保护电气设备。

当线路发生短路故障时，短路电流使电磁脱扣器产生强大的吸力将衔铁吸合，通过杠杆推动搭钩与锁扣分开，从而切断电路，实现短路保护。低压断路器出厂时，电磁脱扣瞬时整定电流一般为额定电流 I_N 的 10 倍。

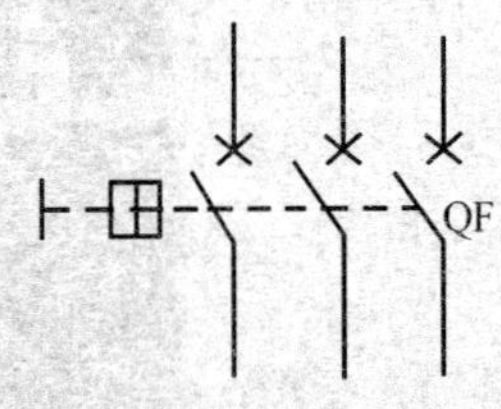

图 1-7 低压断路器的符号

欠压脱扣器的动作过程与电磁脱扣器的动作过程相反。具有欠压脱扣器的断路器在欠压脱扣器两端电压或电压过低时，不能接通电路。低压断路器的符号如图 1-7 所示。

自动空气开关的选用方法如下：

1）自动空气开关的工作电压不小于线路或电动机的额定电压。

2）自动空气开关的额定电流不小于线路的实际工作电流。

3）热脱扣器的整定电流等于所控制的电动机或其他负载的

额定电流。

4）电磁脱扣器的瞬时动作整定电流大于负载电路正常工作时可能出现的峰值电流。

对单台电动机主电路电磁脱扣器额定电流 I_{NL} 可按下式选取：

$$I_{NL} \geqslant KI_{st}$$

式中，K 为安全系数，对 DZ 型取 K = 1.7，对 DW 型取 K = 1.35；I_{st} 为电动机启动电流。

二、熔断器

熔断器是低压配电网络和电力拖动系统中主要用作短路保护的电器。使用时串联在被保护的电路中，当电路发生短路故障，通过熔断器的电流达到或超过某一规定值时，以其自身产生的热量使熔体熔断，从而自动分断电路，起到保护作用。它具有结构简单、价格便宜、动作可靠、使用维护方便等优点，得到了广泛的应用。

熔断器主要由熔体、安装熔体的熔管和熔座三部分组成。熔体的材料通常有两种：一种是由铅、铅锡合金或锌等低熔点材料制成，多用于小电流电路；另一种是由银、铜等较高熔点的金属制成，多用于大电流。它的符号如图 1-8 所示。

图 1-8　熔断器的符号

熔断器的主要技术参数有额定电压、额定电流、分断能力和时间-电流特性。额定电压是指保证熔断器能长期正常工作的电压。额定电流是指保证熔断器长期正常工作的电流。

1. 熔断器的分类

熔断器按结构形式可分为半封闭插入式、无填料封闭管式和有填料封闭管式。常用的低压熔断器有以下几种。

（1）RC1A 系列插入式熔断器　RC1A 系列插入式熔断器属于半封闭插入式，其型号及其含义如下：

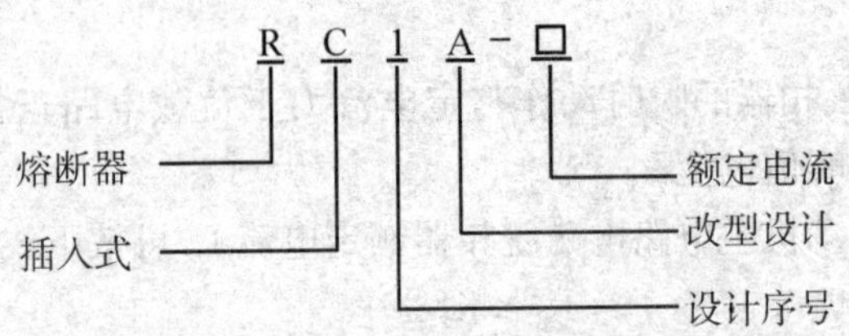

RC1A 系列插入式熔断器的结构如图 1－9 所示。它由瓷座、瓷盖、动触头、静触头和熔丝五部分组成，主要用于交流 50Hz、额定电压 380V 及以下、额定电流 200A 及以下的低压线路的末端或分支电路中，作为电气设备的短路保护及一定程度的过载保护。

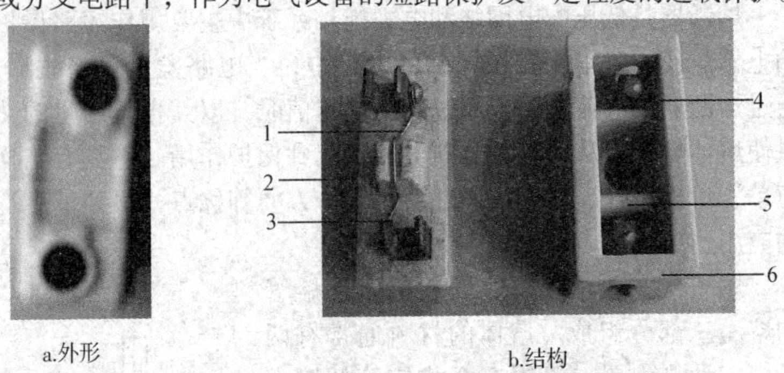

图 1－9　RC1A 系列插入式熔断器

1. 熔丝；2. 瓷盖；3. 动触头；4. 静触头；5. 空腔；6. 瓷座

（2）RL1 系列螺旋式熔断器　RL1 系列螺旋式熔断器属于有填料封闭管式熔断器，其型号及其含义如下：

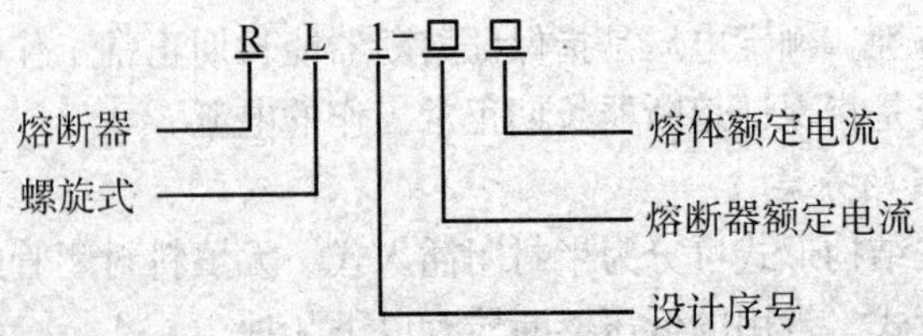

RL1 系列螺旋式熔断器的结构如图 1－10 所示。它主要由瓷帽、熔断管、瓷套、上接线座、下接线座及瓷座等部分组成。

RL1 系列熔断器的分断能力较强，结构紧凑，体积小，安装面积小，更换熔体方便，工作安全可靠，广泛用于控制箱、配电屏、机床设备及振动较大的场合，在交流额定电压 550V、额定电流 200A 及以下的电路中，作为短路保护器件。

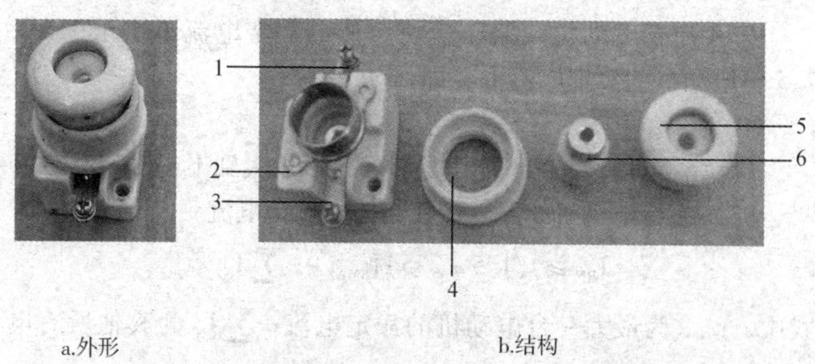

a.外形　　b.结构

图 1－10　RL1 系列螺旋式熔断器

1. 上接线座；2. 瓷座；3. 下接线座；4. 瓷套；5. 瓷帽；6. 熔断管

常见的熔断器还有 RM10 系列无填料封闭管式熔断器和快速熔断器。RM10 系列无填料封闭管式熔断器主要由熔断管、熔体、夹头及夹座等部分组成，它适用于交流 50Hz、额定电压 380V 或直流 440V 及以下电压等级的动力网络和成套配电设备中，作为导线、电缆及较大容量的电气设备的短路和连续过载保护。快速熔断器又称半导体保护用熔断器，主要用于半导体功率元件的过流保护，它的结构简单，使用方便，动作灵敏可靠。目前常用的快速熔断器有 RS0、RS3、RLS2 等系列。

2. 熔断器的选用

应根据使用环境和负载性质选择适合类型的熔断器；熔体额定电流应根据负载性质选择；熔断器的额定电压必须大于或等于线路的额定电压，熔断器的额定电流必须大于或等于所装熔体的额定电流；熔断器的分断能力应大于电路中可能出现的最大短路电流。

对不同的负载，熔体按以下原则选用：

（1）照明和电热线路　应使熔体的额定电流 I_{RN} 稍大于所有负载的额定电流 I_N 之和，即

$$I_{RN} \geqslant \sum I_N$$

（2）单台电动机线路　应使熔体的额定电流不小于 1.5～2.5 倍电动机的额定电流 I_N，即

$$I_{RN} \geqslant (1.5 \sim 2.5) I_N$$

启动系数取 2.5 仍不能满足时，可以放大到不超过 3。

（3）多台电动机线路　应使熔体的额定电流

$$I_{RN} \geqslant (1.5 \sim 2.5) I_{NMAX} + \sum I_N$$

式中，I_{NMAX} 为最大一台电动机的额定电流；$\sum I_N$ 为其他所有电动机的额定电流之和。

如果电动机的容量较大，而实际负载又较小时，熔体额定电流可适当选小些，小到以启动时熔体不熔断为准。

三、交流接触器

接触器是一种自动的电磁式开关，适用于远距离频繁地接通或断开交、直流主电路及大容量控制线路。它不仅能实现远距离自动操作和欠电压释放保护功能，而且还具有控制容量大、工作可靠、操作效率高、使用寿命长等优点，在电力拖动系统中得到了广泛的应用。

常用的交流接触器有 CJ0、CJ10、CJ12 和 CJ20 等系列，以及引进国外先进生产技术的 B 系列、3TB 系列等，其外形如图 1－11所示。

a.CJ系列

b.3TB系列

c.B系列

图1－11　交流接触器

交流接触器的型号及其含义如下：

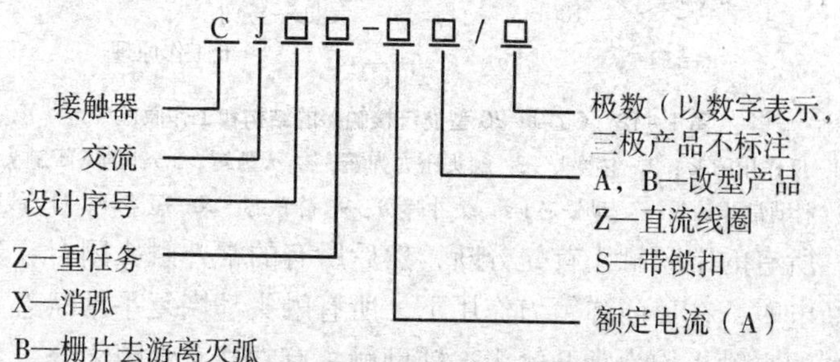

接触器是利用在电磁力作用下吸合和反向弹簧作用下的释放，使触头闭合和分断，导致电路的接通和断开。

交流接触器主要由电磁系统、触头系统、灭弧装置及辅助部件构成。CJ10－20型交流接触器的结构和工作原理如图1－12所示。电磁系统是由线圈、静铁芯、动铁芯（又称衔铁）等组成。线圈通电时产生磁场，动铁芯被吸向静铁芯，带动触头控制线路的接通与分断。为限制涡流，动、静铁芯采用E形硅钢片叠压铆成。动铁芯被吸合时会产生衔铁振动，为了消除这一弊端，在铁芯端面上嵌入一只铜环，一般称之为短路环。

接触器有三对主触头和四对辅助触头。三对主触头用于接通和分断主电路，允许通过较大的电流；四对辅助触头用于控制线路，只允许小电流通过。触头有常开和常闭之分，当线圈通电

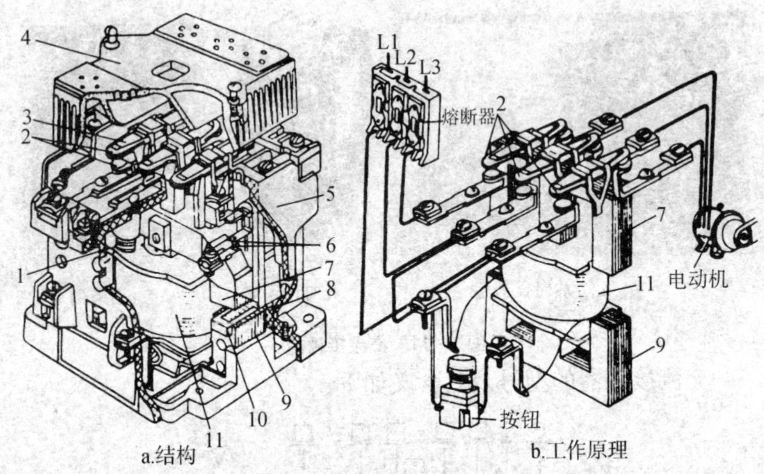

图1-12 CJ10-20型交流接触器的结构和工作原理

1. 反作用弹簧；2. 主触头；3. 触头压力弹簧；4. 灭弧罩；5. 辅助常闭触头；6. 辅助常开触头；7. 动铁芯；8. 缓冲弹簧；9. 静铁芯；10. 短路环；11. 线圈

时，所有的常闭触头首先分断，然后所有的常开触头闭合，当线圈断电时，在反向弹簧力作用下，所有触头都恢复平常状态。接触器的主触头均为常开触头，辅助触头有常开、常闭之分。

接触器在分断大电流电路时，在动、静触头之间会产生较大的电弧，它不仅会烧坏触头，延长电路分断时间，严重时还会造成相间短路，所以在20A以上的接触器上均装有陶瓷灭弧罩，以迅速切断触头分断时所产生的电弧。

交流接触器在电路中的符号如图1-13所示。

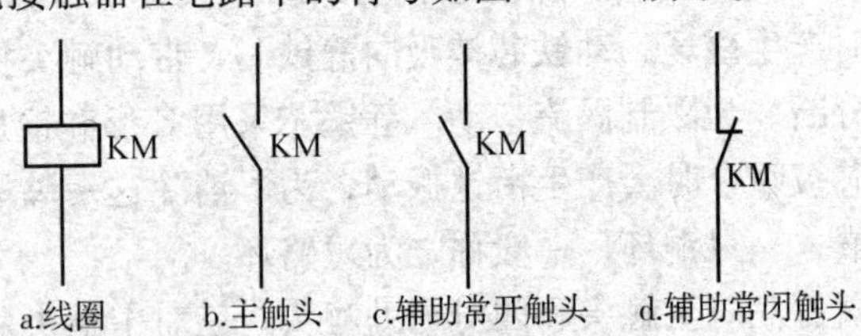

图1-13 交流接触器的符号

交流接触器的选用方法如下：

1）接触器主触头的额定电压应不小于控制线路的额定电压。

2）接触器控制电阻性负载时，主触头的额定电流应等于负载的额定电流；控制电动机时，主触头的额定电流应稍大于电动机的额定电流。

3）当控制线路简单，使用电器较少时，为节省变压器，可直接选用380V或220V的电压。当线路复杂，使用电器超过5个时，从人身和设备安全角度考虑，吸引线圈电压要选低一些，可用36V或110V电压的线圈。

4）接触器的触头数量、类型应满足控制线路的要求。

四、主令电器

主令电器是在自动控制系统中发出指令或信号的操纵电器。由于它是专门用来发号施令的，故称为主令电器。它主要用来切换控制线路，使电路接通或分断，实现对电力拖动系统的各种控制，以满足生产机械的要求。常用的主令电器有按钮开关、位置开关、万能转换开关和主令控制器等。

1. 按钮开关

按钮开关是一种手动操作接通或分断小电流控制线路的主令电器。一般情况下它不直接控制主电路的通断，主要利用按钮开关远距离发出手动指令或信号去控制接触器、继电器等电磁装置，实现主电路的分合、功能转换或电气联锁。

按钮开关的结构一般都是由按钮帽、复位弹簧、桥式动触头、外壳及支柱连杆等组成。按钮开关按静态时触头分合状况，可分为常开按钮（启动按钮）、常闭按钮（停止按钮）及复合按钮（常开、常闭组合为一体的按钮）。按钮开关的结构与符号如图1－14所示。

另外，根据不同需要，可将单个按钮元件组成双联按钮、三联按钮或多联按钮，用于电动机的启动、停止及正转、反转、制

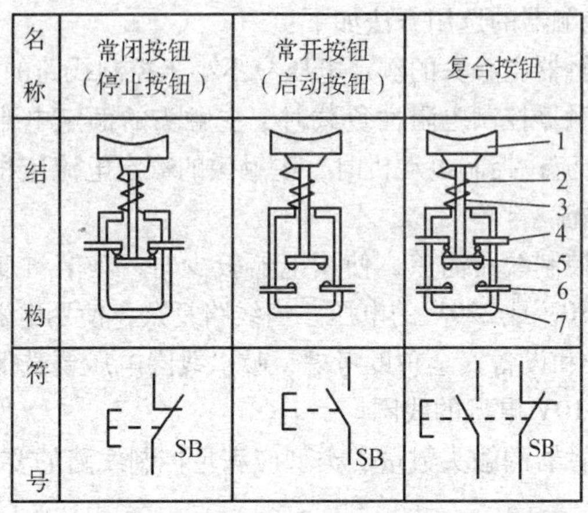

图 1－14　按钮开关的结构与符号

1. 按钮；2. 复位按钮；3. 支柱连杆；4. 常闭静触头；
5. 桥式动触头；6. 常开静触头；7. 外壳

动的控制。有的也可将若干按钮集中安装在一块控制板上，以实现集中控制，称为按钮站。常用按钮的外形如图 1－15 所示。

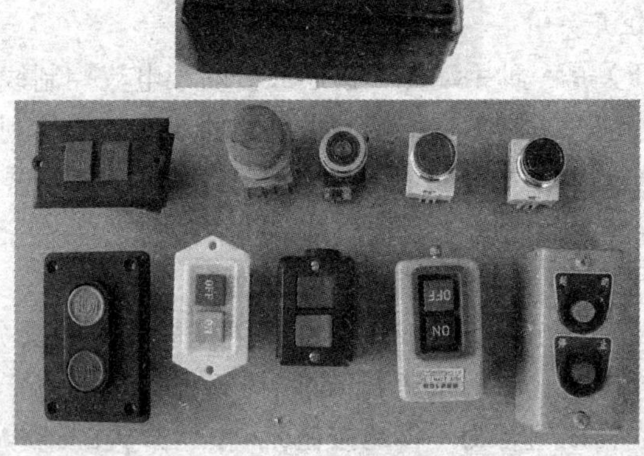

图 1－15　常用按钮

不同的颜色和符号标志是用来区分功能及作用的，便于操作人员识别，避免误操作。

按钮帽操动部分除常见的直上、直下的操动形式外，还有旋钮、自锁钮、钥匙钮等。旋钮分两位置、三位置、自复式三种。

按钮的选用原则如下：

1）根据使用场合和具体用途选择按钮的种类。

2）根据工作状态指示和工作情况要求，选择按钮或指示灯的颜色。

3）根据控制回路的需要选择按钮的数量。

2. 位置开关

位置开关是一种将机械信号转换为电信号，以控制运动部件的位置和行程的自动控制电器。它包括行程开关和接近开关等。行程开关的种类很多，以运动形式可分为直动式和转动式，以触点性质可分为有触点的和无触点的。

（1）型号及其含义　常用的行程开关有 LX19 和 JLXK1 系列。其型号及其含义如下：

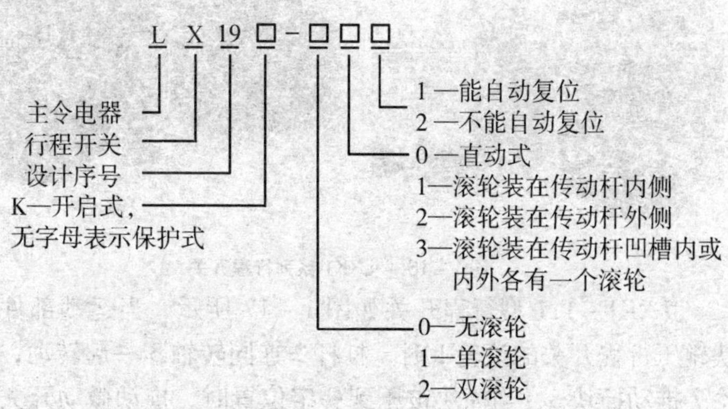

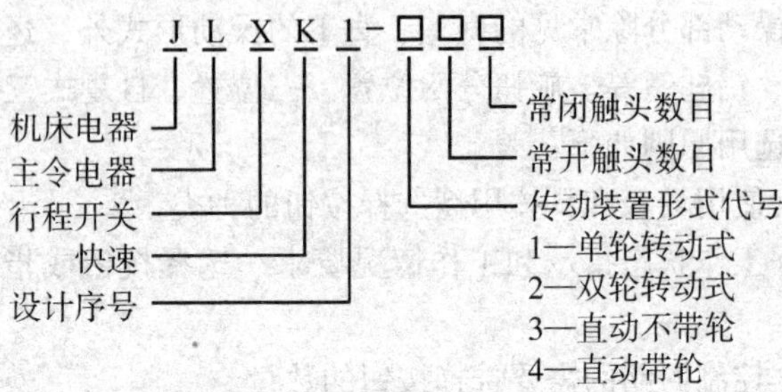

（2）结构及原理　各种行程开关的基本结构大体相同，都是由触头系统、操作机构和外壳组成。JLXK1 系列行程开关的外形如图 1－16 所示。

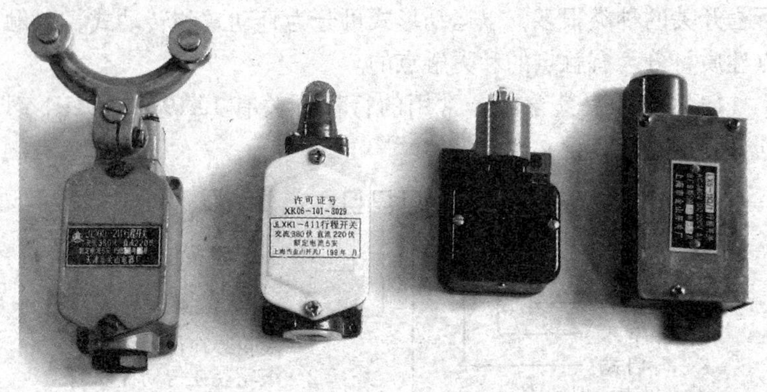

图 1－16　JLXK1 系列行程开关

JLXK1－111 型行程开关如图 1－17 所示。当运动部件的挡铁碰压行程开关的滚轮 1 时，杠杆 2 连同转轴 3 一起转动，使凸轮 7 推动撞块 5，当撞块被压到一定位置时，推动微动开关 6 快速动作，使其常闭触头断开，常开触头闭合。

位置开关按其触头动作方式可分为蠕动型和瞬动型，两种类型的触头动作速度不同。JLXK1－111 型位置开关分合速度取决于生产机械挡块触动操作头的移动速度，其缺点是当移动速度低于 0.4m/s 时，触头分合太慢易受电弧烧灼，从而减少触头使用

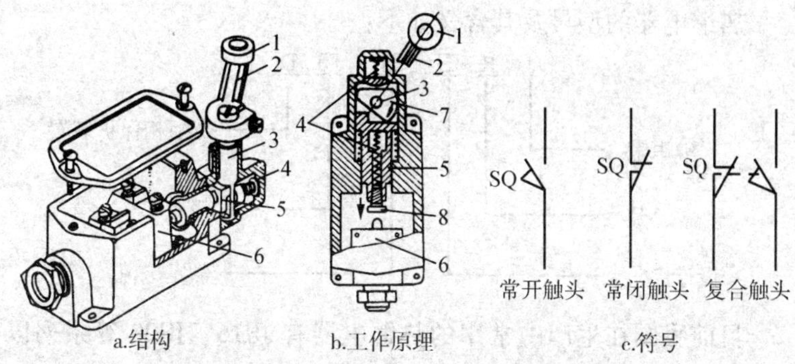

图 1－17　JLXK1－111 型行程开关

1. 滚轮；2. 杠杆；3. 转轴；4. 复位弹簧；5. 撞块；
6. 微动开关；7. 凸轮；8. 调节螺钉

寿命。

为了使位置开关触头在生产机械缓慢运动时仍能快速分合，故将触头动作设计成跳跃式瞬动结构，这样不但可以保证动作的可靠性及行程控制的位置精度，同时还可减少电弧对触头的灼伤。

(3) 选用　行程开关主要根据动作要求、安装位置及触头数量选择。

五、继电器

1. 热继电器

热继电器是利用电流的热效应对电动机或其他用电设备进行过载保护的控制电器。它主要用于电动机的过载保护、断相保护、电流不平衡运行的保护及其他电气设备发热状态的控制。

热继电器的形式有多种，其中双金属片式应用最多。按极数划分热继电器可分为单极、两极和三极三种。按复位方式分，有自动复位式和手动复位式。

热继电器的型号及其含义如下：

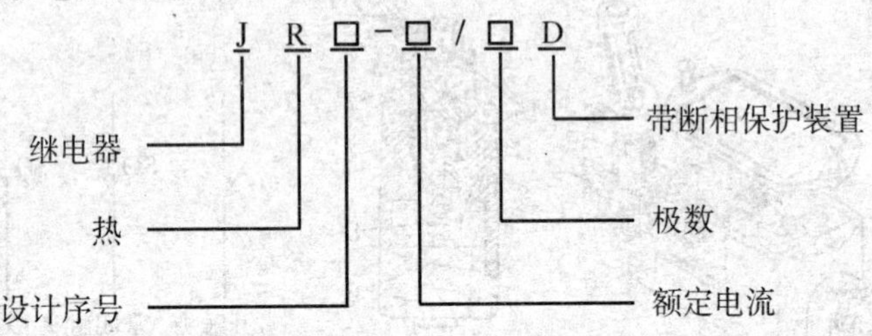

目前我国在生产中常用的热继电器有 JR16、JR20 等系列以及引进的 T 系列、3UA 等系列产品，均为双金属片式，如图 1-18 所示。

a.T系列　b.JRS2(3UA)系列　c.JR16系列

图 1-18 热继电器

JR16B 系列热继电器如图 1-19 所示。它主要由热元件、动作机构、触头系统、电流整定装置、复位机构和温度补偿元件等部分组成。使用时，将热继电器的三相热元件分别串接在电动机的三相主电路中，常闭触头串接在控制线路的接触器线圈回路中。当电动机过载时，流过电阻丝的电流超过热继电器的整定电流，电阻丝发热，主双金属片向右弯曲，推动导板向右移动，通过温度补偿双金属片推动推杆绕轴转动，从而推动触头系统动作，动触头与常闭静触头分开，使接触器线圈断电，接触器触头断开，将电源切除起保护作用。电源切除后，主双金属片逐渐冷却恢复原位，于是动触头在失去作用力的情况下，靠弓簧的弹性自动复位。除上述自动复位外，也可采用手动方法，即按一下复位按钮。

a.外形

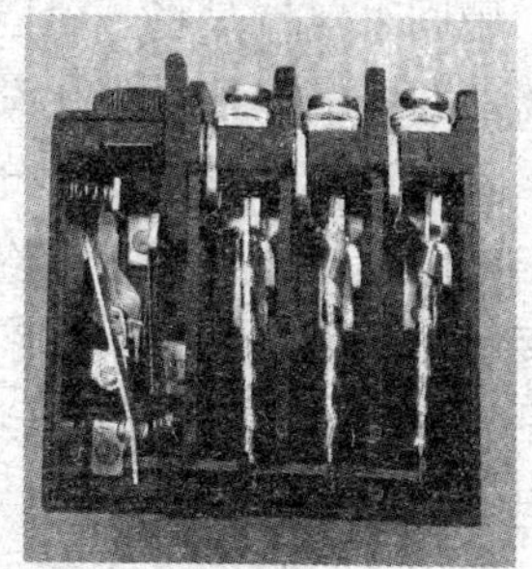

b.结构

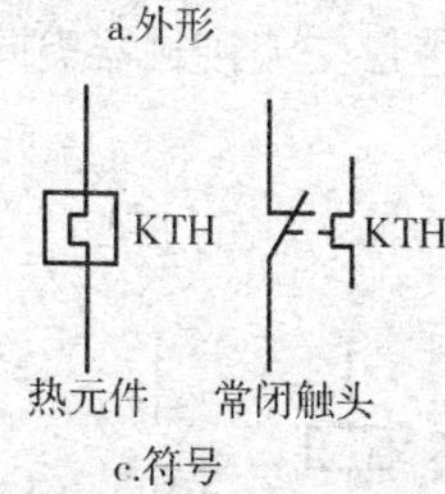

c.符号

图 1－19　JR16B 系列热继电器

热继电器在电路中只能作过载保护，不能作短路保护，因为双金属片从升温到发生弯曲直到断开常闭触头需要一个时间过程，不可能在短路瞬间分断电路。

热继电器整定电流的大小可通过旋转电流整定旋钮来调节，旋钮上刻有整定电流值标尺。所谓热继电器的整定电流，是指热继电器连续工作而不动作的最大电流，超过整定电流，热继电器将在负载未达到其允许的过载极限之前动作。

在选用热继电器时应注意两点：一是选择热继电器的额定电流时应根据电动机或其他用电设备的额定电流来确定；二是热继电器的热元件有两相或三相两种形式，在一般工作机械电路中可选用两相的热继电器，但是，当电动机作三角形连接并以熔断器作短路保护时，则选用带断相保护装置的三相热继电器。

2. 中间继电器

中间继电器是将一个输入信号变成一个或多个输出信号的继电器。它的输入信号为线圈的通电和断电，输出信号是触头的动作，不同动作状态的触头分别将信号传给几个元件或回路。

中间继电器的基本结构及工作原理与接触器基本相同，故称为接触器式继电器。所不同的是中间继电器的触头对数较多，并且没有主、辅之分，各对触头允许通过的电流大小是相同的，其额定电流为5A。

常用的中间继电器有两种。一种为JZ7系列中间继电器，其结构及电气符号如图1－20所示，与小容量交流接触器类同。

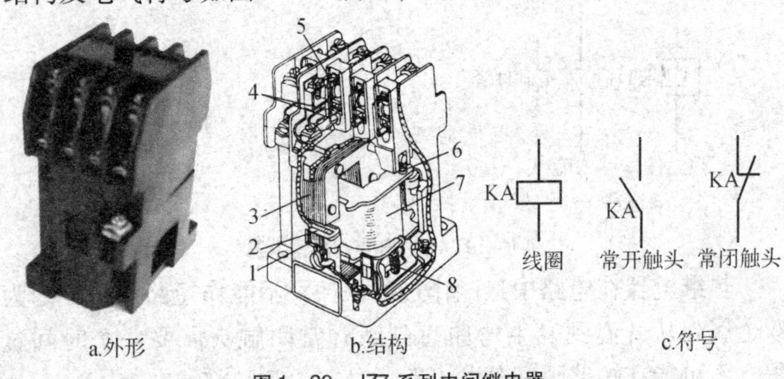

图1－20　JZ7系列中间继电器

1. 静铁芯；2. 短路环；3. 衔铁；4. 常开触头；5. 常闭触头；
6. 反作用弹簧；7. 线圈；8. 缓冲弹簧

JZ7系列中间继电器采用立体布置，铁芯和衔铁用E形硅钢片叠装而成，线圈置于铁芯中柱，组成双E直动式电磁系统。触头采用桥式双断点结构，上、下两层各有4对触头，下层触头只能是常开的，故触头系统可按8常开、6常开、2常闭及4常开、4常闭组合。

另一种为交直流中间继电器，如JZ14系列。继电器采用螺管式电磁系统及双断点桥式触头，其基本结构为交直流通用，交流铁芯为平顶形，直流铁芯与衔铁为圆锥形接触面。触头采用直列式布置，触头对数可达8对，按6常开2常闭、4常开4常闭及2常开6常闭任意组合。继电器还有手动操作钮，便于点动操作和作为动作指示，同时还带有透明外罩，以防尘埃进入内部，影响工作的可靠性。

中间继电器的主要用途有两个：一是当电压或电流继电器触头容量不够时，可借助中间继电器来控制，用中间继电器作为执行元件，这时中间继电器可被看成是一级放大器；二是当其他继电器或接触器触头数量不够时，可利用中间继电器来切换多条电路。

中间继电器的选择主要依据被控制线路的电压等级，所需触头的数量、种类、容量等要求来选择。

3. 时间继电器

该线路中用时间继电器KT实现电动机从降压启动到全压运行的自动控制。时间继电器是作为辅助元件用于各种保护及自动装置中，使被控元件达到所需要的延时动作的继电器。它是一种利用电磁机构或机械动作原理，当线圈通电或断电以后，触头延迟闭合或断开的自动控制元件。

常用的时间继电器主要有电磁式、电动式、空气阻尼式、晶体管式等。目前，在电力拖动线路中应用较多的是空气阻尼式时间继电器。随着电子技术的发展，近年来晶体管式时间继电器应用日益广泛。

（1）空气阻尼式时间继电器　空气阻尼式时间继电器又称气囊式时间继电器，是利用气囊中的空气通过小孔节流的原理来获得延时动作的。

空气阻尼式时间继电器的型号及其含义如下：

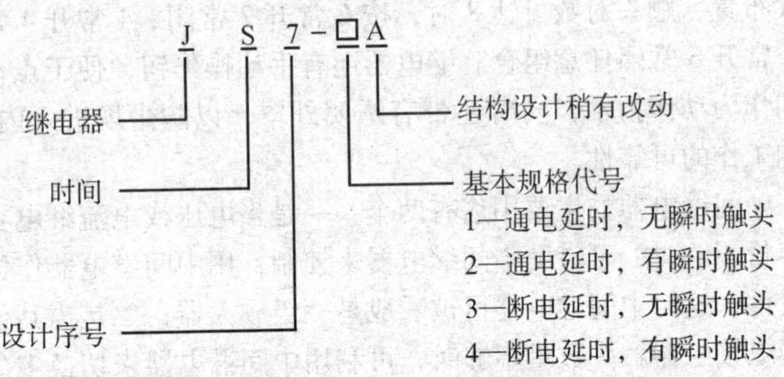

JS7－A 系列时间继电器如图 1－21 所示。它主要由电磁系统、触头系统、空气室、传动机构和基座组成。根据触头延时的特点，可分为通电延时动作型和断电延时复位型两种。

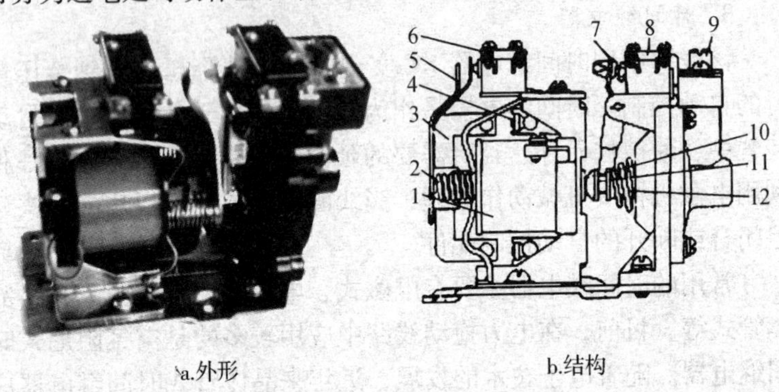

a.外形 b.结构

图 1－21 JS7－A 系列时间继电器

1. 线圈；2. 反力弹簧；3. 衔铁；4. 铁芯；5. 弹簧片；6. 瞬时触头；7. 杠杆；8. 延时触头；9. 调节螺钉；10. 推杆；11. 活塞杆；12. 宝塔形弹簧

通电延时继电器的原理：如图 1－22 所示，当线圈 2 通电后，铁芯 1 产生吸力，衔铁 3 克服反力弹簧 4 的阻力与铁芯吸合，带动推板 5 立即动作，压合微动开关 SQ2，使其常闭触头瞬时断开，常开触头瞬时闭合。同时活塞杆 6 在宝塔弹簧 7 的作用下向上移动，带动与活塞 13 相连的橡皮膜 9 向上运动，运动的速度受进气孔 12 进气速度的限制。这时橡皮膜下面形成空气较稀薄的空间，与橡皮模上面的空气形成压力差，对活塞的移动产生阻尼作用。活塞杆带动杠杆 15 只能缓慢地移动。经过一段时间，活塞才完成全部行程而压动微动开关 SQ1，使其常闭合触头断开，常开触头闭合。由于从线圈通电到触头动作需一段时间，因此，SQ1 的两对触头分别被称为延时闭合瞬时断开的常开触头和延时断开瞬时闭合的常闭触头。这种时间继电器延时时间的长短取决于进气的快慢，旋转调节螺钉 11 可调节进气孔的大小，即可达到调节延时时间长短的目的。JS7 – A 系列时间继电器的延时范围有 0.4 ~60s 和 0.4 ~180s 两种。

当线圈 2 断电时，衔铁 3 在反力弹簧 4 的作用下，通过活塞杆 6 将活塞推向下端，这时橡皮膜 9 下方腔内的空气通过橡皮膜 9、弱弹簧 8 和活塞 13 局部所形成的单向阀迅速从橡皮膜上方气室缝隙中排掉，使微动开关 SQ1、SQ2 的各对触头均瞬时复位。

如果将通电延时型时间继电器的电磁机构翻转 180°安装，即成为断电延时型时间继电器。

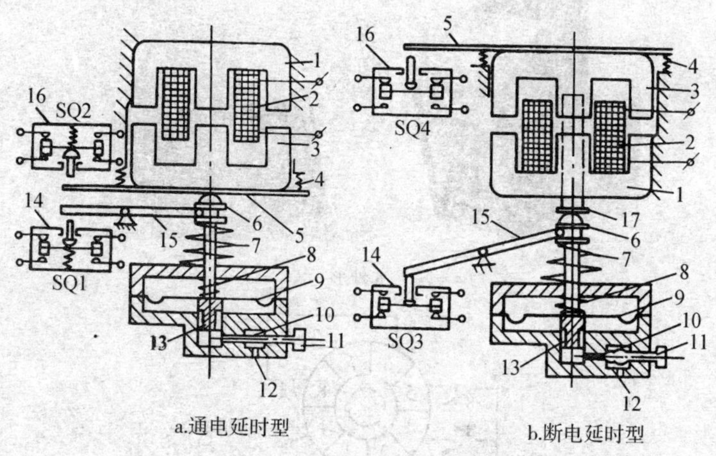

图 1 –22　空气阻尼式时间继电器的结构

1. 铁芯；2. 线圈；3. 衔铁；4. 反力弹簧；5. 推板；6. 活塞杆；7. 宝塔弹簧；8. 弱弹簧；9. 橡皮膜；10. 螺旋；11. 调节螺钉；12. 进气口；13. 活塞；14、16. 微动开关；15. 杠杆；17. 推杆

空气阻尼式时间继电器延时范围大，结构简单，寿命长，价格低；但延时误差大，难以精确地整定延时值，且延时值易受周围环境温度、尘埃等的影响。因此，对延时精度要求较高的场合不宜采用空气阻尼式时间继电器，应采用晶体管时间继电器。

（2）晶体管时间继电器　晶体管时间继电器又称半导体时间继电器、电子式时间继电器，它具有结构简单、延时范围广、精度高、消耗功率小、调整方便及寿命长等优点，所以发展很迅速，其应用范围越来越广。晶体管时间继电器按结构分为阻容式和数字式两类，按延时方式分为通电延时型、断电延时型及带瞬动触点的通电延时型。常用的 JS20 系列晶体管时间继电器适用于交流 50Hz、电压 380V 及以下或直流 110V 及以下的控制线路，作为时间控制元件，按预定的时间延时，周期性地接通或分断电路。

JS20 系列晶体管时间继电器如图 1－23 所示。

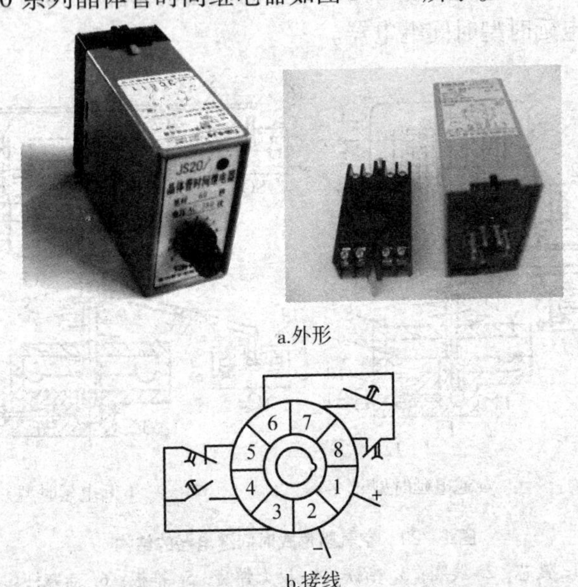

a.外形

b.接线

图 1－23　JS20 系列晶体管时间继电器

JS20 系列晶体管时间继电器具有保护外壳，其内部结构采用专用的插接座，并配有带插脚标记的下标牌作接线指示，上标盘上还带有发光二极管作为动作指示。结构形式有外接式、装置式和面板式三种。

JS20 系列通电延时型晶体管时间继电器的电路如图 1－24 所示。它由电源、电容充放电电路、电压鉴别电路、输出和指示电路五部分组成。电源接通后，经整流滤波和稳压后的直流电经过 R_{P1} 和 R_2 向电容器 C_2 充电。当场效应管 VT_6 的栅源电压 U_{gs} 低于夹断电压 U_p 时，VT_6 管截止，因而 VT_7、VT_8 也处于截止状态。随着充电的不断进行，电容器 C_2 的电位按指数规律上升，当满足 U_{gs} 大于夹断电压 U_p 时，VT_6 管导通，VT_7、VT_8 也导通，继电器 KA 吸合，输出延时信号。同时电容器 C_2 通过 R_8 和 KA 的常闭触头放电，为下一次动作做好准备。当切断电源时，继电器 KA 释放，电路恢复原始状态，等待下次动作。调节 R_{P1} 和 R_{P2} 即可调整延时时间。

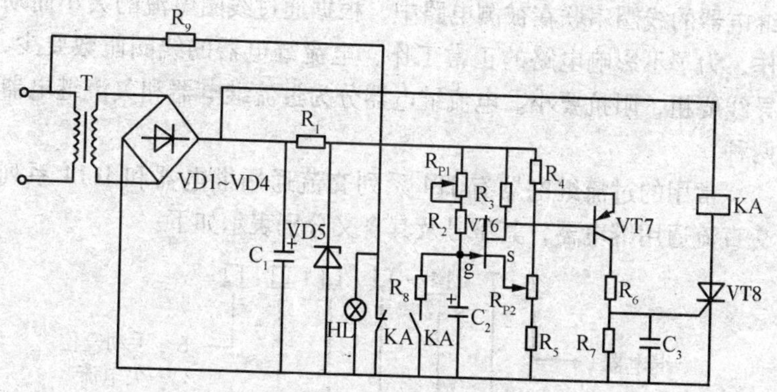

图 1－24　JS20 系列通电延时型晶体管时间继电器的电路

时间继电器在电路图中的符号如图 1－25 所示。

总之，只要调整好时间继电器 KT 触头的动作时间，电动机由启动过程切换到运行过程就能准确可靠地完成。

4. 过流继电器

反映输入量为电流的继电器称为电流继电器。使用时，电流

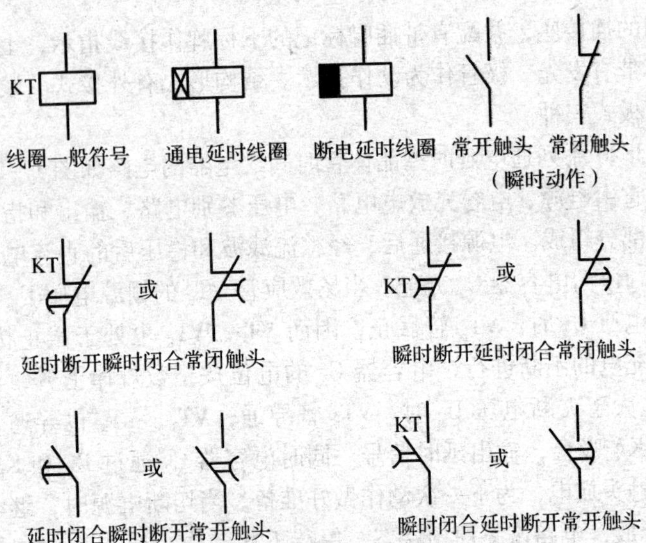

图 1－25 时间继电器的符号

继电器的线圈串联在被测电路中，根据通过线圈电流的大小而动作，为了不影响电路的正常工作，电流继电器的线圈匝数要少，导线要粗，阻抗要小。电流继电器分为过流继电器和欠流继电器两种。

常用的过流继电器有 JT4 系列交流通用继电器和 JL14 系列交直流通用继电器，其型号及其含义分别表示如下：

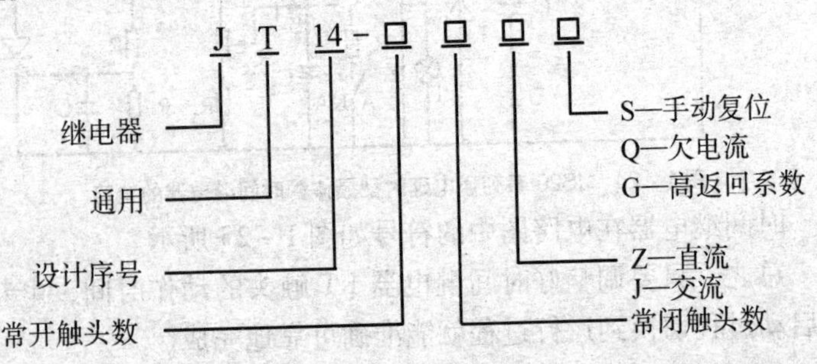

JT4 系列过电流继电器如图 1－26 所示。它主要由线圈、圆柱形静铁芯、衔铁、触头系流和反作用弹簧等组成。

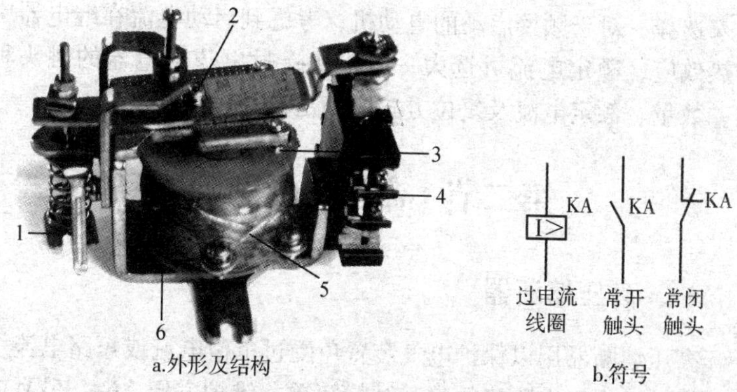

a.外形及结构　　b.符号

图 1－26　JT4 系列过电流继电器

1. 弹簧；2. 衔铁；3. 铁芯；4. 触头；5. 线圈；6. 磁轭

当线圈通过的电流为额定值时，它所产生的电磁吸力不足以克服反作用弹簧的反作用力，此时衔铁不动作。当线圈通过的电流超过整定值时，电磁吸力大于弹簧的反作用力，铁芯吸引衔铁动作，带动常闭触头断开，常开触头闭合。调整反作用弹簧的作用力，可整定继电器的动作电流值。该系列中有的过电流继电器带有手动复位机构，这类继电器过电流动作后，当电流再减小甚至到零时，衔铁也不能自动复位，只有当操作人员检查并排除故障后，手动松掉锁扣机构，衔铁才能在复位弹簧作用下返回，从而避免重复过电流事故的发生。

JT4 系列为交流通用继电器，在这种继电器的系统上装设不同的线圈便可制成过电流、欠电流、过电压或欠电压等继电器。

常用的过电流继电器还有 JL14 等系列。JL14 系列是一种交、直流通用的新系列电流继电器，其结构及工作原理与 JT4 系列相似，主要结构部分交、直流通用，区别仅在于交流继电器的铁芯上开有槽，以减少涡流损耗。

JT4 和 JL14 都是瞬动型过电流继电器，主要用于电动机的短路保护。

过电流继电器的额定电流一般可按电动机长期工作的额定电

流来选择，对于频繁启动的电动机，考虑到启动电流在继电器中的热效应，额定电流可选大一个等级；过电流继电器的触头种类、数量、额定电流及复位方式应满足控制线路的要求。

第二节 高压电器基础

一、高压熔断器

高压熔断器用以保护电气装置免受过负荷电流或短路电流引起的损坏，由于它价格便宜、结构简单、维护方便，6～35kV 电力中广泛应用。在不太重要而又允许长时间停电的线路中，高压熔断器和隔离开关或负荷开关配合使用可代替价格高的断路器。高压熔断器如图 1－27 所示。

a.RW4型户外跌落式高压熔断器

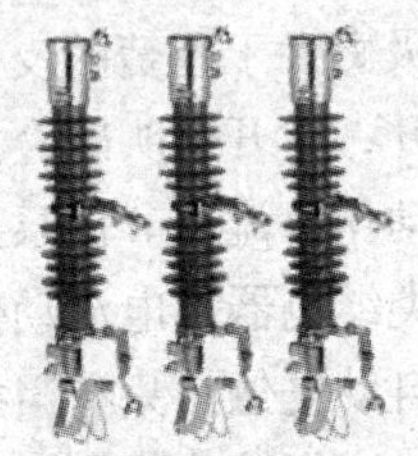

b.PRW系列喷射式熔断器

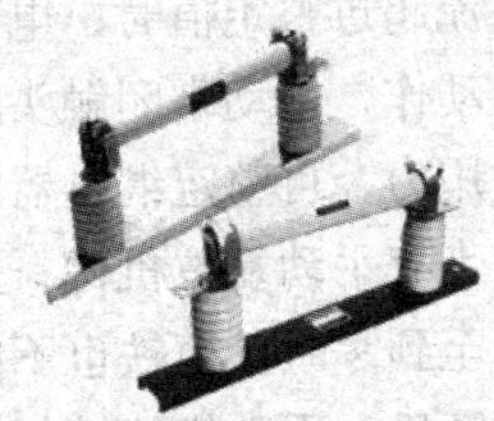

c.PN型户内式高压熔断器

图 1－27 高压熔断器

一般高压配电网中，通常采用 RW3、RW4 型户外跌落式高压熔断器。6～35kV 的跌落式熔断器不仅能保护电气装置，在一定条件下还能断开和接通空载的架空线路、变压器和小负荷电流。具有重合闸功能的跌落式熔断器还可缩短停电时间，提高供电可靠性。因此，在电力线路和小容量电力系统的简易变电站中，跌落式熔断器应用广泛。

1. RN 型户内式高压熔断器

RN 型户内式高压熔断器如图 1－28 所示。RN 型户内式高压熔断器的熔管结构如图 1-29 所示。

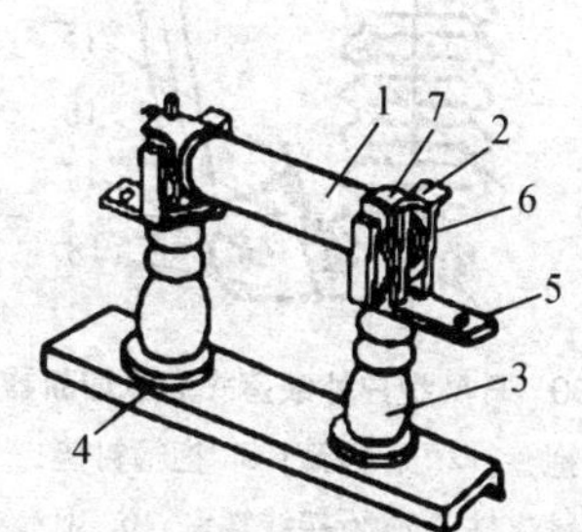

图 1-28　RN 型户内式高压熔断器

1. 熔管；2. 管帽；3. 绝缘子；4. 底座；5. 接线座；6. 熔管指示器；7. 接触头

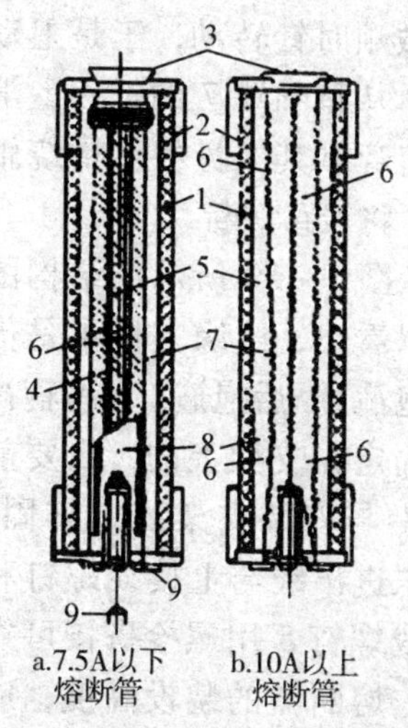

图 1-29　RN 型户内式高压熔断器的熔管结构

1. 磁管；2. 金属管帽；3. 管帽端；4. 内陶瓷芯；5. 工作熔体；6. 小锡球；7. 石英砂；8. 熔体指示器；9. 小衔铁

2. RW 型户外跌落式高压熔断器

RW 型户外跌落式高压熔断器如图 1-30 所示。这种熔断器由瓷质绝缘支柱和熔管两个主要部分构成。熔管上有铜帽 17，管内有石棉套管 12。绝缘支柱 4 借助前抱箍 1、后抱箍 2 和抱箍衬垫 3 固定在支架上。为了便于跌落，在支架安装时要使熔管的轴线与铅垂线成一个斜角。熔管的两端装有上弹性触片 8 和下弹性触片 15。熔体 11 穿过熔管后，一端固定在下触头 16 上；另一端拉紧固定在上触头压板 10 上，利用两个触头将熔管固定在金属支撑座 18 和鸭嘴罩 7 之间。瓷质绝缘支架两端装有上接线螺钉 6 和下接线螺钉 5。正常合闸操作利用耳环 13 进行。当熔体熔断后，上触头压板10在弹簧作用下做顺时针转动，于是上动触头9从鸭嘴罩7的抵舌上滑脱，熔管靠其本身的重量绕轴脱落，将线路切断。

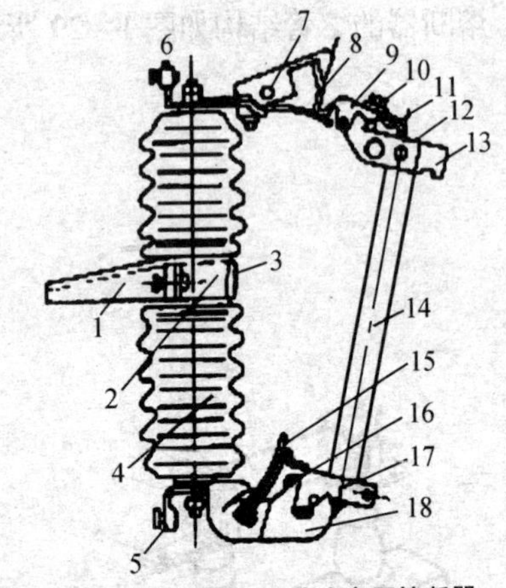

图1－30 RW型户外跌落式高压熔断器

1. 前抱箍；2. 后抱箍；3. 抱箍衬垫；4. 绝缘支柱；5. 下接线螺钉；6. 上接线螺钉；7. 鸭嘴罩；8. 上弹性触片；9. 上动触头；10. 上触头压板；11. 熔体；12. 石棉套管；13. 耳环；14. 熔管；15. 下弹性触片；16. 下触头；17. 熔管铜帽；18. 金属支撑座

从图1－30所示的结构图上可以看出，绝缘支柱4是借助前抱箍1、后抱箍2和抱箍衬垫3固定在支架上的。只要前抱箍1与安装支架固定牢固，把高压进出线与上接线螺钉和下接线螺钉5用螺栓搭接可靠即可。熔断器的装设高度，应便于地面操作，一般熔断器距变压器台面的高度不低于2.3m，各相间的水平距离不应小于0.5m。如安装在架空线路上，可根据设计而定。

3. 高压熔断器的选用

高压熔断器根据负载的额定电压、额定电流、开断能力和熔断器本身的安全特性及动作时间等技术条件进行选用。

1）容量在100kV·A以下的变压器，熔断器的额定电流应按变压器高压侧额定电流的3倍选择。根据一般经验，变压器高压侧每千伏安的额定电流可用口诀快速计算出来，即“10kV百6”，“6kV百10”，其中“10kV”是指变压器一次侧的输入电压，“百6”是指变压器高压侧额定电流为变压器的额定容量乘以6%。

2）容量为100kV·A以上的变压器，高压侧熔断器的额定电流应按变压器额定电流的52倍选择。

一般情况下，配电变压器高压侧保护常用 RW3 型跌落式熔断器。因为这种熔断器当熔体（指高压熔丝）熔断后能自动跌落断开电源，有明显的断开标志，便于值班运行人员发现。

选用跌落式熔断器，除按额定参数选择外，还应将开断容量按上、下限值校验，其中开断电流为短路全电流（周期分量平方加非周期分量平方之和的平方根）。

二、高压隔离开关

高压隔离开关是一种没有专门灭弧装置的开关电器，所以不能用来切断负载电流和短路电流。它的触头全部露在空气中，所以分闸时有明显可见的断口。在合闸状态时能可靠地通过正常工作电流和短路电流。利用隔离开关断开口的可靠绝缘，能使需要检修的高压设备或线路与电气设备隔开，造成一个明显的断开点，以保护检修操作人员的安全。另外在双母线电路中，利用隔离开关可进行母线操作。

高压隔离开关按安装场所可分为户内式和户外式两大类，按极数可分为单极和三极两种，按结构特点可分为闸刀式、旋转式和插入式，按作用不同可分为带接地刀闸和不带接地刀闸。隔离开关可以水平、垂直或倾斜安装，通常安装在构架上。高压隔离开关如图 1－31 所示。

a.GN19系列户内高压隔离开关　b.GW系列户外高压隔离开关　c.GW46型高压隔离开关

图 1－31　高压隔离开关

高压隔离开关的结构如图 1－32 和图 1－33 所示。

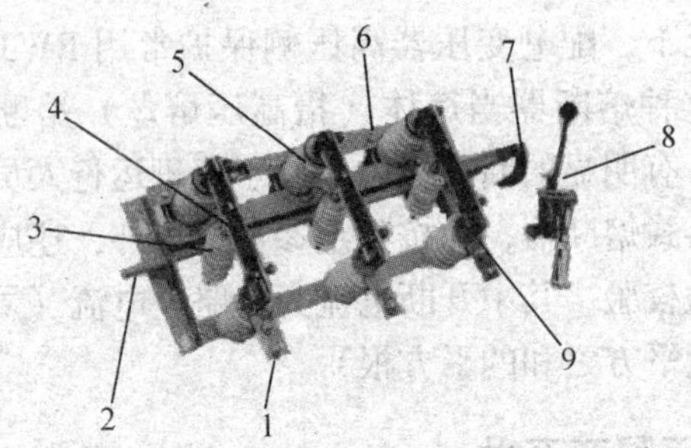

图1-32 高压隔离开关的结构

1. 前接线端；2. 主轴；3. 拉杆绝缘子；4. 触刀；5. 支柱绝缘子 6. 底座；7. 拐臂；8. 操作手柄；9. 静触头

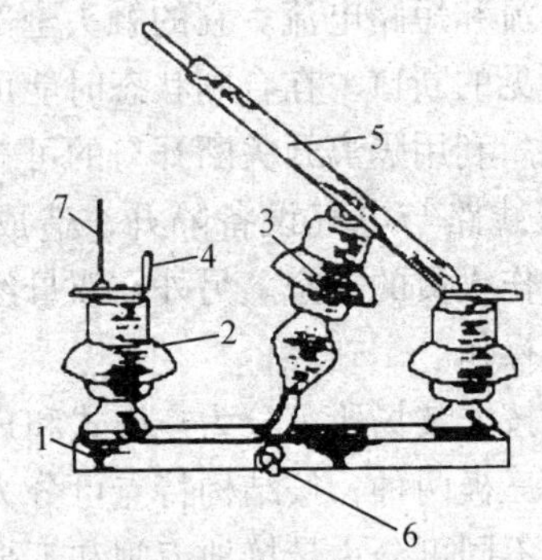

图1-33 GN1-6/200 型户外隔离开关的一部分

1. 支架；2. 绝缘子；3. 活动绝缘子；4. 定触头；5. 动触头；6. 转动轴；7. 弧角

户内配电装置较多采用三极户内型，它主要有隔离开关本体和操作机构组成。常见的室内三极隔离开关有国产 GN 型，所用操作机构为 CS6 型手动操作机构。

三、高压负荷开关

负荷开关用于在带有负载情况下闭合或断开线路，故称负荷开关。高压负荷开关的灭弧装置简单，所以不能切断短路电流，只能用它来分断熄灭一定容量的负荷电流产生的电弧。为保证在使用负荷开关的线路上对短路故障也能起保护作用，常采用带熔断器的负荷开关，用负荷开关来分断不大的负荷电流，用熔断器来切断过负荷电流和短路时的故障电流。

高压负荷开关可以用来隔离电源和分断一定容量的负荷电流，变压器的空载电流，长距离空载架空线路、电缆线路和电容组的电容电流。

高压负荷开关串联高压熔断器配合使用的方法，广泛用于10kV、500kV·A 及其以下电力变压器的保护控制和 10kV、300kvar 以下的高压电容器的保护控制。组合式高压负荷开关如图 1－34 所示。

a.FN5型户内高压负荷开关

b.FN7型真空组合式高压负荷开关

c.FZW型真空隔离负荷开关

图 1－34　组合式高压负荷开关

高压负荷开关安装地点可分为户内和户外两类，户内为 FN 型，户外为 FW 型。按灭弧方式可分为自产气式（FN1－10 型）和压气式（FN2－10 型和 FN3－10 型）两种。其中 FN1 自产气式负荷开关是老式产品，它的消弧装置是用有机玻璃制成衬套的消弧腔，结构陈旧，已很少使用。FN2 及 FN3 型压气式负荷开关采用了由开关传动机构带动的压气式装置，分闸时喷出压缩空气将电弧吹灭。它的灭弧性能好，断流容量大，安装调整方便，使用寿命长，现已广泛使用。

FN2－10 型户内压气式负荷开关如图 1－35 所示。

负荷开关的底部为框架，传动机构装在框架中，框架上有 6 只绝缘子，上部的 3 只绝缘子固定静触头与气缸、喷嘴（灭弧装置，活塞装与其内，活塞由主轴带动），下部的 3 只绝缘子固定

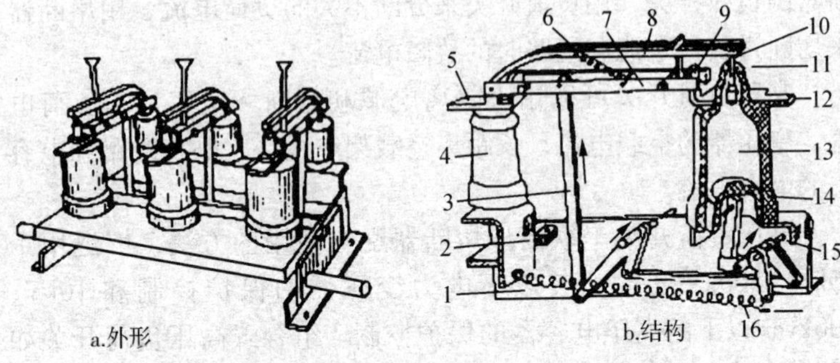

图 1－35　FN2－10 型户内压气式负荷开关

1. 框架；2. 分闸缓冲器；3. 绝缘拉杆；4. 支持绝缘子；5. 接线板；6. 弹簧；7. 主闸刀；8. 灭弧闸刀；9. 主触头；10. 灭弧触头；11. 喷口；12. 接线板；13. 气缸；14. 活塞；15. 主轴；16. 分闸弹簧

连接主闸刀和灭弧闸刀。开关分闸时，操作机构脱扣，在分闸弹簧 16 的作用下，主轴 15 顺时针旋转，一方面通过曲柄滑块机构使活塞 14 向上移动，将气体压缩；另一方面通过两套四连杆机构组成带传动系统，使载流的主闸刀 7 先打开，然后推动灭弧闸刀 8，使灭弧触头 10 打开，气缸 13 中的压缩空气通过喷口 11 吹灭电弧。合闸时，操作机构通过主轴 15 及传动系统，使主闸刀 7 和灭弧闸刀 8 同时顺时针旋转，灭弧触头 10 和灭弧闸刀 8 先闭合，主轴 15 继续转动，使主触头 9 和主闸刀 7 随后闭合。在合闸过程中，分闸弹簧 16 同时储能。

四、高压断路器

高压断路器是电力系统中最重要的控制和保护电器。无论被控电路处在何种工作状态，如空载、负载或短路故障状态，断路器都应可靠地动作。断路器在电网中起的作用有两个方面：一是控制作用，根据电网运行的需要，将一部分电力设备或线路投入或退出运行；二是保护作用，即在电力设备或线路发生故障时，通过继电保护装置作用于断路器，将故障部分从电网中迅速切除，保证电网的无故障部分正常运行。高压断路器如图 1－36 所示。

a.六氟化硫高压断路器

b.真空高压断路器

图 1－36　高压断路器

高压断路器按灭弧介质不同，可分为油断路器（包括多油断路器和少油断路器）、压缩空气断路器、磁吹断路器、真空断路器、六氟化硫断路器和固体产气断路器。按安装地点不同，断路器可分为户内式、户外式和防爆式三种。本节只介绍常用的少油断路器。

在 10kV 配电装置中，常用少油高压断路器。由于少油断路器具有结构简单等优点，所以应用较广。

少油断路器的种类很多，有 SN3－1、SN4－10、SN4－20、SN10－10 型等户内式系列产品。在 3～10kV 配电线路中，现使用最多的是 SN10－10 型户内式少油断路器。

SN10－10 型少油断路器的结构如图 1－37 所示。断路器油箱无油时，不允许进行分、合闸。因为无油时，设置缓冲器不起任何作用，易损坏机件。进行断路器分、合闸操作时，注油量不得少于 1kg，一组少油断路器的注油量为 5～8kg。

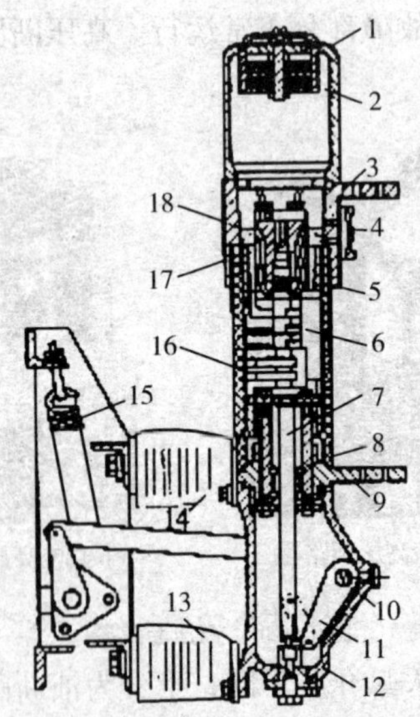

图1－37　SN10－10型少油断路器的结构

1. 铝帽；2. 油气分离器；3. 上接线端子；4. 油标；5. 插座式静触点；6. 灭弧室；7. 动触点；8. 中间滚动触点；9. 下接线端子；10. 转轴；11. 拐臂；12. 基座；13. 下支柱；14. 上支柱绝缘子；15. 断路弹簧；16. 绝缘筒；17. 逆止阀；18. 绝缘油

第三节　电工识图基础

用电气图形符号绘制的图称为电气图，这种图通常又被称为“简图”或“略图”。电气图是电工领域中最主要的提供信息的方式，它提供的信息内容可以是功能、位置、设置、设备制造及接线等。

一、电气图的分类

按国家标准《电气制图》规定，电气图主要有系统图与框图、电路图与等效电路图、接线图与接线表、功能图与功能表图、逻辑图、位置简图与位置图等。各种图的命名主要是根据其所表达信息的类型和表达方式而确定的。

1）系统图与框图是用符号或注解的框，概略表示系统或分系统的基本组成、相互关系及主要特征的一种简图。

2）电路图是用图形符号并按工作顺序排列，详细表示电路、设备或成套装置的全部组成和连接关系，而不考虑实际位置的一种简图。

3）接线图是表示成套装置的连接关系，用以进行接线和检查的一种简图。

4）功能图是表示理论与理想的电路而不涉及方法的一种简图。

5）逻辑图是用二进制逻辑单元图形符号绘制的一种简图。

6）位置简图与位置图是表示成套装置、设备或装置中各个项目的位置的一种简图。

电气控制系统是由电气设备及电气元件按照一定的控制要求连接而成的。为了表达设备电气控制系统的组成结构、工作原理及安装、调试、维修等技术要求，需要用统一的工程语言即用工程图的形式来表达，这种工程图是一种电气图，叫作电气控制系统图。

电气控制系统图一般有三种：电气原理图（电路图）、电气元件布置图和电气接线图。电气控制系统图是根据《电气制图》国家标准，用规定的图形符号、文字符号及规定的画法绘制的。

1. 电路图

电路图是根据生产机械运动形式对电气控制系统的要求，采用国家统一规定的电气图形符号和文字符号，按照电气设备和电器的工作顺序，详细表示电路、设备或成套装置的全部基本组成的连接关系，而不考虑其实际位置的一种简图。

电路图能充分表达电气设备和电器的用途、作用和工作原理，是电气线路安装、调试和维修的理论依据。

电路图上主电路画在一张图样的左侧；控制电路按功能布

置，并按工作顺序从左到右、或从上到下排列；辅助电路（如信号电路）与主电路、控制电路分开。在电路图上连接线、设备或元器件图形符号的轮廓线、可见轮廓线、表格用线都用实线绘制，一般一张图样上选用两种线宽。虚线是辅助用图线，可用来绘制屏蔽线、机械联动线、不可见轮廓线及连线、计划扩展内容的连线。点画线用于各种围框线。双点画线用于各种辅助围框线。具有过载保护的自锁正转控制电路如图 1-38a 所示。

2. 电气元件布置图

电气元件布置图主要用来表明各种电气设备在机械设备上和电气控制柜中的实际安装位置，为机械电气控制设备的制造、安装、维修提供必要的资料。各电气元件的安装位置是由机床等设备的结构和工作要求决定的，如电动机要和被拖动的机械部件在一起，行程开关应放在要取得信号的地方，操作元件要放在操纵台及悬挂操纵箱等操作方便的地方，一般电气元件应放在控制柜内。

机床电气元件布置图主要由机床电气设备布置图、控制柜及控制板电气设备布置图、操纵台及悬挂操纵箱电气设备布置图等组成。布置图是根据电气元件在控制板上的实际安装位置，采用简化的外形符号（如正方形、矩形、圆形等）而绘制的一种简图。它不表达各电气元件的具体结构、作用、接线情况及工作原理，主要用于电气元件的布置和安装。图中各电气元件的文字符号必须与电路图和电气接线图的标注相一致。在绘制电气设备布置图时，所有能见到的以及需表示清楚的电气设备均用粗实线绘制出简单的外形轮廓，其他设备（如机床）的轮廓用双点画线表示。具有接触器自锁控制电路的电气元件布置图如图 1-38b 所示。

3. 电气接线图

电气接线图用来表示电气控制系统中各电气元件的实际安装位置和接线情况。一般包括元器件的相对位置、元器件的代号、端子号、导线号、导线类型、导线截面积、屏蔽及导线绞合等内容。

在电气接线图中的元器件应采用简化外形（如正方形、矩形、圆形等）表示，必要时也可用图形符号表示，元器件符号旁应标注项目代号，并与电路图中的标注一致。

在电气接线图中的端子，一般用图形符号和端子代号表示，当用简化外形表示端子所在的项目时，可不画出端子符号，用端子代号格式及标注方法表示。

在电气接线图中的导线可用连续线或中断线来表示，导线、电缆等可用加粗的线条表示。

具有接触器自锁控制电路的电气接线图如图 1－38c 所示。

二、电气图的绘制原则

1. 电路图的绘制原则

由于电路图结构简单，层次分明，适用于研究和分析电路工作原理，在设计部门和生产现场得到广泛的应用。

1）电路图一般分电源电路、主电路和辅助电路三部分绘制。

①电源电路画成水平线，三相交流电源相序 L1、L2、L3 自上而下依次画出，中线 N 和保护地线 PE 依次画在相线之下。直流电源的“＋”端画在上边，“－”端在下边画出。电源开关要水平画出。

②主电路是指受电的动力装置及控制、保护电器的支路等，由主熔断器、接触器的主触头、热继电器的热元件及电动机等组成。主电路通过的电流是电动机的工作电流，其电流较大。主电路图要画在电路图的左侧并垂直电源电路。

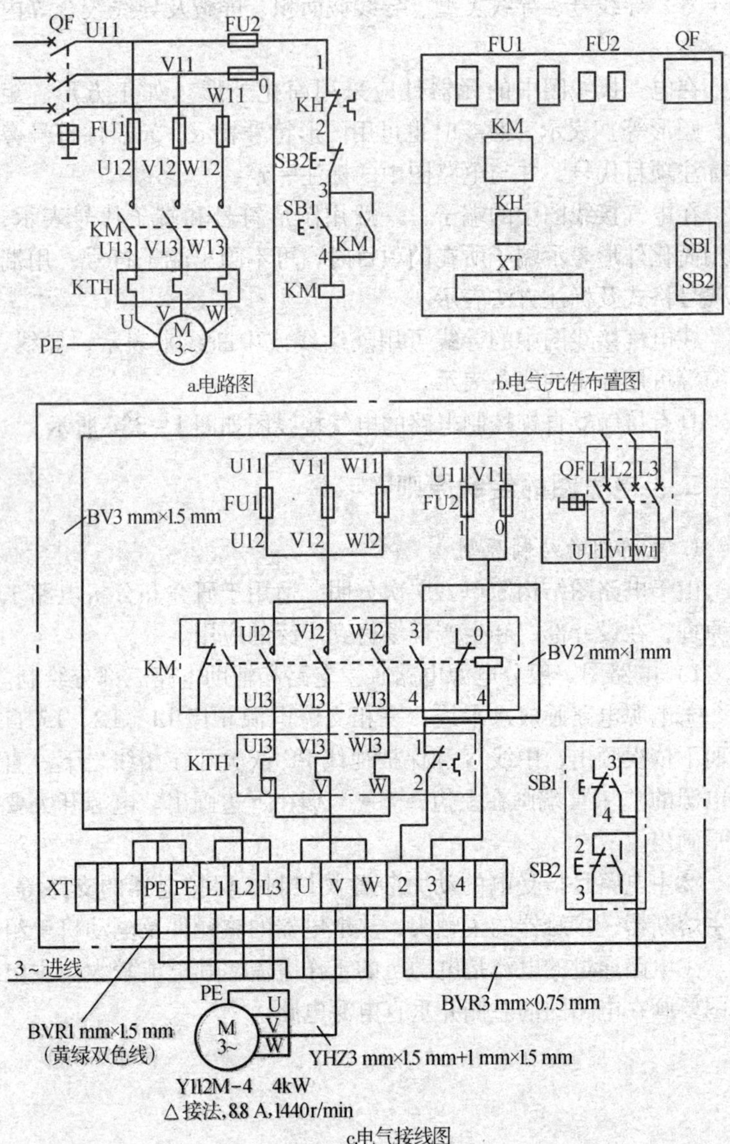

a.电路图

b.电气元件布置图

c.电气接线图

图1－38 具有过载保护的自锁正转控制电路

③辅助电路一般包括控制主电路工作状态的控制电路、显示主电路工作状态的指示电路、提供机床设备局部照明的照明电路等。它由主令电器的触头、接触器线圈及辅助触头、继电器线圈及触头、指示灯和照明灯等组成。辅助电路通过的电流都较小，一般不超过5A。画辅助电路图时，应画在电路图的右侧，且电路中与下边电源线相连的耗能元件（如接触器和继电器的线圈、指示灯、照明灯等）要画在电路图的下方，而电器的触头要画在耗能元件与上边电源线之间。为读图方便，一般应按照自左至右、自上而下的排列来表示操作顺序。

2）电路图中，各电器的触头位置都按电路未通电或电器未受外力作用时的常态位置画出。分析原理时，应从触头的常态位置出发。

3）电路图中，不画各电气元件实际的外形图，而采用国家统一规定的电气图形符号画出。

4）电路图中，同一电器的各元件不按它们的实际位置画在一起，而是按其在线路中所起的作用分画在不同电路中，但它们的动作却是相互关联的，因此，必须标注相同的文字符号。若图中相同的电器较多时，需要在电器文字符号后面加注不同的数字，以示区别，如KM1、KM2等。

5）画电路图时，应尽可能减少线条和避免线条交叉导线。对有直接电联系的交叉导线连接点，要用小黑圆点表示；无直接电联系的交叉导线则不画小黑点。

6）电路图采用电路编号法，即对电路中的各个接点用字母或数字编号。

①主电路在采用电源开关的出线端按相序依次编号为U11、V11、W11。然后按从上至下、从左至右的顺序，每经过一个电气元件后，编号要递增，如U12、V12、W12，U13、V13、W13……单台三相交流电动机（或设备）的三根引出线按相序依次编号为U、V、W。对于多台电动机引出线的编号，为了不致引起误解和混淆，可在字母前用不同的数字加以区别，如1U、1V、

1W，2U、2V、2W 等。

②辅助电路编号按“等电位”原则从上至下、从左至右的顺序用数字依次编号，每经过一个电气元件后，编号要依次递增。控制电路编号的起始数字必须是 1，其他辅助电路编号的起始数字依次递增 100，如照明电路编号从 101 开始，指示电路编号从 201 开始等。

2. 布置图的绘制原则

(1) 布局方式　布置图是按照电气设备的实际位置进行布局，非电设备和电气设备要有明显的区别，只有对理解电气图和电气设备安装十分重要时，才将非电设备表示出来。

(2) 电气元件的表示　布置图中的电气元件通常用图形符号或元器件的简化形状来表示。

(3) 连接线的表示　布置图中的连接线一般用单线表示，只有在需要标明复杂连接的细节时，才允许采用多线表示。连接线应区别于表示地貌、结构或建筑物内容的图线。

3. 接线图的绘制原则

1) 接线图中一般示出如下内容：电气设备和电气元件的相对位置、文字符号、端子号、导线号、导线类型、导线截面积、屏蔽和导线绞合等。

2) 所有的电气设备和电气元件都按其所在的实际位置绘制在图纸上，且同一电器的各元件根据其实际结构，使用与电路图相同的图形符号画在一起，并用点画线框上，其文字符号及接线端子的编号应与电路图中的标志一致，以便对照检查接线。

3) 接线图中的导线有单根导线、导线组（或线扎）、电缆等之分，可用连续线和中断线来表示。凡导线走向相同的可以合并，用线束来表示，达到接线端子板或电气元件的连接点时可以再分别画出。在用线束来表示导线组、电缆等时可用加粗的线条表示，在不引起误解的情况下也可采用部分加粗。另外，导线及线管的型号、根数和规格应标注清楚。

三、电气图的绘制方法

1. 电路图的绘制方法

电路图的绘制不仅要遵守电路图的绘制原则，还要遵守电路图的规定画法。电路图的规定画法应注意以下几点。

1）原理图中的连接线、设备或元件的图形符号的轮廓线都用实线绘制。其线宽可根据图形的大小在 0.25mm、0.35mm、0.5mm、0.7mm、1.0mm、1.4mm 中选取。屏蔽线、机械联动线、不可见轮廓线等用虚线，分界线、结构图框线、分组围框线等用点画线绘制。一般在同一图中，用同一线宽绘制。

2）图中各电气元件的图形和文字符号均应符合最新国家标准。

3）各个元件及其部件在原理图中的位置应根据便于阅读的原则来安排，同一元件的各个部件可以不画在一起，但属于同一电器上的各元件都用同一文字符号和同一数字表示。

4）所有电器开关和触头的状态，均以线圈未通电、手柄置于零位、无外力作用或生产机械在原始位置为基础。

5）原理图分主电路和控制电路两部分，主电路画在左边，控制电路画在右边，按新的国家标准规定，一般用竖直画法。

6）电动机和电器的各接线端子都要编号。主电路的接线端子用一个字母后面附一位或两位数字来编号，如 U1、V1、W1。控制电路只用数字编号。

7）各元件在图中还要标有位置编号，以便寻找对应的元件。对电路或分支电路可用数字编号表示其位置。数字编号应按从左到右或自上而下的顺序排列。如果某些元件符号之间有相关功能或因果关系的，还应表示出它们之间的关系。

下面以 C620 型卧式车床控制电路为例，说明电路图的绘制方法。

（1）综合分析　电路图一般是由若干功能单元、结构单元或项目按信号流向逐级连接而成的。作图前应先考虑电路图的布局，各功能单元的位置、空间的大小及比例等内容，然后选取图形符号、布局方式、电源的表示方法、元器件在图上位置的表示方法等表达方式。

本电路采用图幅分区法分区，用功能布局法布置，连接线以垂直为主、水平为辅，三相电源用 L1、L2、L3 表示，应放在图纸的最左边，从左往右依次为主电路、控制电路及辅助电路。如图 1-39 所示。

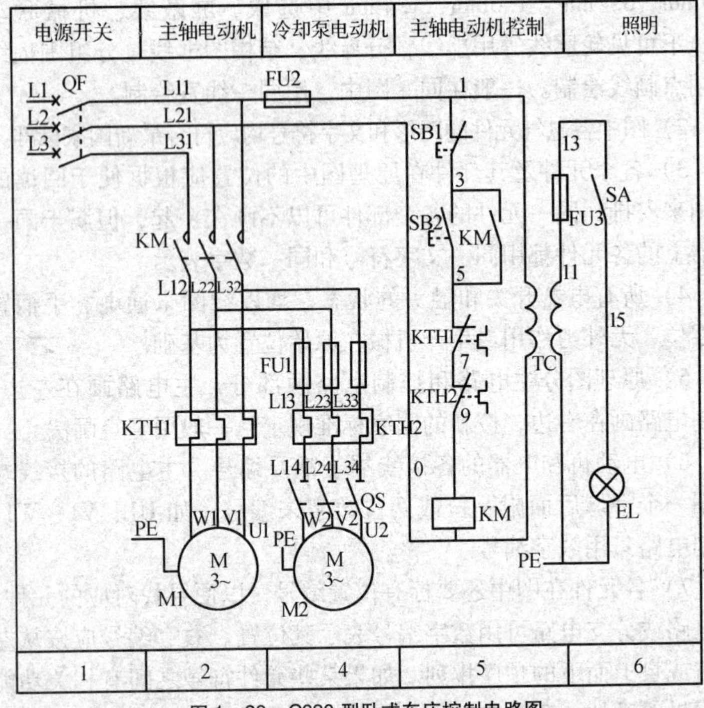

图 1-39　C620 型卧式车床控制电路图

（2）布置主要元件　作图时，应以变压器、电动机等主要单元中的主要元件为中心，将全图分成若干段，各主要元件尽量布置在同一条水平线上。如图 1-40 所示。

（3）画出主电路及有关的元器件　同类元器件尽量横向或

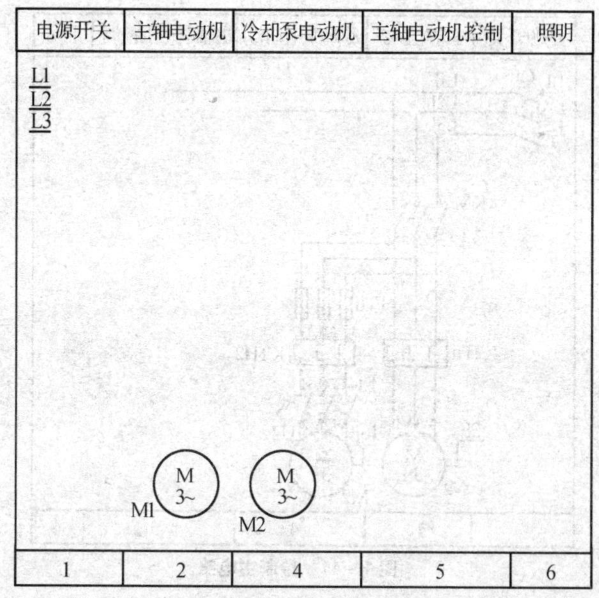

图 1-40 布置主要元件

纵向对齐，从全局出发，对各个电动机电路布置不当之处加以适当的调整，使布局均匀、清晰，并标注出元器件的文字符号。如图 1-41 所示。

(4) 绘制控制电路 绘制控制电路时要布局合理，使控制按钮在接触器或继电器的前面，并标注文字符号和线号。如图 1-42 所示。

(5) 绘制辅助电路 辅助电路应画在最右侧，本电路的辅助电路为照明电路，画法与控制电路基本相同。

(6) 完成全图 完成有关端子代号的标注和注释，检查全图的连接是否有误，最后完成全图。如图 1-39 所示。

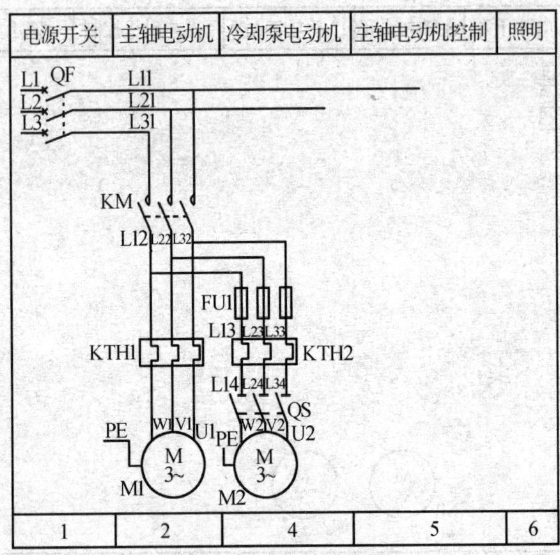

图 1－41 绘制主电路

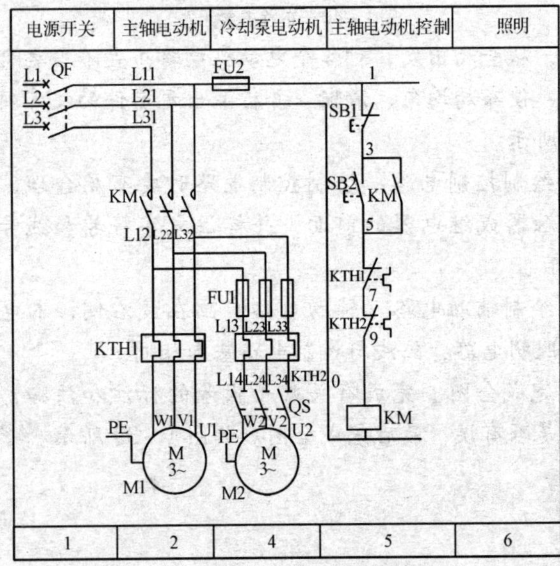

图 1－42 绘制控制电路

2. 接线图的绘制方法

（1）项目的布局方式　接线图与概略图、框图、电路图等功能类图不同，它是按位置布局法绘制的。接线图清楚地阐述了各项目之间的相对位置和导线走向，但无需按比例定出它们之间的位置关系。如图1－43所示，项目11、12、13、X及其端子都是按它们的实际位置布局，但并没有给出明显的尺寸标志或比例关系。

（2）项目的表示方法　接线图中的项目一般采用简单的轮廓（如矩形、正方形、圆形等）表示，有时也采用简化图形表示。如图1－43所示，项目采用矩形表示。对一些简单的元件，为了便于识图，也可采用国家标准中规定的图形符号表示，如图1－43中的项目13就用了电阻的图形符号来表示。表示项目的图形符号旁一般标有项目代号，通常只标注种类代号和位置代号。例如，图1－43中的项目11、12、X等只标注种类代号；图1－44中的项目不但标注了种类代号“－X1”，而且还标注了位置代号“＋A”“＋B”“＋C”和“＋D”。

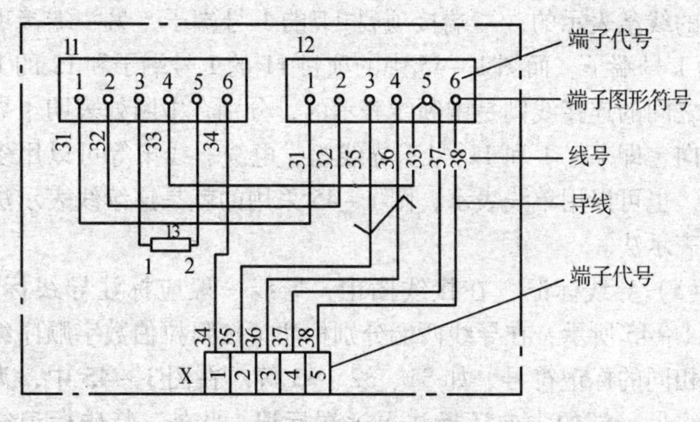

图1－43　单元接线图

（3）端子的表示方法　在接线图中，端子一般用图形符号和端子代号表示。如图1－43所示，项目11和12中的端子用端子图形符号“○”和按数字顺序编写的端子代号1、2、3、4、5、

6 表示。当端子在项目的简化外形中能清晰识别时，端子无需示出，可只标出端子代号。如图 1－44 中的＋A 单元项目“－X1”只标出端子代号 1、2、3、4。

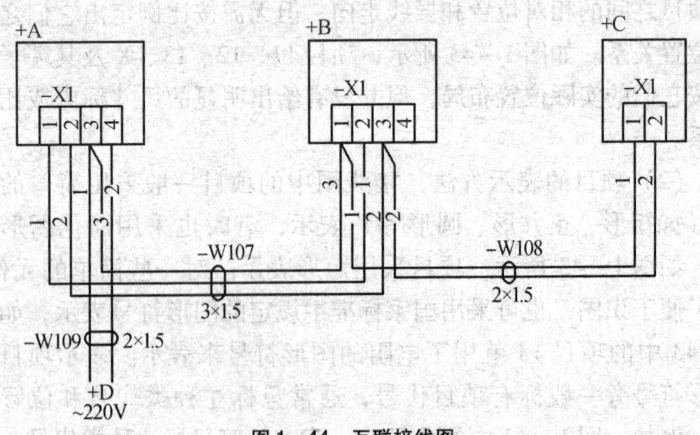

图 1－44　互联接线图

（4）连接线的表示方法　在接线图中，连接线主要有连续线和中断线两种表示方法。如图 1－43 中的 31 号连接线就是用连续的线条表示的，一端接项目 11 的 1 号端子，另一端接项目 12 的 1 号端子。而图 1－45 中的项目 11 的 1 号端子和 12 的 1 号端子之间的连接线则是中断线表示的，分别在中断处表明了导线的去向，即 12：1 和 11：1。导线组、电缆、线束等可以用多线表示，也可以用单线表示，图 1－45 采用的就是连续线表示法和单线表示法。

（5）导线标记　在接线图中，导线一般应标注导线标记。如图 1－45 所示，在导线两端分别标注了按阿拉伯数字顺序编号的、相同的标记符号，如 31、32、33 等。在图 1－45 中，为表示导线另一端的去向还标注了远端标记。此外，特殊标记符号“√”，表示同一绞合线。

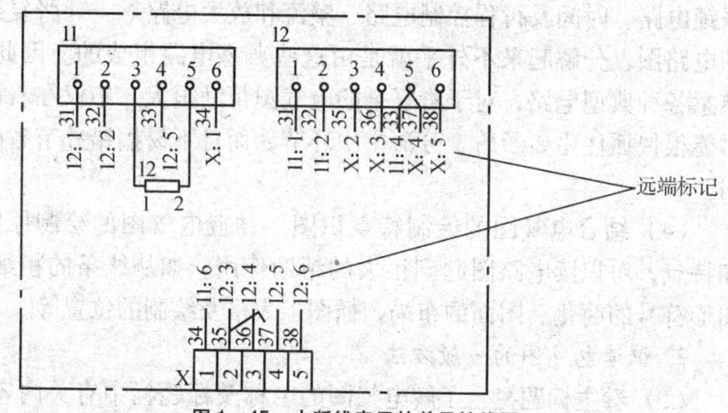

图 1－45　中断线表示的单元接线图

四、电气图的识读

1. 识图的基本要求

（1）结合电工基础知识识图　在生产实际的各个领域内，所有的电路如变电所、电力拖动和照明等，都是建立在电工学的基础理论之上。因此，要准确、迅速地识读电气图，就必须具有电工的基础知识。如欲实现笼型异步电动机的正反转控制，只需改变电动机三相电源的相序。所以，体现在电路中就必须用两个接触器进行换接来改变三相电源的相序，以达到电动机正转或反转的目的。

（2）结合电气元件的结构和工作原理识图　构成电路的主要要素是电气元件、器件，如在供电电路中常用高压隔离开关、断路器、熔断器、互感器等，在低压电路中常用的各种继电器、接触器和控制开关等。因此，识图时首先搞清这些元件的性能结构、原理及相互控制关系，在电路中可起的作用和地位，才能看懂电流在整个回路中的流动过程，即工作原理。

（3）结合典型电路看图　所谓典型电路，就是指常用的基本电路。如电动机的启动、制动、正反转电路、继电保护电路、联锁电路、时间及行程控制电路、整流和放大电路等。一张复杂的电路图，分解起来不外乎就是由这些典型电路组成的。因此，熟悉各种典型电路，对于看复杂的电气图帮助很大，不仅在看图时能很快抓住主要矛盾、分清主次环节，而且不易搞错并节省时间。

(4) 结合电气图的绘制特点识图　掌握电气图的绘制原则和特点，对识读电路图起到很大的帮助作用。如从线条的粗细，图形符号的简化、图面的布局，插图、表格及绘制的位置等。

2. 识读电气图的一般方法

(1) 看主标题栏　了解电气图的名称及标题栏中有关内容，结合有关的电路知识，对该电气图的类型性质、作用有一个明确的认识，同时对电气图的内容有一个大致的轮廓印象。

(2) 看电气图图形　看电气图图形主要是了解电气图的组成形式，分析各组成部分的作用、信息流向及连接关系等，从而对整个电路的工作原理、性能要求等有一个全面的了解。因此，识读电气图的关键就在于必须有一定的专业知识和熟悉电气制图的基本知识。在识读电气图时，有以下几方面可供参考。

1）根据绘制电气图的有关规定，概括了解电路简图的布局、图形符号的配置、项目代号及图线的连接等。

2）分析电气图通常有以下几种方法：

①按信息流向逐级分析，如可从信号输入到最后信号输出，用信号流向贯穿始终。再如可从负载分析到电源，也可以从电源分析到负载，按电流流向分析。

②按布局顺序从左到右、自上而下地逐级分析，对于一些布局有特色区域性强的，这种分析方法较为简便，适合简单电路。

③按主电路、辅助电路等单元进行分析。先分析主电路，再看辅助电路，最后了解它们之间的相互联系及控制关系。此类分析方法在工厂电力拖动自动控制电气原理图中运用较为普遍，是电工最常运用的一种电路分析方法。

3）了解项目的组成单元及各单元之间的连接关系或耦合方式，注意电气与机械机构的连接关系。

4）分析整个电路的工作原理、功能关系，由此了解各元件、器件在电路中的作用及主要的技术参数。

5）结合元器件目录表及元器件在电路中的项目代号、位置号，了解所用的元件种类、数量、型号及主要参数等。

6）了解附加电路及机械机构与电路的连接形式及在电路中的作用。

（3）根据要求进行　除了重点识读与工作有关的电气图外，还要注意识读与该电气图有关的图、表及技术资料，如安装配线图、土建情况和设备的分布情况等，以便对项目有一个比较完整的认识。

3. 识读电气图的基本步骤

（1）看图样说明　图样说明包括图样目录、技术说明、元件明细表和施工说明书等。识图时，首先看图样说明，搞清设计内容和施工要求，这有助于了解图样的大体情况，抓住识图重点。

（2）看电路图　看电路图时，首先要分清主电路和辅助电路，交流电路和直流电路。其次按照先看主电路，再看辅助电路的顺序读。看主电路时，通常从下往上看，即从电气设备开始，经控制元件，顺次往电源看；看辅助电路时，则自上而下、从左向右看，即先看电源，再顺次看各条回路，分析各条回路元件的工作情况及其对主电路的控制关系。

1）主电路的识读步骤：第一步看用电器。了解电器的数量，它们的类别、用途、接线方式及一些不同要求等。第二步了解用什么电气元器件控制用电器。第三步看主电路上还接有何种电器。第四步看电源，了解电源等级。通过看主电路，弄清用电设备是怎样取得电源的，电源经过哪些元件到达负载等。通过看辅助电路，要弄清它的回路构成，各元件间的联系、控制关系和在什么条件下回路构成通路或断路，并理解动作情况。

2）辅助电路的识读步骤：第一步看电源。首先弄清电源的种类，其次看清辅助电路的电源来自何处。第二步搞清辅助电路如何控制主电路。第三步寻找电气元件之间相互关系。第四步再看其他电气元件。

下面以如图1－46所示的M7130平面磨床电路为例，说明识读电气图的方法和步骤。

①从识读主标题栏得知，该图是M7130平面磨床的控制电路图。

②从位置来看，该图是采用电路编号法来绘制的。对电路或支路用数字编号来表示其位置。数字编号法按自左至右的顺序排列，各编号所对应的分支路功能分别用文字表示。

③从布局来看，整个图幅从左至右分为主电路、控制电路、电磁吸盘和照明电路等，布局清晰，简单明了，能很方便地进行原理分析和故障查询。

④从电源的表示看，主电路采用多线表示。

⑤类似项目的排列以垂直绘制为主，少采用水平绘制。

⑥在符号的布置上，采用的是分开表示法。在继电器的下方用表格来表示各继电器触点所在的位置。

⑦在电路图中采用了基本电路的模式，如电桥电路。

（3）看布置图　布置图是根据电气元件在控制板上的实际安装位置，采用简化的外形符号（如正方形、矩形、圆形等）而绘制的一种简图。它不表达各电气元件的具体结构、作用、接线情况以及工作原理，主要用于电气元件的布置和安装。图中各电器的文字符号必须与电路图和接线图的标注相一致。接触器自锁控制电路的元件布置图如图1－47所示。

（4）看安装接线图

1）看安装接线图时，也要先看主电路，再看辅助电路。看主电路时，从电源引入端开始，顺次经控制元件和线路到用电设

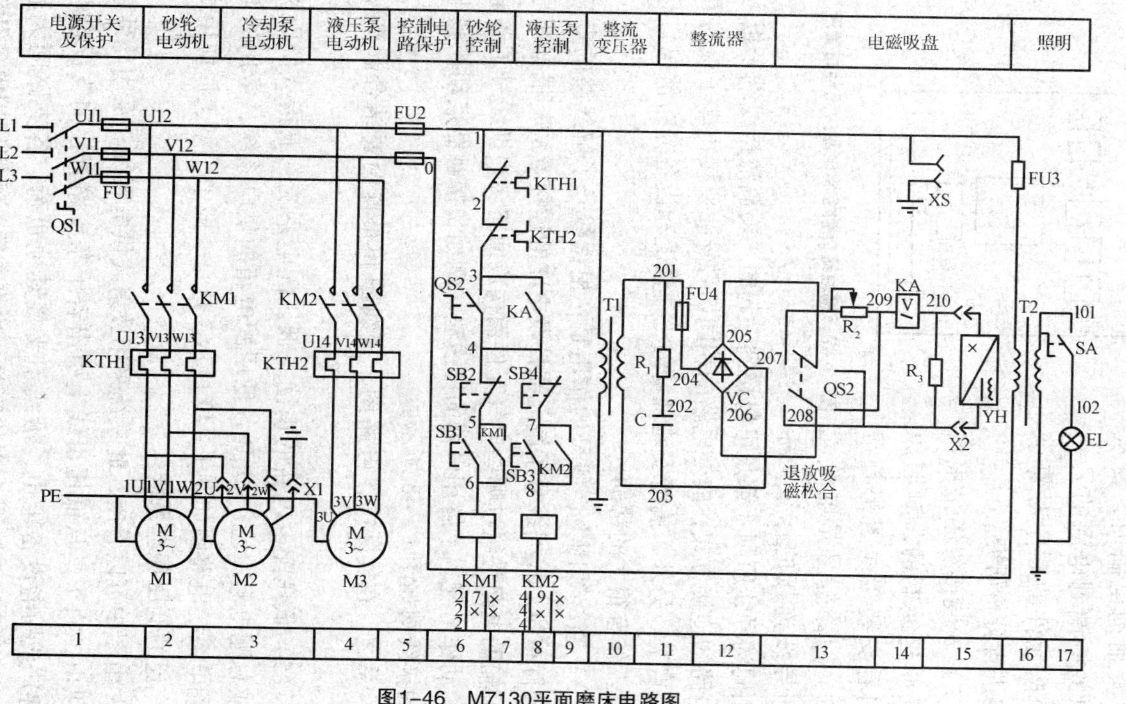

图1-46　M7130平面磨床电路图

备；看辅助电路时，要从电源的一端到电源的另一端，按元件的顺序对每个回路进行分析研究。

2）安装接线图是根据电气原理绘制的，对照原理图看安装接线图是有帮助的。回路标号是电气元件间导线连接的标记，标号相同的导线原则上都是可以接到一起的。要搞清接线端子板内外电路的连接方式，内外电路的相同标号导线要接再端子板的同号接点上。另外，搞清安装现场的土建情况和设备分布情况，对安装工作有很大的帮助。

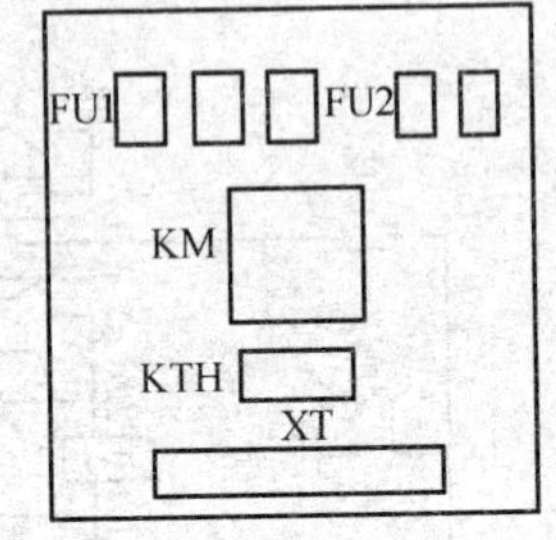

图1－47　接触器自锁控制电路的元件布置图

3）在接线图上，线号的作用是：根据线号了解线路的走向并进行布线；根据线号了解元器件及电路的连接方法；根据线号了解辅助电路是经过哪些电气元件而构成回路。根据线号了解电器的动作情况，了解用电器的接线法。例如，接触器点动控制电路的接线图如图1－48所示。

总之，在实际中，电路图、接线图和布置图要结合起来使用。

(5) 低压配电电路的识读　低压配电系统一般指从低压母线或总配电箱（盘）送到各低压配电箱的供电系统，常用的低压配电系统电路图如图1－49所示。这是一般中小型工厂应用十分广泛的低压配电系统。

由图中可以看出，此系统采用放射式供电系统。采用此种系统供电，由于是从低压母线上引出若干条支路直接向支配电箱（盘）或用电设备配电，沿线不支接其他负荷，各支路间无联系，所以这种系统供电方式简单，检修方便，适用于用电负荷较为分散的场合。

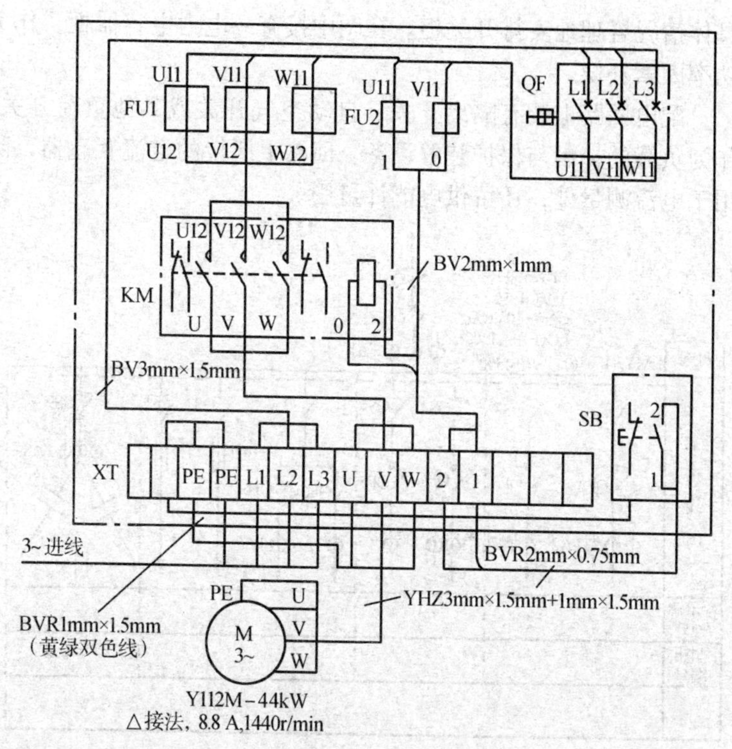

图1－48　接触器点动控制电路的接线图

由图中可以看出，母线的上方是电源及其进线。外电源是由10kV，架空线路引入，经变压器降压后，降为380V/220V的三相四线制电源向各支路供电。

电源线规格型号为BBX－500，3×95＋1×50，这种线为橡胶绝缘铜芯线，三根相线截面积为95mm^2，一根零线的截面积为50mm^2。电源进线先经隔离开关，用三相电流互感器测量三相负荷电流，再经自动空气断路器做短路与过载保护，最后接到（100×6）的低压铝母排。在低压母排上接有若干个低压开关柜，可根据其使用电源的要求分类设置开关柜，如有的可将办公、路灯等合用一柜，动力一柜、宿舍、礼堂等合用一柜，根据用电的具体情况合理地安排开关柜。在图中接有一电力电容器柜，作为功率因素补偿。

配电回路上装有隔离开关、自动空气开关或其他负荷开关，作为负载的控制与保护装置设备。回路上所接的电流互感器，除用于电流测量外，还可供电能计量用。

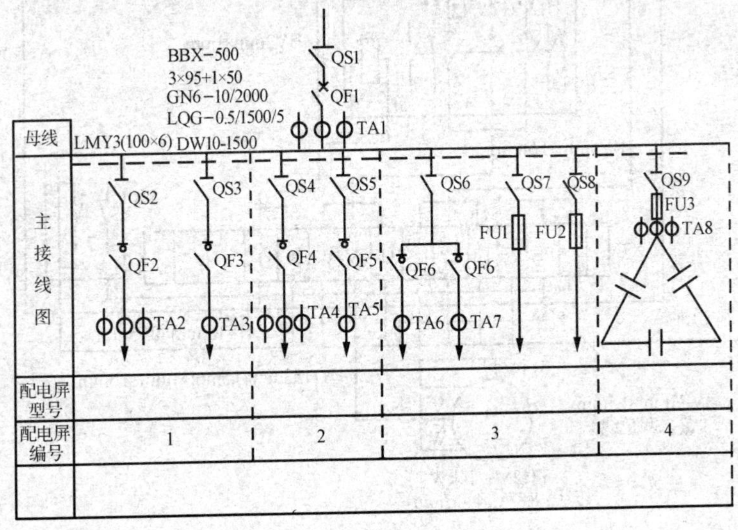

图 1-49 常用低压配电系统电路图

第二章　变配电线路

第一节　变电所线路

一、高压变配电所主接线线路

1. 高压电气主接线线路

（1）一路电源进线的单母线接线　如图 2－1 所示，这种接线方式适用于负荷不大、可靠性要求稍低的场合。当没有其他备用电源时，一般只用于三级负荷的供电；当进线电源为专用架空线或满足二级负荷供电条件的电缆线路时，则可用于二级负荷的供电。

（2）两路电源进线的单母线接线　如图 2－2 所示，两路 10kV 电源一用一备，一般也都用于二级负荷的供电。

（3）无联络的分段单母线接线　如图 2－3 所示，两路 10kV 电源进线，两段高压母线无联络，一般采用互为备用的工作方式。这种接线多用于负荷不太大的二级负荷的场合。

（4）母线联络的分段单母线接线　如图 2－4 所示，这是最常用的高压主接线形式，两路电源同时供电、互为备用，通常母联开关为断路器，既可以手动切换，也可以自动切换，适用于一、二级负荷的供电。

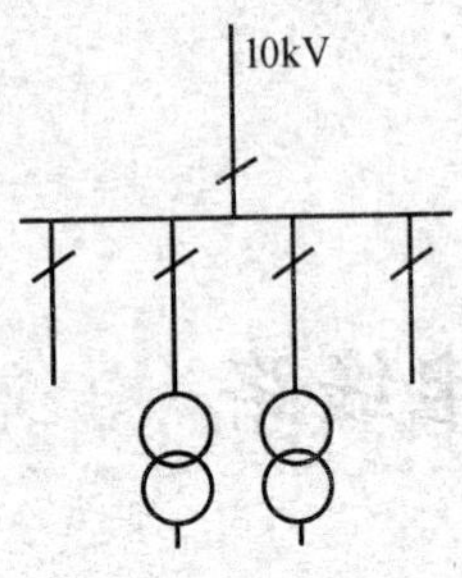

图2-1 一路电源进线的单母线接线图

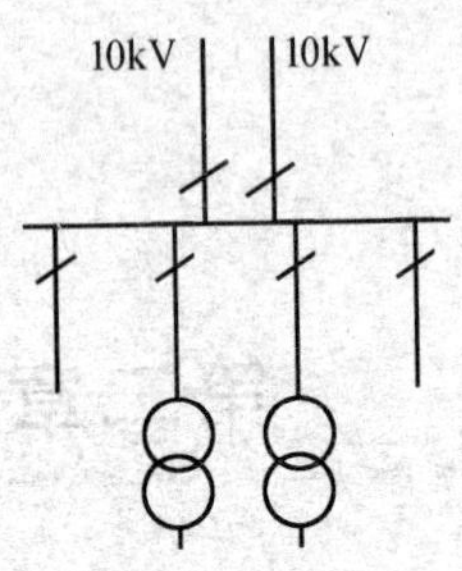

图2-2 两路电源进线的单母线接线图

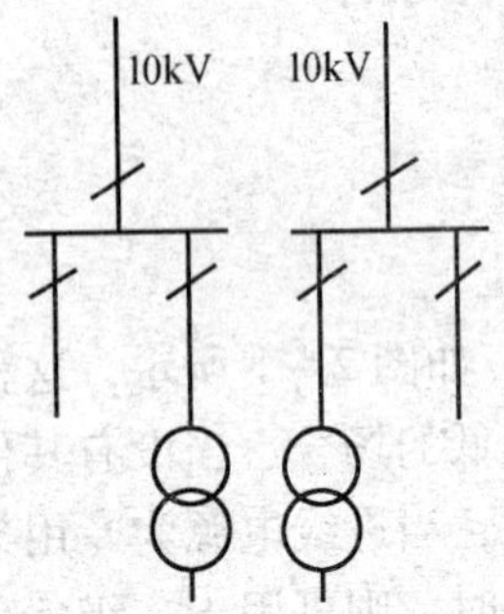

图2-3 无联络的分段单母线接线图

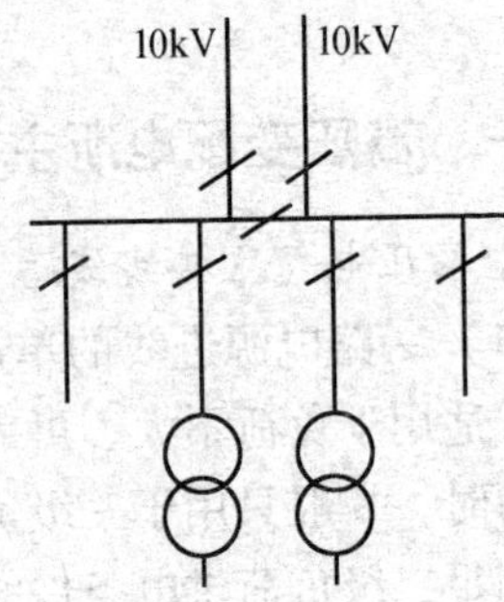

图2-4 母线联络的分段单母线接线图

2. 高压变（配）电所的主接线线路

高压变（配）电所担负着从电力系统受电并向各车间变（配）电所及某些高压用电设备配电的任务，图2-5所示是高压变（配）电所主接线电路。这一高压变（配）电所主接线方案具有一定的代表性。下面依其电源进线、母线和出线的顺序对此变（配）电所进行介绍。

(1) 电源进线　该变（配）电所有两路10kV电源进线，一路是架空线WL1，另一路是电缆线WL2。最常见的进线方案是一路电源来自发电厂或电力系统变（配）电站，作为正常工作电源，而另一路电源则来自邻近单位的高压联络线，作为备用电源。

《供电营业规则》规定，对10kV及以下电压供电的用户，应配置专用的电能计量柜（箱）；对于35kV及以上电压供电的用户，应有专用的电流互感器二次绕组和专用的电压互感器二次连接线，并不得与保护、测量回路共用。根据以上规定，在两路电路进线的主开关（高压断路器）柜之前（在其后亦可）各装设一台GG－1A－J型高压计量柜（No.101和No.112），其中的电流互感器和电压互感器只用来连接计费的电能表。

装设进线断路器的高压开关柜（No.102和No.111），因为需要与计量柜相连而采用GG－1A(F)－11型。由于进线采用高压断路器控制，所以切换操作十分灵活方便，而且可配以继电保护和自动装置，使供电可靠性大大提高。

考虑到进线断路器在检修时有可能两端来电，因此为保证断路器检修时的人身安全，断路器两侧都必须装设高压隔离开关。

（2）母线　母线（文字符号为W或WB）又称汇流排，是配电装置中用来汇集和分配电能的导体。

高压变（配）电所的母线，通常采用单母线制。如果是两路或以上电源进线时，则采用高压隔离开关或高压断路器（其两侧装隔离开关）分段的单母线制。母线采用隔离开关分段时，分段隔离开关可安装在墙上，也可采用专门的开关柜（亦称联络柜），如GG－1A型柜。

如图2－5所示，高压变（配）电所通常采用一路电源工作、一路电源备用的运行方式，因此母线分段开关通常是闭合的，高压并联电容器对整个变（配）电所进行无功补偿。如果工作电源发生故障或进行检修时，在切除该进线后，投入备用电源即可恢复对整个变（配）电所的供电。如果装设备用电源自动投入装置，则供电可靠性可进一步提高，但这时进线断路器的操作机构必须是电磁式或弹簧式。

为了测量、监视、保护和控制主电路设备的需要，每段母线上都接有电压互感器，进线上和出线上都接有电流互感器。图2－5上的高压电流互感器均有两个二次绕组，其中一个接测量仪表，

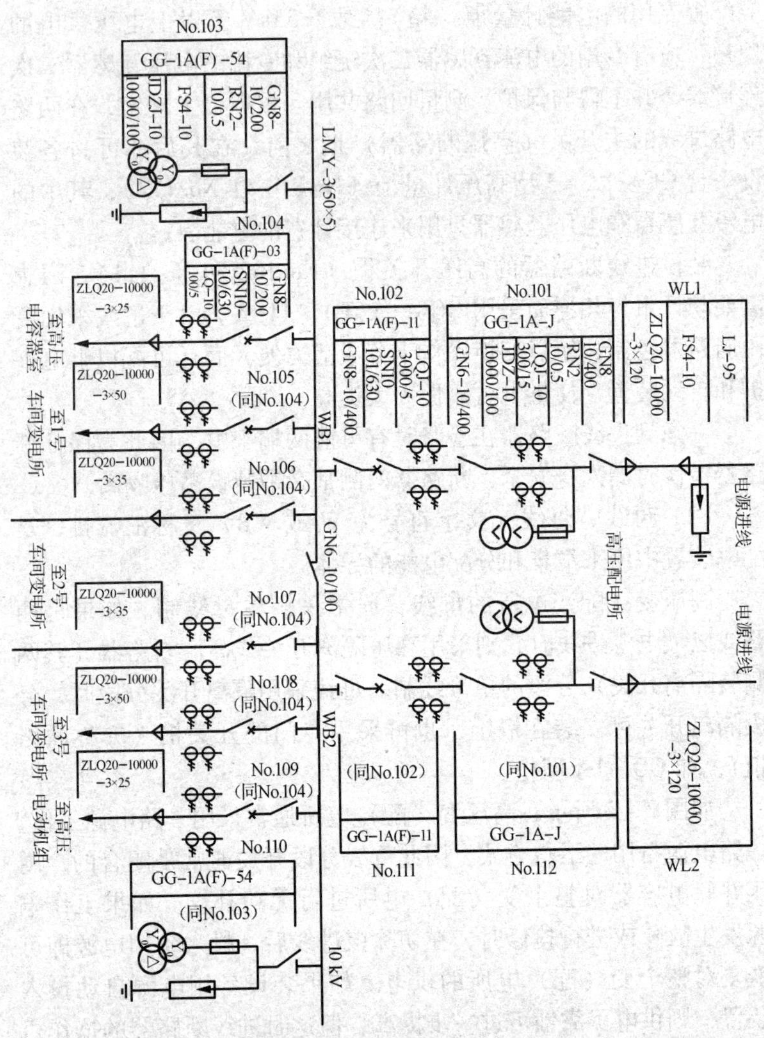

图2-5 高压变（配）电所主接线图

另一个接继电保护装置。为了防止雷电过电压侵入变（配）电所时击毁其中的电气设备，各段母线上都装设了避雷器。避雷器和电压互感器共同装设在一个高压柜内，且共用一组高压隔离开关。

3. 35kV 常用中心变电站的电气主接线

35kV 常用中心变电站的电气主接线如图 2－6 所示。变电站包括 35kV/10kV 中心变电站和 10kV/0. 4kV 变电室两个部分。中心变电站的作用是把 35kV 的电压降到 10kV，并把 10kV 电压送至厂区各个车间的 10kV 变电室，供车间动力、照明及自动装置用电；10kV/0. 4kV 变电室的作用是把 10kV 电压降至 0. 4kV，送到厂区办公、食堂、文化娱乐、宿舍等公共用电场所。

从主接线图可以看出，其供配电系统共有三级电压，三级电压均靠变压器连接，其主要作用就是把电能分配出去，再输送给各个电力用户。变配电站内还装设了保护、控制、测量、信号及功能齐全的自动装置，由此显示出变配电站装置的复杂性。

观察主接线图，可看出系统为两路 35kV 供电，两路分别来自于不同的电站，进户处设置接地隔离开关、避雷器、电压互感器。这里设置隔离开关的目的是线路停电时，该接地隔离开关闭合接地，站内可以进行检修，省去了挂临时接地线的工作环节。

与接地隔离开关并联的另一组隔离开关，作用是把电源送到高压母线上，并设置电流互感器，与电压互感器构成测量电能的取样元件。

高压母线分为两段，两段之间的联络采用隔离开关，当一路电源故障或停电时，可将联络开关合上，两台主变压器可由另一路电源供电。联络开关两侧的母线必须经过核相，以保证它们的相序相同。

图 2－6 中每段母线上均设置一台主变压器，变压器由 DW3 油断路器控制，并在断路器的两侧设置隔离开关 GW5，以保证断路器检修时的安全。变压器两侧设置电流互感器 3TA 和 4TA，以便构成变压器的差动保护。同时在主变压器进口侧设置一组避雷器，目的是实现主变压器的过电压保护；在进户处设置的避雷器，目的是保护电源进线和母线的过电压。由断路器的套管式电流互感器 2TA 是作保护测量之用。

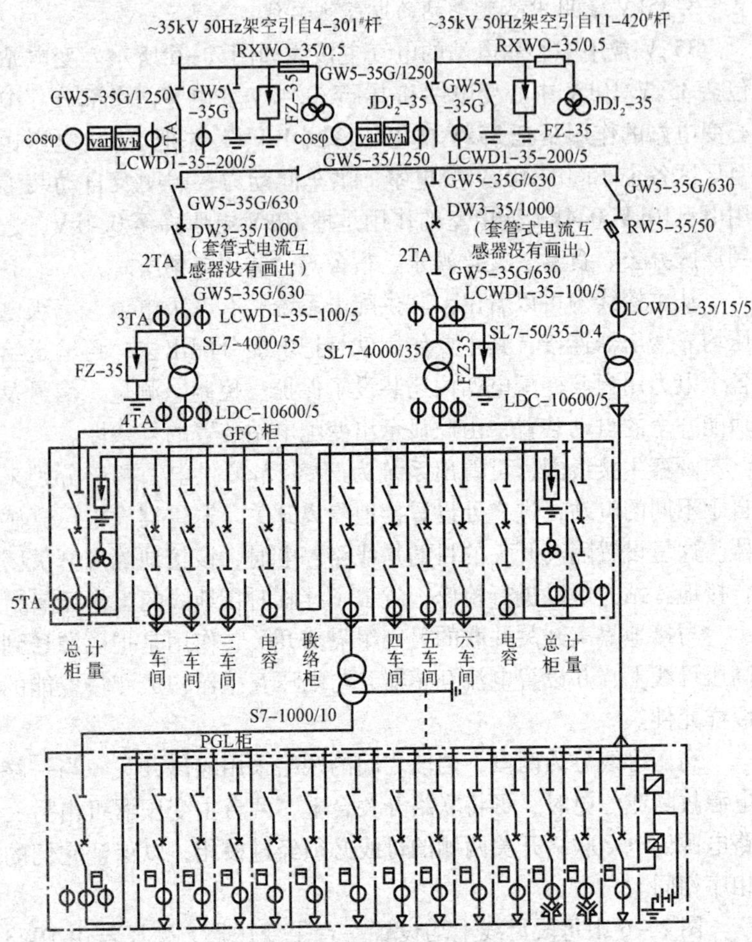

图 2－6 35kV 常用中心变电站的电气主接线图

变压器出口侧引入高压室内的 GFC 型开关计量柜，柜内设有电流互感器、电压互感器供测量保护用，还设有避雷器，保护 10kV 母线的过电压。10kV 母线由联络柜联络。

馈电柜由 10kV 母线接出，GFC 型开关计量柜设置有隔离开关和断路器，其中一台柜直接控制 10kV 公共变压器，GFC 型开关计量柜为封闭式手动车柜。

馈电柜将10kV电源送到各个车间及大型用户，10kV公共变压器的出口引入低压室内的低压总柜上，总柜内设有刀开关和低压断路器，并设有电流互感器和电能表作为测量元件。

由35kV母线经GW5隔离开关，RW5跌落式熔断器引至一台站用变压器SL7-50/35-0.4，专供站内用电，并经过电缆引至低压中心变电室的站用柜内，直接将35kV变为400V。

低压变电室内设有4台不间断电源（简称UPS电源），供停电时动力和照明用，以备检修时有足够的电力。

二、企业一次供电线路

1. 配电柜放射式主接线供电线路

配电柜放射式主接线供电电路如图2-7所示。该分变（配）电所的电源进线开关宜采用隔离开关QS或手车式隔离开关。变

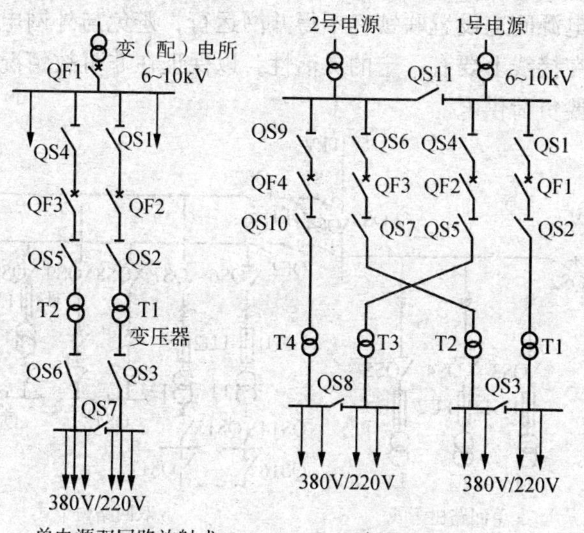

a.单电源双回路放射式　　b.双电源双回路放射式

图2-7　配电柜放射式主接线供电电路图

（配）电所6～10kV非专用电源线的进线侧，应装带负荷操作的开关设备。变（配）电所的高压和低压母线，宜采用单母线或分段单母线接线。

2. 配电柜树干式主接线电路

变（配）电所变压器电源侧开关的装设，如果以树干式供电时，如图2－8所示，应装设带保护的开关设备；以放射式供电时，宜装设隔离开关或负荷开关。当变压器与高压配电室贴邻时可不装设开关。

当低压母联断路器采用自投方式，应符合下列要求：装设“自投自复”“自投手复”“自投停用”三种状态的位置选择开关。低压母联断路器自投延时0.1s。当低压侧主断路器故障分闸时，不允许自动接通母联断路器。低压侧主断路器与母联断路器应有电气联锁，不得并网运行。

应急电源（如柴油发电机组）接入变电所低压配电系统时，与外网电源间应设置联锁，不得并网运行，避免与外网电源计费混淆。在接线上要有一定的灵活性，以保证在非事故情况下能给部分重要负荷供电。

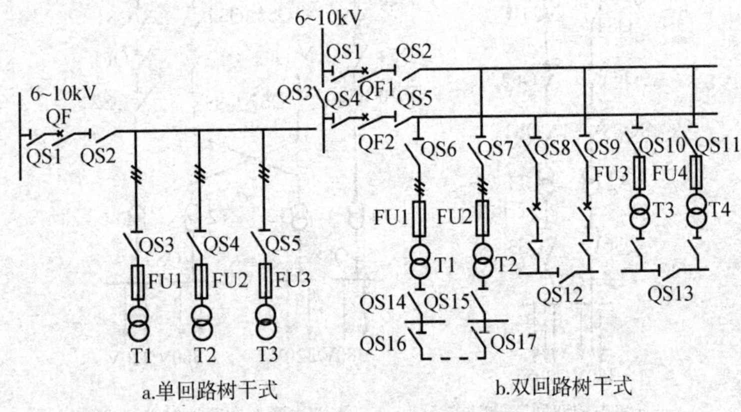

图2－8 配电柜树干式主接线电路图

3. 低压电气主接线

10kV 配变电所的低压电气主接线一般采用单母线接线和分段单母线接线两种方式。对于分段单母线接线，两段母线互为备用，母联开关手动或自动切换。

根据变压器台数和电力负荷的分组情况，对于两台及以上的变压器，可以有以下几种常见的低压主接线形式。

（1）电力和照明负荷共用变压器供电　如图 2－9 所示。对于这种接线方式，为了对电力和照明负荷分别计量，应将电力电价负荷和照明电价负荷分别集中，设分计量表。

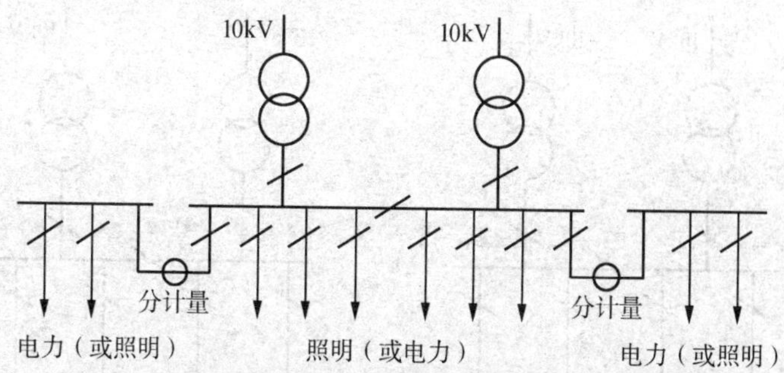

图 2－9　电力和照明负荷共用变压器供电的低压电气主接线图

照明电价负荷包括：民用及非工业用户或普通工业用户的生活和生产照明用电（霓虹灯、家用电器、普通插座等）；理发吹风、电剪、电烫等用电；电灶、烘焙、电热取暖、电热水器、电热水蒸气浴、电吸尘器等用电；空调设备用电（窗式空调器、立柜式空调机、冷冻机组及其配套的附属设备）；供给照明用的整流器用电；总容量不足 3kW 的晒图机、医用 X 光机、太阳灯、电热消毒等用电；总容量不足 3kW 的非工业用电力、电热用电而又无其他工业用电者；总容量不足 1kW 的工业用单相电动机，或不足 2kW 的工业用单相电热而又无其他工业用电者；大宗工业用户（受电变压器容量在 315kV·A 及以上）内的生活区或厂区里的办公楼、食堂、实验室的照明用电（车间照明除外）。

非工业电力电价负荷包括：服务行业的炊事电器用电，高层建筑的电梯用电，民用建筑采暖锅炉房的鼓风机、水泵用电等。

普通工业电力电价负荷包括：总容量不足320kV·A的工业负荷，如纺织合线设备用电、食品加工设备用电等。

（2）空调制冷负荷专用变压器供电　如图2-10a所示，空调制冷负荷由专用变压器供电，当在非空调季节空调设备停运时，可将专用变压器停运，从而达到经济运行的目的。

（3）电力和照明负荷分别由变压器供电　如图2-10b所示，将其中“空调制冷”改为“电力”，“照明和一般电力”改为“照明”，则电力负荷和照明负荷分别由变压器供电。

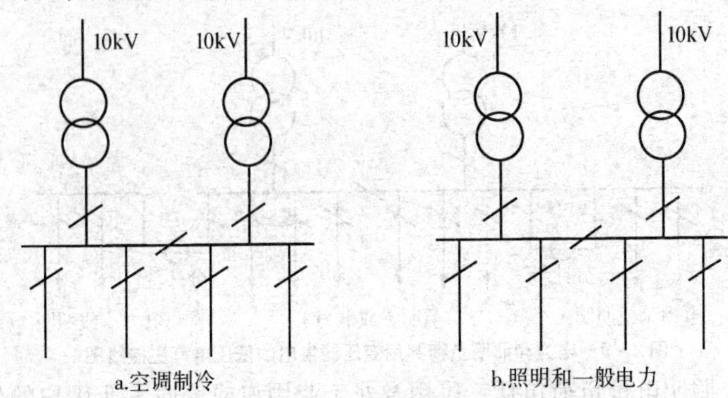

图2-10　空调制冷负荷专用变压器供电的低压电气主接线图

为满足消防负荷的供电可靠性要求，在采用备用电源时，变电所的低压电气主接线如图2-11、图2-12所示（注：两图未考虑不同电价负荷的分别计量）。

三、高压集中补偿线路

高压集中补偿是将高压电容器组集中装设在工厂变配电所的6~10kV母线上。这种补偿方式只能补偿6~10kV母线以前线路上的无功功率，而母线以后的厂内线路的无功功率得不到补偿，所以这种补偿方式的经济效果较低压集中补偿方式和单独就地补偿方式差。但这种补偿方式的初期投资较少，便于集中运行维

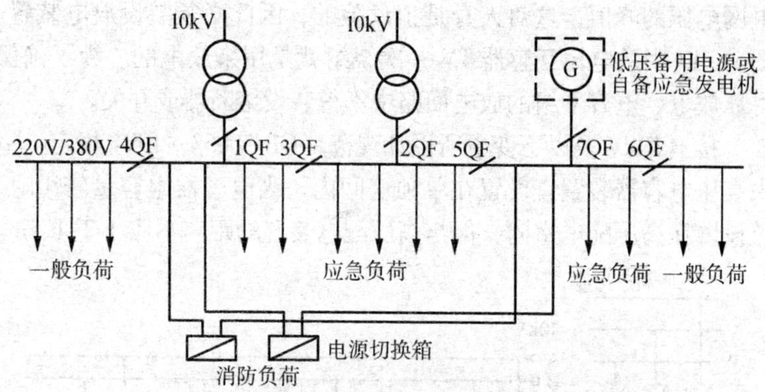

图 2－11　两台变压器加一路备用电源的低压电气主接线图

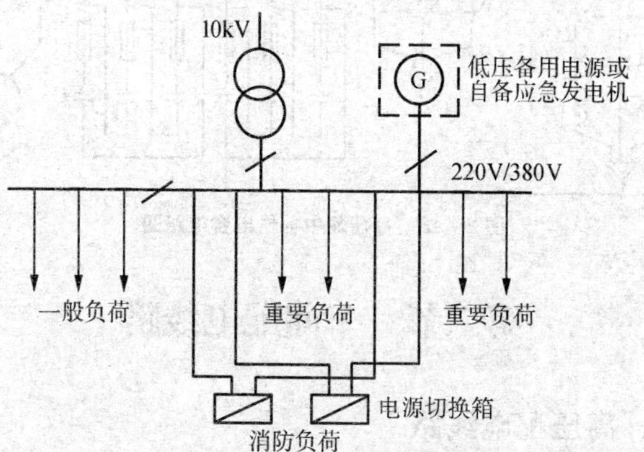

图 2－12　一台变压器加一路备用电源的低压电气主接线图

护，而且能对工厂高压侧的无功功率进行有效的无功补偿，以满足工厂总功率因数的要求，所以这种补偿方式在一些大中型工厂中应用相当普遍。

高压集中补偿电路如图 2－13 所示。该电路是接在变配电所 6～10kV 母线上的集中补偿的并联电容器组接线电路。这里的电容器组采用△连接，安装在成套电容器柜内。为了防止电容器被击穿时引起相间短路，所以△连接的各边均接有高压熔断器给以保护。

由于电容器从电网上切除时有残余电压，残余电压最高可达电网电压的峰值，这对人身是很危险的，因此必须装设放电装置。图 2 - 13 中的电压互感器 TV 一次绕组就是用来放电的。为了确保可靠放电，电容器组的放电回路中不得装设熔断器或开关。

按《10kV 及以下变电所设计规范》GB 50053—1994 规定，室内高压电容器装置宜设置在单独房间内。当电容器组容量较小时，可设置在高压配电室内，但与高压配电装置的距离不应小于 1.5m。

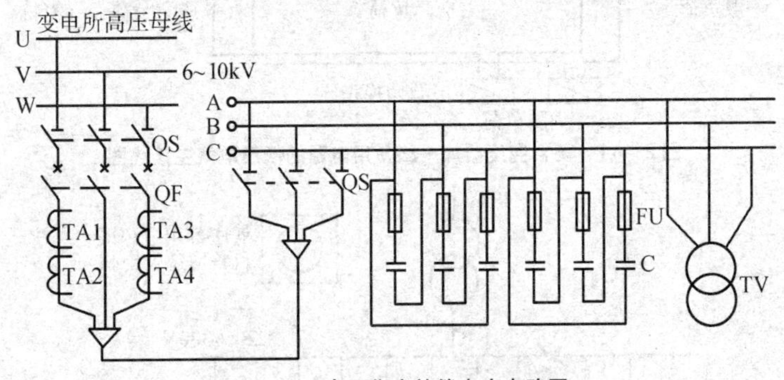

图 2 - 13　高压集中补偿电容电路图

第二节　车间配电线路

一、高压配电线路

1. 生产车间高压配电出线电路

该生产车间高压配电出线电路共有 6 路高压出线，如图 2 - 14 所示，其中有两路分别由两段母线经隔离开关 - 断路器配电给 2 号车间变电所，有一路由左段母线 WB1 经隔离开关 - 断路器供 3 号车间变电所，有一路由左段母线 WB1 经隔离开关 - 断路器供无功补偿的高压并联电容器组，还有一路由右段母线 WB2 经隔离开关 - 断路器供一组高压电动机用电。由于这里的高压配电线路都是由高压母线来电，因此其出线断路器需在其母线侧加装隔离开关，以保证断路器和出线的安全检修。

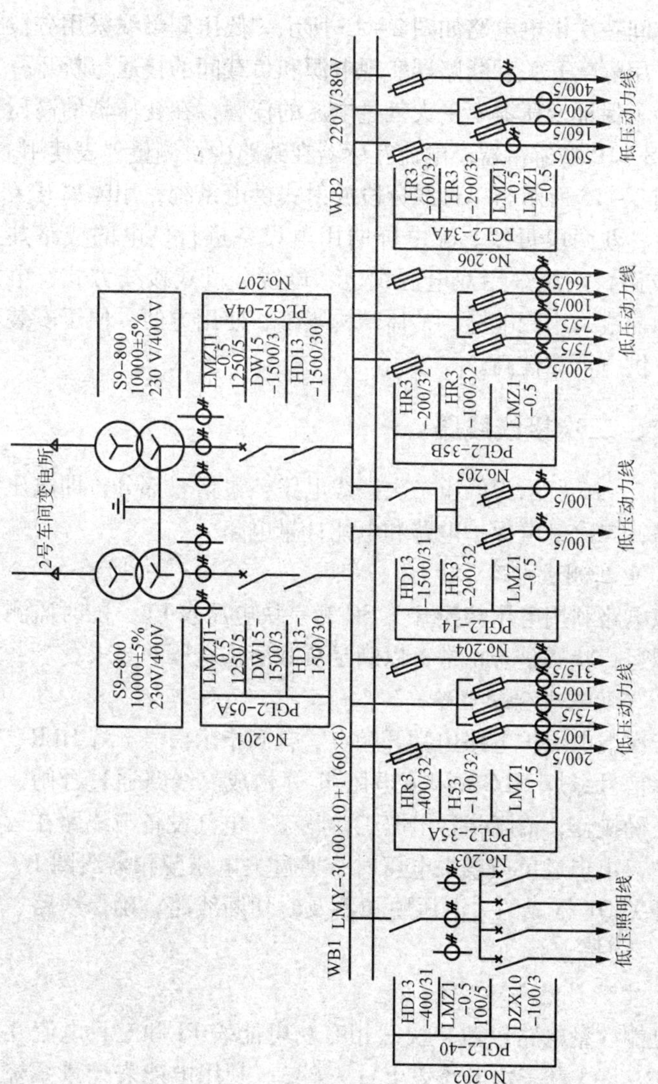

图2-14　生产车间高压配电出线电路图

2. 车间一次供电电路

车间一次供电电路如图 2－15 所示。低压侧母线采用分段式接线，用隔离开关和断路器实现电源和负载间的接通与断开。

为了保证变压器不受大气过电压的侵害，在变压器的高压侧装有 FS－10 型避雷器。电流互感器在线路中供测量仪表使用。

图 2－15 所示为单母线分段放射式供电系统，用隔离开关来联络Ⅰ、Ⅱ两段母线。配电屏向用电设备进行供电的线路共有 14 条支路，系统采用双电源供电、母线分段式接线方式，电源进线和配线采用配电屏，整体结构紧凑，使用方便，便于安装和维护，供电可靠性高。

二、二次接线线路

图 2－16 所示为低压二次接线电路，包括三部分，即电压测量电路、二次继电保护电路和电能计量电路。

1. 电压测量电路

该电路利用电压转换开关 SC 和一块电压表 PV，随时监测三相电源运行状态是否正常，以满足负载所需电压的要求。

2. 二次继电保护电路

二次继电保护电路由常开触点、合闸指示信号红灯 HLR、分闸指示信号绿灯 HLG、限流电阻 R 等构成。线路通过合闸、分闸的正确操作，清晰指示电路工作状态。电气设备与线路在运行过程中，出现过负荷或失电压时，通过失电压脱扣器线圈 FV 与负荷开关 QF 构成的失电压脱扣器及时切断线路，确保线路、设备和人身安全。

3. 电能计量电路

电能计量电路包括一块三相有功电能表 PJ 和三只电流互感器 TA1～TA3 及三块电流表 PA1～PA3。利用电能表计量系统用电量情况，利用电流互感器和电流表构成电流测量线路，用以监测线路电流正常与否。

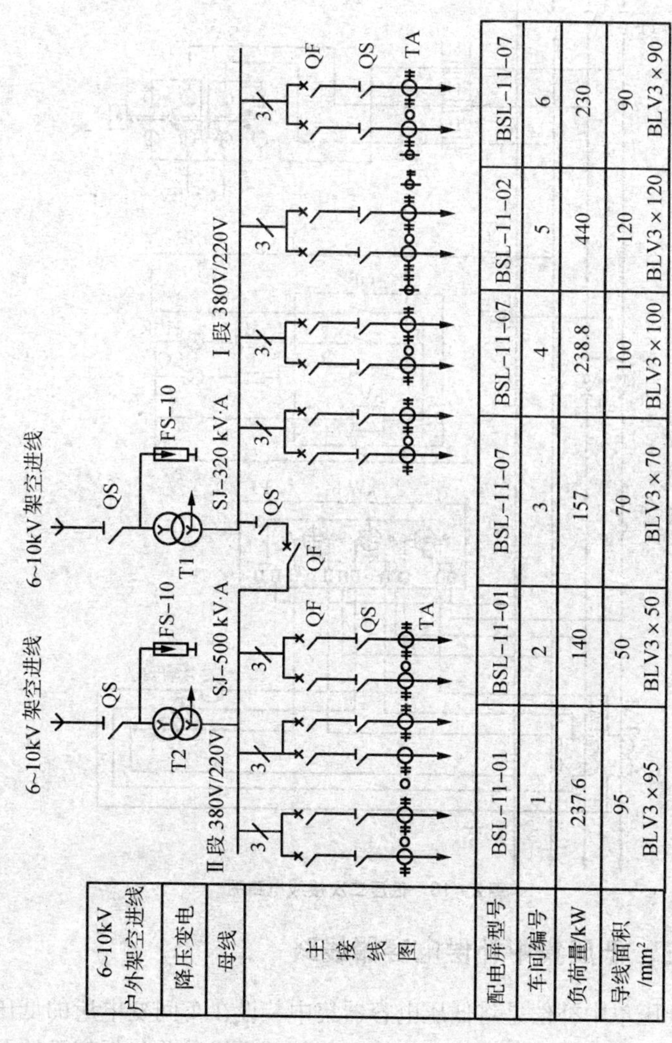

图2-15　车间一次供电电路图

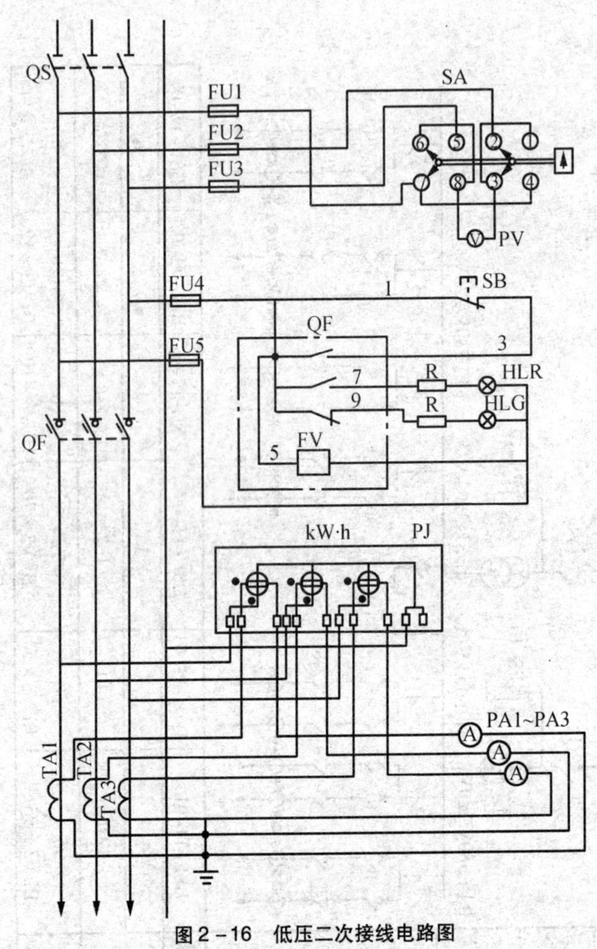

图 2－16　低压二次接线电路图

三、低压集中补偿电容器线路

低压集中补偿是将低压电容器集中装设在车间变电所的低压母线上。这种补偿方式能补偿变电所低压母线以前包括变压器及其前面高压线路和电力系统的无功功率。由于这种补偿方式能使变电所主变压器的视在功率减小，从而可选较小容量的主变压器，因此比较经济。特别是供电部门对工厂的电费制度通常实行的是两部分电费制（一部分是按每月实际用电量计算电费，称为电能电费；另一部分是按变压器容量计算电费，称为基本电费），主变压器容量减小，基本电费就减少了，可使工厂的电费开支减少，所以这种补偿方式在工厂中应用非常普遍。

低压电容器柜一般可安装在低压配电室内，与低压配电屏并列装设；只在电容器柜较多时才需考虑单设一房间。

图2－17所示是低压集中补偿的电容器组接线电路。这种低压电容器组，都采用△连接，通常利用220V、15～25W的白炽灯的灯丝电阻来放电（也有用专用的放电电阻来放电的），这些放电白炽灯同时也作为电容器组正常运行的指示灯。

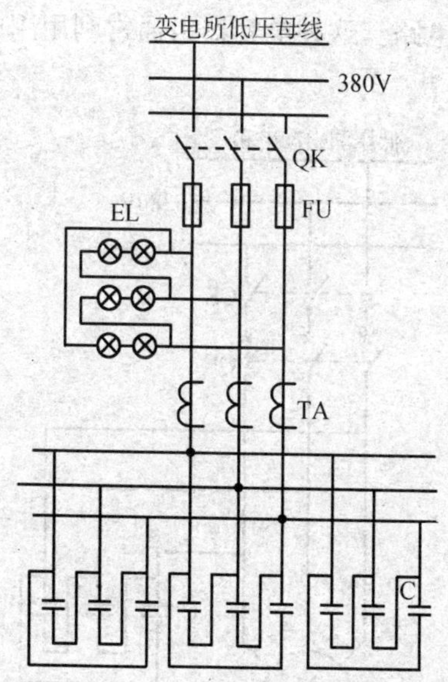

图2－17　低压集中补偿的电容器组接线电路图

四、单独就地补偿电容器线路

单独就地补偿，又称个体补偿或分补偿，是将并联电容器组装在需要进行无功补偿的各个用电设备旁边。这种补偿方式能够补偿安装部位以前的所有高低压线路和变压器中的无功功率，所以其补偿范围最大、补偿效果最好，应予优先采用。但是这种补偿方式总的投资较大，且电容器组在被补偿的用电设备停止工作时，它也将被一并切除，因此其利用率较低。这种单独就地补偿方式特别适合于负荷平稳、经常运转而容量又大的设备（如大型异步电动机、高频电炉等）采用，也适用于容量虽小但数量多且长时间稳定运行的设备（如荧光灯等）采用。对于供电系统中高压侧和低压侧基本无功功率的补偿，仍宜采用高压集中补偿和低压集中补偿的方式。

图 2－18 所示为直接接在异步电动机旁的单独就地补偿的低压电容器组接线电路。这种电容器组通常利用用电设备本身的绕组电阻来放电。

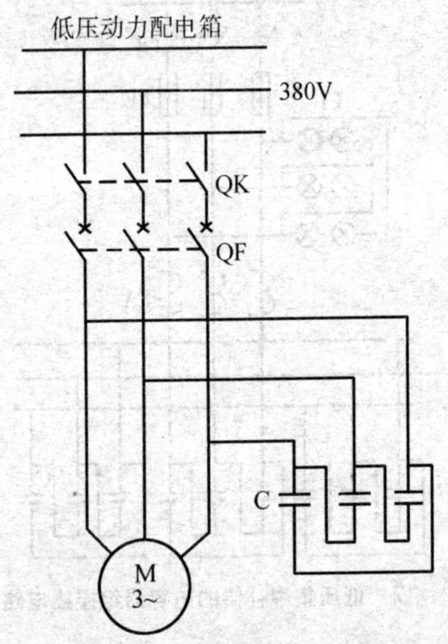

图 2－18　单独就地补偿的电容器组接线电路图

在工厂供电系统中，实际上多是综合应用上述各种补偿方式，以求经济合理地达到总的无功补偿要求，使工厂电源进线处在最大负荷时的功率因数不低于规定值，高压进线时一般不得低于0.9。

五、24h 自动投切电容器控制线路

这种控制方法是根据系统全天 24h 无功负荷的变化曲线，按时间程序投入（或切断）部分或全部补偿电容器。这种方法控制设备简单，操作方便，又可以防止无功功率倒送向电网。但由于这种控制方式是以时间作为调节依据，所以仅适用于负荷比较稳定、无功负荷变化有规律的场合。

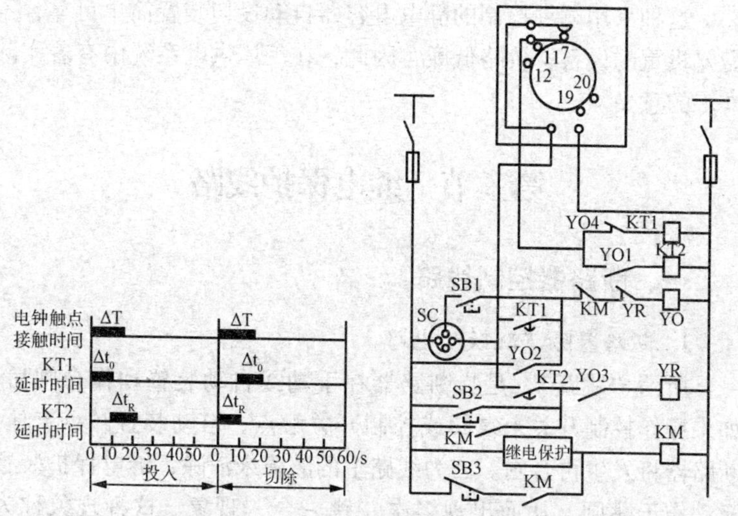

图 2－19　24h 自动投切电容器控制电路图

图 2－19 所示是一个按昼夜时间自动投切电容器的控制电路。该控制装置通过转换开关 SC 可进行手动控制，也可进行自动控制。现将其自动投切过程简单分析如下：

当电钟触头闭合时，操作电源经转换开关、电钟触头、合闸线圈的常闭触头 YO4，接通合闸时间继电器 KT1，KT1 的常开触点经延时 Δt_0 后闭合，这时合闸线圈 YO 通电将补偿电容器投入电网运行。之后，电钟触头断开，完成投入电容器过程。

当电钟到达规定切除时间，触头 YO1 闭合，跳闸时间继电器 KT2 的线圈通电，其常开触点经延时后闭合，操作电源经转换开关、跳闸时间继电器的触点、合闸线圈的触头 YO3 使跳闸线圈 YR 通电，这时串联在合闸线圈 YO 支路的常闭触头断开，合闸线圈失电，即把电容器从电网中切断。

若系统处于故障情况下，要求断开补偿电容器，则继电保护部分接通使中间继电器线圈通电，这样 KM 的常开触头闭合，使跳闸线圈 YR 通电，将补偿电容器从电网中切断。

这种采用电钟控制的静电电容器自动投切装置简单可靠，不需要贵重的设备，价格低廉，因此，在工厂供电系统中有着实际推广的意义。

第三节　继电保护线路

一、断路器控制线路

1. 断路器防“跳跃”电路

所谓“跳跃”，是指断路器在手动或自动装置动作合闸后，如果操作控制开关未复归或控制开关触点、自动装置触点卡住，断路器将发生再合闸。因为线路上的故障未消除，继电保护装置又动作于跳闸，从而出现多次“跳－合”现象。这种现象称为断路器的“跳跃”。

断路器如果发生多次“跳跃”，将造成断路器的遮断能力下降，甚至引起爆炸事故。所谓“防跳”，就是利用操动机构本身机械闭锁或另在操作回路上采取措施防止这种“跳跃”的发生，所以防止“跳跃”的目的是保护断路器。

断路器的“串联防跳”接线，如图 2－20 所示。图中 KCF 为专设的“防跳”继电器。如果控制开关位于“合闸后”的位置，SA5－8 触点接通，使断路器合闸后，如果保护动作，保护出口继电器 KCO 的常开触点闭合，使断路器跳闸，此时 KCF1 的电流线圈带电，其触点 KCF1 闭合。如果合闸信号未解除（如控制开关未复归，其触点 SA5－8 仍接通或 SA5－8 触点卡住），则 KCF 的电压线圈自保持，其触点 KCF2 断开合闸接触器回路，使断路器不能再合闸。只有合闸信号解除，KCF 的电压线圈断电后，接线才恢复原来状态。

断路器辅助触点 QF 断开较慢，保护出口继电器 KCO 复归，其触点便会先切断跳闸回路电流，从而使 KCO 触点烧坏，即 L＋→FU1→R→KCF3→KCFH 电流线圈→QF→YT→L－。并接 KCF3 后就可以避免这个问题。图中 KCF 型号为 DZB－115 型中间继电器，控制开关 SA 的型号为 LW2－Z－1a、4、6a、40、20、20/F8 型，R 为 25W、1Ω 电阻。

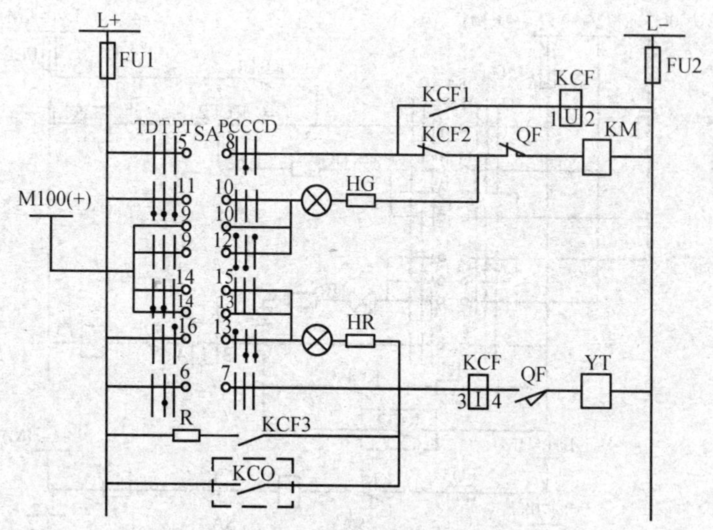

图 2－20　断路器的“串联防跳”电路图

2. 电磁操作灯光监视的断路器控制、信号电路

图 2－21 为电磁操作灯光监视的断路器控制、信号电路图。该图是针对直流电源为硅整流带电容器储能的变电所中的 3～10kV 断路器而设计的，控制电压为交流 220V 或交流 110V，图

中将信号灯的正电源接至 M726（+）小母线上。与跳闸线圈 YT 串联的红灯 HR 回路中串联有二极管 VD1，其作用是防止储能电容器向指示灯回路放电。因为在正电源与负电源之间并有电容器，若直流电源电压降低或消失时，由电容器储能装置放电，使保护装置可靠跳闸。图中若保护出口继电器动作，则 L+→FU1→KCO 常开触点→KCF3-4 电流线圈→断路器辅助常开触点 QF→跳闸线圈 YT→FU2→L-，形成回路，使 YT 带电，QF 跳闸。若没有 VD1，则正电源经 KCO 触点→HR→SA13-16→M726（+）上，此时 SA 位于“合闸”位置，SA13-16 通，电容器向 M726（+）上的信号灯回路放电，这样必然会影响断路器可靠跳闸。有了 VD1 可保证电容器只向跳闸回路放电。

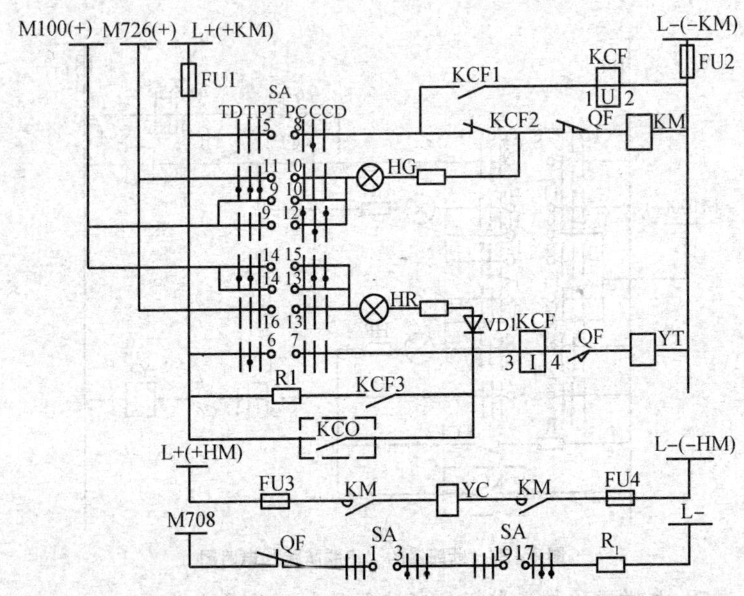

图 2-21 电磁操作灯光监视的断路器控制、信号电路图

3. 弹簧操作灯光监视的断路器控制、信号电路

弹簧操作灯光监视的断路器控制、信号电路如图 2-22 所

示。该图控制电压为交流220V或交流110V。该电路图适用于直流电源为镍隔电池或免维护铅酸蓄电池直流屏的发电厂和变电所中的断路器控制、信号系统。

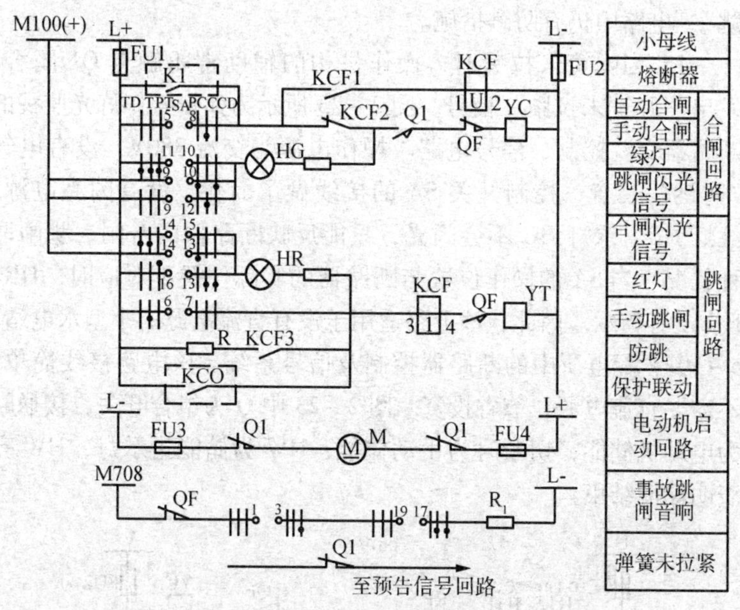

图2－22　弹簧操作灯光监视的断路器控制、信号电路图

该电路的工作原理与电磁操作的断路器相比，有以下特点：

1）当断路器无自动重合闸装置时，在其合闸回路中串联有操动机构的辅助常开触点Q1。只有在弹簧拉紧到位、Q1闭合后，才允许合闸。

2）当弹簧未拉紧时，操动机构的两对辅助常闭触点Q1闭合，启动触能电动机M，使合闸弹簧拉紧。弹簧拉紧后，两对常闭触点Q1断开，合闸回路中的辅助常开触点Q1闭合，电动机M停止转动。此时，进行手动合闸操作，合闸线圈YC带电，使断路器QF利用弹簧存储的能量进行合闸。合闸弹簧在释放能量后，又自动储能，为下一次动作做准备。

3）当断路器装有自动重合闸装置时，由于合闸弹簧正常运行处于储能状态，所以能可靠地完成一次重合闸动作。如果重合不成功又跳闸，将不能进行第二次重合，但为了保证可靠“防跳”，电路中仍有防跳措施。

4）当弹簧未拉紧时，操作机构的辅助常闭触点 Q1 闭合，发出“弹簧未拉紧”信号。图 2-23 所示为弹簧操作灯光监视的断路器交流控制、信号电路。操作电源为交流 380V，没有电气“防跳”装置，控制开关 SA 的接线做了简化，没有闪光电源，红灯 HR、绿灯 HG 不会闪光，只能反映断路器的合闸、跳闸两种状况。当 SA 的操作位置与断路器的实际位置不对应时，HR、HG 没有指示。因此，该电路适用于没有直流电源的小型水电站、6~10kV 配电所中的断路器控制及信号系统。该电路接线简单，不需要直流电源，节省投资。图 2-23 中 Q 为组合开关，接通时为电动机储能，切断时为手动储能，HW 为储能指示灯，HW 亮表明储能结束。

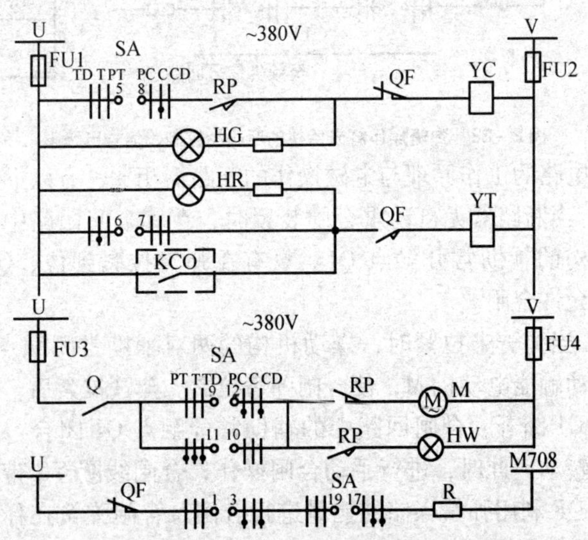

图 2-23　弹簧操作灯光监视的断路器交流控制、信号电路图

二、固定式开关柜交流控制、信号线路

固定式开关柜交流控制、信号电路如图 2－24 所示。控制电压为 220V，储能电动机为交流电动机，音响回路为 220V 电源。Q1 为电动机储能选择开关。控制方式有两种，即远方控制和现场控制。远方控制通过开关 SA 实现，现场控制通过按钮 SB1、SB2 实现，红绿灯也设两套，控制、保护、合闸回路共用一个电源，保护装置装于柜内，接线非常简单。电动机储能时，操作储能控制开关 Q1，即 U→FU1→Q1→RP 常闭触点→KC→FU2→N，KC 带电后，其常开触点 KC 闭合，电路 U→FU1→Q1→KC 常开触点→M→FU2→N，电动机开始储能。HW 为储能信号灯，当电

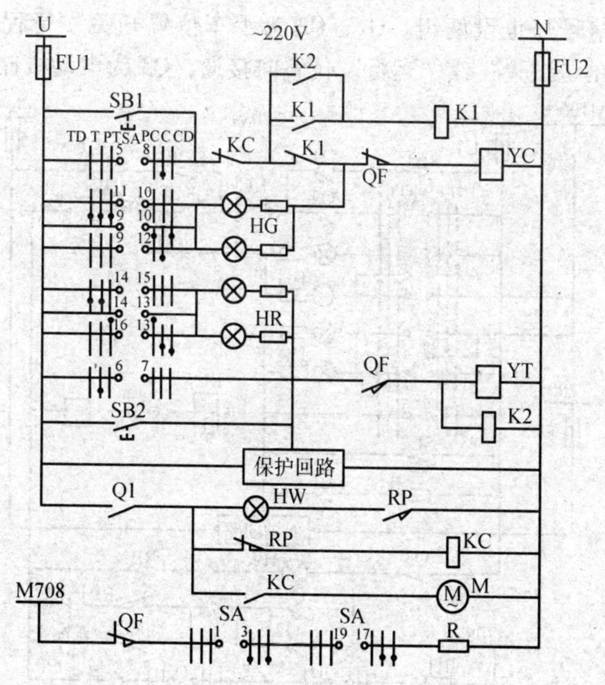

图 2－24　固定式开关柜交流控制、信号电路图

动机转到储能（满行程）位置时，行程开关常开触点 RP 闭合，HW 指示灯亮，表明电动机储能结束，准备好下一次合闸。当交流电源消失时，只能手动合、跳闸。该接线图适用于没有直流电源的变电站或变（配）电所弹簧操作的断路器控制及信号系统，断路器电压等级为 10kV 及以下。

三、手车式开关设备控制、信号线路

1. 手车式开关设备直流控制、信号电路

手车式开关设备直流控制、信号电路如图 2－25 所示。操作电源为 220V，断路器使用弹簧操作机构。图中控制回路和保护回路分开设置。控制方式设有现场操作和远方控制两种，与之对应的信号灯也设两组。Q1、Q2 为手车位置开关（行程开关），手车在“试验”或“运行”位置时接通，Q3 为电动机储能方式

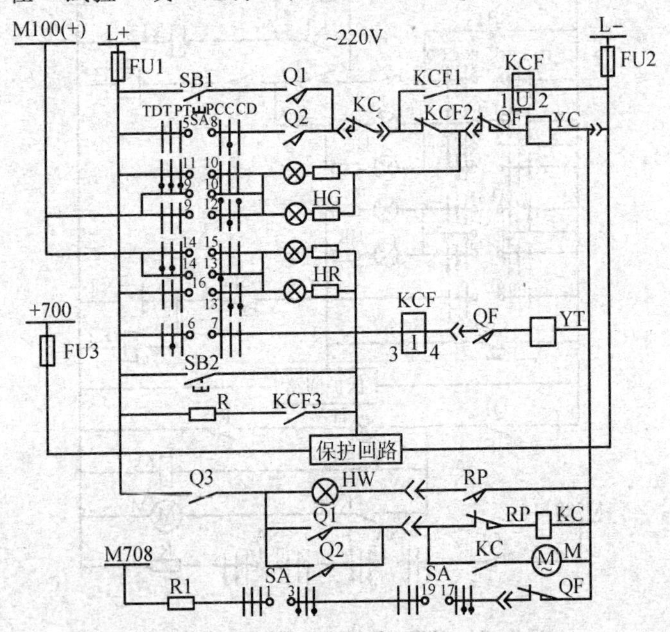

图 2－25　手车式开关设备直流控制、信号电路图

选择开关，Q1、Q2 为 XN2 型、Q3 为 KN3－A 型。中间继电器 KC 作为行程开关的重复继电器，作用是扩大输出接点，型号为 DZ－15/220 型。手车内装有断路器辅助接点 QF，合、跳闸线圈 YC、YT，储能电动机 M，行程开关 RP，中间继电器 KC 等设备。动作原理同弹簧操作灯光监视的断路器控制、信号电路（图 2－23）相似。接线图适用于发电厂、变电所、配电所的断路器控制、信号系统，并且装有镍镉电池或免维护铅酸蓄电池直流设备场合。

2. 手车式开关设备交流控制、信号电路

手车式开关设备交流控制、信号电路如图 2－26 所示。图中操作电源为 220V，断路器适用弹簧操作机构，与图 2－25 相似，控制方式设有现场操作和远方控制两种，与之对应的信号灯也设两组。

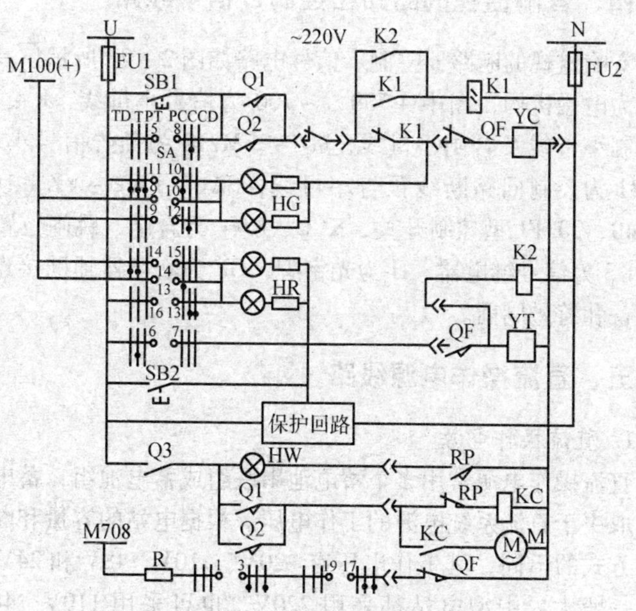

图 2－26　手车式开关设备交流控制、信号电路图

Q1、Q2为手车位置开关（行程开关），手车在“试验”或“运行”位置时接通。Q3为动电机储能方式选择开关，Q1、Q2为XN2型、Q3为KN3－A型。K1、K2为DZJ－204/220型中间继电器，其作用是“防跳”。当开关SA5－8接通，使断路器合闸后，若保护动作，出口继电器启动跳闸回路，使YT带电跳闸，同时K2也带电，其常开触点闭合，使K1回路接通。此时SA如仍在“合闸”位置，SA5－8接通，由于K1带电，其常闭触点断开，同时断开合闸回路，避免了断路器再次合闸，从而起到“防跳”作用。该电路适用于没有直流电源的小型水电站，3～10kV配电所中的断路器控制、信号系统。该电路还带有交流闪光装置，若不需要闪光时，可把信号灯接至控制交流母线上。其储能回路、合闸回路、跳闸回路同图2－25直流控制、信号电路。

四、音响监视的断路器控制、信号线路

音响监视的断路器控制、信号电路如图2－27所示，其操作机构为电磁机构，图中＋700、－700为信号小母线，L＋、L－为控制小母线及合闸小母线，M709、M710为预告信号小母线，M7131为控制回路断线预告小母线，SA为LW2－YZ－1a、4、6a、40、20/F1型控制开关，KCC、KCY为合闸、跳闸位置继电器，KS为信号继电器，H为光字牌，QF为断路器辅助接点。其他设备和符号同前。

五、直流操作电源线路

1. 直流操作电源

直流操作电源常用多个蓄电池串联组成蓄电池组，蓄电池的数目取决于直流系统电源的工作电压。根据电站的容量和断路器控制方式的不同，其工作电压有220V、110V、48V和24V等几种。一般大、中型电站都采用220V，也可采用110V；48V或24V只适用于农村小水电站。

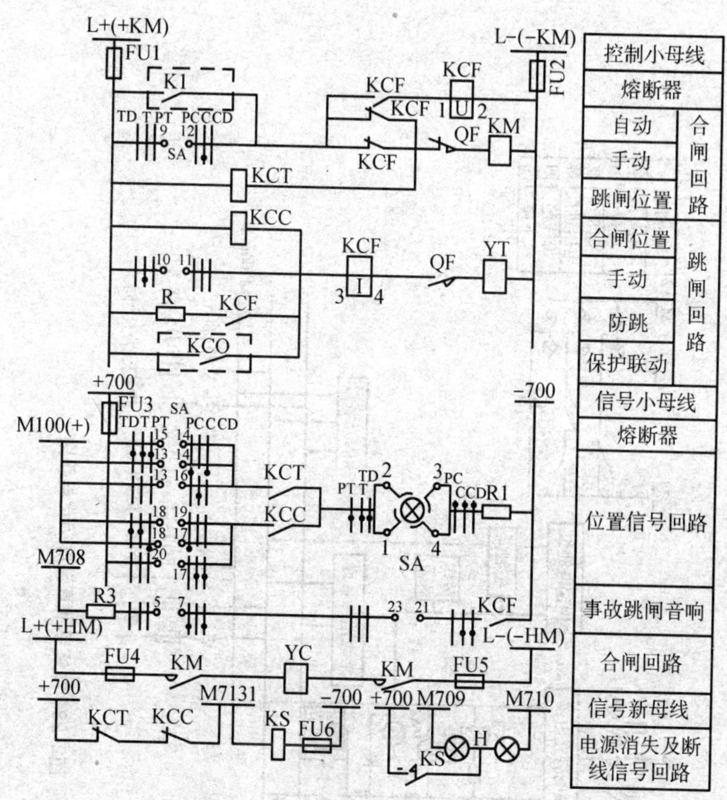

图 2-27 音响监视的断路器控制、信号电路图

图 2-28 所示为镍镉电池直流屏简化电路图。该装置设一组镍镉电池组、一台充电器，电池按浮-充电方式运行。两回交流电源，一回供合闸母线整流用，另一回经整流后供控制母线及电池浮充电用。直流输出回路 9 回，其中合闸 4 回，控制、保护和信号 5 回。

图 2-28 中，交流输入、直流输出回路选用自动开关，并设有熔断器保护。母线上设有绝缘监视装置、闪光装置、稳压装置，装有合闸、控制母线电压过低及母线绝缘水平下降等信号，并装有母线电压表、电池充电电流表、控制回路电流表。

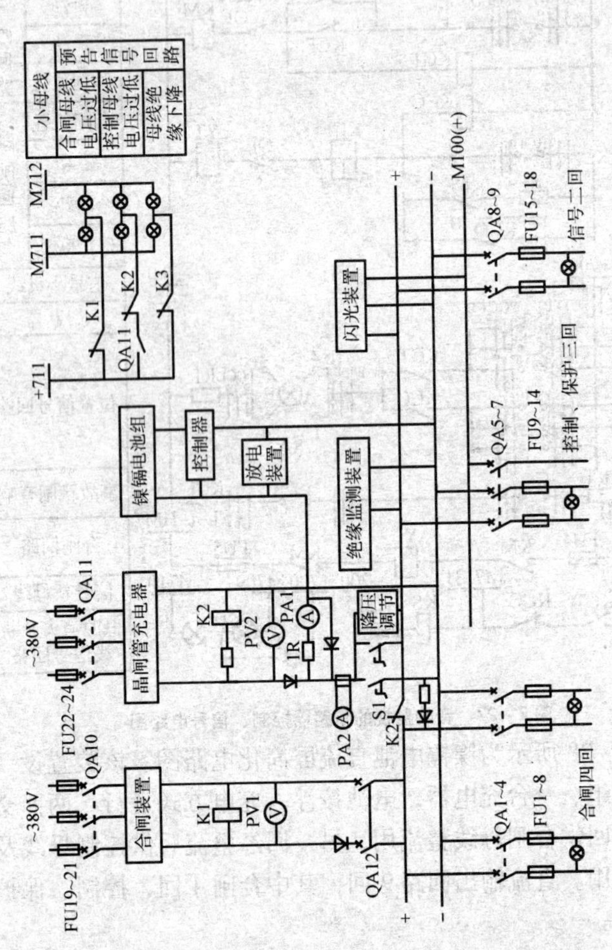

图2-28 镍镉电池直流屏简化电路图

本电路方案适用于小型水电站、35kV 变电所以及容量在 100A · h 以下的场所。

2. 整流操作的直流电源回路

采用整流操作电源或交流操作电源均要求有可靠的交流电源。此电源不仅能在正常运行方式下保证供给操作电源，而且在全站停电后，仍能实现对断路器的操作（手动合闸自操作机构例外）。

为了节省投资和简化维护工作量，在一些小型水电站及变电所，采用硅整流型直流操作电源。硅整流电容储能直流系统通常由两组整流器 UF1、UF2，两组电容器组 CⅠ、CⅡ，两台隔离变压器 T1、T2，以及相关的开关、电阻、二极管、熔断器组成，如图 2－29 所示。硅整流电容储能装置广泛应用于35kV 变电站的直流电源。

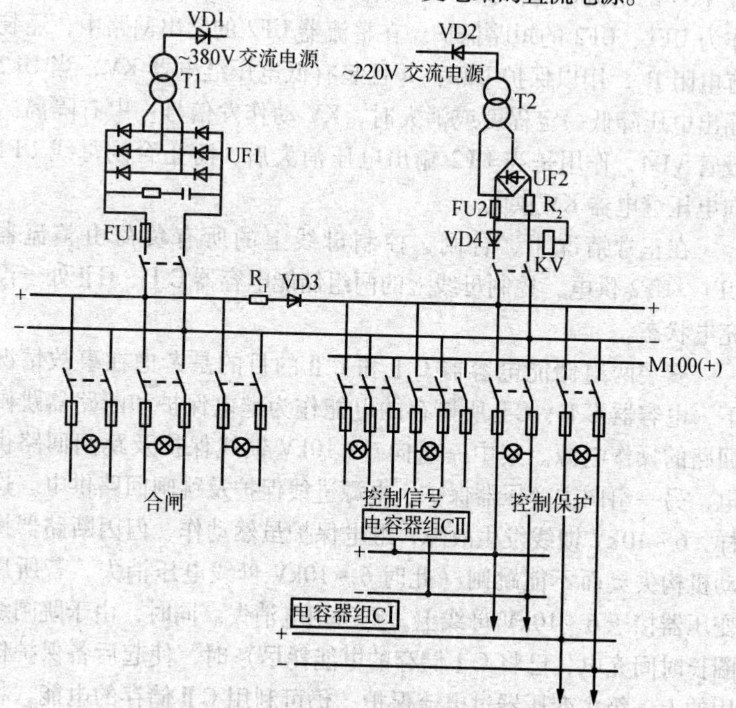

图 2－29　硅整流电容储能直流系统电路图

图2-29中设计有380V、220V交流电源各一路，分别经隔离变压器T1、T2，通过桥式整流器UF1、UF2向合闸和控制母线供电。图中硅整流器UF1是供断路器合闸用的，容量较大。为保证直流母线电压为220V，应用了隔离变压器T1，其二次侧设有抽头，辅以实现电压调节，T1还起到隔离交流侧（中性点接地系统）与直流侧的作用。硅整流器UF2仅向操作母线供电，容量较小，与UF1一样，也应用了隔离变压器，通过调节UF2的抽头可使直流母线上的电压保持220V。合闸母线与控制母线经二极管VD3及电阻R_1隔离。VD3起逆止阀作用，只允许合闸母线向控制母线供电，电阻R_1用来限制控制母线发生短路时流过VD3的电流，起保护VD3的作用。FU1、FU2为快速熔断器，作为UF1、UF2的短路保护。在整流器UF2的输出回路中，还装有电阻R_2，用以保护UF2；并且装有低电压继电器KV，当UF2输出电压降低一定程度或消失时，KV动作发信号；串有隔离二极管VD4，作用是当UF2输出电压消失后，防止合闸母线UF1向电压继电器KV供电。

在正常情况下，合闸、控制母线上的所有负荷由整流器UF1、UF2供电，控制母线上的两组储能电容器CⅠ、CⅡ处于浮充电状态。

安装两组储能电容器CⅠ和CⅡ的目的是考虑在事故情况下，电容器CⅠ、CⅡ所储存的电能作为继电保护和断路器跳闸回路的操作电源。其中一组向6~10kV馈线保护及跳闸回路供电，另一组向主变压器保护、电源进线保护及跳闸回路供电。这样，6~10kV馈线发生故障，继电保护虽然动作，但因断路器操动机构失灵而不能跳闸（此时6~10kV母线电压消失，若所用变压器接于6~10kV母线上，则所用电消失。同时，由于跳闸线圈长时间充电，已将CⅠ储存的电能耗尽）时，使起后备保护作用的上一级主变压器过电流保护，仍可利用CⅡ储存的电能，将故障切除。CⅠ、CⅡ充电回路中二极管VD1、VD2起逆止阀作用，用来防止在事故情况下，CⅠ和CⅡ向接于控制母线上的其他回路放电。利用二极管VD1、VD2将它与其他回路隔开，这样可以避免两组电容器同时向同一个保护回路放电。

这种直流系统的缺点是：断路器合闸于短路故障时，合闸电源电压大幅下降，使断路器合闸不到底。另外，由于分闸弹簧未拉紧，分闸时达不到规定的“刚分速度”而延长燃弧时间，可能会导致断路器爆炸事故。为此，断路器可采用弹簧操动机构。因此，硅整流带电容储能的电源装置只是在35kV变电所使用，在水电站和110kV及以上的变电所很少采用。

3. 直流系统的电压监视电路

电压监视装置用来监视直流系统母线电压，其典型电路如图2－30所示。

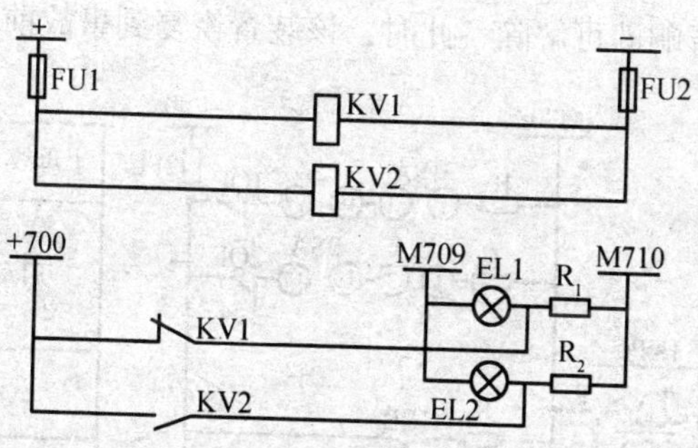

图2－30　电压监视装置典型电路图

图中KV1为低电压继电器，KV2为过电压继电器。当直流母线电压低于或高于允许值时，KV1或KV2动作，点亮光字牌EL1或EL2，发出预告信号。

由于直流母线电压过低，可能使继电保护装置和断路器操动机构拒绝动作；电压过高，对长期带电的继电器、信号灯会损坏或缩短使用寿命。所以，通用低电压继电器KV1动作，电压整定为直流母线额定电压的75%；过电压继电器KV2动作，电压整定为直流母线额定电压的1.25倍。

六、事故信号线路

1. 由CJ1型冲击继电器构成的事故信号装置

由CJ1型冲击继电器构成的事故信号装置接线如图2－31所示。图中的1KPC为冲击器。其工作原理为：当断路器事故跳闸，控制开关位置与断路器位置不对应时，或者当班人员按下试验按钮1SB时，事故音响小母线M708与负信号小母线－700接通，冲击器1KPC通电动作，其常开触点KP闭合，启动中间继电器KC。KC通电后，其常闭KC1启动蜂鸣器HAU发出事故音响。KC2闭合实现自保持。KC3闭合接通1KPC继电返回线圈，使1KPC复归，准备好下一次再动作。当值班人员听到警报后，按下音响按钮2SB，中间继电器KC的自保持回路被切断，KC立即复归，音响即可解除，此时，该装置恢复到事故前的状态。

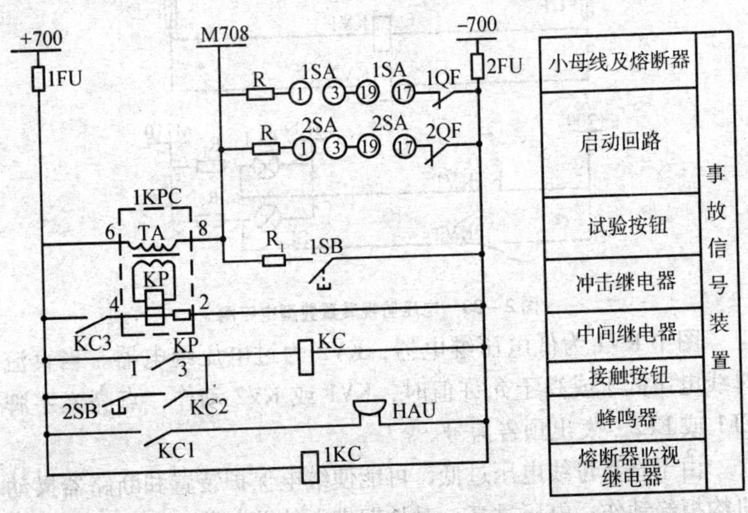

图2－31 由CJ1型冲击继电器构成的事故信号装置接线图

继电器1KC是熔断器1FU和2171J的监视继电器。当事故音响回路失去直流操作时，KC3复归，其常开触点闭合，启动预告信号回路，发出信号电源消失的预告信号。

2. 由 ZC－23 型冲击继电器构成的事故信号装置

ZC－23 型冲击继电器内部接线图如图 2－32 所示。图中 TA 为脉冲变压器；KR 为单触头干簧继电器，为执行元件；1KR 为多触头干簧继电器，为出口中间元件；二极管 VD2 和电容器 C 起抗干扰作用；二极管 VD1 可旁路掉因一次回路电流突然减少而产生反方向电动势在二次回路引起的电流，使其不流入 KR 线圈。

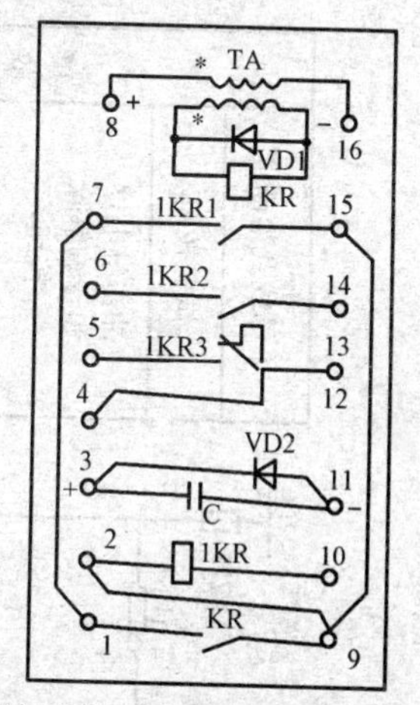

图 2－32　ZC－23 型冲击继电器内部接线图

图 2－33 所示为由 ZC－23 型冲击继电器构成的事故信号装置的接线图。二极管 VD2 和电容器 C 并联于 TA 一次线圈两端，KR 和二极管 VD1 串联于 TA 二次线圈回路。

整个装置工作原理为：当某一断路器事故跳闸后，其相应的不对应回路接通，在脉冲变压器 TA 一次线圈中，有瞬变电流通过，它产生的变化磁通在 TA 的二次线圈中产生感应电动势，使执行元件 KR 动作，启动出口继电器 K，其相应常开触点 K2 闭合启动蜂鸣器 HAU，发出事故信号。同时其相应常开触头 K1（与 KR 触头并联）闭合，以实现自保持，防止 KR 触头在 TA 二次线圈感应电动势消失后返回导致 K 线圈失电。其相应常开触点 K3 闭合，启动时间继电器 KT，其相应常开触头 KT 按时间整定时限延时闭合，启动中间继电器 1KC，其相应常闭触点 1KC 断开，从而切断继电器 K 的线圈回路，使其触头复归，于是事故音响自动解除，整个装置恢复到原来的状态。当第二个断路器发生故障时，由于两条不对应回路并联接通，则在第一个事

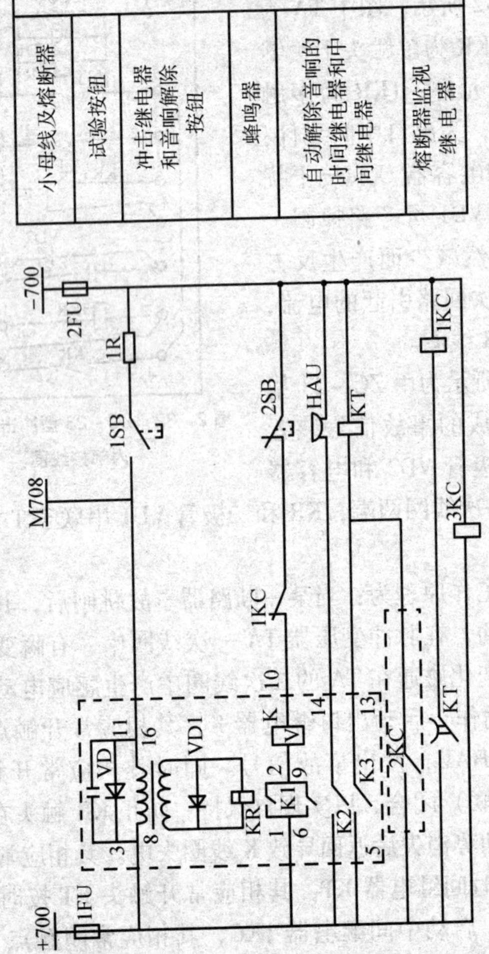

图2-33 由ZC-23型冲击继电器构成的事故信号装置接线图

故信号稳定电流的基础上，再叠加一个瞬变电流，TA 二次侧再次产生感应电动势，事故信号再次启动，启动过程同上，这就实现了事故信号的重复动作。图中触头 2KC 是由预告信号装置引来，从而使自动解除音响用的时间继电器 KT 和中间继电器 1KC，成为事故信号和预告信号两套音响装置共用的元件。2SB 为手动解除音响按钮，在音响时间过长时，可使用它使音响消失。

3. 由 ZC－23 型冲击继电器构成的中央预告信号电路

由 ZC－23 型冲击继电器构成的中央预告信号接线图如图 2－34所示。图中 M709、M710 为预告信号小母线，SB、SB2 为试验按钮，SB4 为音响解除按钮，SM 为转换开关，K2、K3 为冲击继电器，KC2、KT2、KS 分别为中间继电器、时间继电器、信号继电器，KVS2 为电源监视继电器，EL1、EL2 为光字牌，HW 为监视灯，HAB 为警铃。

预告信号设置 0.2～0.3s 的短延时，并使其具有冲击自动复归的特性，以避免某些瞬时性故障误发信号和满足某些异常状态不需要瞬时发信号的要求。实际上在故障信号里，有一些故障是暂时性的，还有一些故障是回路在切换中误发的，若能稍加延时，就能避免发出这些信号，以减少对值班人员的干扰。所以，对有可能误发信号或不需要瞬时通知值班人员的信号（如电压回路断线、分相操作的断路器三相位置不一致等），应延时预告信号。本电路中利用两只冲击继电器反极性串联，就是为了实现其冲击自动复归特性。

其动作过程如下：

（1）预告信号启动　将 SM 置于“工作”位置，SM13－14、SM15－16 触点接通，如果此时发生异常，结合图 2－34 所示，K 触点闭合，使＋700→FU1→K→H→M709→SM13－14（或 M710→SM15－16）→K2→K3→FU2→－700，形成通路，出现电流突变，在两只冲击继电器脉冲变流器的二次侧均感应脉冲电动势，

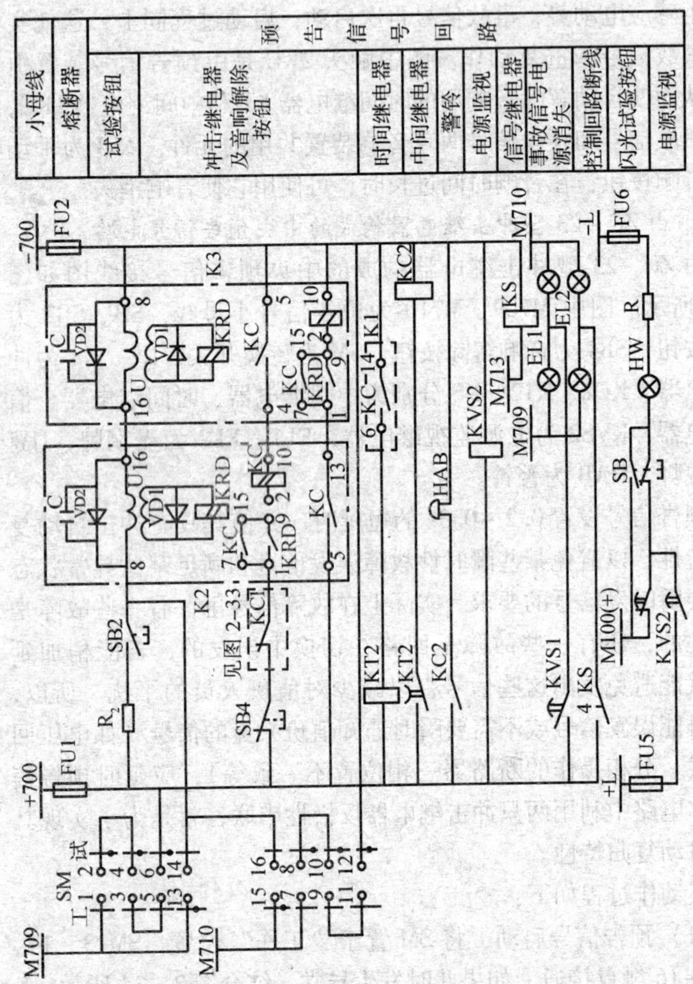

图2-34 由ZC-23型冲击继电器构成的中央预告信号接线图

由于 K3 的脉冲变流器是反向连接，其二次侧感应电动势被其二极管 VD1 短路，因此，只有 K2 的干簧继电器 KRD 动作，其常开触点闭合，启动中间继电器 K2→KC，K2→KC 的一对常开触点实现自保持；另一对常开触点闭合，使 K1 端子的 6 和 14 接通，启动 KT2，KT2 经 0.2 ~ 0.3s 的短延时后触点闭合，又去启动 KC2，KC2 常开触点闭合接通 HAB 回路，发出音响信号。同时相应光字牌也会亮，示出异常的性质。

（2）预告信号的复归　如果 K12 的延时触点尚未闭合，异常消失，出口继电器 K 触点返回，则由于脉冲变流器 K2 - U、K3 - U 的一次电流突然减少或消失，相应的二次侧将感应出负的脉冲电势。此时 K2 - U 二次侧的脉冲电势被其二极管 K2 - V1 短路，相反，干簧继电器 K3 - KRD 动作，启动 K3 - KC，K3 - KC 的一对常开触点闭合自保持；其常闭触点断开（K3 的端子 4 和 5 断开），切断 K2 - KC 的自保持回路，使 K2 - KC 复归，KT2 也随之复归，预告信号即不能发出，实现了冲击自动复归。

如果延时自动复归时，2KC 的另一对常开触点闭合（图 2 - 33），启动事故信号回路中 KT（此时间继电器为事故信号和预告信号公用），经延时后又启动 1KC，1KC 的常闭触点断开，在两图中，复归事故和预告信号回路中的所有继电器，并解除音响信号，实现了音响信号的延时自动复归。按下 SB4 可实现音响信号的手动复归。

（3）预告信号的重复动作　预告信号的重复动作是靠突然并入启动回路一电阻，使流过冲击继电器中变流器一次侧电流发生突变来实现的。光字牌中的灯泡即为电阻。

（4）光字牌检查　将 SM 置于“试验”位置，即可对光字牌中的灯泡进行检查。全亮表示光字牌完好，不亮的灯泡应更换。

（5）预告信号的监视　预告信号回路的电源用 KVS2 监视，正常时 KVS2 带电，其延时断开的常开触点闭合，信号灯 HW 亮。如果熔断器熔断、接触不良或回路断线，其常闭触点将闭合，信号灯 HW 变为闪光。

七、自动重合闸装置信号线路

1. 自动重合闸装置动作信号电路

自动重合闸装置的动作是由灯光信号指示。在每条线路（或变压器）的控制屏上装有“自动重合闸动作”光字牌信号。当线路发生故障断路器自动跳闸后，如果自动重合闸装置动作，将线路自动重合闸，若重合闸成功，则线路恢复正常供电，此时不希望发出预告音响信号，因为线路事故跳闸时，已有事故音响信号发出，足以引起值班人员的注意。此时只要求将已自动重合闸的线路光字牌点亮即可。所以“自动重合闸动作”光字牌不宜接至预告信号小母线 M709、M710 上，而是直接接至信号负电源小母线 -700 上，其接线如图 2-35 所示。

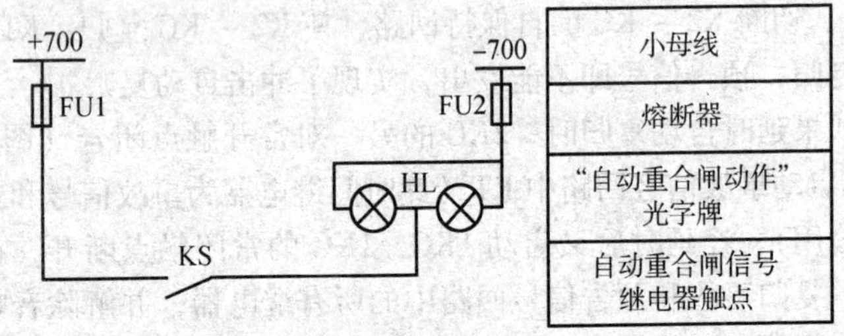

图 2-35 自动重合闸装置动作信号接线图

2. 闪光装置回路

发电厂和变电所的直流系统通常装有闪光装置，作为断路器位置信号灯的闪光电源，闪光装置由两个中间继电器 KC1、KC2，一个试验按钮 SB 和一个信号灯 HL 构成，其电路如图 2-36 所示，其启动回路如图 2-37 所示。

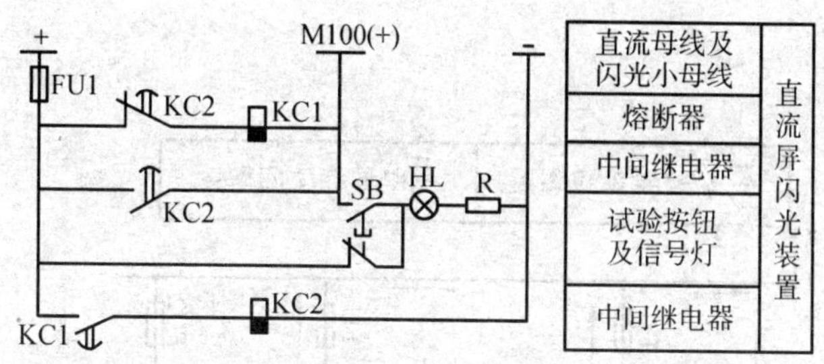

图2-36 闪光装置接线图

当某一断路器的位置与其控制开关不对应时，负电源即通过“不对应”回路与闪光母线 M100（+）接通，使中间继电器 KC1 带电（由于 KC1 的动作电压较低，所以即使在其回路中串联信号灯和操作线圈，也不影响其正常启动），其常开触点闭合，启动中间继电器 KC2，KC2 启动后其常闭触点断开 KC1 的线圈回路，其常开触点闭合使正电源接至闪光母线 M100（+）上，这时电压正极到负极的回路中少了 KC1 线圈，回路电阻减少，使“不对应”回路的信号灯发出较强的光。KC1 的线圈断电后，其常开触点带延时返回，切断 KC2 的线圈回路，KC2 断电后，其常开触点打开，使直流正电源与 M100（+）母线断开，同时，其常闭触点闭合，使 KC1 线圈再次通电，直流正电源经 KC1 的线圈与 M100（+）接通，“不对应”回路中的信号灯由于与 KC1 的线圈相串联而变暗。如此重复动作下去，信号即连续一明一暗地发出闪光。

为了试验闪光装置的完好性，装设了试验按钮 SB 和信号灯 HL。信号灯 HL 经 SB 的常闭触点接于正负电源之间，起监视闪光装置直流电源及熔断器 FU1 和 FU2 的作用。当按下试验按钮 SB 时，信号灯 HL 随即切换至闪光母线 M100（+）上，如果闪光装置工作正常，则信号灯 HL 发出明显的闪光。

要求闪光装置在直流母线电压降低至额定值的 80% 时，仍能照常工作，为此需正确选用中间继电器 KC1 的参数。

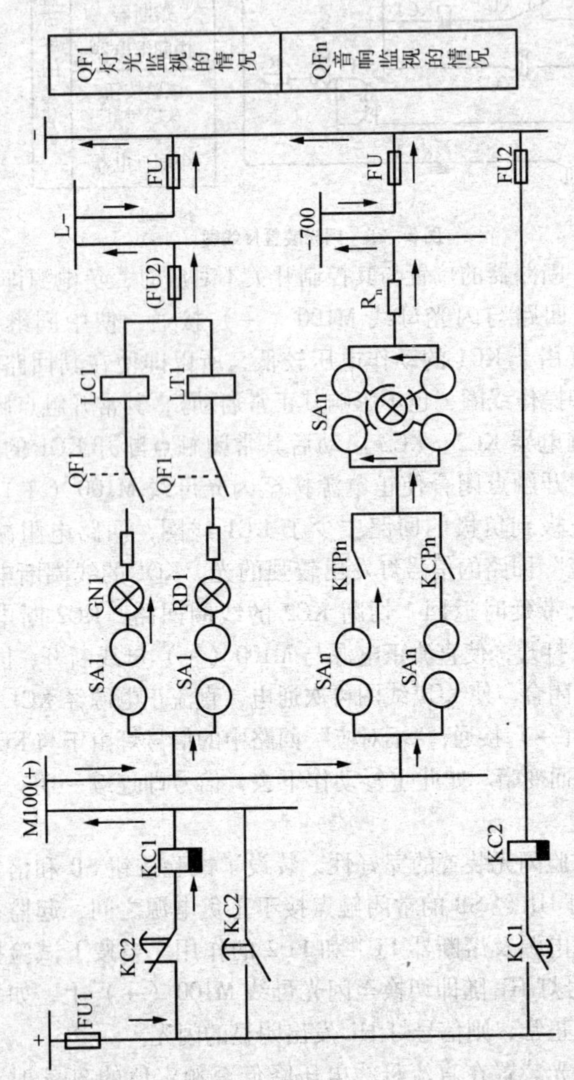

图2-37 闪光装置的启动回路

除此之外，利用闪光继电器构成的闪光装置也已得到广泛应用，其优点是接线简单、噪声小而且闪光比较均匀。发电厂和变电所的直流系统通常装有闪光装置，作为断路器位置信号灯的闪光电源，图2－38所示为由DX－3型闪光继电器构成的闪光装置接线图。

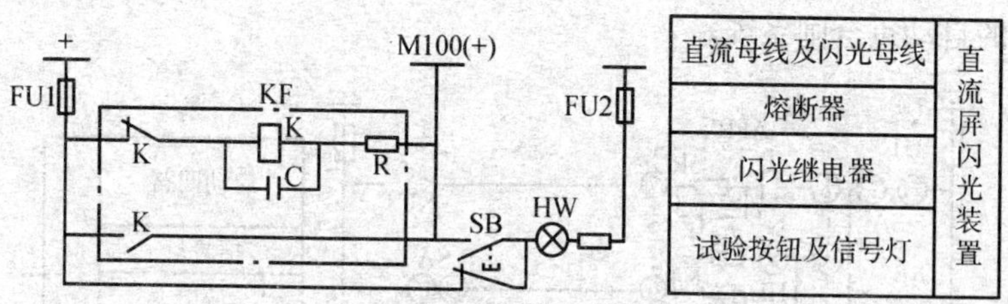

图2－38 由DX－3型闪光继电器构成的闪光装置接线图

试验按钮SB和白色信号灯HW用来检查回路是否完好，正常运行时，闪光装置不动作，HW亮，表示直流电源和熔断器完好。

当按下按钮SB时，闪光小母线M100（+）通过SB的常开触点、HW和R接至负电源，闪光继电器K的绕组回路接通，HW两端电压很低而变暗，与K绕组并联的电容器C开始充电。经过一定延时后，当电容器C两端电压升到K的动作电压时，K动作，其常开触点闭合，使M100（+）又接至正电源，HW由于两端电压突然升高而变亮。与此同时，K的常闭触点断开，C开始对K绕组放电，经过一段延时，当C两端电压降到K返回电压时，K复归，HW又变暗。接着C又开始充电，如此重复上述过程，使HW连续闪光，直到松开试验按钮SB为止。

可见，M100（+）平时不带电，只有闪光装置工作时，才间断地获得低电压和高电压，其间隔时间由闪光继电器K中的电容器C的充、放电时间决定。

当某一断路器QF事故跳闸后，通过“不对应”回路把M100（+）接至负电源，K的绕组回路接通，其工作过程与SB

接通相同，断路器 QF 的位置信号灯 HW 连续闪光，直到控制开关 SA 置于“跳闸后”位置，使 SA9－10 触点断开为止。

3. 单电源供电线路三相一次电气重合闸装置

图 2－39 所示为单电源供电线路三相一次电气重合闸装置的接线图。它属于电气式一次重合闸、自动复归及后加速保护动作的自动重合闸系统。

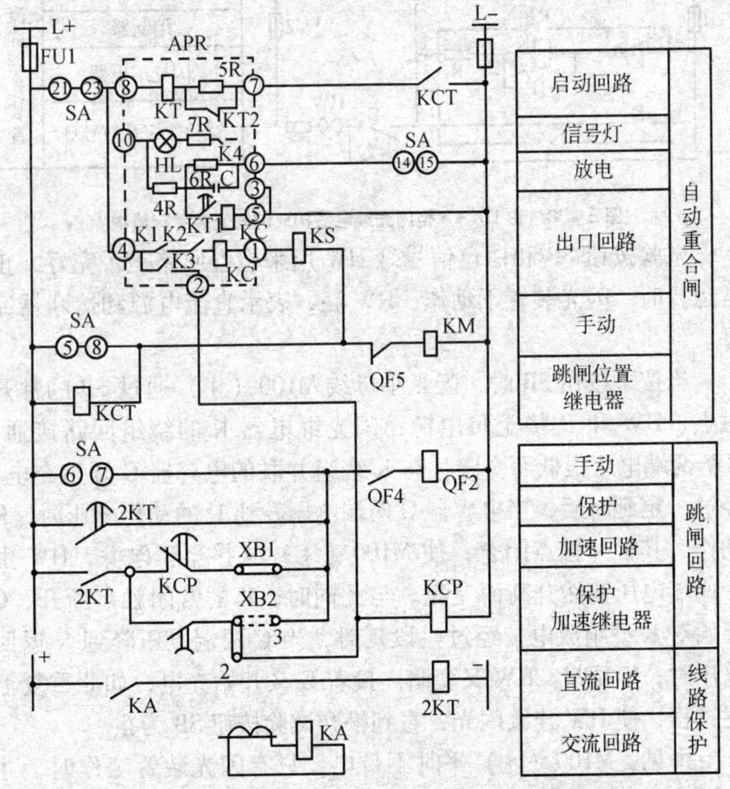

图 2－39 单电源供电线路三相一次电气重合闸装置接线图

（1）电路说明 电路包括三部分，即手动合闸和自动重合闸回路、跳闸回路和线路保护回路。SA 是断路器 QF 的控制开关，当手动合闸时，开关 SA5 - 8 接点接通，合闸后，SA21 - 23 长期通电。当手动跳闸时，SA6 - 7 接通，跳闸后 SA14 - 15 长期接通，同时 SA21 - 23 断开。KCP 是加速保护跳闸用的中间继电器，利用连接片 XB1、XB2 配合，实现重合闸后加速保护。

图中虚线方框为重合闸装置 APR，是根据电容器充放电原理制成的。它由充电电容器 C、充电电阻 4R、放电电阻 6R、时间继电器 KT、附加电阻 5R、带有电流自保持线圈的中间继电器 KC、信号灯 HL 及电阻 7R 组成。

1）充电电容器 C：用于保证重合闸装置只动作一次（取 5mF ~ 2μF）。

2）放电电阻 4R：限制电容器充电速度，防止一次重合闸不成功时发生多次重合闸（取 4 ~ 68MΩ）。

3）放电电阻 6R：在不需要重合闸时（如断路器手动跳闸），电容器 C 通过 6R 放电（取 500Ω）。

4）时间继电器 KT：整定重合闸装置的动作时间，是重合闸装置的启动元件。

5）附加电阻 5R：用于保证时间元件 KT 热稳定性，取 1 ~ 4kΩ。

6）信号灯 HL：用于监视直流控制电源 L + 及中间继电器 KC 是否良好，正常工作时，信号灯亮。如果损坏这些元件之一（或直流电源中断），信号灯熄灭。

7）电阻 7R：用来限制信号灯电流（取 1 ~ 2kΩ）。

8）中间继电器 KC：是重合闸的执行元件。它有两个线圈，电压线圈靠电容器放电时启动，电流线圈与 QF 的合闸线圈 KM 串联，起自保持作用，直至 QF 合闸完毕，继电器 KC 才失磁复归。

如果重合闸遇永久故障时，电容器 C 来不及充电到 KC 的动作电压，故 KC 不动作，从而保证只进行一次重合闸。

（2）动作原理

1）当线路正常运行时，重合闸装置 APR 中的电容器 C 经

4R 充电至电源电压（充电时间 15～20s），充电路径为：L+→FU1→SA21－23→ARP8－10→APR 的 4R→C→APR3→FU2→L－。ARP 装置处于准备动作状态。

信号灯 HL 经 KC 的常开触点 K4 接通，表示控制小母线L+、L－电源正常。回路为：L+→FU1→SA21－23→ARP8－10→HL→7R→K4→APR3→FU2→L－。

2）当线路发生故障时，线路保护装置中过电流继电器：KA 启动（图中只画了一相，它的常开触点闭合，启动时间继电器 2KT，其相应常开触点 2KT 瞬时闭合，通过 KCP 常闭触点、连接片 XB1 使 QF2 通电，断路器跳闸。跳闸位置继电器 KCT 回路接通，其相应常开触点 KCT 闭合，自动重合闸装置 APR 启动，时间继电器 KT 启动，其瞬时常闭触点 KT2 断开。

将电阻 5R 串联入 KT 的线圈回路中，以提高 KT 继电器的热稳定性。同时经过整定时限后，KT 的延时常开触点闭合，使电容器 C 通过中间继电器 KC 的电压线圈放电，KC 启动后，其相对应的常开触点 K1、K2 闭合接通合闸回路。合闸脉冲经 KC 的电流自保持线圈和信号继电器 KS 的线圈流入合闸接触器 KM 的线圈，使断路器自动合闸。同时 KC 继电器常闭触点 K4 断开，信号灯 HL 熄灭。表示重合闸已动作。

重合闸回路串联入 KC 的电流自保持线圈，是为了使断路器可靠合闸。自保持线圈回路是由断路器辅助触点 QF5 来切换的。若线路发生暂时性故障，则重合闸成功。跳闸位置继电器的线圈断电，其常开触点返回，自动重合闸装置复归，准备好下一次动作。若线路为永久性故障，继电保护装置能再次启动，使断路器跳闸。此时，自动重合闸装置虽然能再次启动，但由于电容器 C 来不及重新充电，在时间继电器的延时触点闭合后，电容器 C 端的电压不足以使继电器 KC 启动，故断路器第二次跳闸后，APR 装置不能再次重合闸。

如果线路发生多次暂时性故障，且故障的时间间隔大于电容器 C 充电至 KC 启动时所需要的时间，则第二次重合闸将会成功，这正是所需要的。特别是在雷电频繁的地区和季节，更体现出自动重合闸的优越性，这也是有时采用二次重合闸的原因。

APR 出口回路中串联信号继电器 KS，以指示 APR 动作情况。当断路器重合闸的目时，KS 启动，向中央信号装置发出灯光或音响信号。

3）当手动跳闸时 SA14－15 触点闭合，使电容器 C 向电阻 6R 迅速放电，APR 不能启动。

4）当手动合闸遇永久性故障时，因电容器 C 充电时间很短，充电电压不足以使 KC 启动，APR 也不能启动。

第三章 电动机的控制线路

第一节 电动机控制的一般原则和电动机的保护

一、电动机控制的一般原则

对电动机控制的一般原则，归纳起来有以下几种：行程控制原则、时间控制原则、速度控制原则和电流控制原则。

1. 行程控制原则

根据生产机械运动部件的行程或位置，利用位置开关来控制电动机工作状态的原则称为行程控制原则。行程控制原则是生产机械电气自动化中应用最多和作用原理最简单的一种方式。如位置控制线路和自动循环控制线路都是按行程原则来控制的。

2. 时间控制原则

利用时间继电器按一定时间间隔来控制电动机工作状态的原则称为时间控制原则。如在电动机的降压启动、制动及变速过程中，利用时间继电器按一定的时间间隔改变线路的接线方式，来自动完成电动机的各种控制要求。在这里，换接时间的控制信号由时间继电器发出，换接时间的长短则根据生产工艺要求或者电动机启动、制动和变速过程的持续时间来整定时间继电器的动作时间。

3. 速度控制原则

根据电动机的速度变化，利用速度继电器等电器来控制电动机工作状态的原则称为速度控制原则。反映速度变化的电器有多种，直接测量速度的电器有速度继电器、小型测速发电机；间接测量电动机速度的电器，对于直流电动机用其感生电动势来反映，通过电压继电器来控制；对于交流绕线式转子异步电动机可用转子频率来反映，通过频率继电器来控制。

4. 电流控制原则

根据电动机主回路电流的大小，利用电流继电器来控制电动机工作状态的原则称为电流控制原则。如用电流继电器控制绕线式异步电动机转子电流来控制其串电阻启动控制线路，又如电流继电器控制绕线式异步电动机串联频敏变阻器启动控制线路等。

二、电动机的保护

电动机在运行的过程中，除按生产机械的工艺要求完成各种正常运转外，还必须在线路出现短路、过载、过电流、欠电压、失压及弱磁等现象时，能自动切断电源停转，以防止和避免电气设备和机械设备的损坏事故，保证操作人员的人身安全。为此，在生产机械的电气控制线路中，采取了对电动机的各种保护措施。常用的有短路保护、过载保护、过电流保护、欠压保护、失压保护及弱磁保护等。

1. 短路保护

当电动机绕组和导线的绝缘损坏或者控制电器及线路发生故障时，线路将出现短路现象，产生很大的短路电流，使电动机、电器及导线等电气设备严重损坏。因此，在发生短路故障时，保护电器必须立即动作，迅速将电源切断。

常用的短路保护电器是熔断器和低压断路器。熔断器的熔体与被保护的电路串联，当电路正常工作时，熔断器的熔体不起作用，相当于一根导线，其上面的压降很小，可忽略不计。当电路短路时，很大的短路电流流过熔体，使熔体立即熔断，切断电动机电源，电动机停转。同样，若电路中串联低压断路器，当出现短路时，低压断路器会立即动作，切断电源使电动机停转。

2. 过载保护

当电动机负载过大、启动操作频繁或缺相运行时，会使电动机的工作电流长时间超过其额定电流，电动机绕组过热，温升超过其允许值，导致电动机的绝缘材料变脆，寿命缩短，严重时会使电动机损坏。因此，当电动机过载时，保护电器应动作切断电源，使电动机停转，避免电动机在过载下运行。

常用的过载保护电器是热继电器。当电动机的工作电流等于额定电流时，热继电器不动作；当电动机短时过载或过载电流较小时，热继电器不动作，或经过较长时间才动作；当电动机过载电流较大时，串联在主电路中的热元件会在较短的时间内发热弯曲，使串联在控制电路中的常闭触头断开，先后切断控制电路和主电路的电源，使电动机停转。

3. 欠压保护

当电网电压降低时，电动机便在欠压下运行。由于电动机负载没有改变，所以欠压下电动机转速下降，定子绕组的电流增加。因为电流增加的幅度尚不足以使熔断器和热继电器动作，所以这两种电器起不到保护作用。如不采取保护措施，时间一长将会使电动机过热损坏。另外，欠压将引起一些电器释放，使线路不能正常工作，也可能导致人身和设备事故。因此，应避免电动机在欠压下运行。

实现欠压保护的电器是接触器和电磁式电压继电器。在机床电气控制线路中，只有少数线路专门装设了电磁式电压继电器起欠压保护作用；而大多数控制线路，由于接触器已兼有欠压保护功能，所以不必再加设欠压保护电器。一般当电网电压降低到额定电压的85%以下时，接触器（或电压继电器）线圈产生的电磁吸力将小于复位弹簧的拉力，动铁芯被迫释放，其主触头和自锁触头同时断开，切断主电路和控制电路电源，使电动机停转。

4. 失压保护（零压保护）

生产机械在工作时，由于某种原因而发生电网突然停电，这时电源电压下降为零，电动机停转，生产机械的运动部件也随之停止运转。一般情况下，操作人员不可能及时拉开电源开关，如不采取措施，当电源电压恢复正常时，电动机便会自行启动运转，很可能造成人身和设备事故，并引起电网过电流和瞬间网络电压下降。因此，必须采取失压保护措施。

在电气控制线路中，起失压保护作用的电器是接触器和中间继电器。当电网停电时，接触器和中间继电器线圈中的电流消失，电磁吸力减小为零，动铁芯释放，触头复位，切断了主电路和控制电路电源；当电网恢复供电时，若不重新按下启动按钮，则电动机就不会自行启动，实现了失压保护。

5. 过流保护

为了限制电动机的启动或制动电流，在直流电动机的电枢绕组中或在交流绕线转子异步电动机的转子绕组中需要串联附加的限流电阻。如果在启动或制动时，附加电阻被短接，将会造成很大的启动或制动电流，使电动机或机械设备损坏。因此，对直流电动机或绕线转子异步电动机常常采用过流保护。

过流保护常用电磁式过电流继电器来实现。当电动机电流值达到过电流继电器的动作值时，继电器动作，使串联在控制线路中的常闭触头断开，切断控制线路，电动机随之脱离电源停转，达到过流保护的目的。

6. 弱磁保护

直流电动机必须在磁场具有一定强度时才能启动、正常运转。若在启动时，电动机的励磁电流太小，产生的磁场太弱，将会使电动机的启动电流很大；若电动机在正常运转过程中，磁场突然减弱或消失，电动机的转速将会迅速升高，甚至发生“飞车”。因此，在直流电动机的电气控制线路中要采取弱磁保护。弱磁保护是在电动机励磁回路中串联弱磁继电器（欠电流继电器）来实现的。在电动机启动运行过程中，当励磁电流值达到弱磁继电器的动作值时，继电器就吸合，使串联在控制电路中的常开触头闭合，允许电动机启动或维持正常运转；但当励磁电流减小很多或消失时，弱磁继电器就释放，其常开触头断开，切断控制线路，接触器线圈失电，电动机断电停转。

7. 多功能保护器

选择和设置保护装置的目的是不仅使电动机免受损坏，而且还应使电动机得到充分的利用。因此，一个正确的保护方案应该是使电动机在充分发挥过载能力的同时，不但免于损坏，而且还能提高电力拖动系统的可靠性和生产的连续性。

采用双金属片的热保护和电磁保护属于传统的保护方式，这种方式已经越来越不适应生产发展对电动机保护的要求。例如，由于现代电动机工作时绕组电流密度显著增大，当电动机过载时，绕组电流密度增长速率比过去的电动机大 2～2.5 倍。这就要求温度检测元件具有更小的发热时间常数，保护装置具有更高的灵敏度和精度。电子式保护装置在这方面具有极大的优越性。

既然过载、断相、短路和绝缘损坏等都会对电动机造成威胁，那就都必须加以防范，最好能在一个保护装置内同时实现电动机的过载、断相及堵转瞬动保护。多功能保护器就是这样一种电器。近年来出现的电子式多功能保护装置品种很多，性能各异。图 3－1 所示就是一种保护装置的电路图。

多功能保护器的工作原理如下：保护信号由电流互感器 TA1、TA2、TA3 串联后取得。这种互感器选用具有较低饱和磁感应强度的磁环（例如用铁氧体软磁材料 MXO－2000 型锰锌磁环）制成。电动机运行时磁环处于饱和状态，因此互感器二次绕组中的感应电动势，除基波外还有三次谐波成分。

电动机正常运行时，由于三个线电流基本平衡（大小相等、相位互差 120°），所以在电流互感器二次侧绕组中的基波电动势合成为零，但三次谐波电动势合成后是每个电动势的 3 倍。取得的三

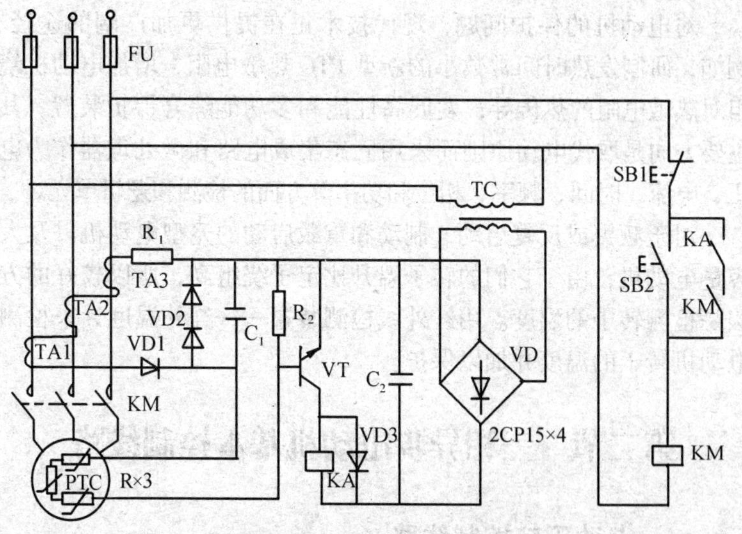

图 3－1　多功能保护器的电路图

次谐波电动势经过二极管 VD1 整流、VD2 稳压（利用二极管的正向特性）、电容器 C1 滤波，再经过 R 与 R2 分压后，供给晶体三极管 VT 的基极，使 VT 饱和导通。于是电流继电器 KA 吸合，KA 常开触头闭合。按下 SB2 时，接触器 KM 线圈得电并自锁。

当电动机的电源线断开一相时，其余两相中的线电流大小相等、方向相反，互感器三个串联的二次绕组中只有两个绕组感应电动势，且大小相等、方向相反，使互感器二次绕组中总电动势为零，既不存在基波电动势，也不存在三次谐波电动势，于是 VT 的基极电流为零，VT 截止，接在 VT 集电极的电流继电器 KA 释放，接触器 KM 线圈失电，其触头断开切断电动机的电源。

当电动机由于故障或其他原因使其绕组温度过高，若温度超过允许值时，PTC 热敏电阻 R 的阻值急剧上升，改变了 R 和 R2 的分压比，使晶体三极管 VT 的基极电流的数值减小（实际上接近于零），VT 截止，电流继电器 KA 释放，其常开触头断开，接触器 KM 线圈失电，电动机脱离电源停转。

对电动机的保护问题，现代技术正在提供更加广阔的途径。例如，研制发热时间常数小的新型 PTC 热敏电阻，增加电动机绕组对热敏电阻的热传导；发展高性能和多功能综合保护装置，其主要方向是取代电动原则而采用固态集成电路和微处理器作为电压、电流、时间、频率、相位和功率等方面的检测和逻辑单元。

对于频繁或反复启动、制动和重载启动的笼型电动机以及大容量电动机，由于它们的转子温升比定子绕组高，所以较好的方法是检测转子的温度。用红外线检测装置——红外温度计来检测电动机转子的温度并加以保护。

第二节　三相异步电动机基本控制线路

一、点动正转控制线路

点动正转控制线路是用按钮、接触器来控制电动机运转的最简单的正转控制线路，如图 3-2 所示。所谓点动控制，是指按下按钮，电动机就得电运转；松开按钮，电动机就失电停转。

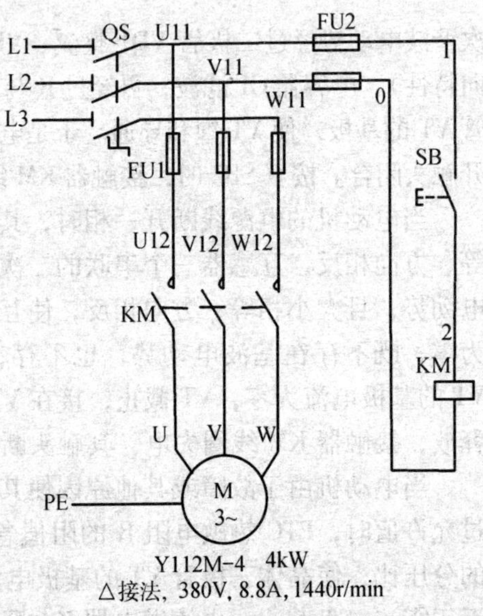

图 3-2　点动正转控制电路图

当电动机 M 需要点动时，先合上组合开关 QS，此时电动机 M 尚未接通电源。按下启动按钮 SB，接触器 KM 的线圈得电，使衔铁吸合，同时带动接触器 KM 的三对主触头闭合，电动机 M 便接通电源启动运转。当电动机 M 需要停车时，只要松开启动按钮 SB，使接触器 KM 的线圈失电，衔铁在复位弹簧的作用下复位，带动接触器 KM 的三对主触头复位分断，电动机 M 失电停转。

二、自锁控制线路

1. 由一只接触器构成的具有自锁功能的正转线路

在要求电动机启动后能连续运转时，应采用接触器自锁控制线路。接触器自锁控制线路如图 3 - 3 所示。这种线路的主电路和点动控制线路的主电路相同，但在控制线路中又串联了一个停止按钮 SB1，在启动按钮 SB1 的两端并接了接触器 KM 的一对常开触头。接触器自锁控制线路不但能使电动机连续运转，而且还具有欠压和失压（或零压）保护作用。

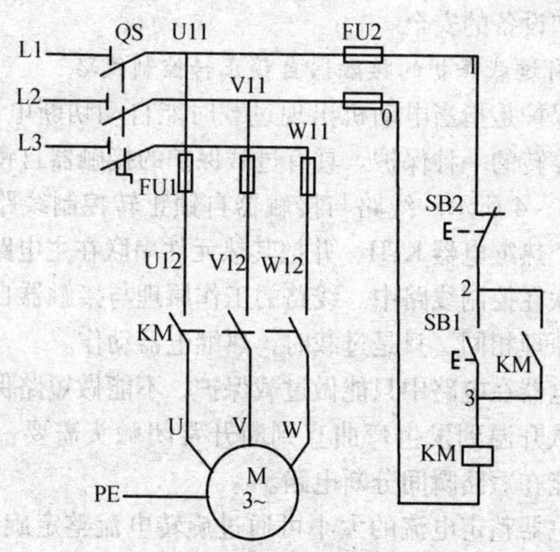

图 3 - 3　接触器自锁控制电路图

线路的工作原理如下：先合上电源开关 QS。

启动：

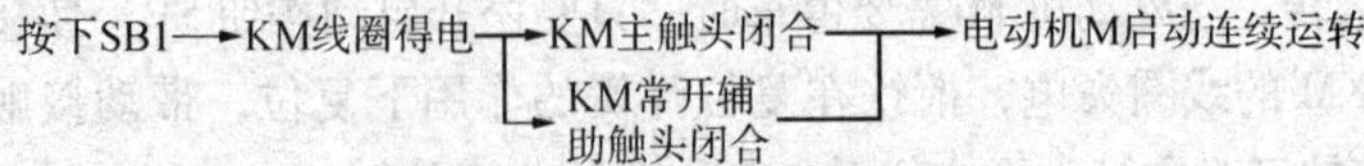

采用接触器自锁控制线路就可避免电动机欠压运行。因为当线路电压下降到低于额定电压的85%时，接触器线圈两端的电压也同样下降到此值，从而使接触器线圈磁通减弱，产生的电磁吸力减少，当电磁吸力减少到小于反作用弹簧的拉力时，动铁芯被迫释放，主触头、自锁触头同时分断，自动切断主电路和控制线路，电动机失电停转，达到欠压保护。

接触器自锁控制线路也可实现失压保护。因为接触器自锁触头和主触头在电源断电时已经断开，使主电路和控制线路都不能接通，所以在电源恢复供电时，电动机就不会自动启动运转，保证了人身和设备的安全。

2. 具有过载保护的接触器自锁正转控制线路

过载保护是指当电动机出现过载时能自动切断电动机电源，使电动机停转的一种保护。具有过载保护的接触器自锁正转控制线路如图3－4所示。线路与接触器自锁正转控制线路的区别是增加了一个热继电器KTH，并把其热元件串联在主电路中，把常闭触头串联在控制线路中。线路的工作原理与接触器自锁正转控制线路的原理相同。只是过载时，热继电器动作。

热继电器在电路中只能做过载保护，不能做短路保护，因为双金属片从升温到发生弯曲直到断开常闭触头需要一个时间过程，不可能在短路瞬间分断电路。

热继电器整定电流的大小可通过旋转电流整定旋钮来调节，旋钮上刻有整定电流值标尺。所谓热继电器的整定电流，是指热继电器连续工作而不动作的最大电流，超过整定电流，热继电器将在负载未达到其允许的过载极限之前动作。

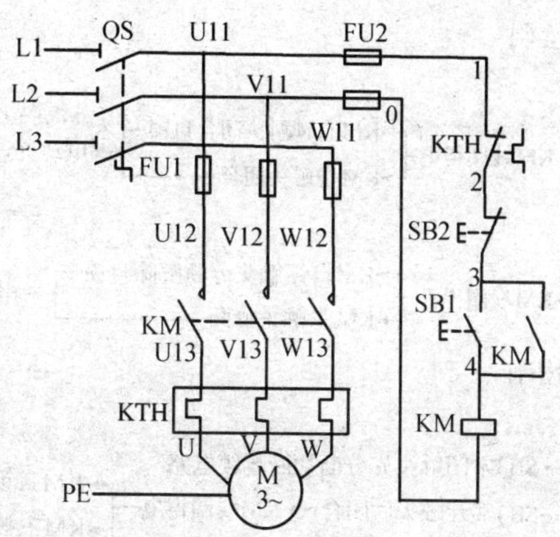

图3-4　具有过载保护的接触器自锁正转控制电路图

三、连续与点动混合控制线路

复合按钮控制的连续与点动混合控制线路如图3-5所示。该线路是在自锁正转控制线路的基础上，增加了一个复合按钮SB3，来实现连续与点动混合正转控制的。SB3的常闭触头应与KM自锁触头串联。

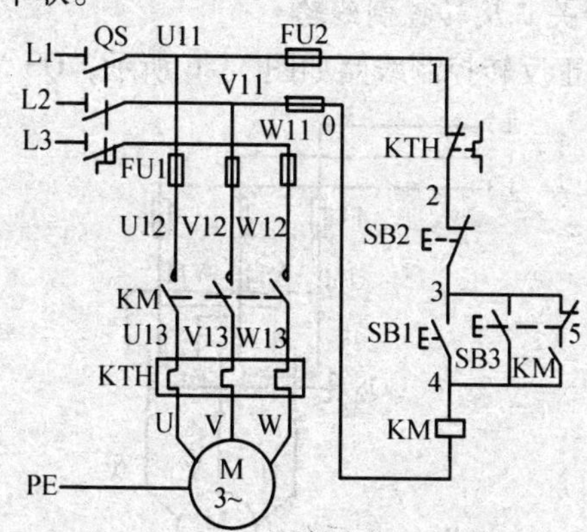

图3-5　复合按钮控制的连续与点动混合控制电路图

线路的工作原理如下：先合上电源开关QS。

1. 连续控制

启动：

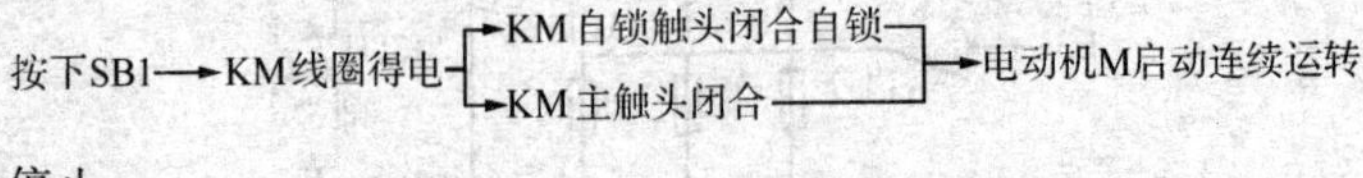

停止：

按下SB2→KM线圈得电→KM自锁触头分断解除自锁；KM主触头分断→电动机M失电停转

2. 点动控制

启动：

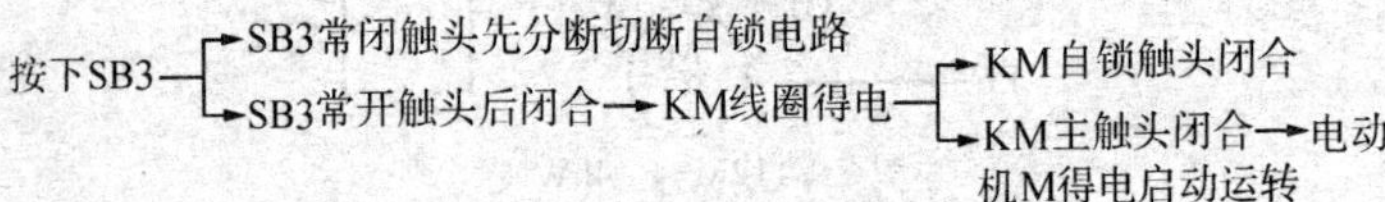

停止：

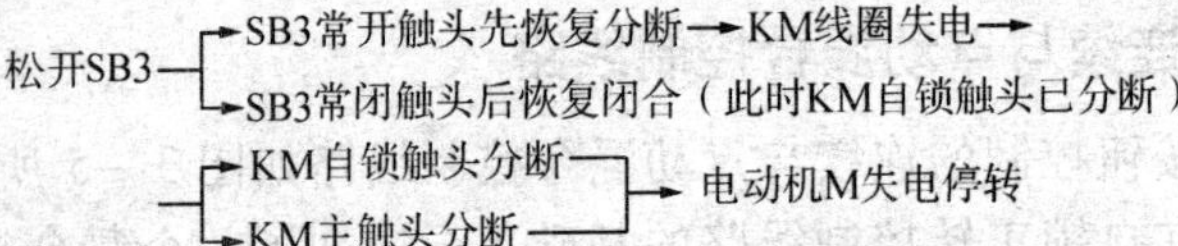

四、正反转控制线路

1. 倒顺开关正反转控制线路

倒顺开关正反转控制线路如图3-6所示，QS为倒顺开关。

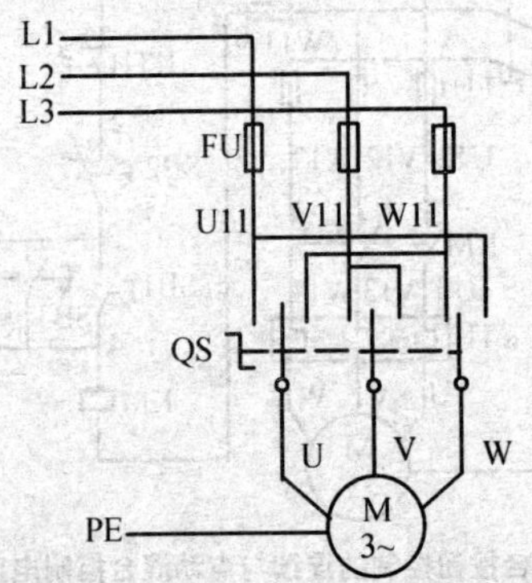

图3-6 倒顺开关正反转控制电路图

操作倒顺开关 QS，电路状态如表 3－1 所示。

表 3－1　倒顺开关控制正反转电路状态

手柄位置	QS 状态	电路状态	电动机状态
停	QS 的动、静触头不接触	电路不通	电动机不转
顺	QS 的动触头和左边的静触头相接触	电路按 L1－U，L2－V，L3－W 接通	电动机正转
倒	QS 的动触头和右边的静触头相接触	电路按 L1－W，L2－V，L3－U 接通	电动机反转

必须注意的是，当电动机处于正转状态时要使它反转，应先把手柄扳到“停”的位置，使电动机先停转，然后再把手柄扳到“倒”的位置，使它反转。若直接把手柄由“顺”扳到“倒”的位置，电动机的定子绕组会因为电源突然反接而产生很大的反接电流，易使电动机定子绕组因过热而损坏。

倒顺开关正反转控制线路虽然所用电器较少，线路较简单，但它是一种手动控制线路，在频繁换向时，操作人员劳动强度大，操作不安全，所以这种电路一般用于控制额定电流 10A、功率在 3kW 及以下的小容量电动机。

2. 接触器联锁正反转控制线路

接触器联锁正反转控制线路如图 3－7 所示。线路中采用了两个接触器，即正转用的接触器 KM1 和反转用的接触器 KM2，它们分别由正转按钮 SB1 和反转按钮 SB2 控制。从主电路图中可以看出，这两个接触器的主触头所接通的电源相序不同，KM1 按 L1－L2－L3 相序接线，KM2 按 L3－L2－L1 相序接线。相应的控制线路有两条，一条是由按钮 SB1 和 KM1 线圈等组成的正转控制线路；另一条是由按钮 SB2 和 KM2 线圈等组成的反转控制线路。

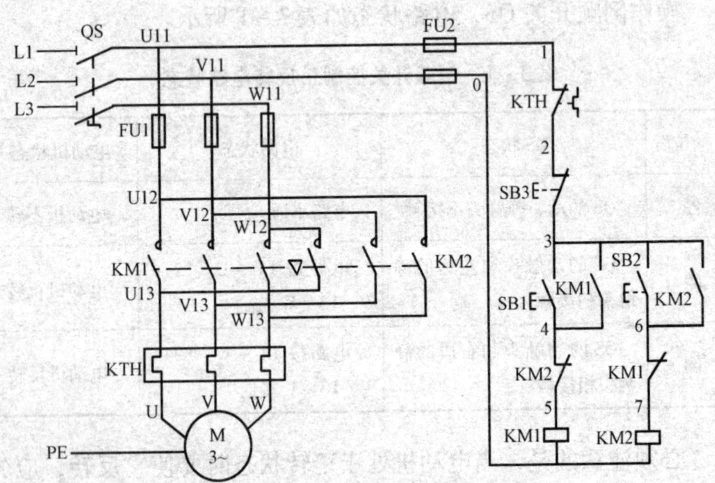

图3－7　接触器联锁正反转控制电路图

线路的工作原理如下：

(1) 正转控制

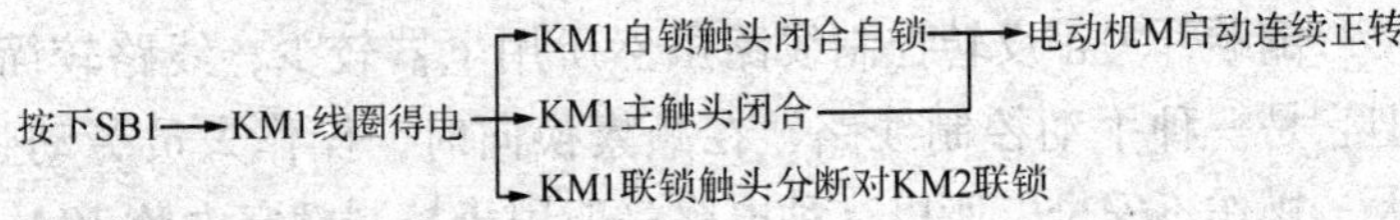

(2) 反转控制

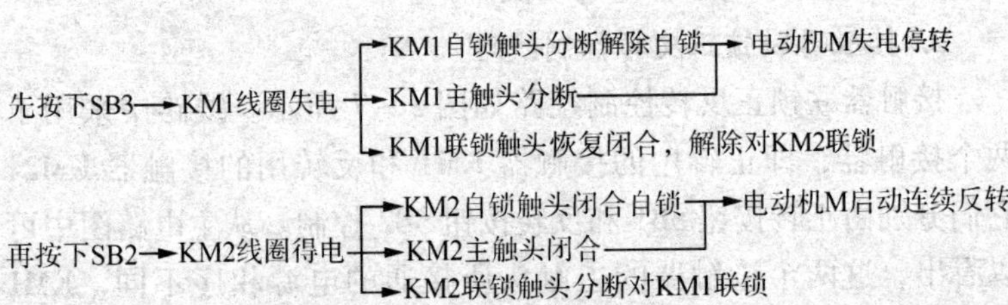

接触器联锁正反转控制线路的优点是安全可靠，缺点是操作不便。因电动机从正转变为反转时，必须先按下停止按钮后，才能按反转启动按钮，否则由于接触器的联锁作用，不能实现

反转。

为避免两个接触器 KM1 和 KM2 同时得电动作，就在正、反转控制线路中分别串联了对方接触器的一对常闭辅助触头，这样，当一个接触器得电动作时，通过其常闭辅助触头使另一个接触器不能得电动作，接触器间这种相互制约的作用称为接触器联锁（或互锁）。实现联锁作用的常闭辅助触头称为联锁触头（或互锁触头）。

3. 按钮联锁正反转控制线路

为克服接触器联锁正反转控制线路操作不方便的缺点，把正转按钮 SB1 和反转按钮 SB2 换成两个复合按钮，并使两个复合按钮的常闭触头代替接触器的联锁触头，就构成了按钮联锁正反转控制线路，如图 3－8 所示。

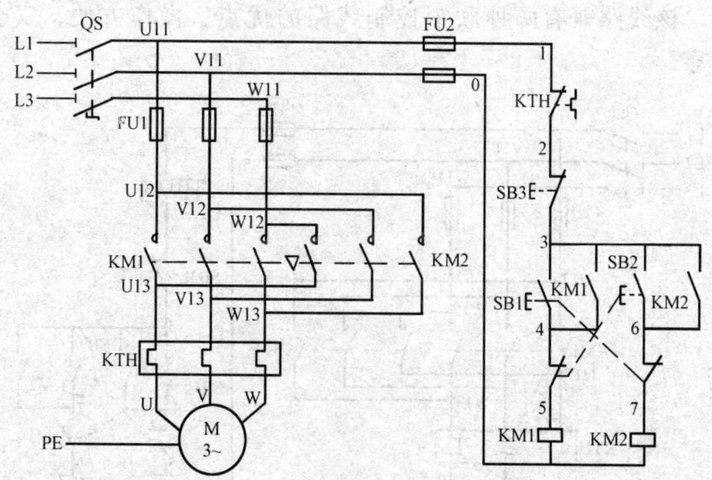

图 3－8　按钮联锁正反转控制电路图

这种控制线路的工作原理与接触器联锁正反转控制线路的工作原理基本相同，只是当电动机从正转变为反转时，可直接按下反转按钮 SB2 即可实现，不必先按停止按钮 SB3。因为当按下反转按钮SB2时，串联在正转控制线路中SB2的常闭触头先分断，使正转接触器KM1线圈失电，KM1的主触头和自锁触头分断，电动机M失电，惯性运转。SB2的常闭触头分断后，其常开触头才随后闭合，接通反转控制线路，电动机M便反转。这样既保证了KM1和KM2的线圈不会同时通电，又可不按停止按钮而直接按反转按钮实现反转。同样，若使电动机从反转运行变为正转运行时，也只要直接按下正转按钮SB1即可。

4. 接触器、按钮双重联锁正反转控制线路

为克服接触器联锁正反转控制线路和按钮联锁正反转控制线路的不足，在按钮联锁的基础上，又增加了接触器联锁，构成接触器、按钮双重联锁正反转控制线路，如图3-9所示。该线路兼有两种联锁控制线路的优点，操作方便，安全可靠。

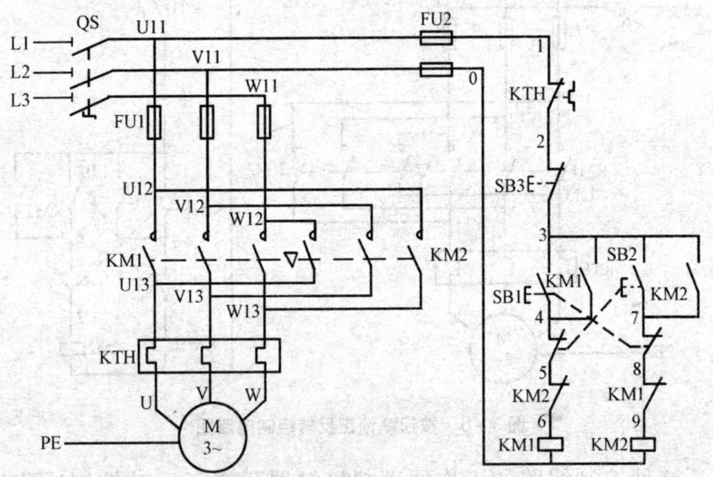

图3-9 接触器、按钮双重联锁的正反转控制电路图

接触器、按钮双重联锁的正反转控制线路的工作原理如下：

（1）正转控制

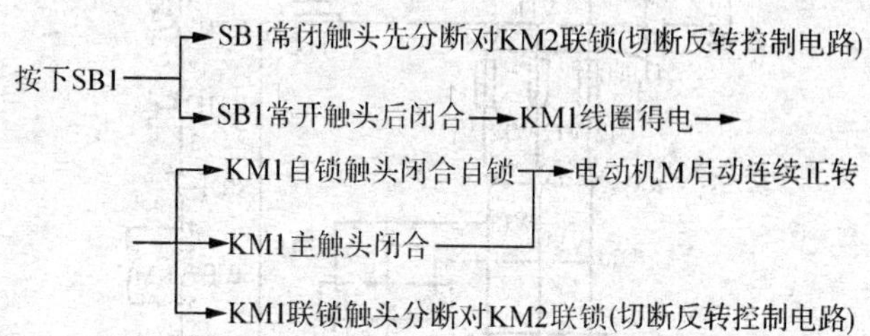

（2）反转控制

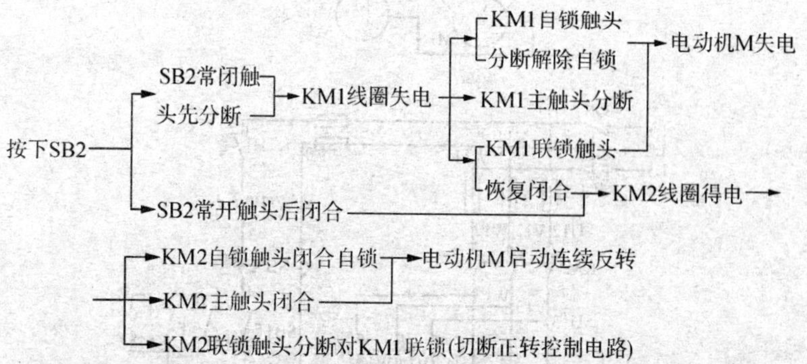

若要停止，按下SB3，整个控制线路失电，主触头分断，电动机M失电停转。

五、顺序控制线路

1．主电路实现顺序控制的联锁电路

图3－10a所示电路中，电动机M2是通过接插器X接在接触器KM主触头的下面，因此，只有当KM主触头闭合，电动机M1启动运转后，电动机M2才可能接通电源运转。

图3－10b所示电路中，电动机M1和M2分别通过接触器KM1和KM2来控制，接触器KM2的主触头接在接触器KM1触头的下面，这样保证了当前KM1主触头闭合、电动机M1启动运转后，M2才可能接通电源运转。

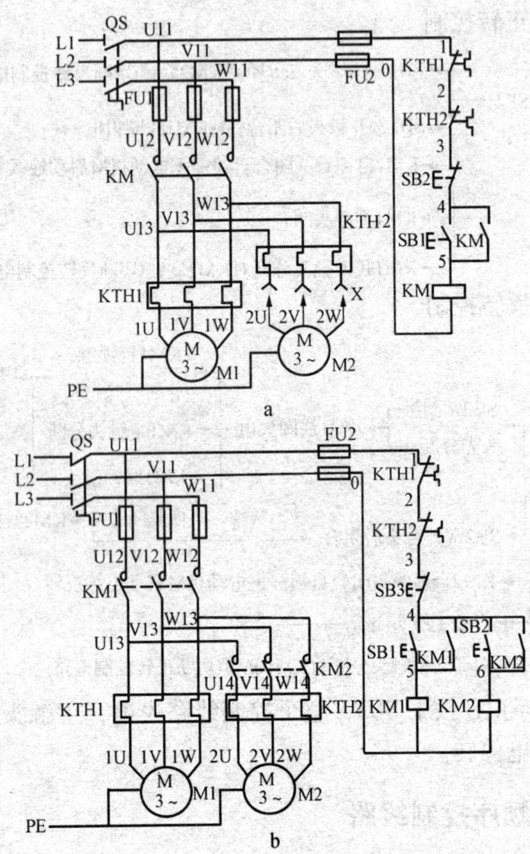

图 3－10　主电路实现顺序控制的联锁电路图

图 3－10b 线路的工作原理如下：

按下SB1→KM1线圈得电→KM1主触头闭合→
　　　　　　　　　　　→KM1自锁触头闭合自锁

→电动机M1启动连续运转
→再按下SB2→KM2线圈得电→KM2主触头闭合→电动机M2启动连续运转
　　　　　　　　　　　　　→KM2自锁触头闭合自锁

M1、M2 同时停转：

按下SB3→控制线路失电→KM1、KM2主触头分断→电动机M1、M2同时停转

2. 控制电路实现顺序控制的电路

图3-11a所示电路的特点是：电动机M2的控制电路先与接触器KM1的线圈并联后再与KM1的自锁触头串接，这样保证了

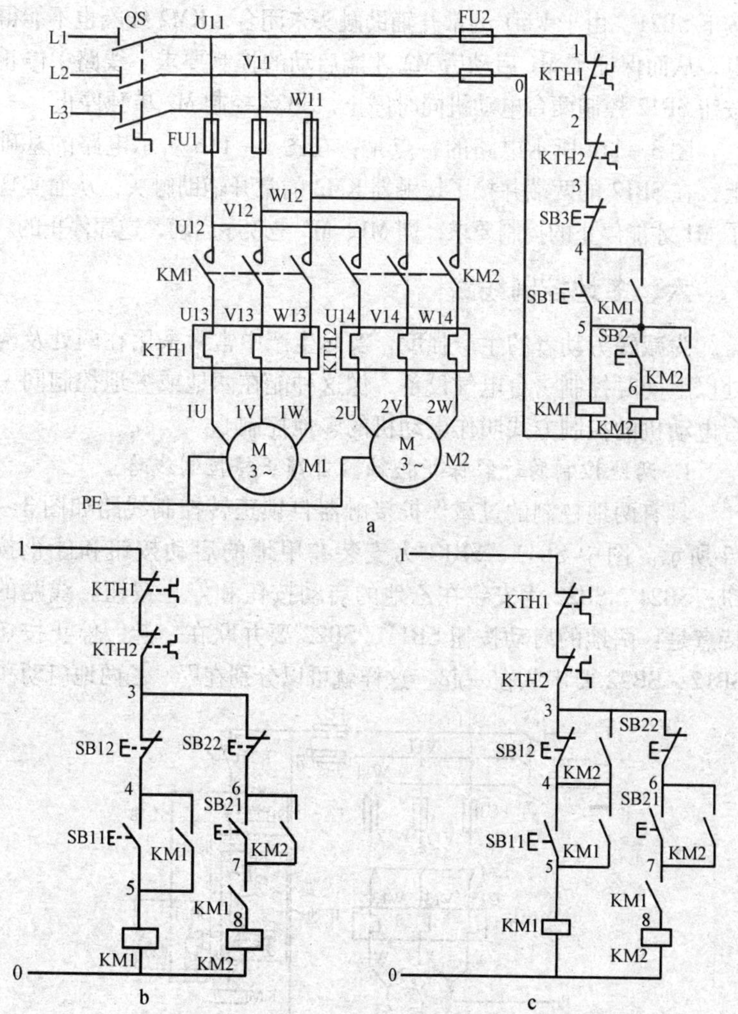

图3-11　控制电路实现顺序控制的电路图

M1 启动后，M2 才能启动的顺序控制要求。

图 3－11b 所示电路的特点是：在电动机 M2 的控制电路中串接了接触器 KM1 的常开辅助触头。显然，只要 M1 不启动，即使按下 SB21，由于 KM1 的常开辅助触头未闭合，KM2 线圈也不能得电，从而保证了 M1 启动后 M2 才能启动的控制要求。线路中停止按钮 SB12 控制两台电动机同时停止，SB22 控制 M2 单独停止。

图 3－11c 所示电路的特点是：在图 3－11b 所示电路的基础上，在 SB12 的两端并接了接触器 KM2 的常开辅助触头，从而实现了 M1 才能停止的控制要求，即 M1、M2 是顺序启动，逆序停止的。

六、多地控制线路

为减轻劳动者的生产强度，实际生产中常常采用在两处及两处以上同时控制一台电气设备，像这种能在两地或多地控制同一台电动机的控制方式叫作电动机的多地控制。

1. 两地控制的过载保护接触器自锁正转控制线路

具有两地控制的过载保护接触器自锁正转控制线路如图 3－12 所示。图中 SB11、SB12 为安装在甲地的启动按钮和停止按钮；SB21、SB22 为安装在乙地的启动按钮和停止按钮。线路的特点是：两地的启动按钮 SB11、SB22 要并联在一起，停止按钮 SB12、SB22 要串联在一起。这样就可以分别在甲、乙两地启动和

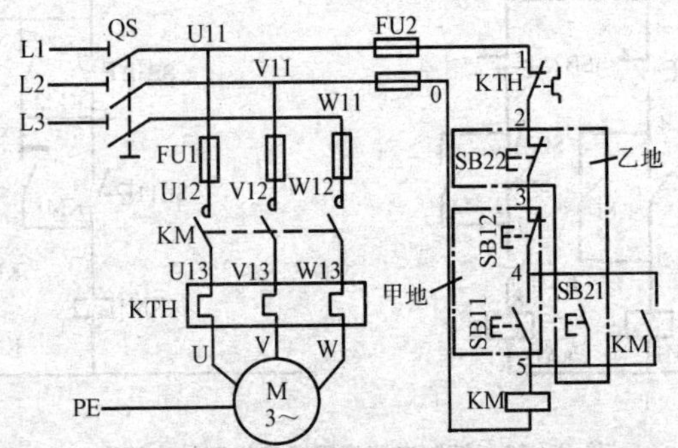

图 3－12　两地控制的过载保护接触器自锁正转控制电路图

停止同一台电动机，达到操作方便的目的。

综上所述，对三地或多地控制，只要把各地的启动按钮并联、停止按钮串联就可以实现。

2. 点动与连续单向运行两地控制线路

图 3－13 所示即为点动与连续单向运行两地控制线路。该线路采用两组按钮，故除了能对电动机进行点动与连续单向运行控制外，还可实行两地控制。操作时，按下启动按钮 SB1 或 SB2，接触器 KM 的电磁线圈得电接通主电路，其辅助触点闭合自锁，电动机做单向连续运行。按下点动按钮 SB3 或 SB4 时，由于这两只复合按钮的常闭触点将接触器 KM 辅助触点断开而不能自锁，因而电动机即做点动断续运行。

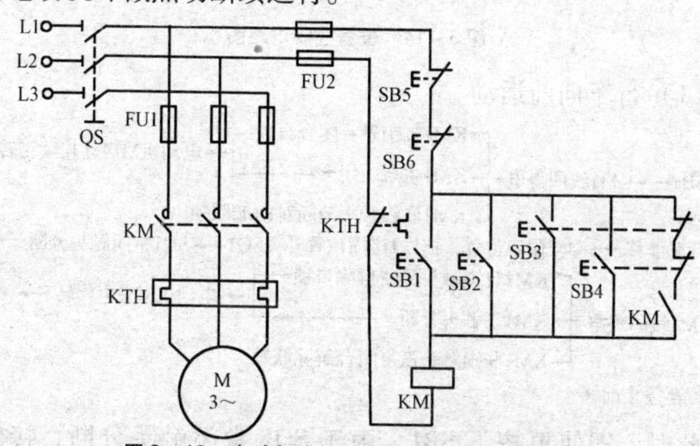

图 3－13　点动与连续单向运行两地控制电路图

七、位置控制线路与自动往返控制线路

1. 位置控制线路

位置控制线路如图 3－14 所示，工厂车间里的行车常采用这种线路。右下角是行车运动示意，行车的两头终点处各安装了一个位置开关 SQ1 和 SQ2，将这两个位置开关的常闭触头分别串联在正转和反转控制线路中，行车前后各装有挡铁 1 和挡铁 2，行车的行程和位置可通过位置开关的安装位置来调节。

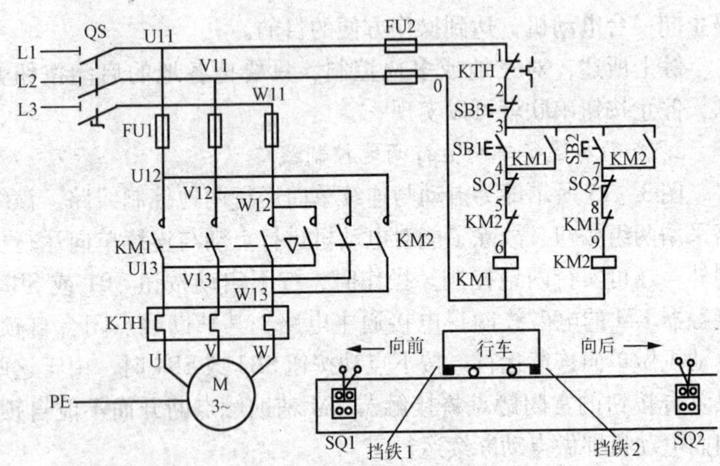

图3-14 位置控制电路图

(1) 行车向前运动

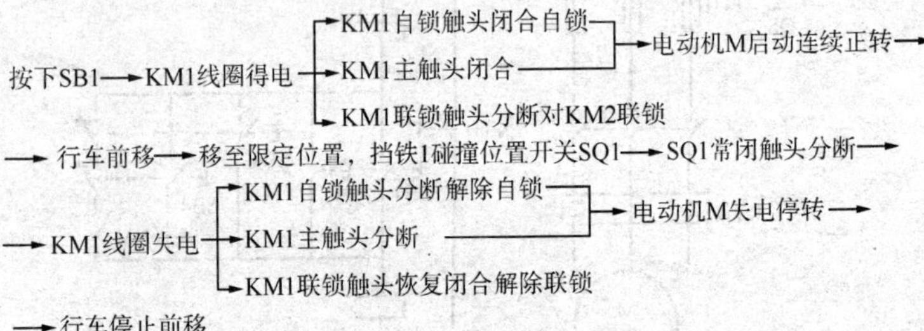

此时，即使再按下SB1，由于SQ1常闭触头分断，接触器KM线圈也不会得电，保证了行车不会超过SQ1所在位置。

(2) 行车向后运动

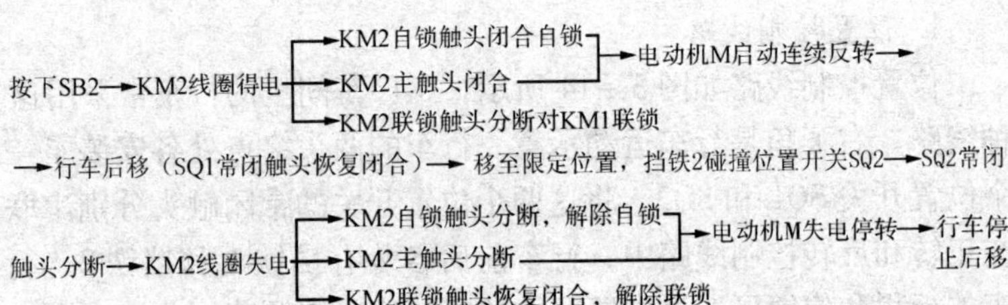

停车时只需按下 SB3 即可。

2. 工作台自动往返控制线路

工作台自动往返控制线路如图 3－15 所示。为了使电动机的正反转控制与工作台的左右相配合，在控制线路中设置了四个位置开关 SQ1、SQ2、SQ3 和 SQ4，并把它们安装在工作台需限位的地方。其中 SQ1、SQ2 被用来自动换接正反转控制电路，实现工作台自动往返行程控制；SQ3、SQ4 被用来作终端保护，以防止 SQ1、SQ2 失灵，工作台越过限定位置而造成事故。在工作台边的 T 形槽中装有两块挡铁，挡铁 1 只能和 SQ1、SQ3 相碰，挡铁 2 只能和 SQ2、SQ4 相碰。当工作台达到限定位置时，挡铁碰撞位置开关，使其触头动作，自动换接电动机正反转控制电路，通过机械机构使工作台自动往返运动。工作台行程可通过移动挡铁位置来调节。

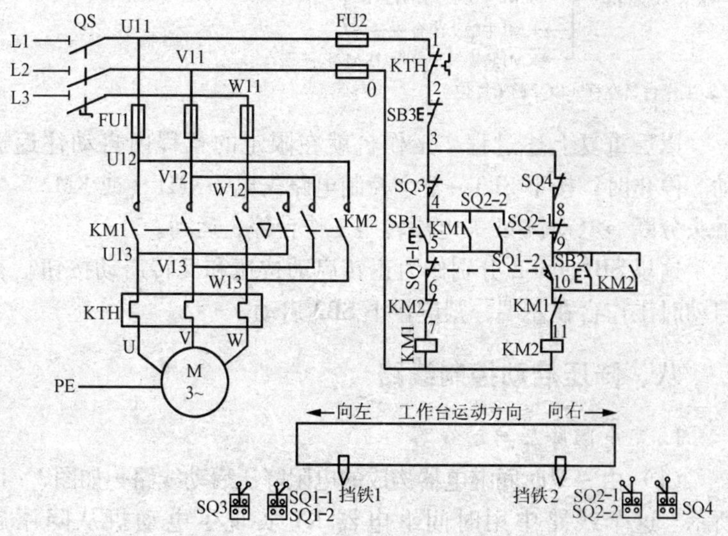

图 3－15　工作台自动往返控制电路图

线路的工作原理如下：

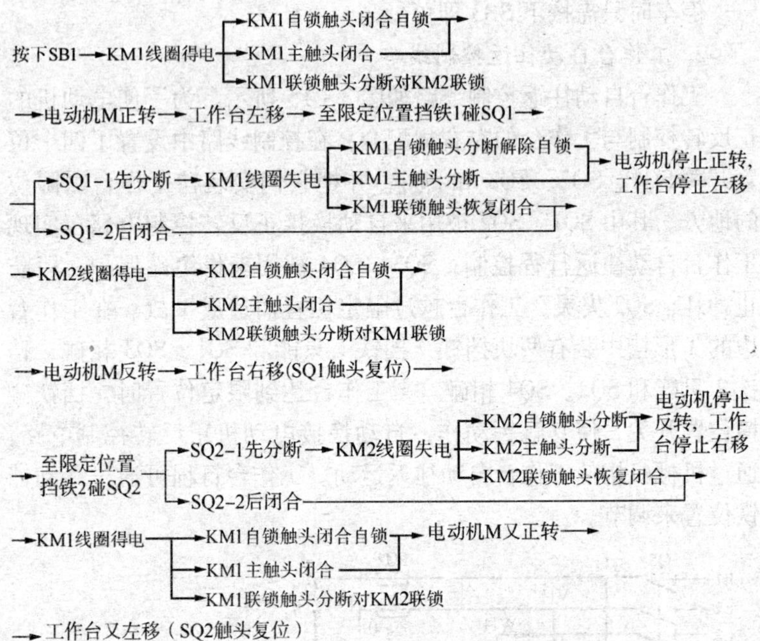

以后重复上述过程，工作台就在限定的行程内自动往返运动。停止时，按下 SB3→整个控制电路失电→KM1（或 KM2）主触头分断→电动机 M 失电停转→工作台停止运动。

这里 SB1、SB2 分别作为正转启动按钮和反转启动按钮，若启动时工作台在左端，则应按下 SB2 启动。

八、降压启动控制线路

1. 串电阻降压启动线路

（1）由一只时间继电器构成的电阻降压启动线路　如图 3－16 所示。这个线路中用时间继电器 KT 实现了电动机从降压启动到全压运行的自动控制。只要调整好时间继电器 KT 触头的动作时间，电动机由启动过程切换成运行过程就能准确可靠地完成。

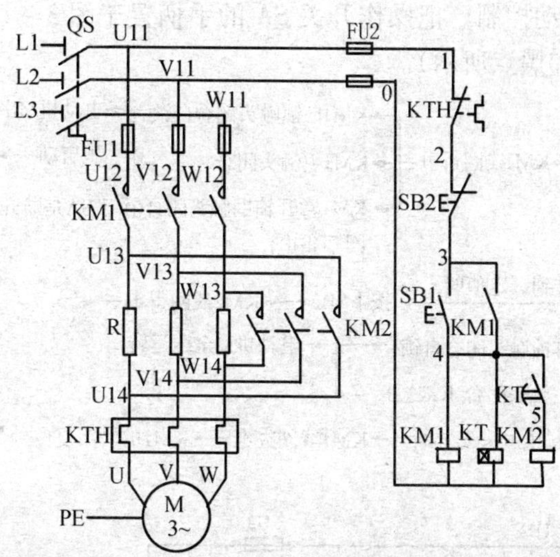

图 3－16 由一只时间继电器构成的电阻降压启动电路图

该线路的工作原理如下：合上电源开关 QS。

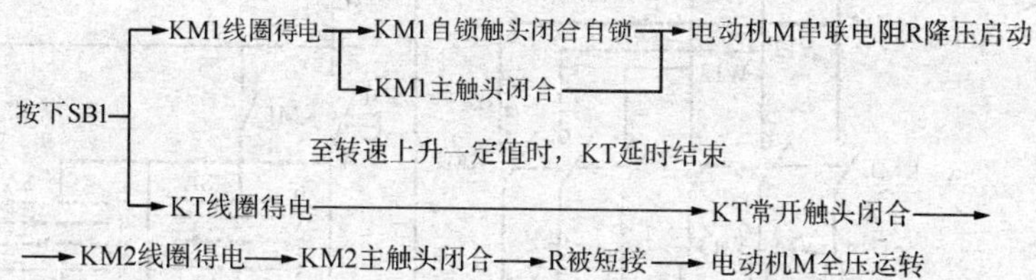

停止时，按下 SB2 即可实现。

由以上分析可见，当电动机 M 全压正常运转时，接触器 KM1 和 KM2、时间继电器 KT 的线圈均需长时间通电，从而使能耗增加，电器寿命缩短。

（2）手动、自动混合串联电阻降压启动线路 如图 3－17 所示。该线路在控制电路中增接了一个操作开关 SA 和一个升压按钮 SB2。

该线路的工作原理如下：先合上电源开关 QS。

1）手动控制。把操作开关 SA 的手柄置于图 3－17 中“1”的位置（如黑点所示）。

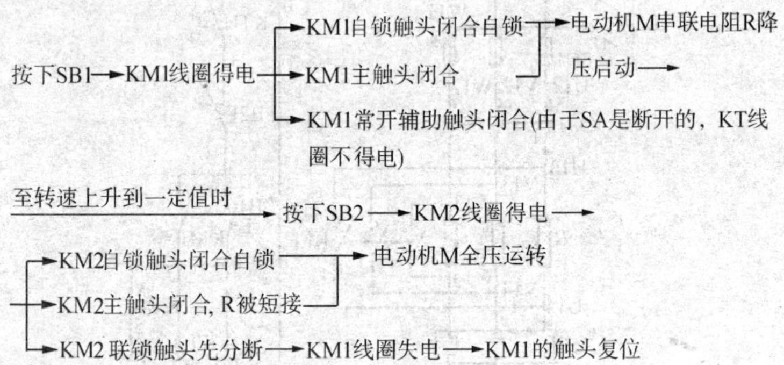

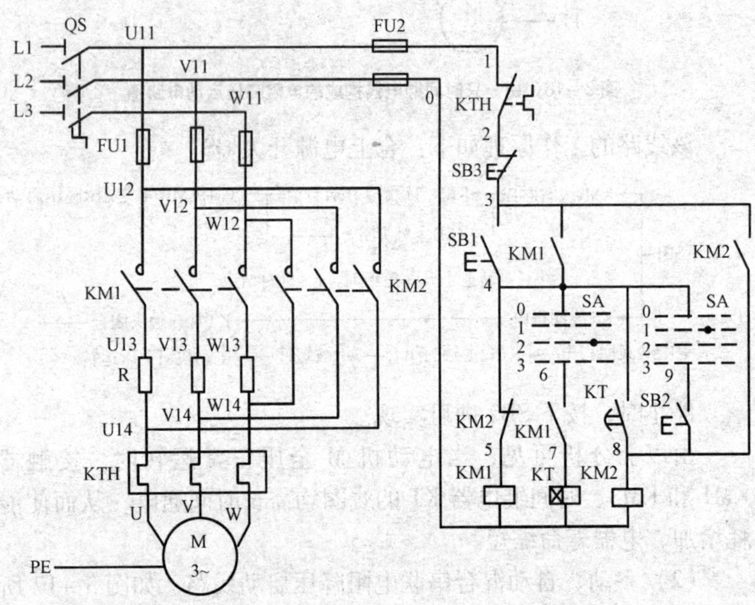

图 3－17　手动、自动混合串联电阻降压启动电路图

2）自动控制。把操作开关 SA 的手柄置于图 3－17 中“2”的位置（如黑点所示）。

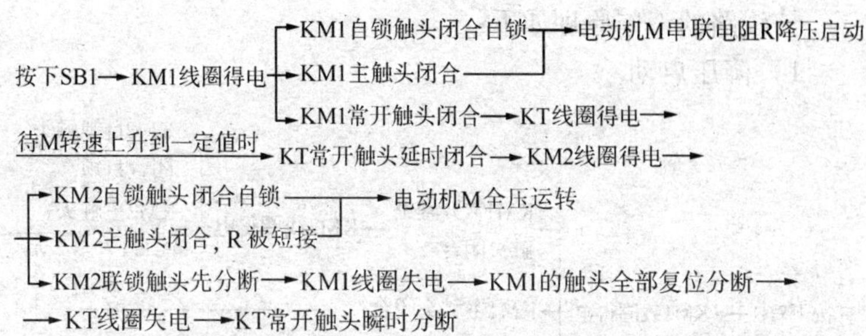

停止时，按下 SB3 即可实现。

串联电阻降压启动的缺点是减小了电动机的启动转矩，同时启动时在电阻上功率消耗也较大。如果启动频繁，则电阻的温度很高，对于精密的机床会产生一定的影响，故目前这种降压启动的方法在生产实际中的应用正在逐步减少。

2. 自耦变压器降压启动

（1）由按钮、中间继电器、接触器构成的自耦变压器启动线路　如图 3－18 所示。

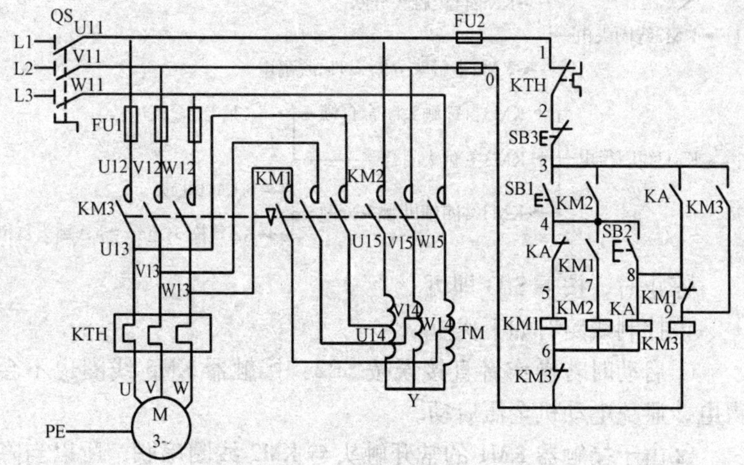

图 3－18　由按钮、中间继电器、接触器构成的自耦变压器启动电路图

该线路的工作原理如下：

1）降压启动。

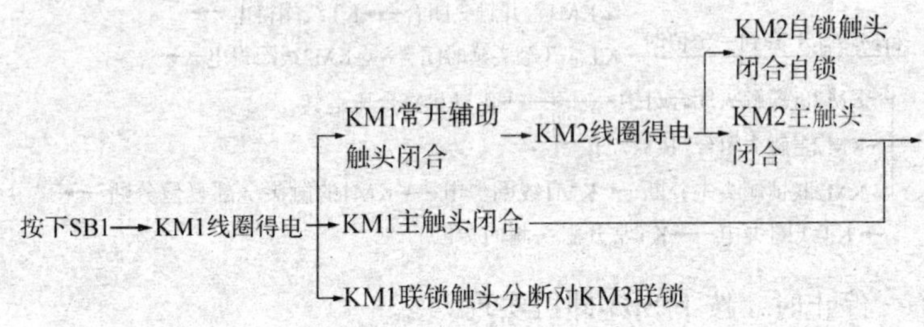

2）全压运转。当电动机转速上升到接近额定转速时，启动如下操作：

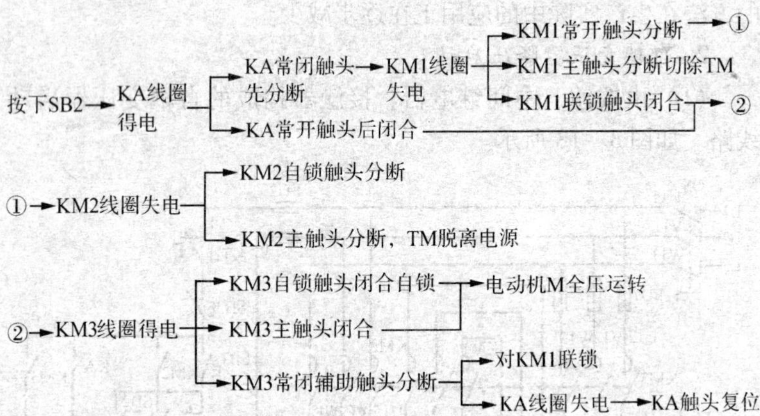

停止时，按下 SB3 即可。

该控制线路有如下优点：

①启动时若操作者直接误按 SB2，接触器 KM3 线圈也不会得电，避免电动机全压启动。

②由于接触器 KM1 的常开触头与 KM2 线圈串联，所以当降压启动完毕后，接触器 KM1、KM2 均失电，即使接触器 KM3 出现故障使触头无法闭合时，也不会使电动机在低压下运行。该线

路的缺点是从降压启动到全压运转，需两次按动按钮，操作不便，且间隔时间也不能准确掌握。

（2）XJ01 型自动控制自耦变压器降压启动控制线路 如图 3 - 19 所示。XJ01 系列自动控制补偿器广泛应用于自耦变压启动，适用于交流为 50Hz、电压为 380V、功率为14 ~ 75kW 的三相笼型异步电动机的降压启动用。

XJ01 系列自动控制补偿器由自耦变压器、交流接触器、中间继电器、热继电器、时间继电器和按钮等电器元件组成。自耦变压器备有额定电压 60% 及 80% 两挡抽头。补偿器具有过载和失压保护，最大启动时间为 2min（包括一次或连续数次启动时间的总和），若启动时间超过 2min，则启动后的冷却时间应不少于 4h 才能再次启动。XJ01 型自动控制补偿器降压启动的电路分成主电路、控制电路和指示电路三个部分，虚线框内的按钮是异地控制按钮。

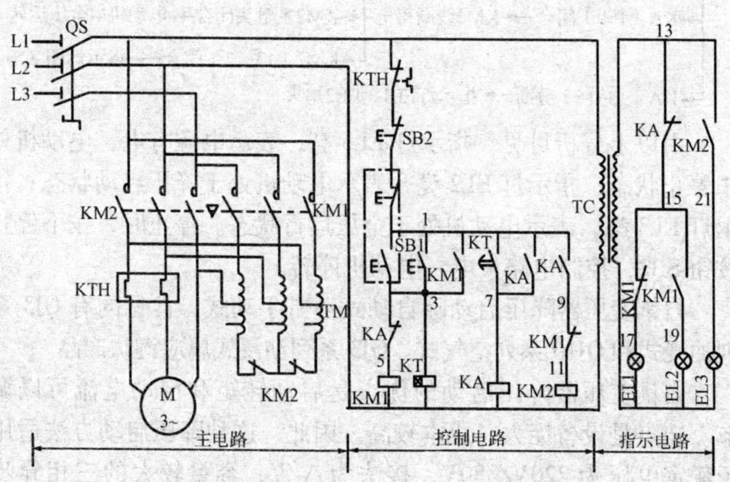

图 3 - 19 XJ01 型自动控制自耦变压器降压启动控制电路图

该线路的工作原理如下：

1）降压启动。

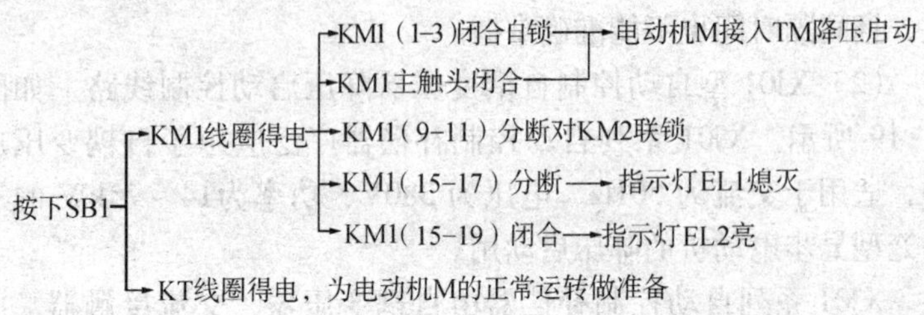

2）全压运行。

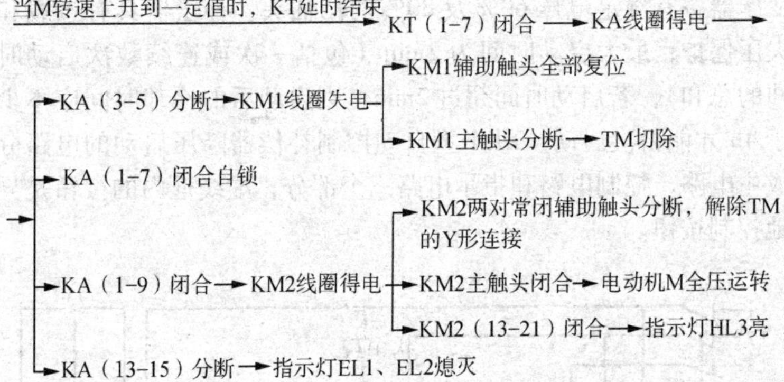

由以上分析可见，指示灯 EL1 亮，表示电源有电，电动机处于停止状态；指示灯 EL2 亮，表示电动机处于降压启动状态；指示灯 EL3 亮，表示电动机处于全压运行状态。停止时，按下停止按钮 SB2，控制电路失电，电动机停转。

自耦变压器降压启动除自动式还有手动式，常见的有 QJ3 系列油浸式和 QJ10 系列空气式。QJ3 系列油浸式属应淘汰产品。

自耦变压器降压启动的优点是启动转矩和启动电流可以调节。缺点是设备庞大，成本较高。因此，这种降压启动方法适用于额定电压为 220V/380V、接法为△/Y、容量较大的三相异步电动机的降压启动。

3. Y－△降压启动线路

（1）按钮－接触器控制 Y－△启动线路　如图 3－20 所示。

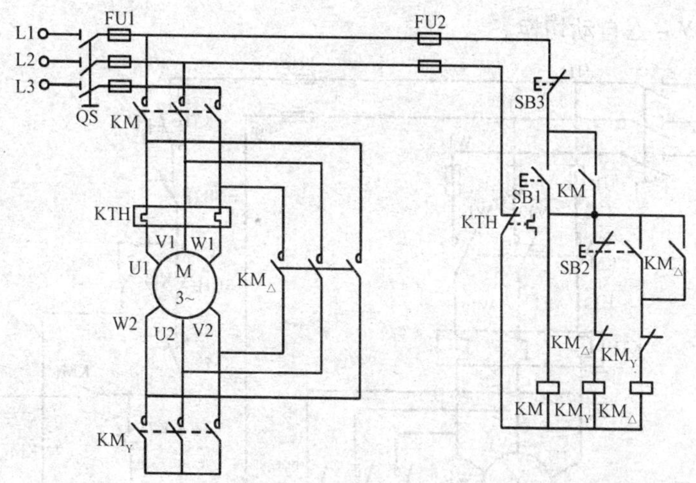

图 3－20 按钮－接触器控制 Y－△启动电路图

该线路的工作原理如下：先合上电源开关 QS。

1）电动机 Y 形接法降压启动。

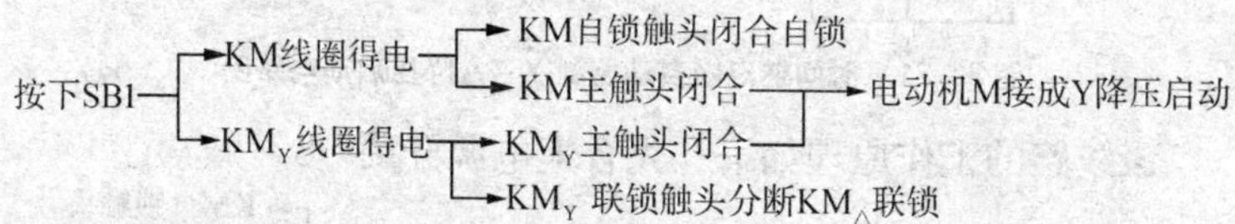

2）电动机△接法全压运行。

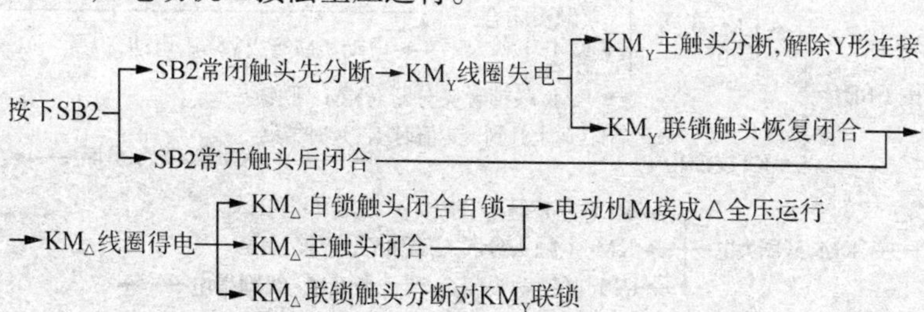

停止时按下 SB3 即可。

（2）时间继电器自动控制 Y－△降压启动线路　如图 3－21 所示。该线路由三个接触器、一个热继电器、一个时间继电器和两个按钮组成。时间继电器 KT 用作控制 Y 形降压启动时间和完成 Y－△自动切换。

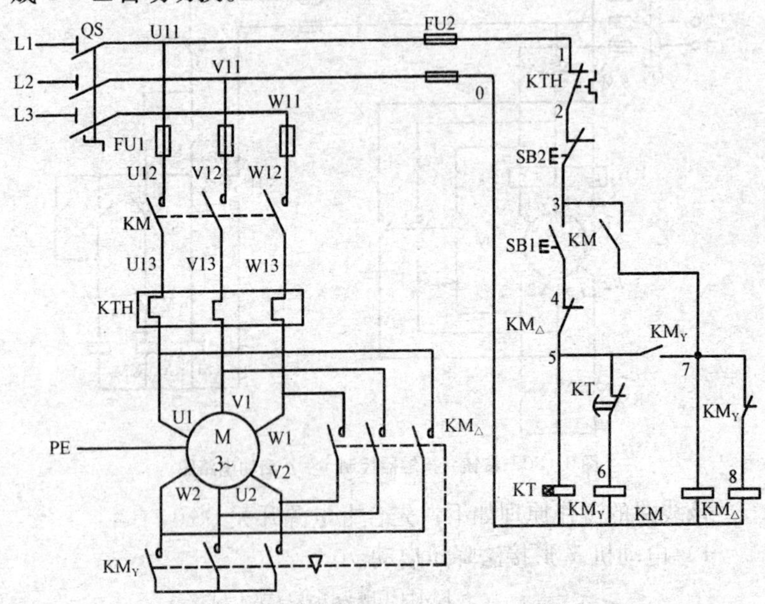

图 3－21　时间继电器自动控制 Y－△降压启动电路图

该线路的工作原理如下：先合上电源开关 QS。

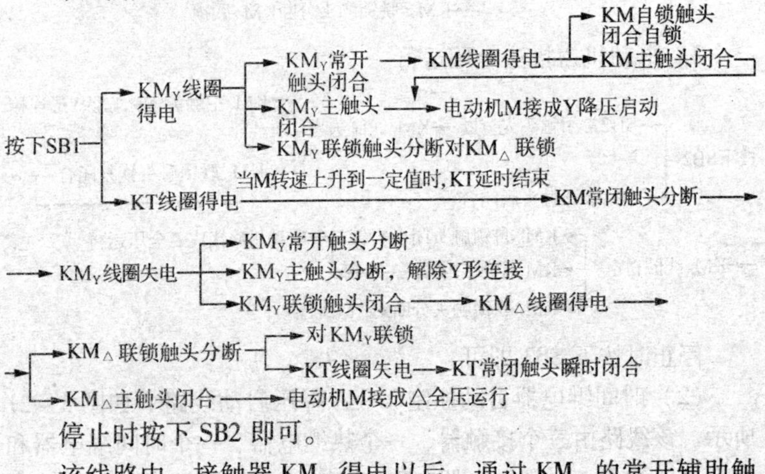

停止时按下 SB2 即可。

该线路中，接触器 KM_Y 得电以后，通过 KM_Y 的常开辅助触头使接触器 KM 得电动作，这样 KM_Y 主触头是在无负载的条件下进行闭合的，故可延长接触器 KM_Y 主触头的使用寿命。

（3）QJ3－13 型 Y－△自动启动线路　时间继电器自动控制 Y－△降压启动线路的定型产品有 QX3、QX4 两个系列，称之为 Y－△自动启动器。它们的主要技术数据见表 3－2。

表 3－2　QX3、QX4 系列 Y－△降压启动线路的主要技术数据

启动器型号	控制功率/kW			配用热元件的额定电流/A	延时调整范围/s
	220V	380V	500V		
QX3－13	7	13	13	11、16、22	4～16
QX3－30	17	30	30	32、45	4～16
QX4－17		17	13	15、19	11、13
QX4－30		30	22	25、34	15、17
QX4－55		55	44	45、61	20、24
QX4－75		75		85	30
QX4－125		125		100～160	14～60

QX3－13 型 Y－△自动启动器外形结构和电路如图 3－22 所示。这种启动器主要由三个接触器（KM）、一个热继电器 KTH、一个通电延时型时间继电器 KT 和按钮等组成。

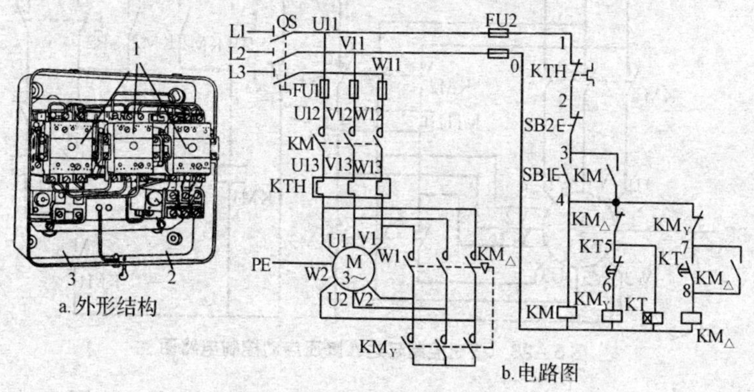

图 3－22　QX3－13 型 Y－△自动启动器外形结构及电路图

1. 接触器；2. 热继电器；3. 时间继电器

4. 延边△降压启动控制线路

延边△降压启动是在 Y－△降压启动的基础上加以改进而形成的一种启动方式，它把 Y 形和△两种接法结合起来，使电动机每相定子绕组承受的电压小于△接法时的相电压，而大于 Y 形接法时的相电压，并且每相绕组电压的大小可随电动机绕组抽头（U3、V3、W3）位置的改变而调节，从而克服了 Y－△降压启动电动电压偏低、启动转矩偏小的缺点。

（1）按钮控制延边△降压启动控制线路　如图 3－23 所示。延边△降压启动时，按下 SB1，接触器 KM1 得电，KM1 辅助常开触点使 KM3 得电，进行降压启动；在一定时间后，按下 SB2 使 KM3 失电，KM2 得电，电动机便进入全压运行状态。

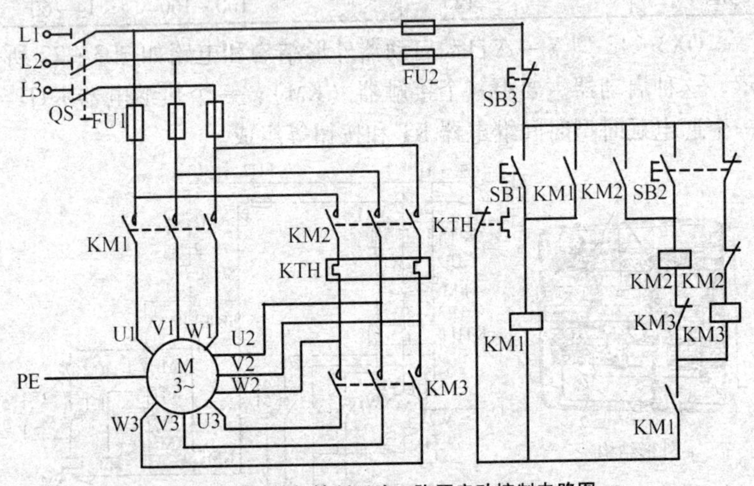

图 3－23　按钮控制延边△降压启动控制电路图

（2）时间继电器控制延边△降压启动控制线路　如图 3－24 所示。

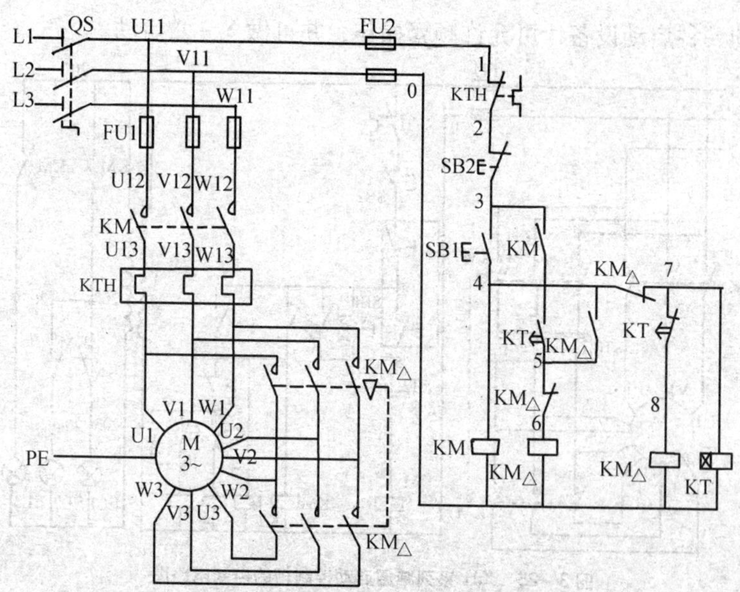

图 3-24　时间继电器控制延边△降压启动控制电路图

该线路的工作原理如下：合上电源开关 QS。

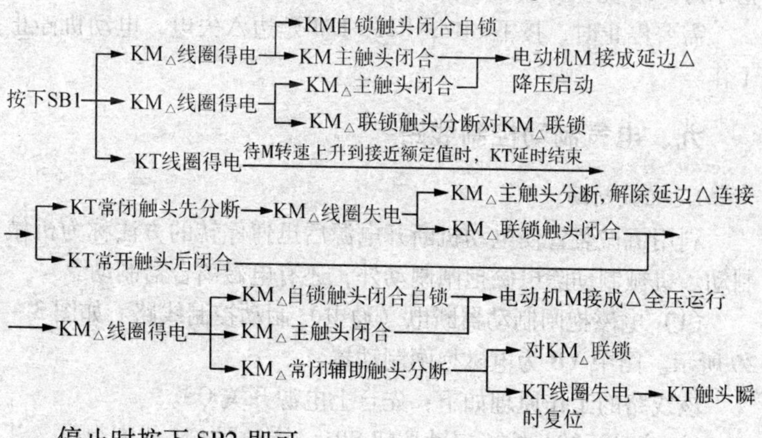

停止时按下 SB2 即可。

（3）XJ1 系列减压启动控制箱的控制线路　如图 3-25 所示。XJ1 系列减压启动控制箱就是利用延边△降压启动方法制成的一种启动设备，可允许频繁操作，并可做 Y－△启动。

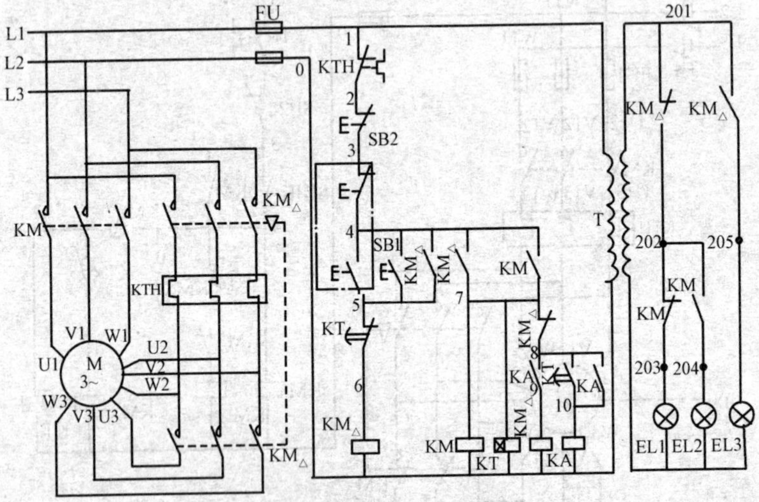

图 3－25　XJ1 系列减压启动控制箱的控制电路图

电路的工作原理如下：当三相电源接入后，变压器 T 有电，指示灯 EL1 亮。

需要停止时，按下 SB2，KM、KM 延边△失电，电动机停止工作。

九、电气制动控制线路

1. 机械制动

利用机械装置使电动机断开电源后迅速停转的方法称为机械制动。机械制动除电磁抱闸制动外，还有电磁离合器制动。

（1）电磁抱闸制动器断电（通电）制动控制线路　如图 3－26 所示。图中 YB 为电磁抱闸制动器。

该线路的工作原理如下：先合上电源开关 QS。

1）启动运转。按下启动按钮 SB1，接触器 KM 线圈得电，其自锁触头与主触头闭合，电动机 M 接通电源，同时电磁抱闸制动器 YB 线圈得电，衔铁与铁芯吸合，衔铁克服弹簧拉力，迫使制动

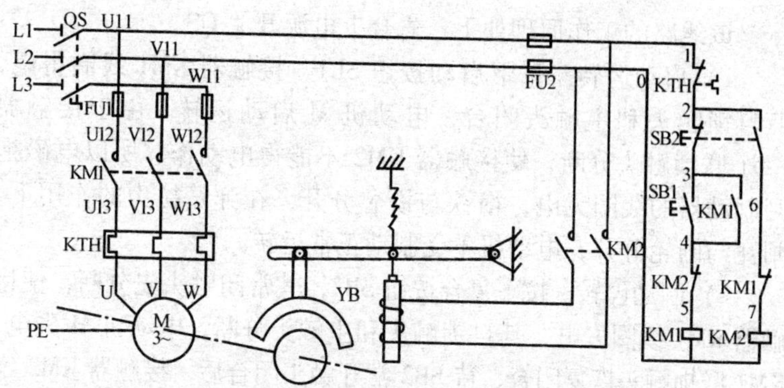

图 3－26　电磁抱闸制动器断电（通电）制动控制电路图

杠杆向上移动，从而使制动器的闸瓦与闸轮分开，电动机正常运转。

2）制动停转。按下停止按钮 SB2，接触器 KM 线圈失电，其自锁触头与主触头分断，电动机 M 失电，同时电磁抱闸制动器 YB 线圈也失电，衔铁与铁芯分开，在弹簧拉力的作用下，闸瓦紧紧抱住闸轮，迫使电动机被迅速制动而停转。

电磁抱闸制动器断电制动在起重机械上被广泛采用。其优点是能够准确定位，同时可防止电动机突然断电时重物的自行坠落。当重物起吊到一定高度时，按下停止按钮，电动机和电磁抱闸制动器的线圈同时断电，闸瓦立即抱住闸轮，电动机立即制动停转，重物随之被准确定位。如果电动机在工作时，线路发生故障而突然断电时，电磁抱闸制动器同样会使电动机迅速制动停转，从而避免重物自行坠落。

（2）电磁抱闸制动器通电制动控制线路　如图 3－26 所示。这种通电制动与上述断电制动方法稍有不同。当电动机得电运转时，电磁抱闸制动器线圈断电，闸瓦与闸轮分开，无制动作用；当电动机失电需停转时，电磁抱闸制动器的线圈得电，使闸瓦紧紧抱住闸轮制动；当电动机处于停转常态时，电磁抱闸制动器线圈也无电，闸瓦与闸轮分开，这样操作人员可以用手扳动主轴调整工件、对刀等。

该线路的工作原理如下：先合上电源开关 QS。

1）启动运转。按下启动按钮 SB1，接触器 KM1 线圈得电，其自锁触头和主触头闭合，电动机 M 启动运转。由于接触器 KM1 联锁触头分断，使接触器 KM2 不能得电动作，所以电磁抱闸制动器的线圈无电，衔铁与铁芯分开，在弹簧拉力的作用下，闸瓦与闸轮分开，电动机不受制动正常运转。

2）制动停转。按下复合按钮 SB2，其常闭触头先分断，使接触器 KM1 线圈失电，其自锁触头和主触头分断，电动机 M 失电，KM1 联锁触头恢复闭合，待 SB2 常开触头闭合后，接触器 KM2 线圈得电，KM2 主触头闭合，电磁抱闸制动器 YB 线圈得电，铁芯吸合衔铁，衔铁克服弹簧拉力，带动杠杆向下移动，使闸瓦紧抱闸轮，电动机被迅速制动而停转。KM2 联锁触头分断对 KM1 联锁。

2. 反接制动

依靠改变电动机定子绕组的电源相序来产生制动力矩，迫使电动机迅速停转的方法称为反接制动。

（1）单向启动反接制动线路　如图 3－27 所示。该线路的主电路和正反转控制线路相同，只是在反接制动时增加了三个限流

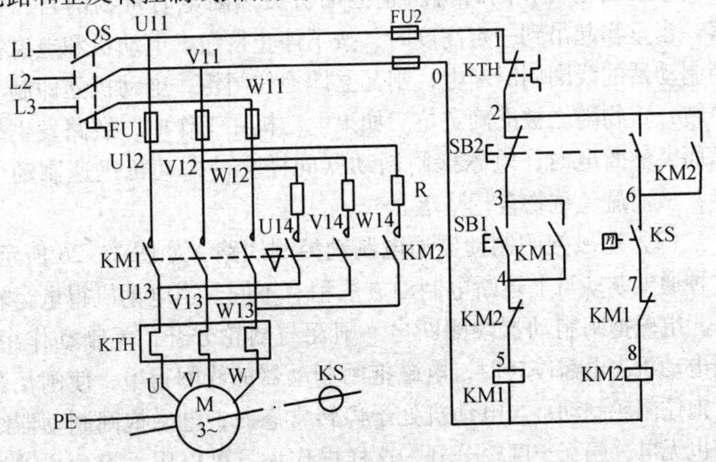

图 3－27　单向启动反接制动控制电路图

电阻 R，线路中 KM1 为正转运行接触器，KM2 为反接制动接触器，KS 为速度继电器，其轴与电动机轴相连。

该线路的工作原理如下：先合上电源开关 QS。

1）单向启动。

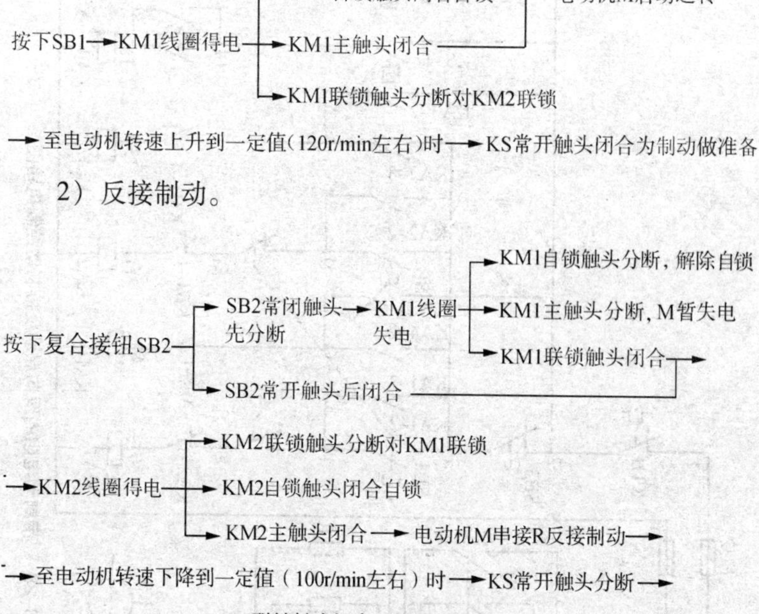

2）反接制动。

按下复合接钮SB2
SB2常闭触头先分断→KM1线圈失电
KM1自锁触头分断，解除自锁
KM1主触头分断，M暂失电
KM1联锁触头闭合
SB2常开触头后闭合

→KM2线圈得电
KM2联锁触头分断对KM1联锁
KM2自锁触头闭合自锁
KM2主触头闭合→电动机M串接R反接制动→

→至电动机转速下降到一定值（100r/min左右）时→KS常开触头分断→

→KM2线圈失电
KM2联锁触头闭合，解除联锁
KM2自锁触头分断，解除自锁
KM2主触头分断→电动机M脱离电源停转，制动结束

反接制动的优点是制动力强、制动迅速。缺点是制动准确性差，制动过程中冲击强烈，易损坏传动零件，制动能量消耗较大，不宜经常制动。因此反接制动一般适用于制动要求迅速、系统惯性较大、不经常启动与制动的场合。

（2）带制动电阻的双向启动反接制动控制线路　如图 3－28 所示。

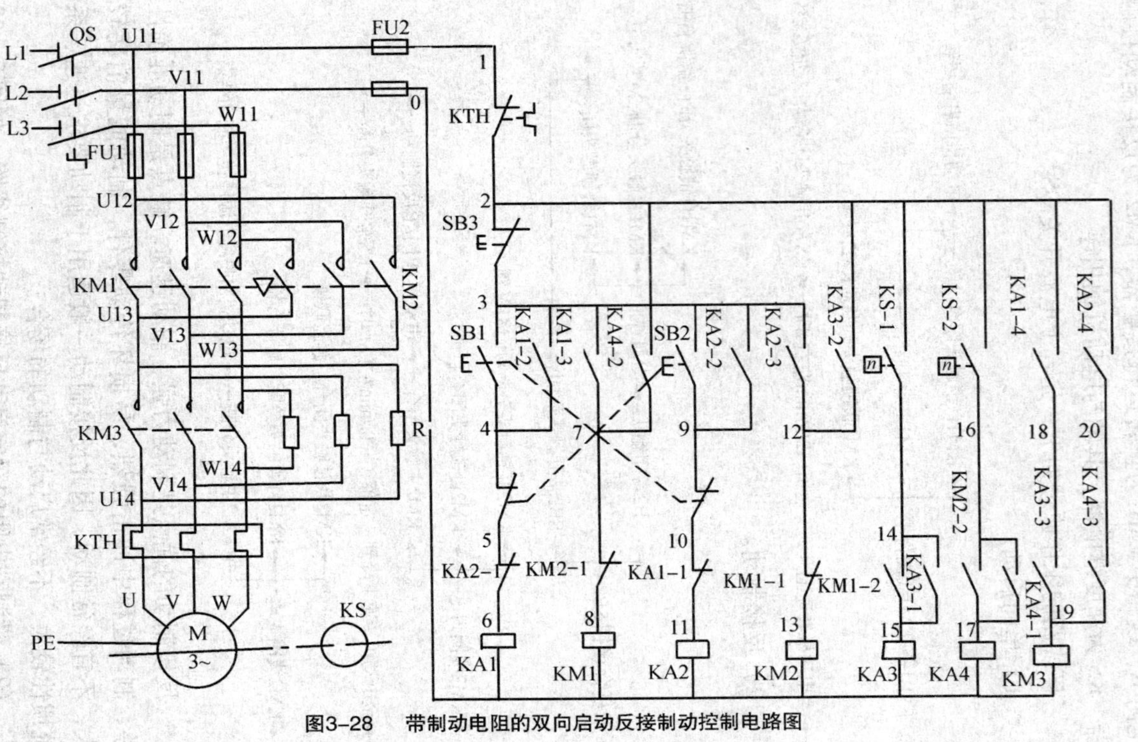

图3-28 带制动电阻的双向启动反接制动控制电路图

该线路的工作原理如下：

1）正转启动运转。

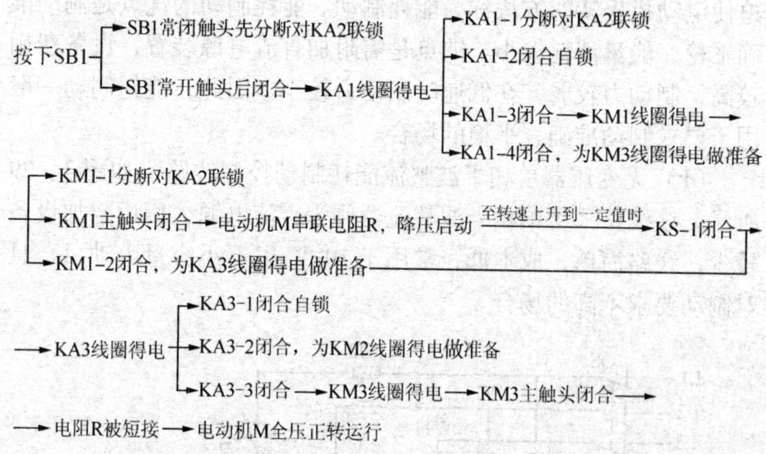

2）反接制动停转。

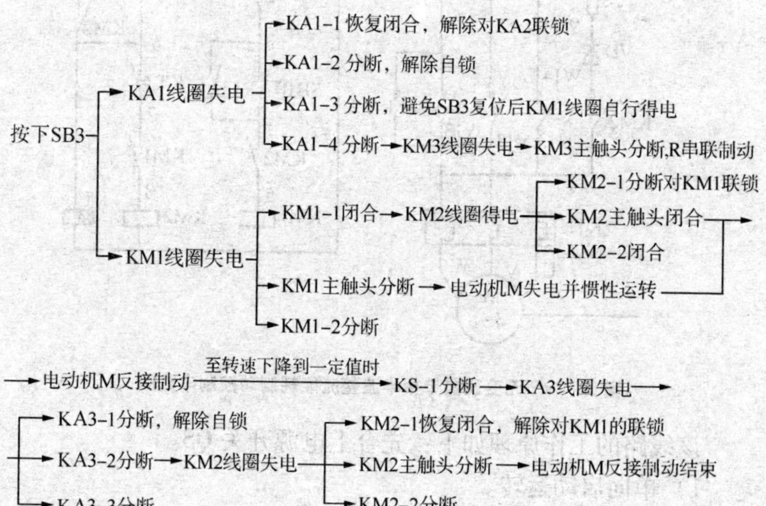

3. 能耗制动

当电动机切断交流电源后，立即在定子绕组中通入直流电，迫使电动机停转的方法称为能耗制动。能耗制动的优点是制动准确平稳，能量消耗较小。缺点是需附加直流电源装置，设备费用较高，制动力较弱，在低速时制动力较小。因此，能耗制动一般用于要求制动准确、平稳的场合。

（1）无变压器单相半波整流能耗制动控制线路　如图 3－29 所示。该线路采用单相半波整流器作为直流电源，所用附加设备较少，线路简单，成本低，常用于 10kW 以下小容量电动机，且对制动要求不高的场合。

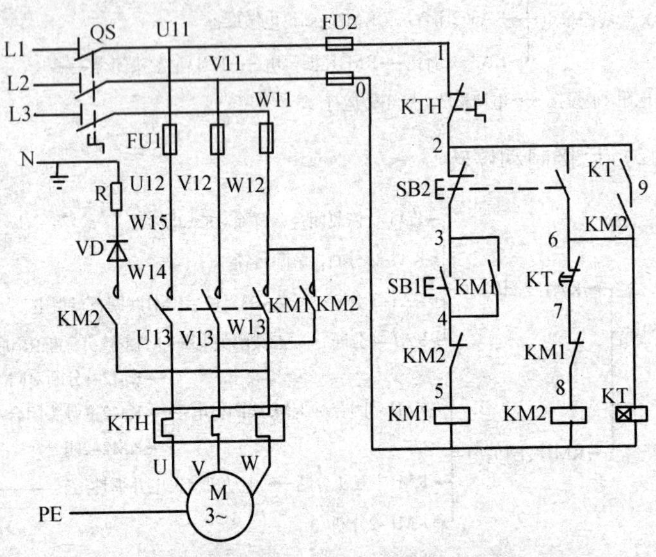

图 3－29　无变压器单相半波整流能耗制动控制电路图

该线路的工作原理如下：先合上电源开关 QS。

1）单向启动运转。

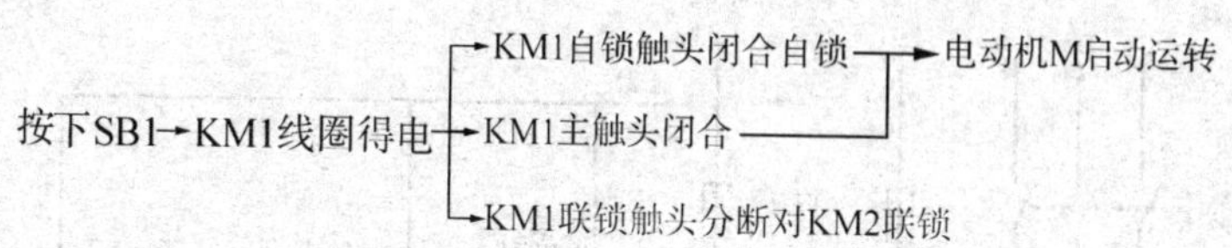

2）能耗制动停转。

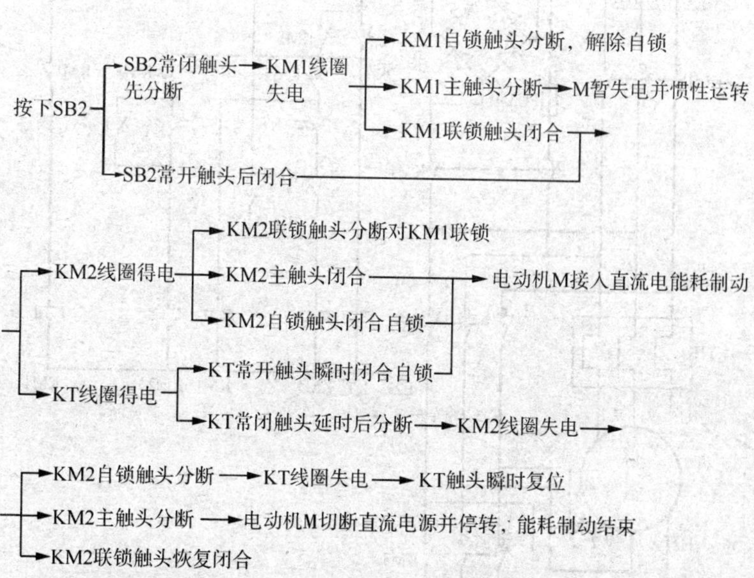

图3－29中KT瞬时闭合常开触头的作用，是当KT线圈断线或机械卡住等故障时，按下SB2后能使电动机制动后脱离直流电源。

（2）通电延时带直流能耗制动Y－△降压启动控制线路　如图3－30所示。该线路也采用Y－△降压启动，制动时，利用时间继电器的通电延时功能完成能耗制动，其原理与图3－29相似。

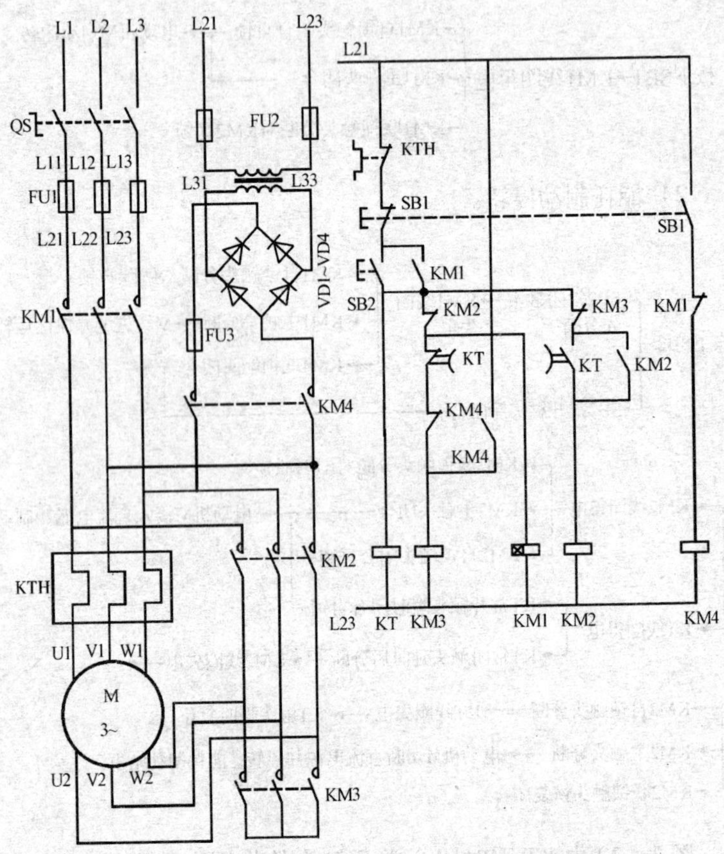

图 3－30 通电延时带直流能耗制动 Y－△降压启动控制电路图

十、调速控制线路

1. 双速异步电动机的控制线路

（1）接触器控制双速异步电动机的控制线路 如图 3－31 所示。

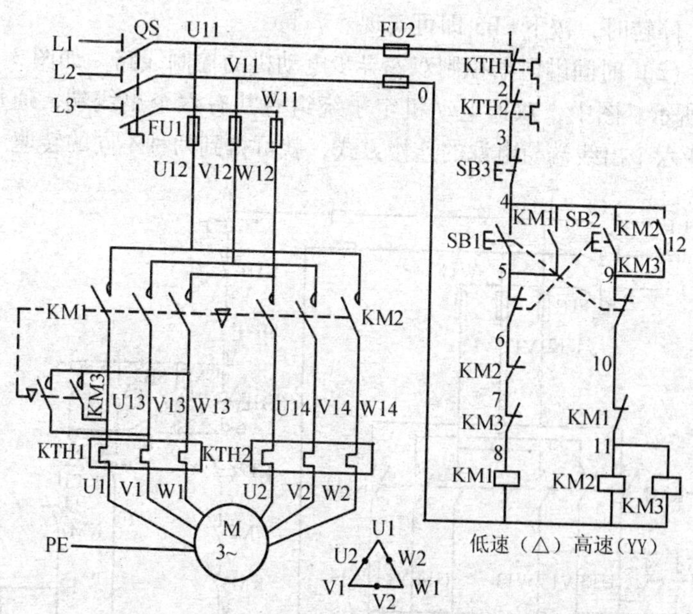

图 3－31 接触器控制双速异步电动机的控制电路图

1）△低速启动运转。

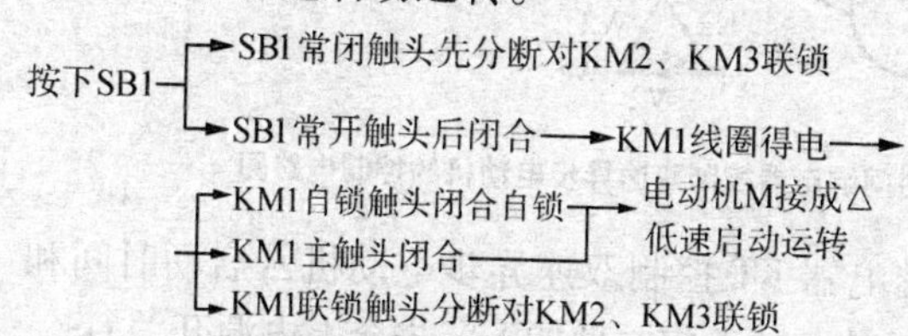

2）YY 形高速启动运转。

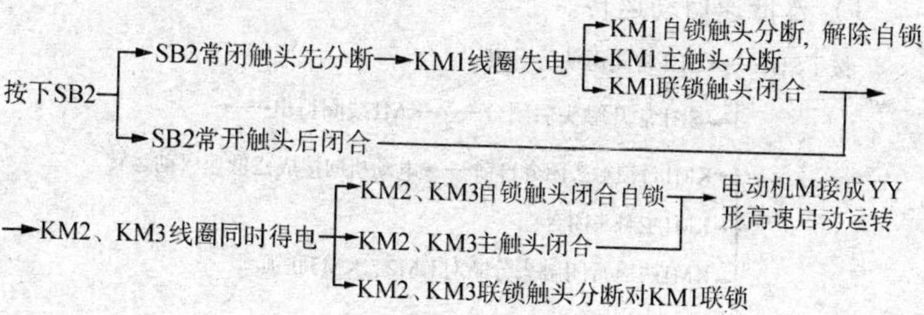

停转时，按下 SB3 即可实现。

（2）时间继电器控制双速异步电动机的控制线路　如图 3－32 所示。图中，双速电动机定子绕组有共有六个出线端，通过改变六个出线端与电源的连接方式，就可得到两种不同的转速。

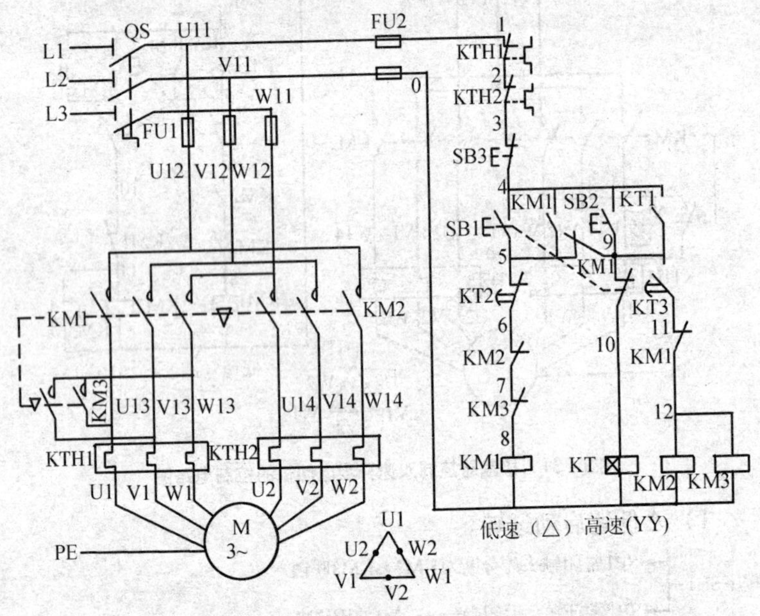

图 3－32　时间继电器控制双速异步电动机的控制电路图

该线路用时间继电器 KT 控制双速异步电动机△启动时间和△－YY 的自动换接运转，其工作原理如下：先合上电源开关 QS。

1）△低速启动运转。

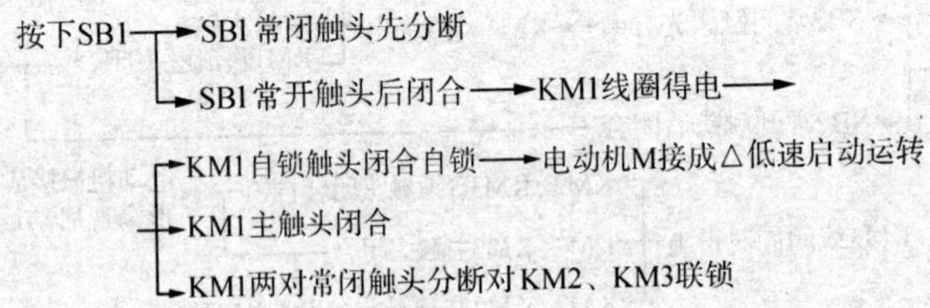

2）YY 形高速运转。

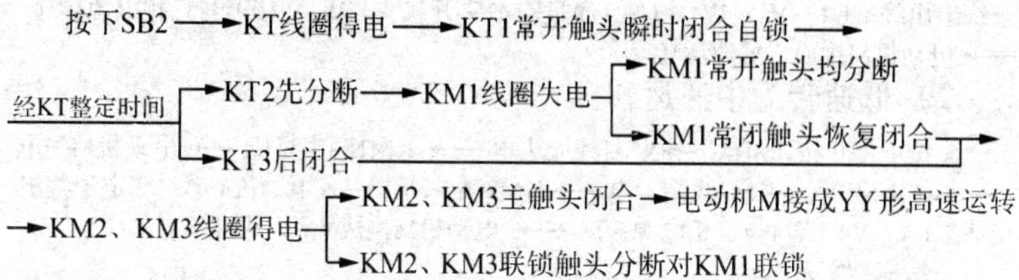

停止时，按下 SB3 即可。

若电动机只需高速运转时，可直接按下 SB2，则电动机△低速启动后，YY 形高速运转。

2. 三速异步电动机的控制线路

（1）接触器控制三速异步电动机的控制线路　如图 3－33 所示。

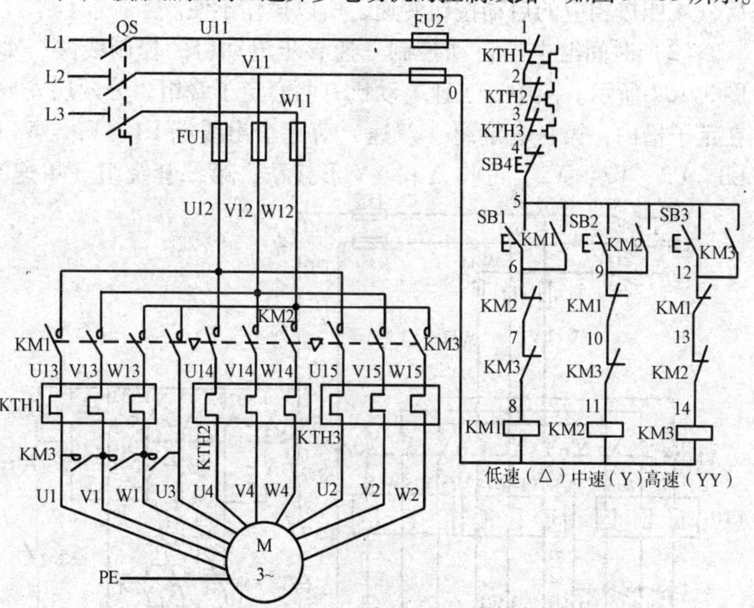

图 3－33　接触器控制三速异步电动机的控制电路图

该线路工作原理如下：先合上电源开关 QS。

1）低速启动运转。

按下SB1⟶接触器KM1线圈得电⟶KM1触头动作⟶电动机M第一套定子绕组出线端U1、V1、W1（U3）通过KM1常开触头与W1并接）与三相电源接通⟶电动机M接成△低速运转

2）低速转为中速运转。

先按下停止按钮SB4⟶KM1线圈失电⟶KM1触头复位⟶电动机M失电⟶再按下SB2⟶KM2线圈得电⟶KM2触头动作⟶电动机M第二套定子绕组出线端U4、V4、W4与三相电源接触⟶电动机M接成Y形，中速运转

3）中速转为高速运转。

先按下SB4⟶KM2线圈失电⟶KM2触头复位⟶电动机M失电⟶再按下SB3⟶KM3线圈得电⟶KM3触头动作⟶电动机M第一套定子绕组出线端U2、V2、W2与三相电源接通（U1、V1、W1、U3则通过KM3的三对常开触头并接）⟶电动机M接成YY形高速运转

该电路的缺点是进行速度转换时，必须先按下停止按钮 SB4 后，才能按相应的启动按钮变速，所以操作不便。

（2）时间继电器自动控制三速异步电动机的控制线路　如图 3－34 所示。图中，三速电动机有两套定子绕组，分两层安放在定子槽内，第一套绕组（双速）有七个出线端 U1、V1、W1、U3、U2、V2、W2，可作△和 YY 形接法；第二套绕组（单速）

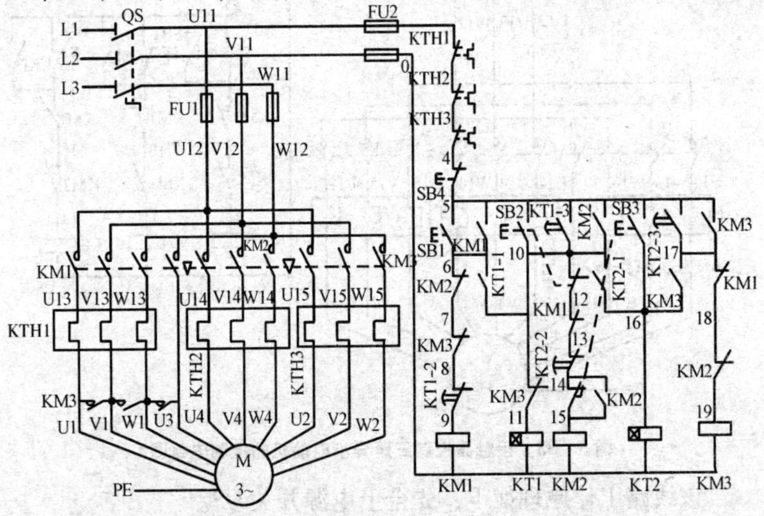

图 3－34　时间继电器自动控制三速异步电动机的控制电路图

有三个出线端 U4、V4、W4，只做 Y 形连接，如图 3－34 所示。当分别改变两套定子绕组的连接方式（改变极对数）时，电动机就可得到三种不同的运转速度。

电路图中，SB1、KM1 控制电动机△接法下的低速运转，SB2、KT1、KM2 控制电动机从△接法下低速启动到 Y 形中速运转的自动变换，SB3、KT1、KM3 控制电动机从△接法下低速启动到 Y 形中速过渡到 YY 形接法下高速的自动变换。

该线路的工作原理如下：先合上电源开关 QS。

1）△低速启动运转。

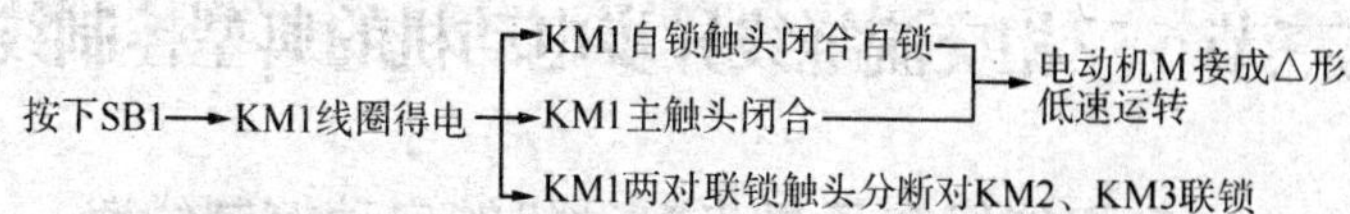

2）△低速启动 Y 形中速运转。

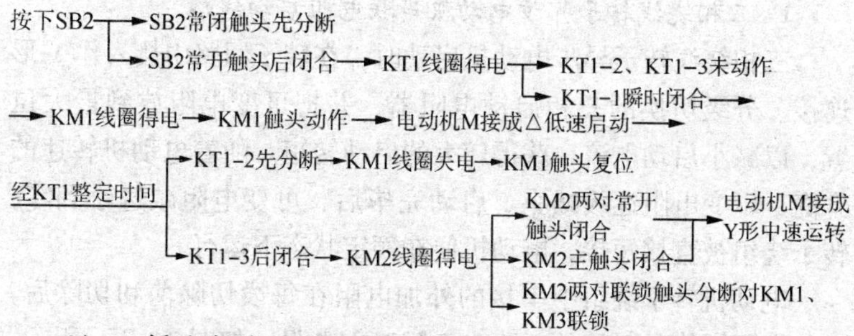

3）△低速启动 Y 形中速运转过渡 YY 形高速运转。

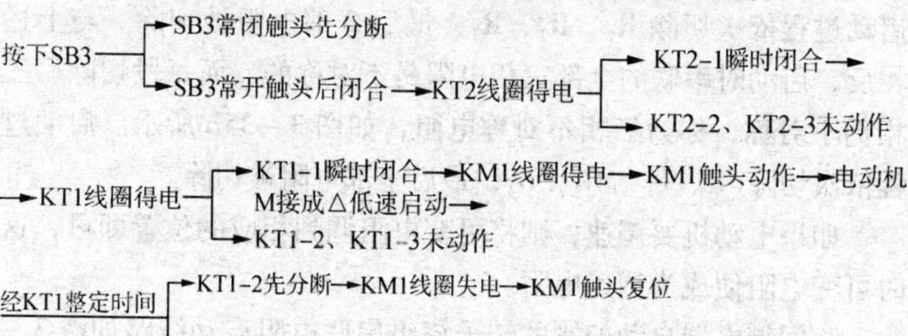

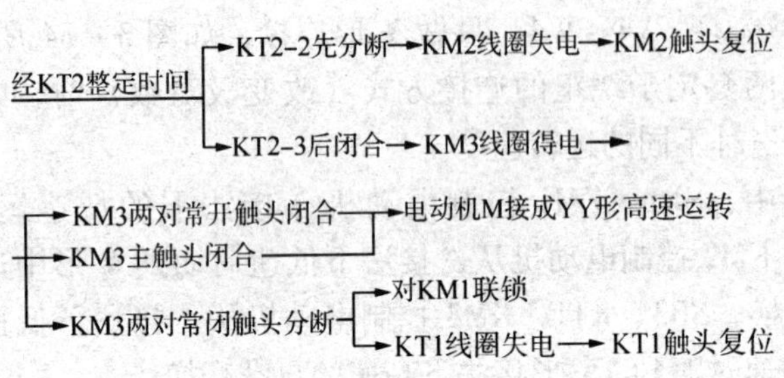

停止时，按下 SB4 即可。

第三节 三相交流绕线异步电动机的典型控制线路

一、三相绕线转子异步电动机的启动控制线路

1. 三相绕线转子异步电动机串联电阻启动线路

三相绕线转子异步电动机启动时，在转子回路中接入作 Y 形连接、分级切换的三相启动电阻器，并把可变电阻放到最大位置，以减小启动电流，获得较大的启动转矩。随着电动机转速的升高，可变电阻逐级减小。启动完毕后，可变电阻减速小到零，转子绕组被直接短接，电动机便在额定状态下运行。

电动机转子绕组中串接的外加电阻在每段切除前和切除后，三相电阻始终是对称的，称为三相对称电阻，如图 3－35a 所示，启动过程依次切除 R_1、R_2、R_3，最后全部电阻被切除。与上述相反，启动时串联的全部三相电阻是不对称的，而每段切除后三相仍不对称，称为三相不对称电阻，如图 3－35b 所示。启动过程依次切除 R_1、R_2、R_3、R_4，最后全部电阻被切除。

如果电动机要调速，则将可变电阻调到相应的位置即可，这时可变电阻便成为调速电阻。

时间继电器自动控制的转子绕组串联电阻启动线路如图 3－36 所示。该线路是用三个时间继电器 KM1、KM2、KM3 和三个

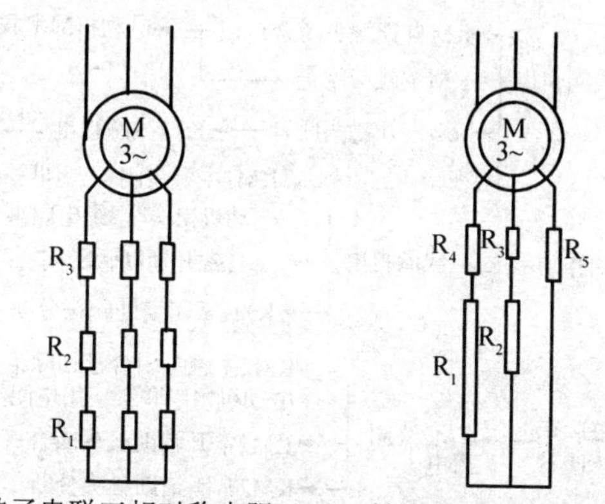

a. 转子串联三相对称电阻　　b. 转子串联三相不对称电阻

图 3－35　转子绕组串联三相电阻

接触器 KM1、KM2、KM3 的相互配合来依次自动切除转子绕组中的三级电阻的。

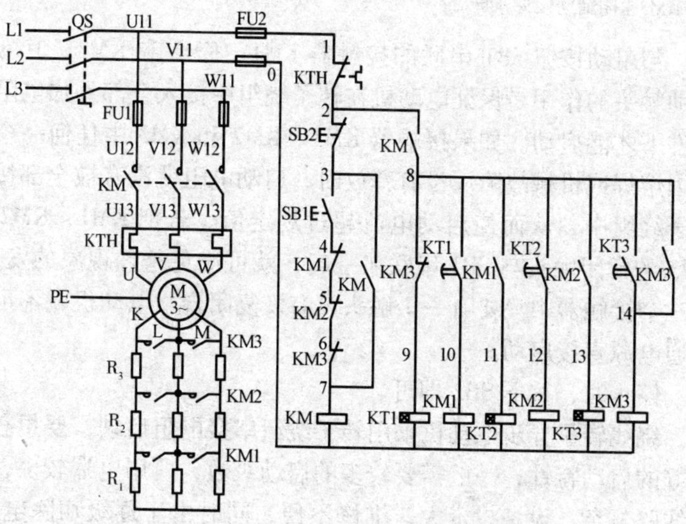

图 3－36　时间继电器自动控制的转子绕组串联电阻启动电路图

该线路工作原理如下：合上电源开关 QS。

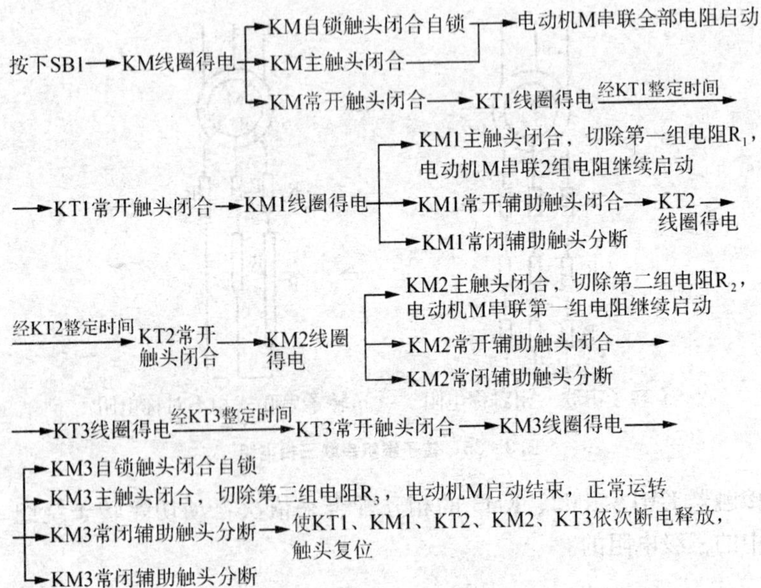

与启动按钮SB1串联的接触器KM1、KM2和KM3，其常闭辅助触头的作用是保证电动机在转子绕组中接入全部外加电阻的条件下才能启动。如果接触器KM1、KM2和KM3中任何一个触头因熔焊或机械故障而没有释放时，启动电阻就没有被全部接入转子绕组中，从而使启动电流超过规定值。若把KM1、KM2和KM3的常闭触头与SB1串联在一起，就可避免这种现象的发生，因三个接触器中只要有一个触头没有恢复闭合，电动机就不可能接通电源直接启动。

停止时，按下SB2即可。

绕线转子异步电动机采用转子绕组串接电阻启动，要想获得良好的启动特性，一般需要较多的启动级数，所用电器较多，控制线路复杂，设备投资大，维修不便，同时由于逐级切除电阻，会产生一定的机械冲击力，因此，在工矿企业中对不频繁启动设备，广泛采用频繁变阻器代替启动电阻来控制绕线转子异步电动机的启动。

2. 电流继电器自动控制线路

绕线转子异步电动机刚启动时转子电流较大，随着电动机转速的增大，转子电流逐渐减小。根据这一特性，可以利用电流继电器自动控制接触器来逐级切除转子回路的电阻。

电流继电器自动控制线路如图 3－37 所示。三个过电流继电器 KA1、KA2 和 KA3 的线圈串联在转子回路中，它们的吸合电流都一样，但释放电流不同，KA1 最大，KA2 次之，KA3 最小，从而能根据转子电流的变化，控制接触器 KM1、KM2、KM3 依次动作，逐级切除启动电阻。

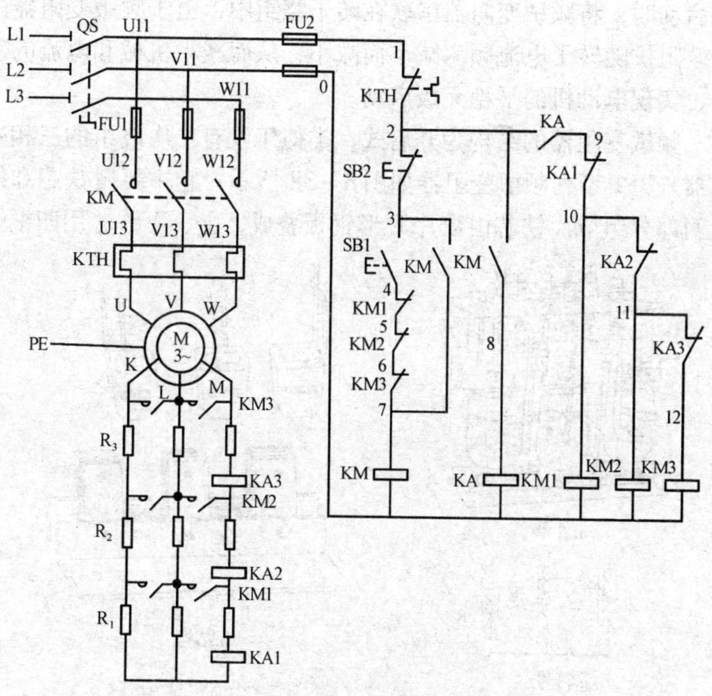

图 3－37　电流继电器自动控制电路图

线路的工作原理如下：合上电源开关 QS。

按下SB1→KM线圈得电→KM主触头闭合、KM自锁触头闭合→电动机M串联全部电阻启动

按下SB1→KM线圈得电→KM辅助常开触头闭合→KA线圈得电→KA常开触头闭合，为KM1、KM2、KM3得电做准备

二、转子绕组串联频敏变阻器启动线路

频敏变阻器是利用电磁材料的损耗随频率变化来自动改变等效阻抗值，以使电动机达到平滑启动的变阻器。它是一种静止的无触点电磁元件，实质上是一个铁芯损耗非常大的三相电抗器。适用于绕线转子异步电动机的转子回路，作启动电阻用。在电动机启动时，将频敏变阻器串联在转子绕组中，由于频敏变阻器的等效阻抗随转子电流频率减小而减小，从而减小机械和电流的冲击，实现电动机的平稳无级启动。

频敏变阻器的结构为开启式，类似于没有二次绕组的三相变压器。BP1 系列频敏变阻器如图 3－38 所示。它主要由铁芯和绕组两部分组成。铁芯由数片 E 形钢板叠成，上、下铁芯用四根螺

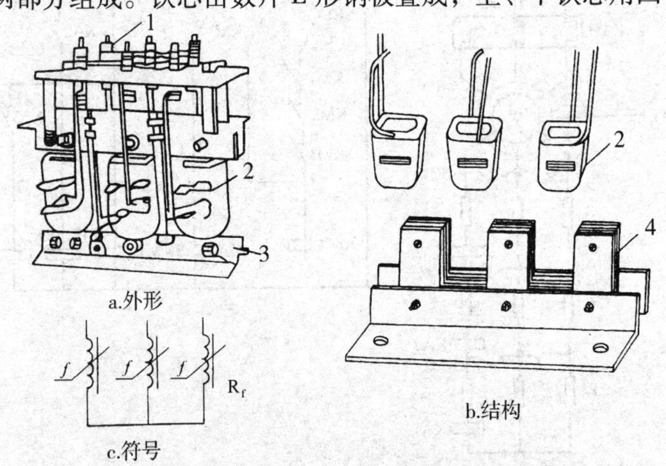

图 3－38　BP1 系列频敏变阻器

1. 接线柱；2. 线圈；3. 底座；4. 铁芯

栓固定。拧开螺栓上的螺母，可在上、下铁芯间增减非磁性垫片，以调整空隙长度。

频敏变阻器的工件原理如下：三相绕组通入电流后，由于铁芯是用厚钢板制成，交变磁通在铁芯中产生很大的涡流，产生很大的铁磁损耗。频率越高，涡流越大，铁磁损耗也越大。交变磁通在铁芯中的损耗可等效地看作电流在电阻中的损耗，因此，频率变化时相当于等效电阻的阻值在变化。在电动机刚启动的瞬间，转子电流的频率最高，频敏电阻器的等效阻抗最大，限制了电动机的启动电流；随着转子转速的升高，转子电流的频率逐渐减小，频敏变阻器的等效阻值也逐渐减小，从而使电动机转速平稳地上升到额定转速。

转子绕组串联频敏变组器启动线路如图 3－39 所示。启动过程可以利用转换开关 SA 实现自动控制和手动控制。

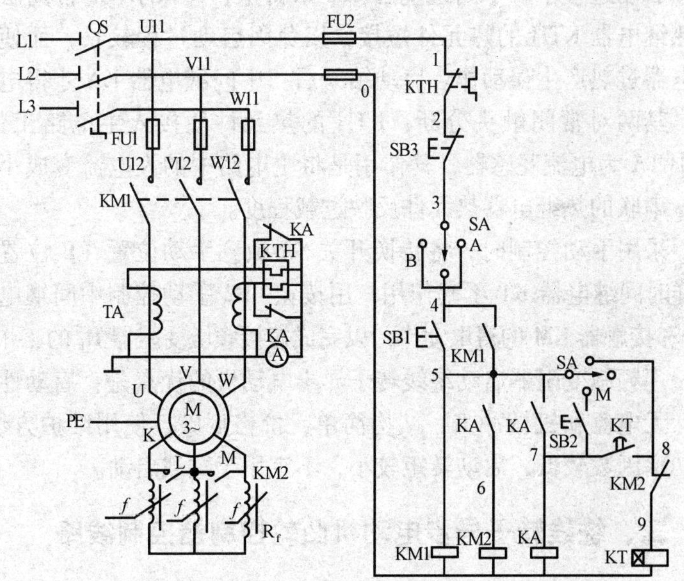

图 3－39　转子绕组串联频敏变组器启动电路图

采用自动控制时，将转换开关 SA 扳到自动位置（A 位置），时间继电器 KT 将起作用。线路工作原理如下：先合上电源开关 QS。

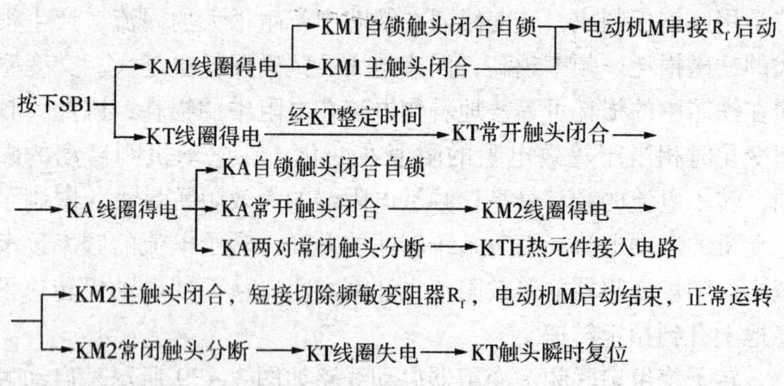

停止时，按下 SB3 就可以了。

启动过程中，中间继电器 KA 未得电，KA 的两对常闭触头将热继电器 KTH 的热元件短接，以免因启动过程较长，而使热继电器过热产生误动作。启动结束后，中间继电器 KA 才得电动作，其两对常闭触头分断，KTH 的热元件便接入主电路工作。图中 TA 为电流互感器，其作用是将主电路中的大电流变成小电流，串联的热继电器热元件反映过载程度。

采用手动控制时，将转换开关 SA 扳到手动位置（B 位置），这样时间继电器 KT 不起作用，用按钮 SB2 手动控制中间继电器 KA 和接触器 KM 的得电动作，以完成短接频敏变阻器 R_f 的工作。

用频敏变阻器启动绕线转子异步电动机的优点是：启动性能好，无电流和机械冲击，结构简单，价格低廉，使用维护方便。但功率因数较低，启动转矩较小，不宜用于重载启动。

三、绕线转子异步电动机凸轮控制器控制线路

中小容量的绕线式异步电动机的启动、调速及正反转控制，常常采用凸轮控制器来实现。绕线转子异步电动机凸轮控制器控

制线路如图 3－40 所示。图中转换开关 QS 作引入电源用；熔断器 FU1、FU2 分别作为主电路和控制电路的短路保护；接触器 KM 控制电动机电源的通断，同时起欠压、失压保护作用；位置开关 QS1、QS2 分别作为电动机正反转时工作机构运动的限位保护；过流继电器 KA1、KA2 作为电动机的过载保护；R 是电阻；AC 是凸轮控制器。

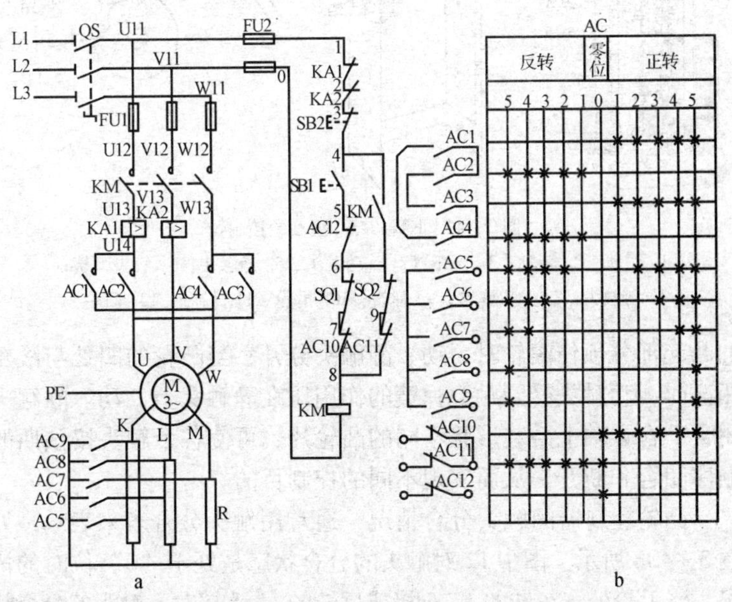

图 3－40 绕线转子异步电动机凸轮控制器控制电路图

(1) 凸轮控制器 KTJ1－50 型凸轮控制器如图 3－41 所示。它主要有手柄（或手轮）、触头系统、转轴、凸轮和外壳等部分组成。其触头系统共有 12 对触头，9 常开、3 常闭。其中，4 对常开触头接在主电路中，用于控制电动机的正反转，配有石棉水泥制成的灭弧罩，其余 8 对触头用于控制电路中，不带灭弧罩。

凸轮控制器的工作原理如下：动触头与凸轮固定在转轴上，每个凸轮控制一个触头。当转动手柄时，凸轮随轴转动，当凸轮

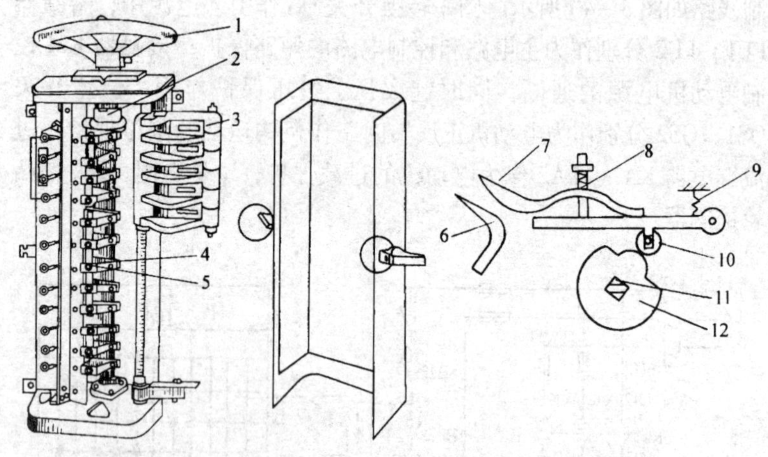

图 3-41　KTJ1-50 型凸轮控制器

1. 手轮；2. 转轴；3. 灭弧罩；4. 动触头；5. 静触头；6. 触头弹簧；7. 动触头；8. 触头弹簧；9. 弹簧；10. 滑轮；11. 转轴；12. 凸轮

的凸起部分顶住滚轮时，动、静触头分开；当凸轮的凹处与滚轮相碰时，动触头受到触头弹簧的作用压在静触头上，动、静触头闭合。在方轴上叠装形状不同的凸轮片，可使各个触头按预期的顺序闭合和断开，从而实现不同的控制目的。

凸轮控制器的触头分合情况，通常用触头分合表来表示。如图 3-40b 所示。图中 12 对触头的分合状态是处于“0”位时的情况。当手轮处于正转的 1~5 挡或反转的 1~5 挡时，触头的分合状态如图 3-40b 所示，用“×”表示触头闭合，无此标记表示触头断开。AC 最上面的 4 对配有灭弧罩的常开触头 AC1~AC4 接在主电路中用以控制电动机正反转；中间的 5 对常开触头 AC5~AC9 与转子电阻相接，用以逐级切换电阻以控制电动机的启动和调速；最下面的三对常闭辅助触头 AC10~AC12 都用作零位保护。

凸轮控制器主要根据所控制电动机的容量、额定电流、额定电压、工作制和控制位置数目等来选择。

（2）线路的工作原理　先合上电源开关 QS，然后将 AC 手轮放在“0”位，这时最下面三对触头 AC10 ~ AC12 闭合，为控制电路的接通做准备。按下 SB1，接触器 KM 线圈得电，KM 主触头闭合，接通电源，为电动机启动做准备，KM 自锁触头闭合自锁。将 AC 手轮从“0”位转到正转“1”位置，这时触头 AC10 仍闭合，保持控制电路接通，触头 AC1、AC3 闭合，电动机 M 接通三相电源正转启动，此时由于 AC 触头 AC5 ~ AC9 均断开，转子绕组串联全部电阻器 R，所以启动电流较小，启动转矩也较小。如果电动机负载较重，则不能启动，但可以起到消除传动齿轮间隙和拉紧钢丝绳的作用。当 AC 手轮从正转“1”位转到“2”位时，触头 AC10、AC1、AC3 仍闭合，AC5 闭合，把电阻器 R 的一级电阻切除，使电动机 M 正转加速。同理，当 AC 手轮依次转到正转“3”和“4”位置时，触头 AC10、AC1、AC3、AC5 仍保持闭合，AC6、AC7 先后闭合，把电阻器 R 的两级电阻相继短接，电动机 M 继续正转加速。闭合，当 AC 手轮转到正转“5”位置时，AC5 ~ AC9 五对触头全部闭合，电阻器 R 全部电阻被切除，电动机启动完毕后全速运转。

当把手轮转到反转的“1” ~ “5”位置时，触头 AC2 和 AC4 闭合，接入电动机的三相电源相序改变，电动机反转。触头 AC11 闭合使控制电路接通，接触器 KM 线圈继续得电工作。凸轮控制器反向启动依次切除电阻器的程序及工作原理与正转类同。

由凸轮控制器触头分合表可以看出，凸轮控制器最下面的 3 对辅助触头 AC10 ~ AC12，只有当手轮置于“0”位时才全部闭合，而在其余各挡位置都只有 1 对触头闭合（AC10 或 AC11），而其余两对断开。这三对触头在控制电路中如此安排，就保证了手轮必须置于“0”位时，按下启动按钮 SB1 才能使接触器 KM 线圈得电动作。然后通过凸轮控制器 AC 使电动机进行逐级启动，从而避免了电动机的直接启动，同时也防止了由于误按 SB1 而使电动机突然加速运转产生的意外事故。

第四节 直流电动机的典型控制线路

一、直流电动机的启动控制线路

1. 并励直流电动机电枢回路串联电阻二级启动线路

并励直流电动机电枢回路串联电阻二级启动线路如图3-42所示。其中KA1为欠电流继电器，作为励磁绕组的失磁保护，以免励磁绕组因断线或接触不良引起“飞车”事故；KA2为过电流继电器，对电动机进行过载和短路保护；电阻器R为电动机停转时励磁绕组的放电电阻；VD为续流二极管，使励磁绕组正常工作时电阻器R上没有电流流入。

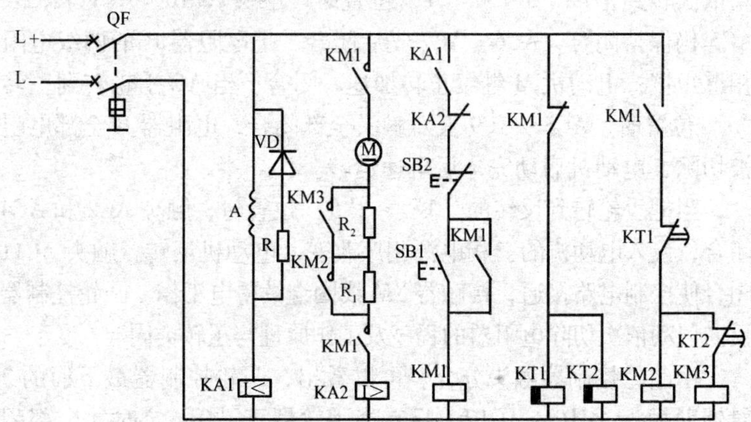

图3-42 并励直流电动机电枢回路串联电阻二级启动电路图

该线路的工作原理如下：

合上断路器QF ┬→励磁绕组A得电励磁
├→欠电流继电器KA1线圈得电→KA1常开触头闭合为启动做准备
└→时间继电器KT1、KT2线圈得电→KT1、KT2延时闭合的常闭触头瞬时断开

→接触器KM2、KM3线圈处于断电状态，以保证R_1、R_2全部串入电枢回路启动

按下SB1→KM1线圈得电→
→KM1辅助常开触头闭合，为KM2、KM3得电做准备
→KM1主触头闭合→电动机M串联 R_1 和 R_2 启动
→KM1自锁触头闭合自锁
→KM1辅助常闭触头分断→KT1、KT2线圈失电→

→经KT1整定时间，KT1常闭触头恢复闭合→KM2线圈得电→KM2主触头闭合短接 R_1 →电动机M串联 R_2 继续启动→经KT2整定时间，KT2常闭触头恢复闭合→KM3线圈得电→KM3主触头闭合短接 R_2 →电动机M启动结束进入正常运转。

停止时，按下SB2即可。

2. 串励直流电动机串联电阻二级启动线路

串励直流电动机串联电阻器二级启动线路如图3－43所示。

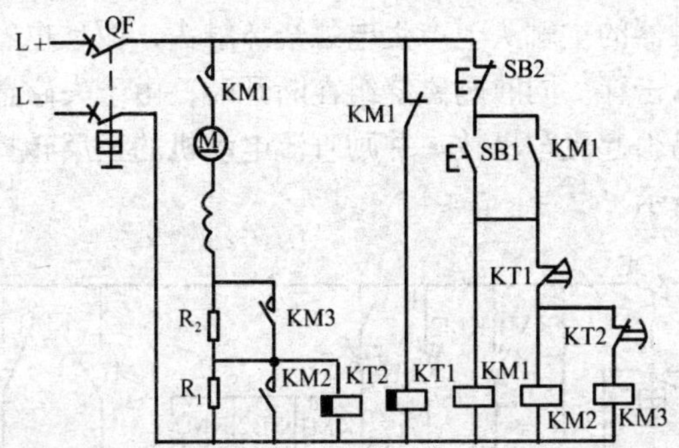

图3－43 串励直流电动机串联电阻二级启动电路图

该线路工作原理如下：

合上电源开关QF→KT1线圈得电→KT1延时闭合的常闭触头瞬时断开→使接触器KM2、KM3处于断电状态→保证电动机串入电阻 R_1、R_2 启动

按下SB1→KM1线圈得电→
→KM1自锁触头闭合自锁→电动机M串联 R_1、R_2 启动
→KM1主触头闭合→KT2线圈得电→KT2常闭触头瞬时分断
→KM1辅助常闭触头分断→KT1线圈失电→经KT1整定时间→

→KT1延时闭合的常闭触头恢复闭合→KM2线圈得电→KM2主触头闭合短接 R_1 →电动机M串联 R_2 继续启动→在 R_1 被短接的同时→KT2的线圈也被短接断电→经KT2整定时间→KT2延时闭合的常闭触头恢复闭合→KM3线圈得电→KM3主触头闭合短接电阻 R_2 →电动机M进入正常工作状态

二、直流电动机的正反转控制线路

1. 并励直流电动机的正反转控制线路

并励直流电动机的正反转控制方法有两种：一是电枢反接法，即改变电枢电流方向，保持励磁电流方向不变；二是励磁绕组反接法，即改变励磁电流方向，保持电枢电流方向不变。而在实际应用中，并励直流电动机的反转常采用电枢反接法来实现。这是因为并励直流电动机励磁绕组的匝数多，电感大，当从电源上断开励磁绕组时，会产生较大的自感电动势，不但在开关的刀刃上或接触器的主触头上产生电弧烧坏触头，而且也容易把励磁绕组的绝缘击穿。同时励磁绕组在断开时，由于失磁造成很大电枢电流，易引起飞车事故。并励直流电动机的正反转控制线路如图 3－44 所示。

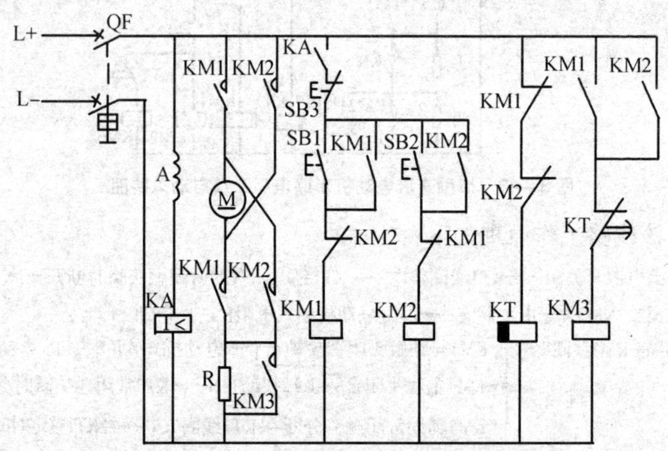

图 3－44　并励直流电动机的正反转控制电路图

该控制线路采用了电枢反接法来实现并励直流电动机的反转，线路的工作原理如下：

先合上断路器QF →励磁绕组A得电励磁
→欠电流继电器KA得电→ KA常开触头闭合
→时间继电器KT线圈得电→KT延时闭合的常闭触头瞬时分断→
→接触器KM3处于失电状态→保证电动机M串联电阻器R启动

然后按下正转启动按钮SB1(或反转启动按钮SB2)→接触器KM1(或KM2)线圈得电→
→KM1(或KM2)常开辅助触头闭合，为KM3得电做准备
→KM1(或KM2)主触头闭合 →电动机M串联电阻器R正转(或反转)启动
→KM1(或KM2)自锁触头闭合自锁
→KM1(或KM2)常闭辅助触头分断→ KT线圈失电→经过KT整定时间→
→KM1(或KM2)联锁触头分断，对KM2(或KM1)联锁
→KT常闭触头恢复闭合→KM3线圈得电→KM3主触头闭合→电阻器R被短接→
→电动机M进入正常运转

停止时，按下 SB3 即可。

值得注意的是，电动机从一种转向变为另一种转向时，必须先按下停止按钮 SB3，使电动机停转后，再按相应的启动按钮。

2. 串励直流电动机的正反转控制线路

由于串励直流电动机电枢绕组两端的电压很高，而励磁绕组绕组两端的电压很低，反接较容易，所以串励直流电动机的反转常采用励磁绕组反接法来实现。串励直流电动机的正反转控制电路如图 3 - 45 所示。

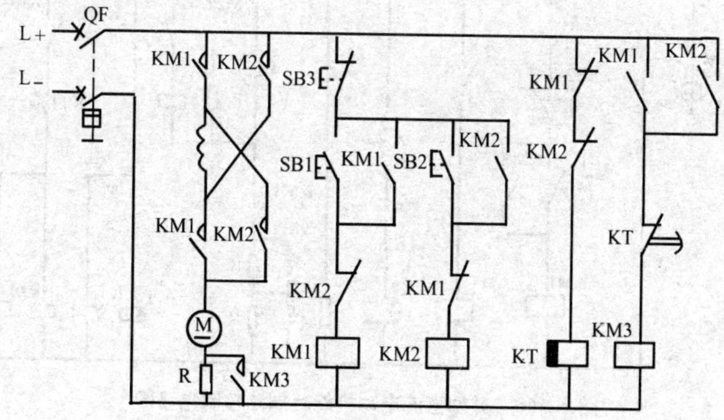

图 3 - 45　串励直流电动机的正反转控制电路图

该线路工作原理如下：

合上电源开关QF→KT线圈得电→KT延时闭合的常闭触头瞬时分断→KM3处于断电状态→保证电动机M串联电阻器R启动

然后按下SB1(或SB2)→KM1(或KM2)线圈得电→

→KM1（或KM2）自锁触头闭合自锁 ┐→电动机M串联R启动正转（或反转）
→KM1（或KM2）主触头闭合 ┘
→KM1（或KM2）常开辅助触头闭合，为KM3得电做准备
→KM1（或KM2）联锁触头分断对KM2（或KM1）联锁
→KM1（或KM2）常闭辅助触头分断→时间继电器KT线圈失电→经KT整定时间→KT延时闭合的常闭触头恢复闭合→KM3线圈得电→KM3主触头闭合短接电阻器R→电动机M进入正常运转。

停止时，按下停止按钮SB3即可。

三、直流电动机的制动控制线路

1. 并励直流电动机能耗制动控制线路

能耗制动是维持直流电动机的励磁电源不变，切断正在运转的直流电动机电枢的电源，再接入一个外加制动电阻器，组成回路，将机械动能变为热能消耗在电枢和制动电阻器上，迫使电动机迅速停转。并励直流电动机能耗制动控制线路如图3－46所示。

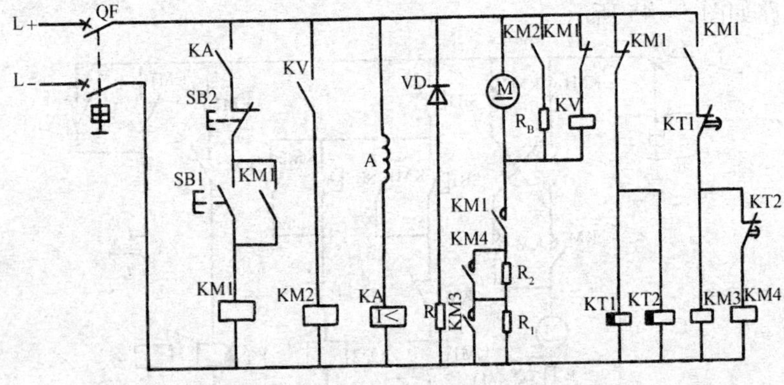

图3－46　并励直流电动机能耗制动控制电路图

该线路的工作原理如下：

串联电阻器单向启动运转：合上电源开关 QF，按下启动按钮 SB1，直流电动机 M 接通电源进行串联电阻器二级启动运转。

能耗制动停转：

按下SB2 → KM1线圈失电
- → KM1常开辅助触头分断 → KM3、KM4失电，触头复位
- → KM1主触头分断 → 电枢回路断电
- → KM1自锁触头分断解除自锁
- → KM1常闭辅助触头恢复闭合 →

- → KT1、KT2线圈得电 → KT1、KT2延时闭合的常闭触头瞬时分断
- → 由于惯性运转的电枢切割磁力线而在电枢绕组中产生感生电动势 → 使并接在电枢两端的欠电压继电器KV的线圈得电 → KV常开触头闭合 → KM2线圈得电 → KM2常开触头闭合 → 制动电阻器 R_B 接入电枢回路进行能耗制动 → 当电动机转速减小到一定值时，电枢绕组的感生电动势也随之减小到很小 → 使欠电压继电器KV释放 → KV触头复位 → KM2断电释放，断开制动回路，能耗制动完毕

2. 串励电动机自励式能耗制动控制线路

串励电动机自励式能耗制动控制线路如图 3－47 所示。

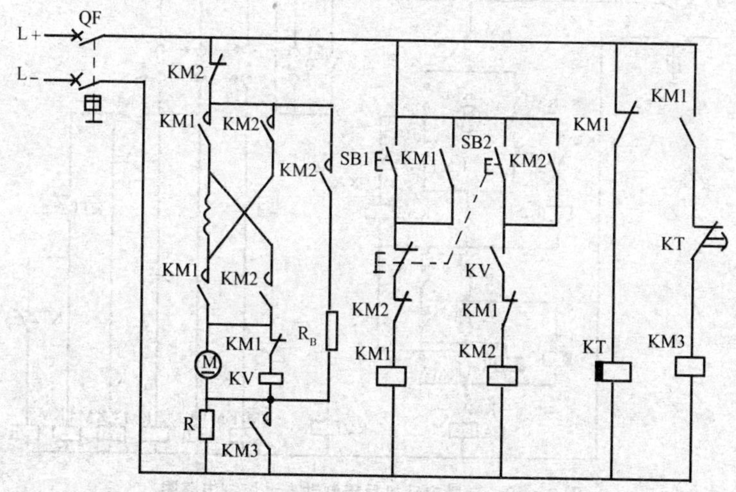

图 3－47　串励电动机自励式能耗制动控制电路图

该线路工作原理如下：

串联电阻器启动运转：合上电源开关 QF，时间继电器 KT 线

圈得电，KT 延时闭合的常闭触头瞬时分断。按下启动按钮 SB1，接触器 KM1 线圈得电，KM1 触头动作，使电动机 M 串联电阻器 R 启动后并自动转入正常运转。

能耗制动停转：

按下停止按钮SB2 → SB2常闭触头先分断 → KM1线圈失电 → KM1触头复位
　　　　　　　　 → SB2常开触头后闭合 →

由于惯性运转的电枢切割磁力线产生感应电动势 → KV线圈得电 → KV常开触头闭合

→ KM2线圈得电 → KM2常闭辅助触头分断，切断电动机电源
　　　　　　　 → KM2主触头闭合 → 这时励磁绕组反接后与电枢绕组和制动电阻器构成闭合回路 → 使电动机M受制动迅速停转 → KV断电释放 → KV常开触头分断 → KM2线圈失电 → KM2触头复位，制动结束

3. 串励电动机反接制动自动控制线路

串励电动机反接制动自动控制线路如图 3－48 所示。

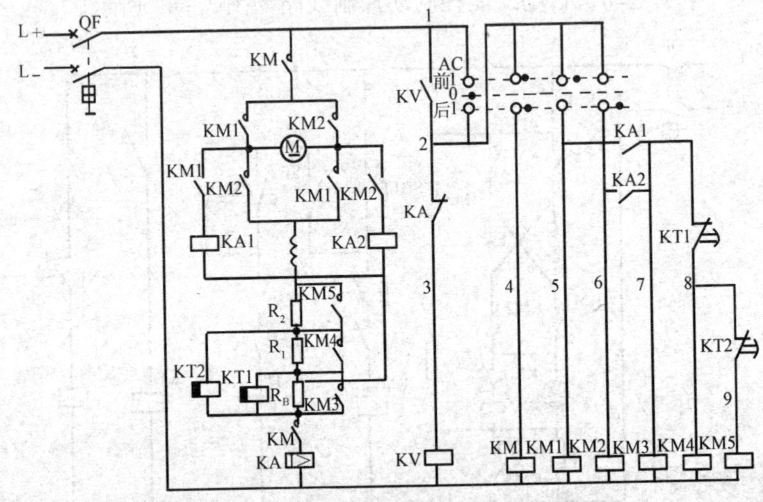

图 3－48　串励电动机反接制动自动控制电路图

图 3－48 中的 AC 是主令控制器，用来控制电动机的正反转；KA 是过电流继电器，用来对电动机进行过载和短路保护；KV 是零压保护继电器；KA1、KA2 是中间继电器；R_1、R_2 是启

动电阻；R_B 是制动电阻。

该线路的工作原理如下：准备启动时，将主令控制器 AC 手柄放在“0”位，合上电源开关 QF，零压继电器 KV 得电，KV 常触头闭合自锁。

电动机正转时，将控制器 AC 手柄向前扳向“1”位置，AC 的主触头（2－4）、（2－5）闭合，线路接触器 KM 和正转接触器 KM1 线圈得电，它们的主触头闭合，电动机 M 串联二级启动电阻器 R_1 和 R_2 以及反接制动电阻器 R_B 启动；同时，时间继电器 KT1、KT2 线圈得电，它们的常闭触头瞬时分断，接触器 KM4、KM5 处于断电状态；KM1 的常开辅助触头闭合，使中间继电器 KA1 线圈得电，KA1 常开触头闭合，使接触器 KM3、KM4、KM5 依次得电动作，它们的常开触头依次闭合短接电阻器 R_B、R_1、R_2，电动机启动完毕进入正常运转。

若需要电动机反转时，将主令控制器 AC 手柄由正转位置向后扳向反转位置，这时，接触器 KM1 和中间继电器 KA1 失电，其触头复位，电动机在惯性作用下仍沿正转方向转动。但电枢电源则由于接触器 KM、KM2 的接通而反向，使电动机运行在反接制动状态，而中间继电器 KA2 线圈上的电压变得很小并未吸合，KA2 常闭触头分断，接触器 KM3 线圈失电，KM3 常开触头分断，制动电阻器 R_B 接入电枢电路，电动机进行反接制动，其转速迅速下降。当转速降到接近于零时，KA2 线圈上的电压升到吸合电压，此时，KA2 线圈得电，KA2 常开触头闭合，使 KM3 得电动作，R_B 被短接，电动机进入反转启动运转。若要电动机停转，把主令控制手柄扳向“0”位即可。

四、直流电动机的调速控制线路

晶闸管－直流电动机调速系统按信号传递的路径分为开环与闭环调速系统。常见的闭环调速系统有转速负反馈调速系统，电压负反馈及电流正反馈调速系统，转速反馈和电流截止负反馈调速系统，电压微分负反馈和电流微分负反馈调速系统，转速、电流双环自流调速系统。

1. 有静差的自动调速

有静差自动调速系统中的放大器，只是一个具有比较放大作用的PI调节器，它必须依靠实际转速与给定转速的偏差才能实现转速控制作用，这种系统不能清除转速的稳定误差。常见的有静差直流调速系统有以下几种。

（1）转速负反馈调速系统　转速负反馈的控制线路如图3－49所示。当系统受到外界干扰时，负载转矩T增加，电动机的转速n下降，反馈电压U_f减少，ΔU增加，VT1的集电极电流增加，电容器C_9的充电速度加快，产生触发脉冲的时刻提前，控制角α减少，晶闸管输出的电压增大，电动机转速回升，使电动机的转速基本保持不变。反之，若负载转矩减少，电动机转速升高，通过系统内部的调整，可以使电动机转速下降。

（2）电压负反馈和电流正反馈自动调速线路　利用电压负反馈来补偿电源内阻上的电压降变化，用电流正反馈补偿电动机绕组上的电压降的变化，也可基本维持电动机的转速恒定。即电压负反馈主要克服电源内阻引起的转速降落Δn_1，而电枢回路电阻器R_a引起的转速降Δn_2将通过电流正反馈来补偿。电压负反馈及电压负反馈及电流正反馈自动调速线路如图3－50所示。

转速负反馈系统中的被控量是转速，因而系统维持转速基本不变；但电压负反馈系统的被控量是电动机的端电压U_a，因而它只能维持电枢电压U_a基本不变。所以当负载增加时，由于负载电流I_a在电动机电枢电阻上产生的压降I_aR_a所引起的转速降Δn_2没有得到补偿，故电压负反馈的效果不如转速负反馈好。

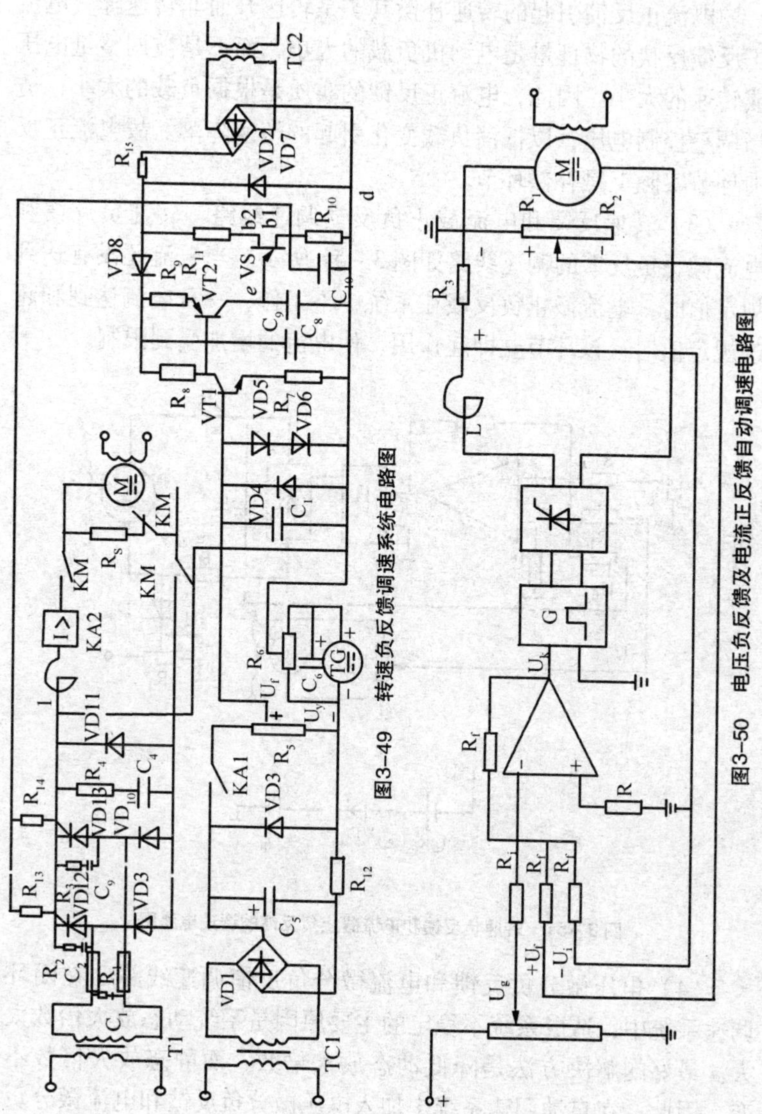

图3-49　转速负反馈调速系统电路图

图3-50　电压负反馈及电流正反馈自动调速电路图

电流正反馈引起的转速补偿其实是转速升而非转速降。电流正反馈反映的物理量是电动机负载的大小，而不是被调整量电压或转速的大小。因此，电流正反馈的实质是根据负载的大小，适当调整控制电压，以抵消负载变化引起的转速降落。故电流正反馈环节实际上是补偿环节。

（3）转速反馈和电流截止负反馈调速线路　转速负反馈和电流截止负反馈的调速线路如图 3－51 所示。当电流还没有达到规定值时，电流截止负反馈在系统中不工作，一旦电流达到和超过规定值时，该环节立即起作用，使电流的增加受到限制。

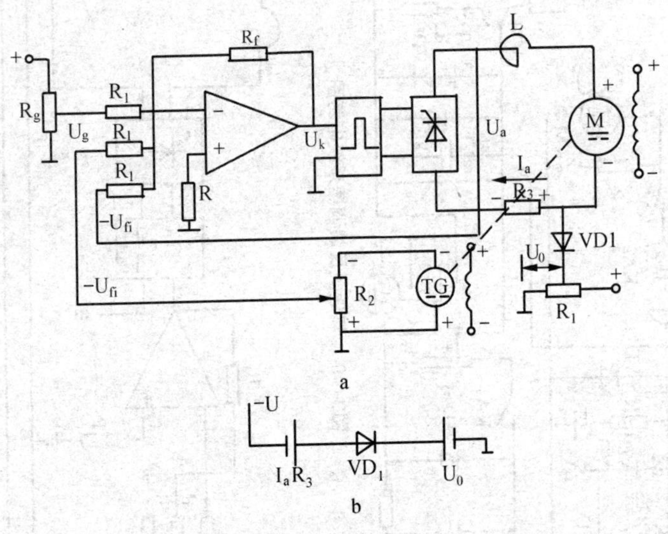

图 3－51　转速负反馈和电流截止负反馈的调速电路图

（4）电压微分负反馈和电流微分负反馈调速线路　在闭环调速系统中，造成系统不稳定的主要原因是系统动态放大倍数太大。最好的解决方法是降低动态放大倍数，而静态放大倍数不变。因此，在自动调速系统中加入电压微分负反馈和电流微分负反馈。电压微分负反馈电路如图 3－52 所示。

电压微分负反馈与电压负反馈有本质的区别：无论主回路电

压变动与否，电压负反馈信号始终存在，而电压微分负反馈只是在主回路电压变动时才有反馈信号。若电压不变，则电压微分负反馈信号不存在。

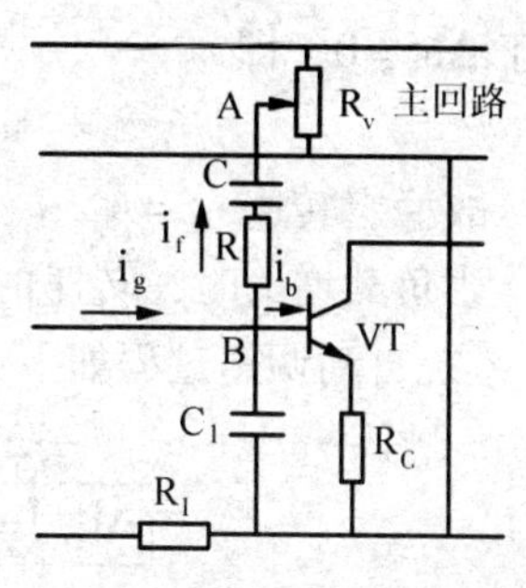

图 3－52　电压微分负反馈电路图

由于电压微分负反馈只有在电压变化时才起作用，而电压的变化，意味着电动机转速的变化。稳定电压，也就稳定了电动机的转速。由于电压微分负反馈并不影响静态放大倍数，所以保持了系统应有的静态指标。

2. *无静差直流自动调速系统*

无静差调速系统的被调量在静止时完全等于系统的给定量（给定转速），其输入偏差 $\Delta U_i = 0$。为使这种系统正常工作，通常引入积分作用的 PI 调节器作为转速调节器，这样可以兼顾系统的无静差和快速性两个方面的要求。常用的有以下两种。

（1）转速单闭环无静差直流调速系统　如图 3－53 所示。

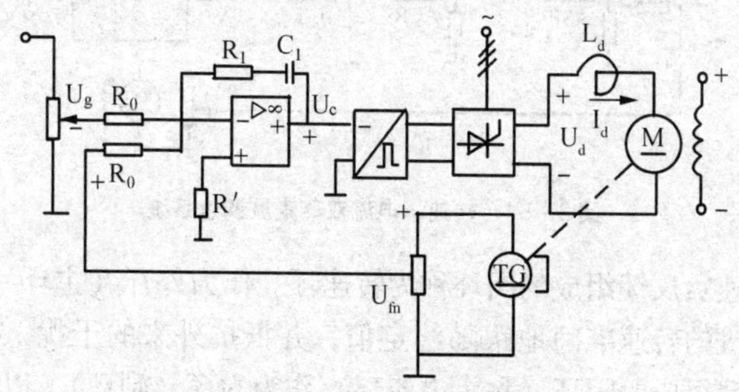

图 3－53　转速单闭环无静差直流调速系统

转速调节器的输入偏差电压为

$$\Delta u_i = u_{fn} - u_g$$

该系统在稳定进行时，稳定转速而为给定转速 n_1。稳定时，

由于 $\Delta u_i = 0$，即

$$u_g = u_{fn} = \alpha_n n$$

故稳定转速 $n_1 = u_g / \alpha_n$

当负载增大时，转速的不平衡将引起转速下将，并使 $\Delta u_i <$ 0，系统自动调速过程如下：

$$T_L \uparrow \rightarrow n \downarrow \rightarrow u_{fn} \downarrow \rightarrow \Delta U_i \downarrow \rightarrow \Delta U_c \uparrow \rightarrow \alpha \downarrow \rightarrow U_d \uparrow \rightarrow n \uparrow$$

$$\Delta U_i \uparrow u_{fn} - u_g \ (\Delta u_i = 0)$$

该系统从理论上讲，可以达到无静差调速，但实际上，由于运算放大器有零飘、测速发电机有误差、电容器有漏电等原因，因此系统仍有一定的静差，但比有静差调速系统小得多。

（2）转速、电流双环直流调速系统　如图 3－54 所示，该系统有两个调节器，一个是转速调节器，另一个是电流调节器。

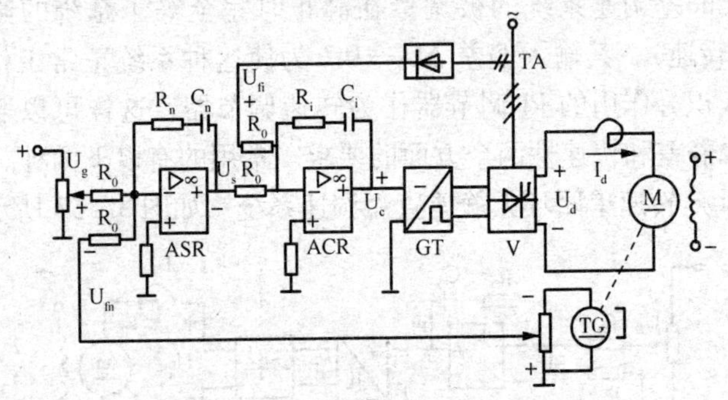

图 3－54　转速、电流双环直流调速系统

转速负反馈组成的闭环称为转速环。作为外环（主环），以保证电动机的转速准确地跟随给定值，并抵抗外来的干扰，把由电流负反馈组成的闭环（称为电流环）作为内环（副环），以保证动态电流为最大值，并保持不变，使电动机快速启动、制动，同时还能起限流作用，并可以对电网电压波动起及时抗干扰作用。

双闭环调速系统具有以下优点：系统性能好；能获得较理想的“挖掘机特性”；有较好的动态特性，过渡过程短，启动时间短，稳

定性好；抗干扰能力强；两个调节器可分别设计和整定、调试。

3. 异步电动机的串级调速系统

绕线转子异步电动机，由于其转子能通过滑环与外部电气设备相连接，而对转子侧引入控制变量以实现调速，主要是调节转子电动势调速。

串级调速的原理如图 3－55 所示。异步电动机运行时，其转子相电动势为

$$E_2 = SE_{20}$$

转子正常线电流为

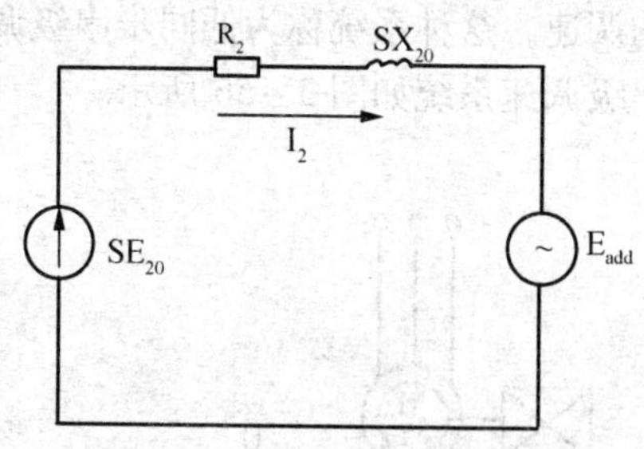

图 3－55　串级调速的原理

$$I_2 = \frac{SE_{20}}{\sqrt{R_2^2 + (SX_{20})^2}}$$

当在转子回路中引入一个可控的交流附加电动势 E_{add} 并与转子电动势 E_2 串联，E_{add} 应与 E_2 有相同的频率，但可与 E_2 同相或反相，因此转子电路就有下列电流的方程式：

$$I_2 = \frac{SE_{20} \pm E_{add}}{\sqrt{R_2^2 + (SX_{20})^2}}$$

当电力拖动的负载转矩 T_L 为恒定时，可认为转子电流 I_2 也为恒定。设在未串联附加电动势前，电动机原在 $S = S_1$ 的转差率下稳定运行；当加入反相的附加电动势后，由于负载转矩恒定，因此电动机的转差率必须加大。这一过程也可以描述为由于反相附加反电动势 $-E_{add}$ 的引入瞬间，使转子回路总的电动势减少了，转子电流也随之减少，使电动机的电磁转矩也减少，由于负载转矩未变，所以电动机就减速，直至 $S_1 = S_2$（$S_2 > S_1$）时，转子电流又恢复到原值，电动机进入新的稳定状态工作。

同理，加入同时附加电动势 E_{add} 可使电动机转速增加。所以当绕线转子异步电动机转子侧加入一可控的附加电动势时，即可对电动机实现转速调节。

在转子回路中串联附加直流电动势的调速系统中，由于转子整流器是单向不可控的，电动机的转差功率只能通过产生可控的附加直流电动势装置回馈给电网，故只能实现低于同步转速以下的调速，这种系统称为低同步串级调速系统。常见的同步晶闸管串级调速系统如图 3－56 所示。

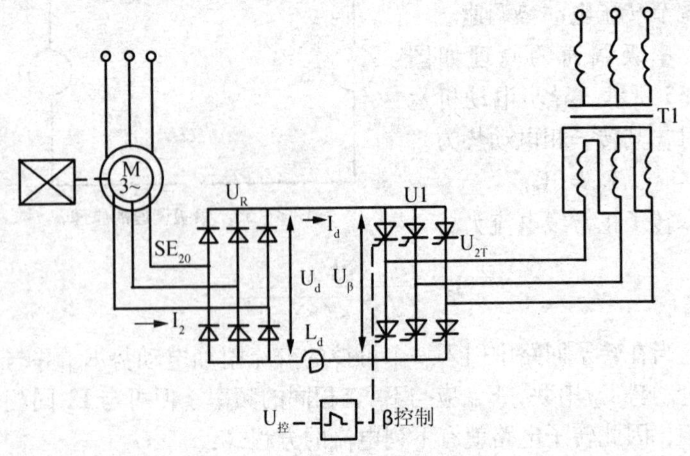

图 3－56　同步晶闸管串级调速系统

调节触发超前角 β 可通过改变逆变电压 $U_β$ 的大小，就可以改变直流附加电动势的大小，从而实现了串级调速。通常，系统整流触发超前角 β 的变化范围为30°～90°。当 $β=β_{max}=90°$时，逆变电压 $U_β=0$，即直流附加电动势为零时，电动机便以接近额定转速的最高转速运行，当 $β=β_{max}=30°$时，逆变电压 $U_β$ 最大，即直流附加电动势最大，转子电流最小，电动机以最低转速运行。

对于调速技术性能指标有较高要求的生产机械，可采用如图 3－57 所示的转速、电流双闭环串级调速系统，以保证系统既具有较硬的机械特性，又具有响应速度快、抗干扰能力强、易于过电流保护等优点。

4. *有环流可逆调速系统*

在反向并联可逆系统中，当正组晶闸管变流器 VF 处于整流

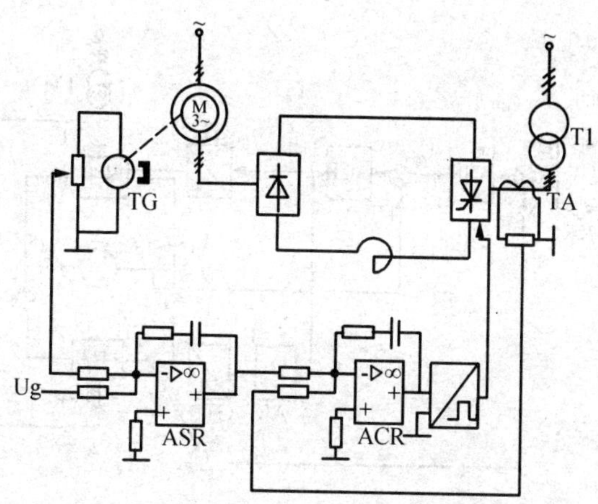

图 3－57 转速、电流双闭环串级调速系统

状态（$0° < \alpha_F < 90°$），而反组变流器 VR 处于逆变状态（$0° < \beta_R < 90°$），如果 $\alpha_F = 180° - \alpha_R$，即 $\alpha_F \geqslant \beta_R$，则 $U_{doF} = U_{doR}$，即正组整流电压与反组逆变电压在环流的环路上相互抵消，这就可以消除直流平均环流。当然，如果使 $\alpha_F > \beta_R$，则更能消除直流环流，因此消除直流环流的条件是：$\alpha_F \geqslant \beta_R$。如图 3－58 所示为 $\alpha = \beta$ 配合控制的有环流可逆调速系统的原理框图。该控制系统用了典型的转速、电流双闭环系统。为了防止逆变颠覆，必须保证逆变组的最小触发超前角（$\beta_{min} = 25\% \sim 30\%$，为了保证 $\alpha = \beta$ 配合控制，还应保证整流组的最小触发超前角 α_{min}，一般取 $\alpha_{min} = \beta_{min} = 30°$。

$\alpha = \beta$ 配合控制有环流可逆调速流的启动过程与速度、电流双闭环不可逆调速系统没有什么区别，而制动过程有其独特的优点，当电动机转速制动为零时，由于给定电压（$U_g < 0$）的存在而紧接反向启动过程，这样，系统的制动和启动过程完全衔接起来，没有任何断或死区。因此，这种有环流可逆调速系统的特别适用于要求快速正反转的生产机械。

$\alpha = \beta$ 配合控制有环流可逆调速系统具有响应迅速的突出优

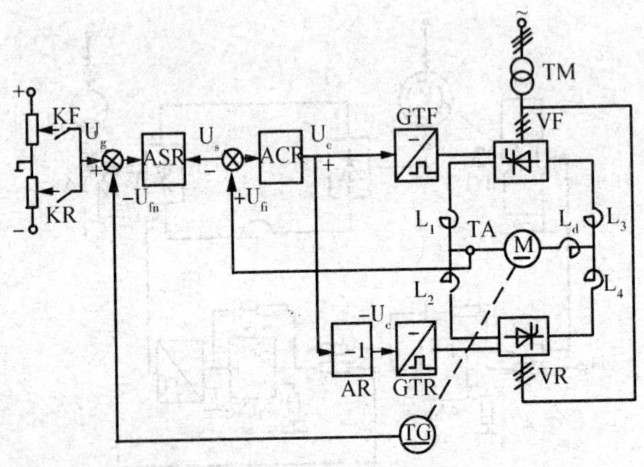

图 3-58　α=β 配合控制有环流可逆调速系统的原理框图

点，但也有需要添置环流电抗器且消耗较大的缺点，因此只适用于中小容量的调速系统。

5. 逻辑无环流可逆调速系统

逻辑无环流可逆调速系统是目前工业生产中应用最为广泛的可逆系统。它采用无环流逻辑控制装置来鉴别系统的各种运行状态，严格控制两组触发脉冲的发出和封锁，能够准确无误地控制两组晶闸管变流器交替工作，从根本上切断了环流的通路，使得系统中既没有直流平均环流，也没有瞬时脉动环流。

(1) 逻辑无环流可逆调速系统的原理　逻辑无环流可逆调速系统的原理框图如图 3-59 所示。由图可见，控制系统采用转速、电流双闭环系统，并采用了两套电流调节器 ACR1 和 ACR2，分别控制正反组触发装置 GTF 和 GTR。由于不存在环流，故省去了环流电抗器 $L_1 \sim L_4$。系统中增设了无环流逻辑控制装置 DLC，其功能是：当 VF 工作时，封锁 VR 使之完全阻断；当 VR 工作时，封锁 VF 使之完全阻断，从而确保在任何情况下，两组变流器不能同时工作，切断环流的通路。因此，DLC 是逻辑无环流可逆系统中的关键部件。

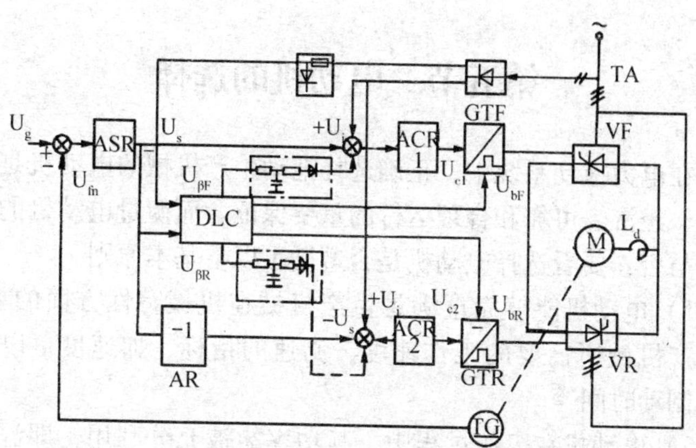

图 3-59　逻辑无环流可逆调速系统的原理框图

系统中，触发脉冲的零位仍整定在 $\alpha_{F0}=\alpha_{R0}=90°$，工作时的移相方法仍和 $\alpha=\beta$ 工作制一样，但必须由 DLC 来控制两组脉冲的封锁和开放。系统的其他工作原理与有环流系统没有多大差别。

（2）可逆系统对无环流逻辑控制装置的要求　无环流逻辑控制装置的任务是按照系统的工作状态，指挥系统自动切换工作变流器，使两组变流器不同时工作。

（3）无环流逻辑控制装置　无环流逻辑控制装置由电平检测、逻辑判断、延时电路和联锁保护四个基本环节组成，如图 3-60 所示。

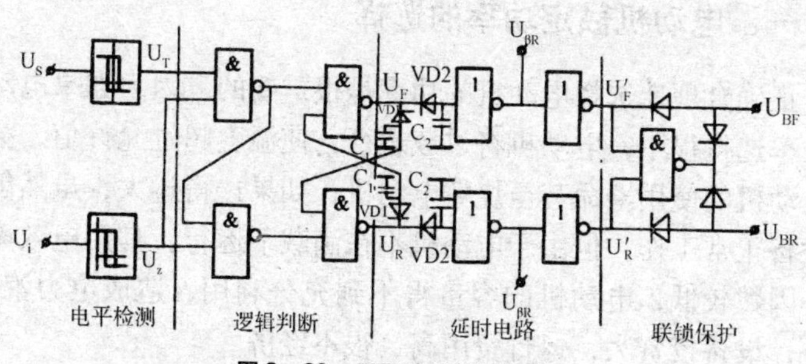

图 3-60　无环流逻辑控制装置

第五节 电动机的选择

在电力拖动系统中，正确选择拖动生产机械的电动机是系统安全、经济、可靠和合理运行的重要保证。而衡量电动机的选择合理与否，要看选择电动机是否遵循了以下基本原则。

1）电动机能够完全满足生产机械在机械特性方面的要求。如生产机械所需要的工作速度、调速的指标、加速度，以及启动、制动时间等。

2）电动机在工作过程中，其功率能被充分利用，即温升应达到国家标准规定的数值。

3）电动机的结构形式应适合周围环境的条件。如防止外界灰尘、水滴等物质进入电动机内部；防止绕组绝缘受有害气体的侵蚀；在有爆炸危险的环境中应把电动机的导电部位和有火花的部位封闭起来，不使它们影响外部等。

电动机的选择包括以下内容：电动机的额定功率（额定容量）、额定电压、额定转速、电动机的种类、电动机的结构形式。其中以电动机额定功率的选择最为重要。所以，下面重点介绍电动机额定功率的选择问题。

一、电动机额定功率的选择

正确合理地选择电动机的功率是很重要的。因为如果电动机的功率选得很小，电动机将过载运行，使温度超过允许值，会缩短电动机的使用寿命甚至烧坏电动机；如果选得过大，虽然能保证设备正常工作，但由于电动机不在满载下运行，其用电效率和功率因数较低，电动机的容量得不到充分利用，造成电力浪费。此外，设备投资大，运行费用高，很不经济。

电动机的工作方式有以下三种：连续工作制（或长期工作制）、短期工作制和周期性断续工作制。下面分别介绍在三种工作方式下电动机额定功率的选择方法。

1. 连续工作制电动机额定功率的选择

在这种工作方式下，电动机连续工作时间很长，可使其温升达到规定的稳定值，如通风机、泵等机械的拖动运转就属于这类工作制。连续工作制电动机的负载可分为恒定负载和变化负载两类。

（1）恒定负载下电动机额定功率的选择　在工业生产中，相当多的生产机械是在长期恒定的或变化很小的负载下运转，为这一类机械选择电动机的功率比较简单，只要电动机的额定功率等于或略大于生产机械所需要的功率即可。若负载功率为 P_L，电动机的额定功率为 P_N，则应满足下式：

$$P_N \geqslant P_L$$

电机制造厂生产的电动机，一般都是按照恒定负载连续运转设计的，并进行形式试验和出厂试验，完全可以保证电动机在额定功率工作时电动机的温升不会超过允许值。

通常电动机的容量是按周围环境温度为 40℃ 而设定的。绝缘材料最高允许温度与 40℃ 的差值称为允许温升。

应指出，我国幅员辽阔，地域之间温差较大，就是在同一地区，一年四季的气温变化也较大，因此电动机运行时周围环境的温度不可能正好是 40℃，一般是小于 40℃。为了充分利用电动机，可以对电动机应有的容量进行修正。

（2）变化负载下电动机额定功率的选择　在变化负载下使用的电动机，一般是为恒定负载工作而设计的。因此，这种电动机在变化负载下使用时，必须进行发热校验。所谓发热校验，就是看电动机在整个运行过程中所达到的最高温升是否接近并低于允许温升，因为只有这样，电动机的绝缘材料才能充分利用而又不致过热。某周期性变化负载的生产机械负载记录如图 3－61 所示。当电动机拖动这一机械工作时，因为输出功率周期性改变，故其温升也必然做周期性的波动。在工作周期不大的情况下，此波动的过程也不大。波动的最大值将低于最小负载的稳定温升。在这种情况下，如按最大负载选择电动机功率，电动机又有超过允许温升的危险。因此，电动机功率可以在最大负载和最小负载之间适当选择，以使电动机得到充分利用，而又不致过载。

在变化负载下长期运转的电动机功率可按以下步骤进行选择。

第一步，计算并绘制如图 3－61 所示的生产机械负载记录图。

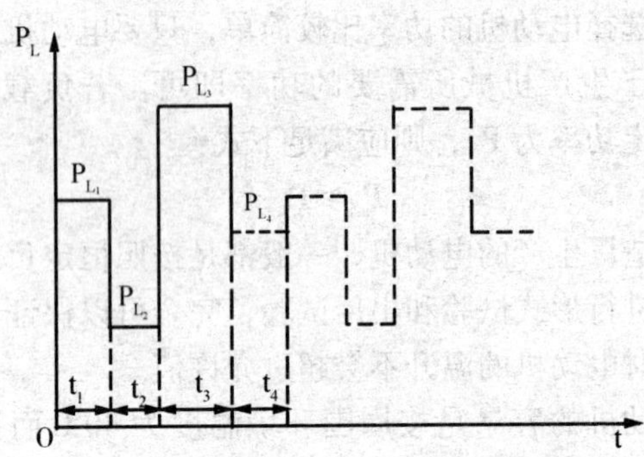

图 3－61 周期性变化负载的生产机械负载记录图

第二步，根据下列公式求出负载的平均功率 P_{Lj}：

$$P_{Lj} = \frac{P_{L_1}t_1 + P_{L_2}t_2 + \cdots + P_{L_n}t_n}{t_1 + t_2 + \cdots + t_n} = \frac{\sum_{i=1}^{n} P_{L_i}t_i}{\sum_{i=1}^{n} t_i}$$

式中，P_{L_1}、P_{L_2}、…、P_{L_n}为各段负载的功率；t_1、t_2、…、t_n为各段负载工作所用时间。

第三步，按 $P_N \geqslant (1.1\sim1.6)P_{Lj}$预选电动机。如果在工作过程中负载所占的比例较大时，则系数应选得大些。

第四步，对预选电动机进行发热、过载能力及启动能力校验，合格后即可使用。

2. 短期工作制电动机额定功率的选择

在这种工作方式下，电动机的工作时间较短，在运行期间温度未升到规定的稳定值，而在停止运转期间，温度则可能降到周围环境的温度值。如吊桥、水闸、车床的夹紧装置的拖动运转。

为了满足某些生产机械短期工作需要，电机生产厂家专门制造了一些具有较大过载能力的短期工作制电动机，其标准工作时间 15min、30min、60min、90min 四种。因此，若电动机的实际工作时间符合标准工作时间时，选择电动机的额定功率 P_N 只要不小于负载功率 P_L 即可，即满足 $P_N \geqslant P_L$。

3. 周期性断续工作制电动机额定功率的选择

这种工作方式的电动机的工作与停止交替进行。在工作期间内，温度未升到稳定值，而在停止期间，温度也来不及降到周围温度值，如很多超重设备及某些金属切削机床的拖动运转即属此类。

电动机制造厂专门设计生产的周期性断续工作制的交流电动机有 YZR 和 YZ 系列。标准负载持续率 FC（负载工作时间与整个周期之比称为负载持续率）有 15%、25%、40% 和 60% 四种，一个周期的时间规定不大于 10min。

周期性断续工作制电动机功率的选择方法和连续工作制变化负载下的功率选择相类似，在此不再叙述。但需指出的是，当负载持续率 FC≤10% 时，按短期工作制选择；当负载持续率 FC≥70% 时，可按长期工作制选择。

二、电动机额定转速的选择

电动机额定转速选择行合理与否，将直接影响到电动机的价格、能量损耗及生产机械的生产率各项技术指标和经济指标。额定功率相同的电动机，转速高的电动机的尺寸小，所用材料少，因而体积小、质量轻、价格低，所以选用高额定转速的电动机比较经济，但由于生产机械的工作速度一定且较低（30～900r/min），因此，电动机转速越高，传动机构的传动比越大，传动机构越复杂。所以，选择电动机的额定转速时，必须全面考虑，在电动机性能满足生产机械要求的前提下，力求电能损耗少，设备投资少，维护费用少。通常，电动机的额定转速选在 750 ~ 1500r/min 比较合适。

三、电动机额定电压的选择

电动机额定电压与现场供电电网电压等级相符。否则，若选择电动机的额定电压低于供电电源电压时，电动机将由于电流过大而被烧毁；若选择的额定电压高于供电电源电压时，电动机有可能因电压过低不能启动，或虽能启动但因电流过大而减小其使用寿命甚至被烧毁。

中小型交流电动机的额定电压一般为 380V，大型交流电动机的额定电压一般为 3kV、6kV 等。直流电动机的额定电压一般为 110V、220V、440V 等，最常用的直流电压等级为 220V。直流电动机一般是由车间交流供电电压经整流器整流后的直流电压供电。选择电动机的额定电压时，要与供电电网的交流电压及不同形式的整流电路相配合，当交流电压为 380V 时，若采用晶闸整流装置直接供电，电动机的额定电压应选用 440V（配合三相桥式整流电路）或 160V（配合单相整流电路），电动机采用改进的 Z3 型。

四、电动机种类的选择

选择电动机种类时，在考虑电动机性能必须满足生产机械要求的前提下，优先选用结构简单、价格便宜、运行可靠、维修方便的电动机。在这方面，交流电动机优于直流电动机，笼型电动机优先于绕线转子电动机，异步电动机优于同步电动机。

1. 三相笼型异步电动机

三相笼型异步电动机的电源采用的是应用最普遍的动力电源

三相交流电源。这种电动机的优点是结构简单、价格便宜、运行可靠、维修方便。缺点是启动和调速性能差。因此，在不要求调速和启动性能要求不高的场合，如各种机床、水泵、通风机等生产机械上应优先选用三相笼型异步电动机；对要求大启动转矩的生产机械，如某些纺织机械、空气压缩机、皮带传送机等，可选用具有高启动转矩的三相笼型异步电动机，如斜槽式、深槽式或双笼式异步电动机等；对需要有级调速的生产机械，如某些机床和电梯等，可选用多速笼型异步电动机。目前，随着变频调速技术发展，三相笼型异步电动机越来越多地应用在要求无级调速的生产机械上。

2. 三相绕线转子异步电动机

在启动、制动比较频繁，启动、制动转矩较大，而且有一定调速要求的生产机械如桥式起重机、矿井提升机等上，可以优先选用三相绕线转子异步电动机。绕线转子电动机一般采用转子串联电阻器（或电抗器）的方法实现启动和调速，调速范围有限，使用晶闸管串级调速，扩展了绕线转子异步电动机的应用范围，如水泵、风机的节能调速。

3. 三相同步电动机

在要求大功率、恒转速和改善功率因数的场合，如大功率水泵、压缩机、通风机等生产机械上应选用三相同步电动机。

4. 直流电动机

由于直流电动机的启动性能好，可以实现无级平滑调速，且调速范围广、精度高，所以对于要求在大范围内平滑调速和需要准确的位置控制的生产机械，如高精度的数控机床、龙门刨床、可逆轧钢机、造纸机、矿井卷扬机等可使用他励或并励直流电动机；对于要求启动转矩大、机械特性较软的生产机械，如电车、重型起重机等则选用串励直流电动机。近年来，在大功率的生产机械上，广泛采用晶闸管励磁的直流发电机－电动机组或晶闸管－直流电动机组。

五、电动机形式的选择

电动机按其工作方式不同可分为连续工作制、短期工作制和周期性断续工作三种。原则上，电动机与生产机械的工作方式应该一致，但可选用连续工作制的电动机来代替。

电动机按其安装方式不同可分为卧式和立式两种。由于立式电动机的价格较贵，所以一般情况下应选用卧式电动机。只有当需要简化传动装置时，如深井水泵和钻床等，才使用立式电动机。

电动机按轴伸个数分为单轴和双轴两种。一般情况下应选用单轴伸电动机，只有在特殊情况下才选双轴伸电动机。例如，需要一边安装测速发电机，另一边需要拖动生产机械时，则必须选用双轴伸电动机。

电动机按防护形式分为开启式、防护式、封闭式和防爆式四种。为防止周围的介质对电动机的损坏以及因电动机本身故障而引起的危害，电动机必须根据不同环境选择适当的防护形式。开启式电动机价格便宜，散热好，但灰尘、铁屑、水滴及油垢等容易进入其内部，影响电动机的正常工作和寿命，因此，只有在干燥、清洁的环境中使用。防护式电动机的通风孔在机壳的下部，通风条件较好，并能防止水滴、铁屑等杂物落入电动机内部，但不能防止潮气和灰尘侵入，因此只能用于比较干燥、灰尘不多、无腐蚀性气体和无爆炸性气体的环境。封闭式电动机分为自扇冷式、他扇冷式和密闭式三种。前两种用于潮湿、尘土多、有腐蚀性气体、易引起火灾和易受风雨侵蚀的环境中，如纺织厂、水泥厂等；密闭式电动机则用于浸入水中的机械，如潜水泵电动机。防爆式电动机在易燃、易爆气体的危险环境中选用，如煤气站、油库及矿井等场所。

综合以上分析可见，选择电动机时，应从额定功率、额定电压、额定转速、种类和形式几方面综合考虑，做到既经济又合理。

第六节　电动机控制线路的设计

由于电气控制线路的设计，应符合一般电气控制线路的设计原则、方法、规律和注意事项。

一、控制线路设计的一般要求和方法

1. 控制线路设计的一般要求

1）电气设备应最大限度地满足机械设备对电气控制线路的控制要求和保护要求。

2）在满足生产工艺要求的前提下，应力求使控制线路简单、经济、合理。

3）保证控制的可靠性和安全性。

4）操作和维修方便。

2. 控制线路的设计方法

采用继电器－接触器控制系统的控制线路的设计，通常有两种设计方法，即分析设计法和逻辑代数设计法。比较简单的电路，用分析设计法比较直观、自然，所以一般都采用分析设计法。

二、控制线路的设计步骤

电气控制线路的设计步骤如下：

1. 分析设计要求

1）熟悉所设计设备的总体要求及工作过程，弄清其对电气控制系统的要求。

2）通过技术分析，选择合理的传动方案和最佳控制方案。

3）设计简单合理、技术先进、工作可靠、维修方便的电气控制线路，进行模拟试验，验证控制线路能否满足设计要求。

4）保证使用的安全性，贯彻最新国家标准。

2. 确定拖动方案和控制方式

(1) 确定电力拖动方案　电力拖动方案包括传动的调速方式、启动、正反转和制动等，一般情况下对于设备的电力拖动方案应从以下几个方面考虑。

1）确定传动的调速方式。机械设备的调速要求，对确定其拖动方案是一个重要的因素。机械设备的调速方式分为机械调速和电气控制调速，又分为有级调速和无级调速。本设备对调速没有设计要求，所以对调速不采取设计措施。

2）确定电动机的启动方式。由于电动机的启动方式分为直接启动和降压启动，根据设计要求选择合理的启动方式。本设备要求顺序启动、逆序停止，故只选择在控制线路采取顺序启动、逆序停止方案。

3）确定主电动机有无正反转的要求。由于本设备要求主电动机具有正反转控制，所以主电动机采用正反转控制方式。

4）确定电动机的制动方式。电动机是否需要制动，要根据机床工作需要而定。如无特殊要求，一般采用反接制动，这样可以使线路简化。如在制动过程中要求平稳、准确，而且不允许有反转情况发生，则必须采用其他的可靠措施，如能耗制动方式、电磁制动器、锥形转子电动机等。而本设备对制动没有提出要求，故采用失电停转的控制方式。

总之，对于其他一些要求启动制动频繁、转速平稳、定位准确的精密机械设备，除必须采用限制电动机启动电流外，还需要采用反馈控制系统、高转差电动机系统、步进电动机系统或其他较复杂的控制方式，以满足控制要求。

(2) 电气控制方案的确定　在考虑设计设备的拖动方案中，实际上对设备的电气控制方案也同时进行了考虑，由于这两种方案具有密切的联系，只有通过这两种方案的相互实施，才能实现设备的工艺要求。

电气控制的方案有继电接触式控制系统、可编程控制器、数控装置及微机控制等。电气控制方案的确定应与设备的通用性和专用性的程序相适应。

在一般普通设备中，需要的控制元件很少，其工作程序往往是固定的，使用中一般不需要改变固有程序。因此，可采用有触头的继电接触式控制系统。虽然该控制系统在线路形式上是固定的，但它能控制的功率较大，控制方法简单，价格便宜，应用广泛。

对于在控制中需要进行模拟量处理及数学运算的，输入输出信号多，控制要求复杂或控制要求经常变动的，控制系统要求体积小、动作频率高、响应时间快的，可根据情况采用可编程控制、数控及微机控制方案等。

（3）控制方式的选择　控制方式的选择主要有时间控制、速度控制、电流控制及行程控制。

1）时间控制方式。时间控制方式是利用时间继电器或 PLC 的延时单元，它将感测系统接收的信号经过延时一段时间后才发出输出信号，从而实现线路的切换时间控制。

2）速度控制方式。速度控制方式是利用速度继电器或测速发电机，间接或直接地检测某运动部件的运动速度，来实现按速度控制原则的控制。

3）电流控制方式。电流控制方式是借助于电流继电器，它的动作反映了某一线路的电流变化，从而实现按电流控制原则的控制。

4）行程控制方式。行程控制方式是利用生产机械运动部件与事先安排好位置的行程开关或接近开关进行相互配合，达到位置控制作用。

在确定控制方式时，究竟采用何种的控制方式，需要根据设计要求来决定。如在控制过程中，由于工作条件不允许安置行程开关，那么只能将位置控制的物理量转换成时间的物理量，从而采用时间控制方式。又如某些压力、切削力、转矩等物理量，通过转换可变成电流物理量，这就可采用电流控制方式来控制这些物理量。因此，尽管实际情况有所不同，只要通过物理量的相互转换，便可灵活地使用各种控制方式。

在实际生产中，反接制动中不允许采用时间控制方式，而在能耗制动控制中采用时间控制方式；一般对组合机床和自动生产线等的自动工作循环，为了保证加工精度而常用行程控制；对于反接制动和速度反馈环节用速度控制；对 Y－△降压启动或多速电动机的变速控制则采用时间控制，对过载保护、电流保护等环节则采用电流控制。

3. 设计主电路

设计电气原理图是在拖动方案和控制方式后进行的。继电－接触式基本控制线路的设计方法通常有两种。一种方法是经验设计法，另一种是逻辑设计法。经验设计是根据生产工艺要求，参照各种典型的继电－接触式基本控制线路，直接设计控制线路。这种设计方法比较简单，但是要求必须熟悉大量的基本控制线路，同时又要掌握一定的设计方法和技巧。在设计过程中往往还要经过多次反复修改，才能使线路符合设计要求。这种设计方法灵活性比较大，初步设计时，设计出来的功能不一定完善。此时要加以比较分析，根据生产工艺要求逐步完善，并加以适当的联锁和保护环节。经验设计法的设计顺序为：主电路→控制电路→其他辅助电路→联锁与保护电路→总体检查与完善。

逻辑设计方法是根据生产工艺要求，利用逻辑代数来分析、设计线路。这种设计方法虽然设计出来的线路比较合理，但是掌握这种方法的难度比较大，一般情况下不用，只是在完成较复杂生产工艺要求的所需的控制线路才使用。

4. 设计控制电路

电气控制线路的设计应注意遵循以下规律：

1）当要求在几个条件中只要具备其中任何一个条件，被控电器线圈就能得电时，可用几个常开触点并联后与被控线圈串联来实现。

2）当要求在几个条件中只要具备其中任何一个条件，被控电器线圈就能得电时，可用几个常闭触点与被控线圈串联的方法来实现。

3）当要求必须同时具备其几个条件，被控电器线圈才能得电时，可采用几个常开触点与被控线圈串联的方法来实现。

4）当要求必须同时具备其几个条件，被控电器线圈才能断电时，可采用几个常闭触点并联后与被控线圈串联来实现。

5. 合并

将主电路与控制电路合并成一个整体。

6. 检查与完善

控制线路初步设计完成后，可能还有不合理、不可靠、不安全的地方，应当根据经验和控制要求对线路进行认真仔细地校核，以保证线路的正确性和实用性。

三、控制线路设计举例

现用某专用机床给一箱体加工两侧平面。加工方法是将箱体夹紧在可前后移动的滑台上，两侧平面用左右动力头铣削加工。其要求是：A. 加工前滑台应快速移动到加工位置，然后改为慢速进给，快进速度为慢进速度的 20 倍。滑台速度的改变是由齿轮变速机构和电磁铁来实现的，即电磁铁吸合时为快速，电磁铁释放时为慢速。B. 滑台从快速移动到慢速进给应自动变换，铣削完毕要自动停车，然后由人工操作滑台快速退回原位后自动停车。C. 具有短路、过载、欠压及失压保护。

本专用机床共有三台笼型异步电动机，滑台电动机 M1 的功率为 1.1kW，需正反转；两台动力头电动机 M2 和 M3 的功率为 4.5kW，只需要单向运转。试设计该机床的电气控制线路。

1. 选择基本控制线路

根据滑台电动机 M1 需正反转，左右动力头电动机 M2、M3 只需单向运转的控制要求，选择接触器联锁正反转控制线路和接触器自锁正转控制线路，并进行有机地组合，设计画出控制线路草图如图 3-62 所示。

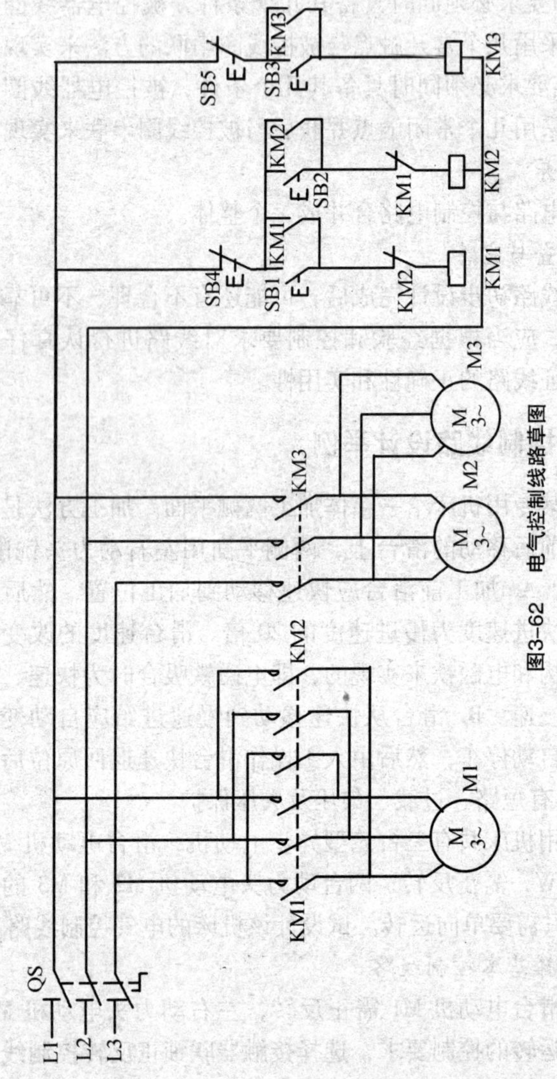

图3-62 电气控制线路草图

2. 修改完善线路

根据加工前滑台应快速移到加工位置，且电磁铁吸合时为快进，说明 KM1 得电时，电磁铁 YA 应得电吸合，故应在电磁铁 YA 线圈回路中串联 KM1 的常开辅助触头；滑台由快速移动自动变为慢速进给，所以在 YA 线圈回路中串联位置开关 SQ3 的常闭触头；滑台慢速进给终止（切削完毕）应自动停车，所以应在接触器 KM1 控制回路中串联位置开关 SQ1 的常闭触头；人工操作滑台快速退回，故在 KM1 常开辅助触头和 SQ3 常闭触头电路的两端并联 KM2 常开辅助触头；滑台快速返回到原位后自动停车，所以应在接触器 KM2 控制回路中串联位置开关 SQ2 的常闭触头；由于动力头电动机 M2、M3 随滑台电动机 M1 的慢速工作而工作，所以可把 KM3 的线圈串联 SQ3 常开触头后与 KM1 线圈并联；线路需要短路、过载、欠压和失压保护，所以在线路中接入熔断器 FU1、FU2、FU3 和热继电器 KTH1、KTH2、KTH3。修改完善后的控制线路如图 3－63 所示。

3. 校核完成线路

控制线路初步设计完成后，可能还有不合理、不可靠、不安全的地方，应当根据经验和控制要求对线路进行认真仔细地校核，以保证线路的正确性和实用性。如上述线路中，由于电磁铁电感大，会产生大的冲击电流，有可能引起线路工作不可靠，故选择中间继电器 KA 组成电磁铁的控制回路，如图 3－64 所示。

四、控制线路设计的注意事项

1. 合理选择控制电源

当控制电器较少，控制电路较简单时，控制电路可直接使用主电路电源，如 380V 或 220V 电源。当控制电器较多，控制电路较复杂时，通常采用控制变压器，将控制电压降低到 110V 及以下。对用于要求吸力稳定又操作频繁的直流电磁器件，如液压阀中的电磁铁，必须采用相应的直流控制电源。

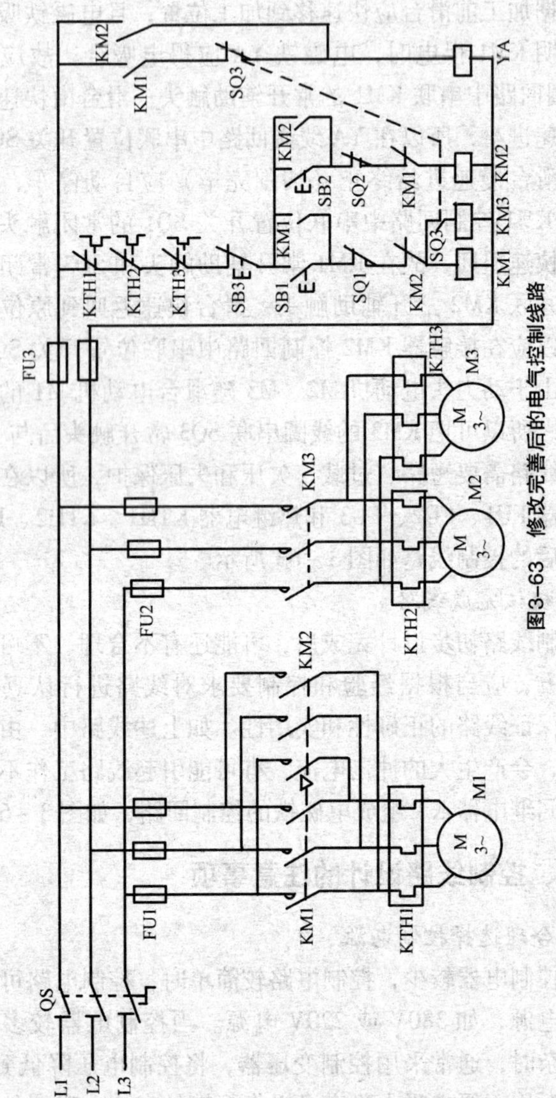

图3-63 修改完善后的电气控制线路

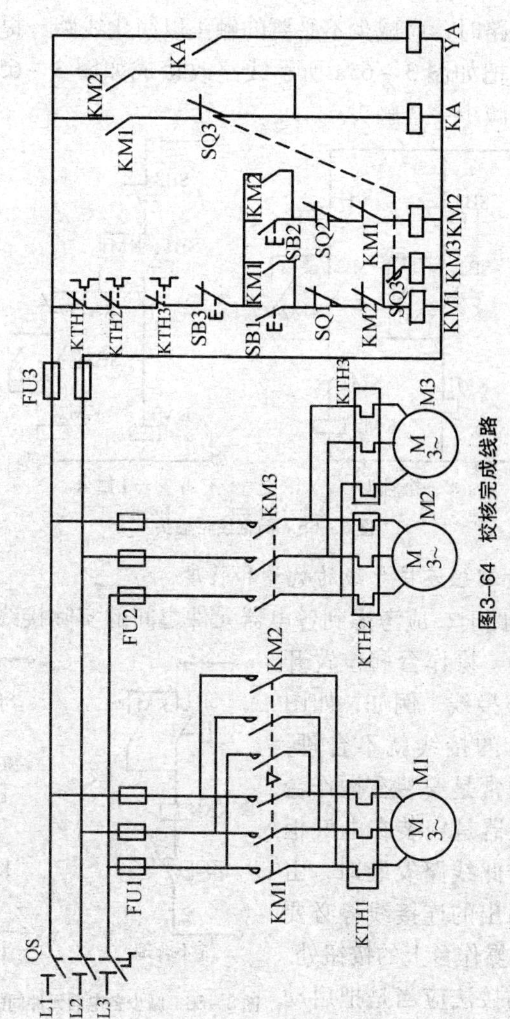

L1
L2
L3
QS
FU1
FU2
FU3
KM1
KM2
KM3
KTH1
KTH2
KTH3
M
3~
M1
M2
M3
KTH1
KTH2
KTH3
SB3
SB1
SB2
SQ1
SQ2
SQ3
KA
YA
KM1
KM2
KM3

图3-64　校核完成线路

2. 尽量缩减电器种类的数量，采用标准件，尽可能选用相同型号的电器

设计线路时，应减少不必要的触头以简化线路，提高线路的可靠性。若把如图 3－65a 所示线路改接成如图 3－65b 所示线路，就可以减少一个触头。

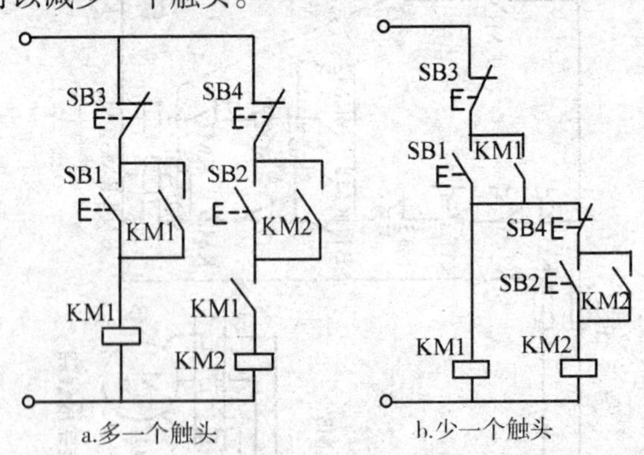

图 3－65　简化线路触头

3. 尽量缩短连接导线的数量和长度

设计线路时，应考虑到各电器元件之间的实际接线，特别要注意电气柜、操作台和位置开关之间的连接线。例如，如图 3－66a 所示的接线就不合理，因为按钮通常是安装在操作台上，而接触器是安装在电气柜内，所以按此线路安装时，由电气柜内引出的连接线势必要两次引接到操作台上的按钮处。因此合理的接法应当是把启动按钮和停止按钮直接连接，而不经过接触器线圈，如图 3－66b 所示，这样就减少了一次引出线。

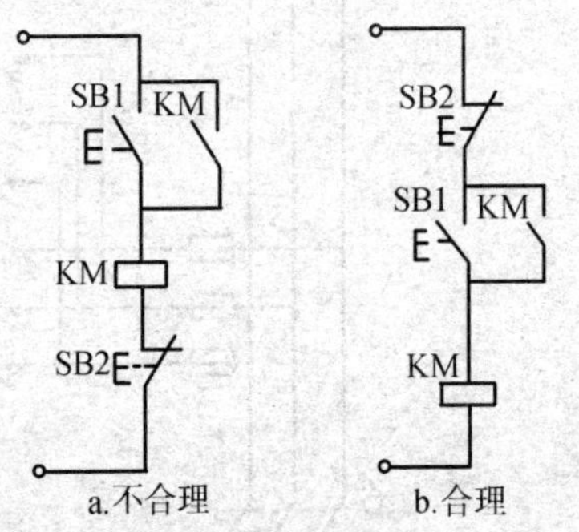

图 3－66　减少各电器元件间的实际接线

4. 正确连接电器的线圈

在交流控制电路的一条支路中不能串联两个电器的线圈，如图 3 - 67 所示。即使外加电压是两个线圈额定电压之和，也是不允许的。因为每个线圈上所分配到的电压与线圈阻抗成正比，两个电器需要同时动作时，其线圈应该并联。

5. 正确连接电器的触头

同一个电器的常开和常闭辅助触头靠得很近，如果连接不当，将会造成线路工作不正常。如图 3 - 68a 所示接线，位置开关 SQ 的常开触头和常闭触头由于不是等电位，当触头断开产生电弧时很可能在两对触头间形成飞弧而造成电源短路。因此，在一般情况下，将共用同一电源的所有接触器、继电器以及执行电器线圈的一端，均接在电源的一侧，而这些电器的控制触头接在电源的另一侧，如图 3 - 68b 所示。

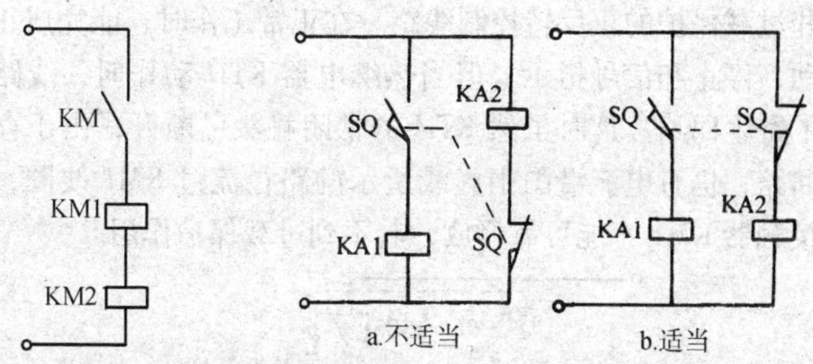

图 3 - 67　正确连接电器的线圈　　图 3 - 68　正确连接电器的触头

6. 减少电器通电的数量

在满足控制要求的情况下，应尽量减少电器通电的数量。

7. 应尽量避免采用许多电器依次动作才能接通另一个电器的控制线路

在如图 3 - 69 所示线路中，中间继电器 KA1 得电动作后，KA2 才动作，而后 KA3 才能得电动作。KA3 的得电动作要通过 KA1 和 KA2 两个电器的动作，若接成如图 3 - 69c 所示线路，KA3 的动作只需 KA1 电器动作，而且只需要经过一对触头，故工作可靠。

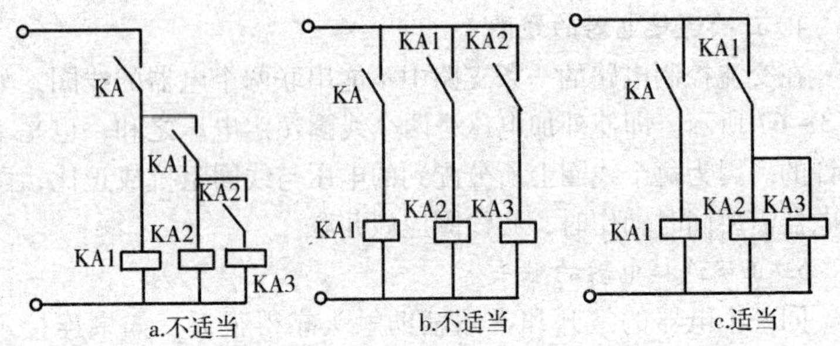

图3－69 触头的合理使用

8. 在控制线路中应避免出现寄生回路

在控制线路的动作过程中，非正常接通的线路叫作寄生回路。在设计线路时要避免出现寄生回路，因为它会破坏电器元件和控制线路的动作顺序。如图3－70所示线路是一个具有指示灯和过载保护的正反转控制线路。在正常工作时，能完成正反转启动，停止和信号指示。但当热继电器KTH动作时，线路就出现了寄生回路。这时虽然KTH的常闭触头已断开，由于存在寄生回路，仍有电流沿图中虚线所示的路径流过KM1线圈，使正转接触器KM1不能可靠释放，起不到过载保护作用。

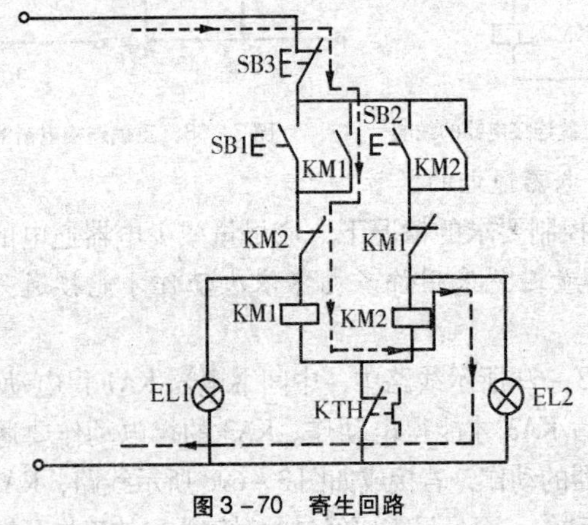

图3－70 寄生回路

9. 保证控制线路工作可靠和安全

为了保证控制线路工作可靠，最主要的是选用可靠的电器元件。如选用电器时，尽量选用机械和电气寿命长、结构合理、动作可靠、抗干扰性能好的电器。在线路中采用小容量继电器的触头断开和接通大容量接触器的线圈时，要计算继电器触头断开和接通容量是否足够。若不够，必须加大继电器容量或增加中间继电器，否则工作不可靠。

10. 线路应具有必要的保护环节，保证即使在误操作情况下也不致造成事故

一般应根据线路的需要选用过载、短路、过流、过压、失压、弱磁等保护环节，必要时还应考虑设置合闸、断开、事故、安全等指示信号。

第四章　建筑电气工程线路

第一节　建筑电气工程图识读基础

一、建筑电气工程图的组成、特点及用途

1. 建筑电气工程图的组成

建筑电气工程是与建筑物关联的新建、扩建或改建的电气工程，它涉及土建、设备、管道、空调制冷等若干专业。建筑电气工程图一般包括电气总平面图、电气系统图、平立面布置图、原理图、接线图、设备材料清册及图例等。

2. 建筑电气工程图的特点

建筑电气工程图大多是采用统一的图形符号并加注文字符号绘制出来的，具有不同于机械图、建筑图的特点。阅读电气工程图的主要目的是用来编制工程预算和编制施工方案，指导施工、指导设备的维修和管理。识读建筑电气工程图应注意以下主要特点：

1）建筑电气工程图通常不考虑电气装置实物的形状和大小，只考虑其位置，用电气图形符号表示而绘制其简图。因此，绘制和阅读建筑电气工程图，首先就必须明确和熟悉电气工程图图形符号所代表的内容和含义，以及它们之间的相互关系。

2）建筑电气工程施工往往与主体工程及其他安装工程施工相互配合进行，如各种电气预埋件与土建工程密切相关，很多情

况是在进行土建施工时已经将预埋件施工好，在进行电气工程施工时要准确找到已存在的预埋件。因此阅读建筑电气工程图时应与有关的土建工程等工程图等对应起来阅读。

3）由于在电气工程图中安装、使用、维修等方面的一般技术要求，仅在说明栏内做一说明“参照××规范”，所以在读图时，应熟悉有关规程、规范的要求，手头应有电气工程常用的规程、规范和图集参考，才能真正读懂电气工程图。

4）建筑电气工程中的各个回路由电源、用电设备、导线和开关控制设备组成。要真正理解电气工程图，还应该了解设备的基本结构、工作原理、主要性能等。电路中的电气设备、元件彼此之间都是通过导线将其连接起来构成一个整体的。在阅读过程中要将各有关的图样联系起来，对照阅读。

5）建筑电气工程图有建筑图、电气工程图的特点，但相互又有一定的区别。建筑电气工程图中表达的既有建筑，又有电气相关内容，但以电气为主，建筑为辅。为了在图中做到主次分明，电气工程图的图形符号常画成粗实线，并详细标注出文字符号及型号规格，而对建筑物则用细实线绘制，只画出其与电气安装有关的轮廓线、剖面线，只标注出它与电气安装有关的主要尺寸。必要的情况下，应阅读相关建筑图或到现场实地查看。

6）建筑电气工程图的接线方式主要表示电气设备的相互位置，其间的连接线一般只表示设备之间的连接。连接线的使用与电气接线图不同，在表示连接关系时，电气接线图可以采用连续线、中断线，以采用单线或多线表示，但在建筑电气安装图中，只采用连续线且一般都用单线表示。

3. 建筑电气工程图的用途

建筑电气工程图可以表明建筑电气工程的构成规模和功能，详细描述电气装置的工作原理，提供安装技术数据和使用维护方法。建筑电气工程图是建筑电气装置安装的依据。例如，各电气装置、设备和线路的安装位置、接线和安装方法，以及相应的设备编号、容量、型号、数量等，都是电气安装时必不可少的。建筑电气工程图是电气设备订货及运行、维护管理的重要技术文件。常用的建筑电气工程图主要有以下几类。

(1) 图样目录　一般情况下，图样是以整套的形式出现的，如“某某建筑配电图”，包括多张图样，以一定的习惯排列，最上面是称为图样目录的图样，图样目录内容有序号、图样名称、图样编号、图样张数等。图样目录类似于书的目录。

(2) 施工说明　施工说明一般也以图样的形式出现，放在整套图样的最前面或最后面，主要阐述整套图样电气工程的设计依据、工程的要求和施工原则、电气安装标准、安装方法、工程等级、工艺要求及有关设计的补充说明等。施工说明是以文字形式表达的图纸。

(3) 设备材料明细表　设备材料明细表列出该项电气工程所需要的设备和材料的名称、型号、规格和数量。一般设备材料明细表在可行性研究和初步设计阶段是以设备清册的形式提供的，供设计概算、施工预算及设备订货时参考。在施工图阶段，设备材料明细表一般不再集中提供，而是分散列在各施工图中，可供设备订货和设备安装时参考。

(4) 系统图　建筑电气工程中，动力、照明、变配电装置、通信广播、电缆电视、火灾报警等都要用到系统图。系统图是用单线图表示电能和电信号接回路分配出去的图样，主要表示各个回路的名称、用途、容量，以及主要电气设备、开关元件及导线电缆的规格型号等。通过电气系统图可以知道该系统的回路个数及主要用电设备的容量、控制方式等。

(5) 平面布置图　电气平面布置图是表示电气设备、装置与线路平面布置的图样，是进行电气安装的主要依据。电气平面图是以建筑平面图为依据，在图上绘出电气设备、装置及线路的安装位置、敷设方法等。常用的电气平面图有变配电所平面图、室外供电线路平面图、动力平面图、防雷接地平面图等。

（6）安装图　一般来说，安装图是按三视图原理绘制的。安装图是表现各种电气设备和器件的平面与空间的位置、安装方式及其相互关系的图样。通常由平面图、立面图、剖面图及各种构件详图等组成。

（7）接线图　接线图主要用来表示电气设备、电气元件和线路的安装位置、配线方式、接线方法等。如二次接线的屏后接线图、端子排图等。

二、建筑电气工程图的识读步骤

阅读建筑电气工程图，除应了解建筑电气工程图的特点外，还应该按照一定顺序进行阅读，才能比较迅速全面地读懂图样，以完全实现读图的意图和目的。

一套建筑电气工程图所包括的内容比较多，图样往往有很多张。一般应按以下顺序依次阅读，并做必要的相互对照阅读。

（1）看标题栏及图样目录　了解工程名称、项目内容、设计日期及图样数量和内容等。

（2）看总说明　了解工程总体概况及设计依据，了解图样中未能表达清楚的各有关事项。如供电电源的来源、电压等级、线路敷设方法、设备安装高度及安装方式、补充使用的非国标图形符号、施工时应注意的事项等。有些分项局部问题是在各分项工程的图样上说明的，看分项工程图样时，也要先看设计说明。

（3）看系统图　各分项工程的图样中都包含有系统图，如变配电工程的供电系统图、电力工程的电力系统图、照明工程的照明系统图及电缆电视系统图等。看系统图的目的是了解系统的基本组成，主要电气设备、元件等连接关系及它们的规格、型号、参数等，掌握该系统的基本概况。

（4）看平面布置图　平面布置图是建筑电气工程图样中的

重要图样之一，如变配电所电气设备安装平面图、电力平面图、照明平面图、防雷平面图、接地平面图等，都是用来表示设备安装位置、线路敷设方法及所用导线型号、规格、数量、管径大小的。在通过阅读系统图，了解了系统组成概况之后，就可依据平面图编制工程预算和施工方案，具体组织施工了。所以对平面图必须熟读。对于施工经验还不太丰富的初学者，有必要在阅读平面图时，选择阅读相应内容的安装大样图。

（5）看电路图和接线图　了解各系统中用电设备的电气自动控制原理，用来指导设备的安装和控制系统的调试工作。因电路图多是采用功能局法绘制的，看图时应依据功能关系从上至下或从左至右一个回路一个回路地阅读。若能熟悉电路中各电器的性能和特点，对读懂图样将是一个极大的帮助。在进行控制系统的配线和调校工作中，还可配合阅读接线图和端子图进行。

（6）看安装大样图　安装大样图是按照机械制图方法绘制的用来详细表示设备安装方法的图样，也是用来指导安装施工和编制工程材料计划的重要依据图样。特别是对于初学安装的人们更显重要，甚至可以说是不可缺少的。安装大样图多是采用全国通用电气装置标准图集图样。

（7）看设备材料表　设备材料表提供了该工程使用的设备、材料的型号、规格和数量，是编制、购置主要设备、材料计划的重要依据之一。

阅读图样的顺序没有统一的规定，可以根据需要，自己灵活掌握，并应有所侧重。有时一张图样可反复阅读多遍。为更好地利用图样指导施工，使之安装质量符合要求，阅读图样时，还应配合阅读有关施工及验收规范、质量检验评定标准以及全国通用电气装置标准图集，以详细了解安装技术要求及具体安装方法等。

三、照明工程图的识读

电气照明工程图是设计单位提供给施工单位从事电气照明安装用的图样，在看电气照明工程图时，先要了解建筑物的整个结构、楼板、墙面、棚顶材料结构、门窗位置、房间布置等。在分析照明工程时要掌握以下内容：A. 照明配电箱的型号、数量、安装标高、配电箱的电气系统。B. 照明线路的配线方式、敷设位置、线路走向，导线型号、规格及根数。C. 灯具的类型、功率、安装位置、安装方式及安装高度。D. 开关的类型、安装位置、离地高度、控制方式。E. 插座及其他电器的类型、容量、安装位置、安装高度等。有时图样标注是不齐全的，施工者可以依据施工及验收规范进行安装。一般开关安装高度距地 1.3m，距门 0.15～0.2m。

图 4－1 所示为一栋居民住宅楼照明供电线路平面布置图，现在以图中①～④轴号为例进行识读。

1）首先我们可以看到，根据设计说明中的要求，图中所有管线都是采用焊接钢管或 PVC（聚氯乙烯）阻燃塑料管沿墙或楼板内敷设，管径为 15mm，导线采用截面积为 2.5mm^2 的塑料绝缘铜导线，管内导线的根数按图中标注，在管线（黑实线）上没有标注的表示敷设两条导线，在黑实线上的斜短线则表示导线根数，如有三条斜线就表示为三根导线。在图中，卧室里插座间的导线就是三根，以此类推。

2）从图中可以看出，电源是从楼梯间的照明配电箱 E 引入的，分为左右两户，共引出 WL1～WL6 六条支路，其中 WL1、WL2、WL3 分别引入了左侧单元，WL4、WL5、WL6 引入了右侧单元。现在我们先从左侧单元的三条支路看起，其中 WL1 是照明支路，带有 8 盏灯，该路在卫生间灯头盒内分成了三条照明支路，即 WL1－1、WL1－2、WL1－3，WL4 是右侧单元内照明电路。在配电箱内一般由单极断路器控制，不经过漏电保护器。

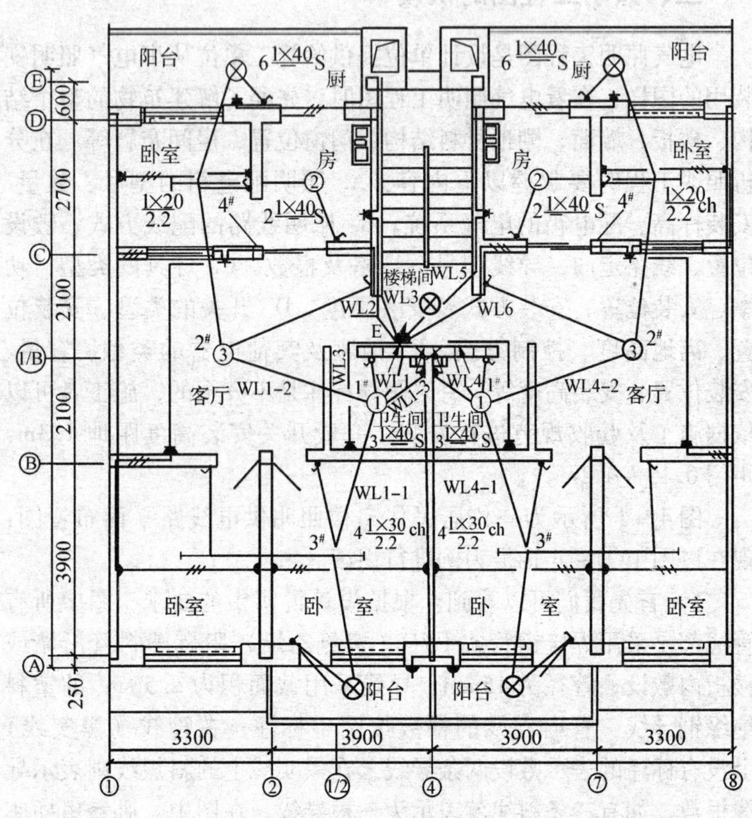

图 4－1 居民住宅楼照明供电线路平面布置图

3）从图中可以看到，WL1 支路引出后的第一接线点是卫生间的玻璃罩吸顶灯，然后再从这里分散出去，共有三个支路，也就是 WL1－1、WL1－2、WL1－3，这里还有引至卫生间入口处的一条管线，接至卫生间内的单极开关上，这一管线不能说是一条支路，图中标注的三根导线，其中一根是保护线。WL1－1 分路是引至 A－B 轴卧室照明的电源，在 3#灯位又分出两个支路，一个支路到左侧卧室荧光灯位，另一支路到阳台吸顶灯位。卧室、阳台照明灯的开关都安装在进门处，都是暗装单极开关，安装高度是 1.4m，距离门框 150～200mm。

4）WL1－2 支路是引至客厅、厨房及 C－E 轴卧室及阳台的电源。其中客厅 2#位为环形吸顶 32W 荧光灯，此标注在相邻单元客厅内。从 2#灯位将电源引至 C－D 轴的卧室荧光灯位，该荧光灯为 20W，吊链吊装，距地高度为 2.2m。再由此处将电源引至阳台和厨房，其灯具为吸顶式安装。

5）WL1－3 支路是引至卫生间、阳台安装插座的线路。插座为单相三孔插座，安装高度为 1.8m。WL2 是引至客厅和卧室的插座电源线路，客厅和卧室的插座安装高度为 0.3m。实际施工时，线路取向应尽可能减少弯曲，以利于穿线施工。

从以上的识读可以看到，1#、2#、3#、4#灯位有两个用途：一是安装本身的灯具；二是将电源由此分散出去，起到了分线盒的作用。这在照明电气施工中是最常用的安装方式。从灯具标注上看，同一张图样上同类灯具的标注可只标注一处，在图样的识读中一定要注意到这一点。

6）图中阳台上标注的 $6\frac{1\times40}{-}S$ 的意义是表示此灯为平灯口，吸顶安装，每盏灯泡的功率为 40W，这里的“6”表示共有这种灯 6 盏，分别安装于四个阳台、储藏室和楼梯间。

图中卧室上标注的 $4\frac{1\times30}{2.2}Ch$ 的意义是表示此处安装的是单管荧光灯，功率为 30W，安装高度为 2.2m，安装方式为吊链吊装。

图中卫生间上标注的 $3\frac{1\times40}{-}S$ 的意义是表示共有这种灯 3 盏，玻璃灯罩，吸顶安装，每盏灯泡的功率为 40W。

图中厨房上标注的 $2\frac{1\times40}{-}S$ 的意义是表示共有这种灯 2 盏，吸顶安装，每盏灯泡的功率为 40W。

以上标注内容都可以从国家标准图形符号中查到。

7）从图中可以看到，左侧单元WL3引出两个分路：一个是引到卫生间的，图中的标注是经1/B轴用直角引至B轴上的，实际上这根管是由E箱引至插座上去的，不必有直角弯。另一个是经3轴沿墙引至厨房的两个插座，3轴内侧一只，D轴外侧阳台一只，实际工程也应为直接埋楼板引去，不必沿墙拐直角弯引去。按照设计说明的要求，这三只插座都为暗装，其安装高度为1.8m，且卫生间应采用防溅式插座。

8）右侧单元中，线路的布置及灯具等电器安装方式，与左侧单元基本相同，施工时相互对照识读即可。

四、动力工程图的识读

1. 动力系统图

动力系统图主要表示电源进线及各引出线的型号、规格、敷设方式，动力配电箱的型号、规格，开关、熔断器等设备的型号、规格等。某工厂机械加工车间动力配电箱的系统如图4－2所示。

识读过程如下：

1）机械加工车间动力配电箱的电源来自本建筑的1号配电箱，电源进线的型号为BX－500－（3×6＋1×4）－SC25－WE。虽然图中未标出电源的电压等级，但从电源进线的型号可以看出电源应为三相四线制的380V的三相交流电（进线额定电压为500V）。

2）电源进线开关的型号为HD13－Z100/31，是额定电流为400A的三极单投刀开关，配电箱型号为XL－15－8000。

3）配电箱共有10回出线，其中两回备用，每个回路均采用BX－500－（4×2.5）－SC20－WE型号的电缆。每个回路用RTO型熔断器进行短路保护，其熔件额定电流均为50A，熔体额定电流根据负荷的大小分别为20A、30A、40A。各回路的负载情况见表4－1。

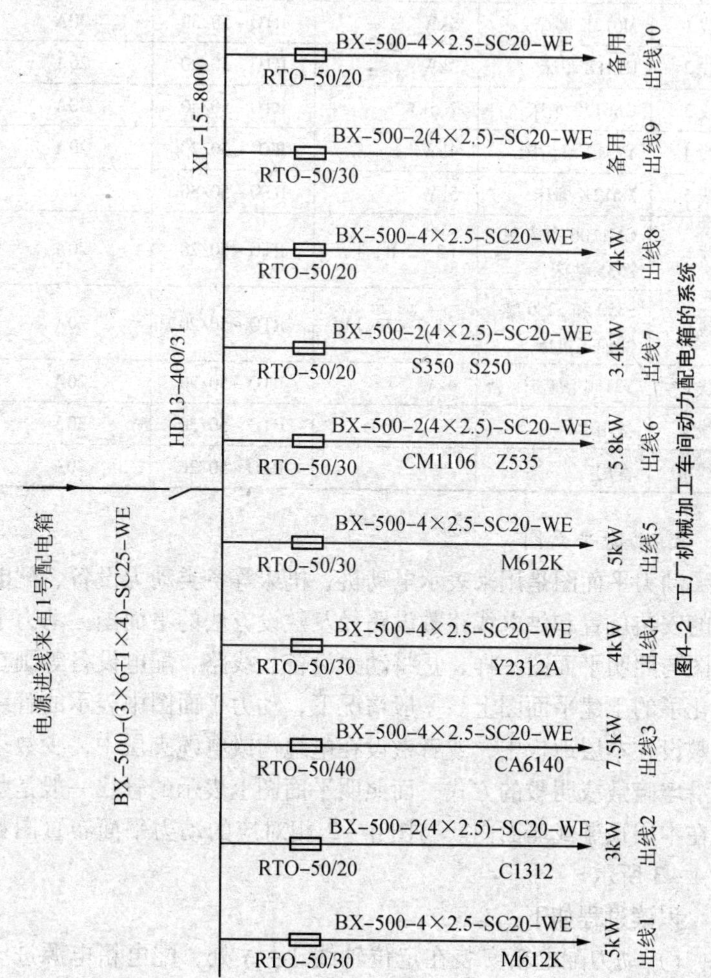

图4-2 工厂机械加工车间动力配电箱的系统

表 4－1 各回路的负载情况

出线编号	负荷名称	负荷大小	熔断器型号	熔体额定电流
出线 1	M612K 磨床	5kW	RTO－50/30	30A
出线 2	C131Z 车床	3kW	RTO－50/20	20A
出线 3	CA6140 车床	7.5kW	RTO－50/40	40A
出线 4	Y2312 滚齿床	4kW	RTO－50/20	20A
出线 5	M612K 磨床	5kW	RTO－50/30	30A
出线 6	CM1106 车床和 Z535 钻床	（3＋2.8）kW	RTO－50/20	20A
出线 7	S350 和 S250 螺纹加工机床	（1.7×2）kW	RTO－50/20	20A
出线 8	Y3150 滚齿床	4kW	RTO－50/20	20A
出线 9	备用		RTO－50/30	30A
出线 10	备用		RTO－50/20	20A

2. 动力平面图

动力平面图是用来表示电动机、机床等各类动力设备、配电箱的安装位置和供电线路敷设路径及敷设方法的平面图。动力平面图与照明平面图一样，是将动力设备、线路、配电设备等画在简化了的土建平面图上。一般情况下，动力平面图中表示的管线是敷设在本层地板中，或者敷设在电缆沟或电缆夹层中，少数采用沿墙暗敷或明敷的方式，而照明平面图上表示的管线一般是敷设在本层顶棚或墙面内。与图 4－2 相对应的动力平面布置图如图 4－3 所示。

识读过程如下：

1）动力配电箱安装在定位轴线 3－A 处，配电箱电源进线自左边引入，为 12m×12m 的机械加工车间内的设备供电。

2）图中画出了各车床、磨床等机械的外形轮廓和平面位置，设备的外形轮廓、位置与实际相符，并在设备上或设备旁标出了设备的编号、型号和容量，设备的标注采用“$a\frac{b}{c}$”的形式，其中，a 表示设备编号，b 表示设备型号，c 表示设备容量。

3）从配电箱到机床设备的动力管线标出了导线的根数、型号和规格，导线均为 BX－500－（4×2.5）－SC20－WE。导线的长度可以根据图中标注的尺寸进行估算，在设备材料中应有该型号导线的总长度，在施工图中所标的导线的总长度为较准确的估算值，在施工决算阶段应以实际发生的长度为准。

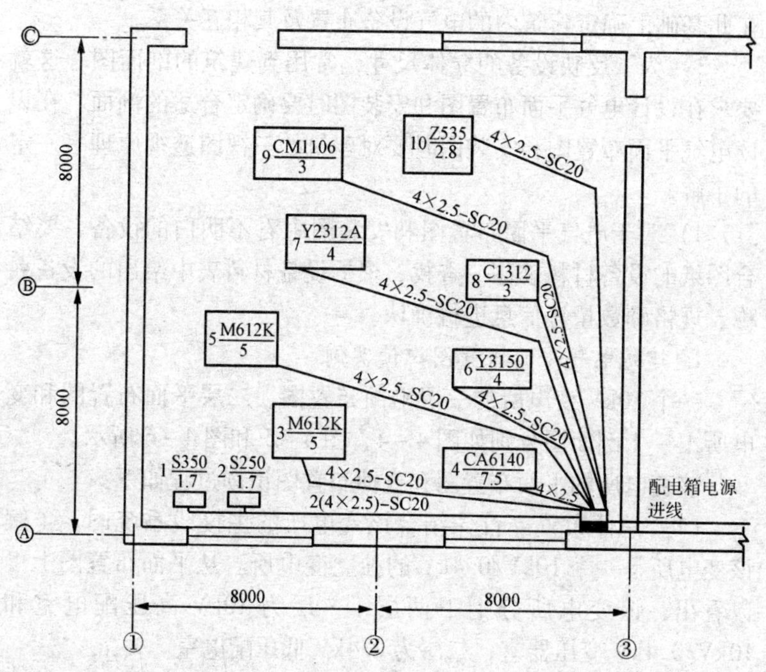

图 4－3　动力平面布置图（单位：mm）

3. 电缆平面图

电缆平面图主要用于对电缆的识别。在图上要用电缆图形符号及文字说明把各种电缆予以区分：按构造和作用分为电力电缆、控制电缆、电话电缆、射频同轴电缆、移动式软电缆等；按电压分为0.5kV、1kV、6kV、10kV等电缆。

五、建筑电气平面布置图和安装图的识读

建筑电气平面布置图和安装图在识读时要注意以下几点：

1）首先识读该平面布置图和安装图所对应的系统图内容，顺着系统图的主线在平面布置图和安装图找到对应的设备。

2）对电气平面布置图和安装图的建筑结构和尺寸进行阅读，在此基础上确定建筑内的电气设备布置及其相互关系。

3）为了反映设备的立体尺寸，常用到建筑的剖面图。这就要求在设计电气平面布置图和安装图时要确定合适的剖面，在识读电气平面布置图和安装图时要对建筑的三视图透视原理有一定的了解。

4）对于电气平面布置图和安装图中看不明白的设备，要结合图纸的设备材料表逐一查找，根据设备材料表中给出的设备名称、规格和数量等信息进行确认。

1. 建筑电气平面布置图识读实例

一个10kV变电所的一层平面布置图、二层平面布置图和变电所Ⅰ-Ⅰ剖面图分别如图4-4、图4-5和图4-6所示。

该变电所的平面布置图和立面布置图识读过程如下：

（1）总体布置　首先结合该变电所的主接线系统图，了解该变电所是一个10kV/0.4kV的独立变电所。从平面布置图上可以看出，该变电所分上下两层，一层为10kV高压配电室和10kV/0.4kV变压器室，二层为0.4kV低压配电室。

（2）变电所进出线　变电所10kV电源进线采用通过电缆沟用电缆在一层进线，10kV电缆直接进入Y1高压开关柜。经变压器变压为0.4kV后进入二层的P1和P15低压配电柜，再经其他低压配电柜向厂区以0.4kV的低压供电。

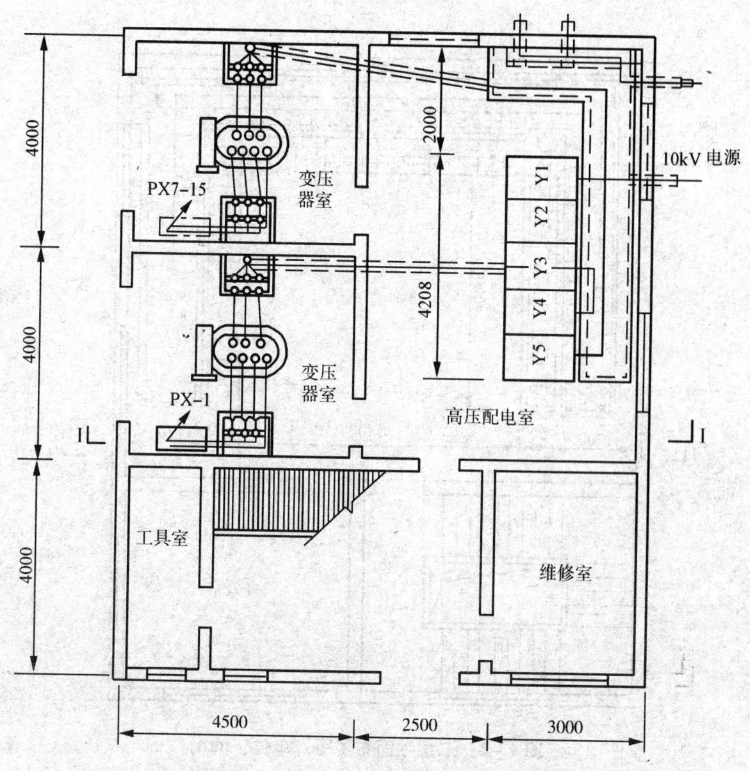

图 4-4　一层平面布置图（单位：mm）

（3）主要设备　10kV 高压配电室的开关柜采用的是 JYN2-10，10kV 型手车式高压开关柜，JYN2-10 型金属封闭移开式开关设备为三相交流 50Hz、3～10kV 单母线分段系统户内成套设备，作为接受和分配网络电能之用。该开关柜的结构用钢板弯制焊接而成，整个柜由外壳和装有滚轮的手车两部分组成。外壳用钢板绝缘分隔成手车室、母线室、电缆室和继电仪表室四个部分，制成金属封闭间隔式开关设备；两台变压器为 S9，10kV/0.4kV 型变压器，容量分别为 500kV·A 和 315kV·A；低压配电室采用的是 PGL2 型交流低压配电屏。适用于发电厂、

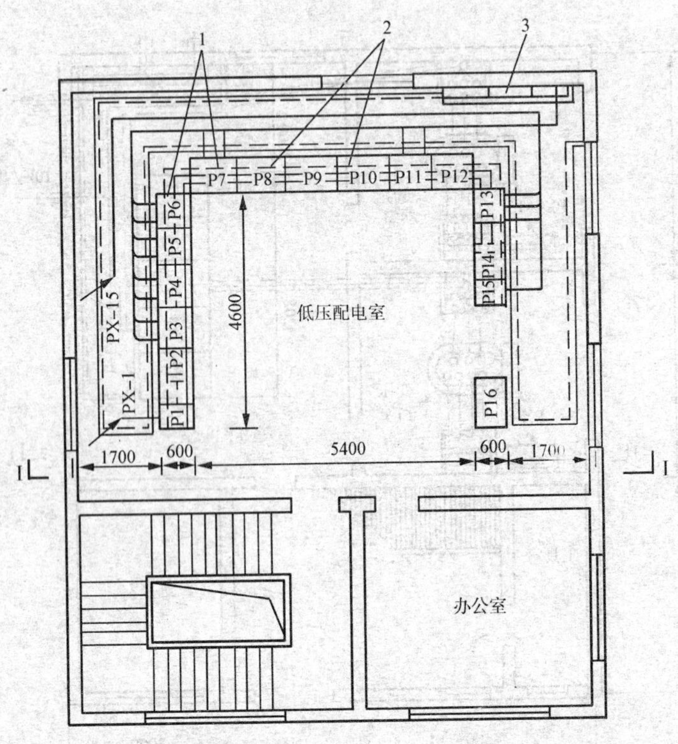

图 4-5　二层平面布置图（单位：mm）

1. 低压配电屏；2. 电容补偿屏；3. 电缆梯形架

变电站、厂矿企业中的交流 50Hz，额定工作电压不超过交流 380V 的低压配电系统中动力、配电、照明系统。为提高负荷的功率因数，低压配电屏中设置了容量为 112kvar 的两块电容自动补偿屏。

（4）剖面图　为了展示变电所的立体结构，可以根据需要画出多个剖面图，图 4-6 为变电所 Ⅰ-Ⅰ 剖面图，图中的 Ⅰ-Ⅰ 剖面位置选在了最能反映设备安装情况的变压器室和配电室部位。该剖面图清楚地展示了电源进线、高压开关柜、变压器、低压配电柜的位置和尺寸，以及变压器和低压配电柜的连接等平面

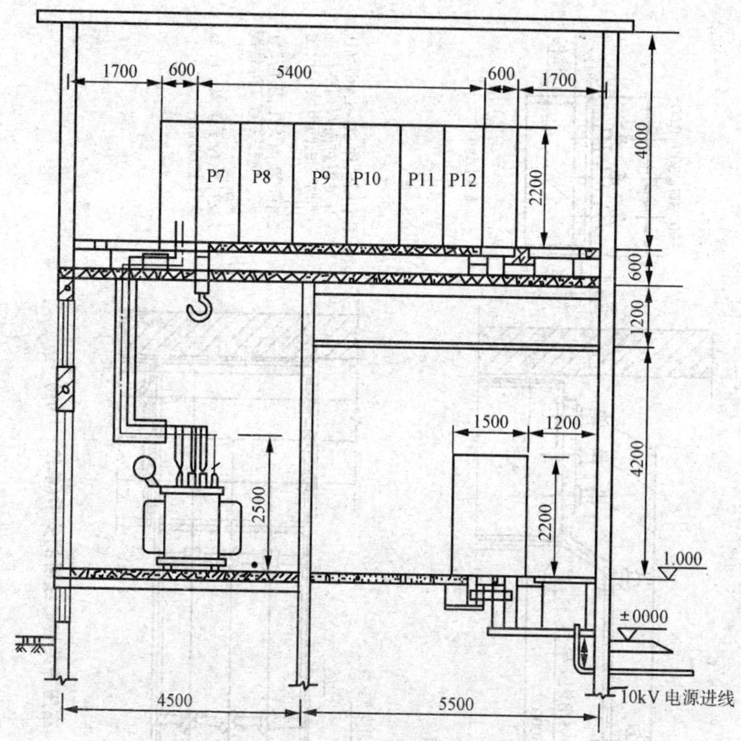

图 4－6　变电所Ⅰ－Ⅰ剖面图（单位：mm）

图中未能反映出来的信息。

2. 电气安装图

通过变电所等建筑的平面布置图和剖面图，可以了解设备的相互关系、位置和尺寸，但具体设备的安装还需要看设备的安装图。高压开关柜母线桥的安装如图 4－7 所示，变压器室母线桥的安装如图 4－8 所示，10kV 负荷开关及操作手柄在侧墙上的安装如图 4－9 所示。

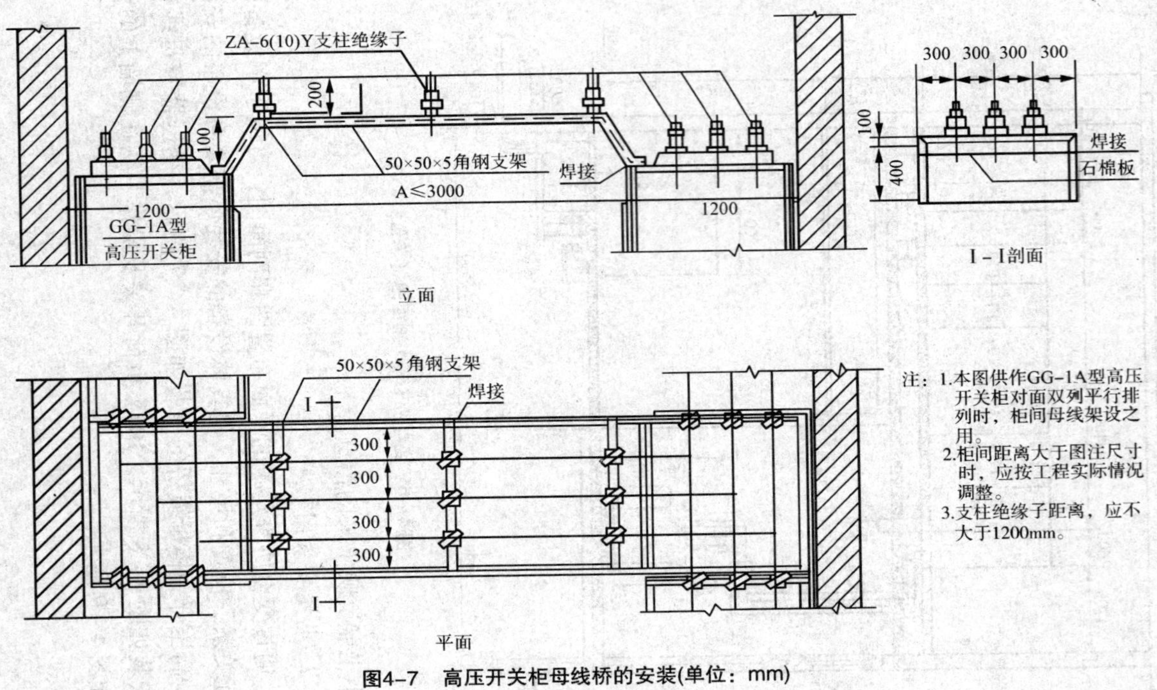

图4-7 高压开关柜母线桥的安装(单位：mm)

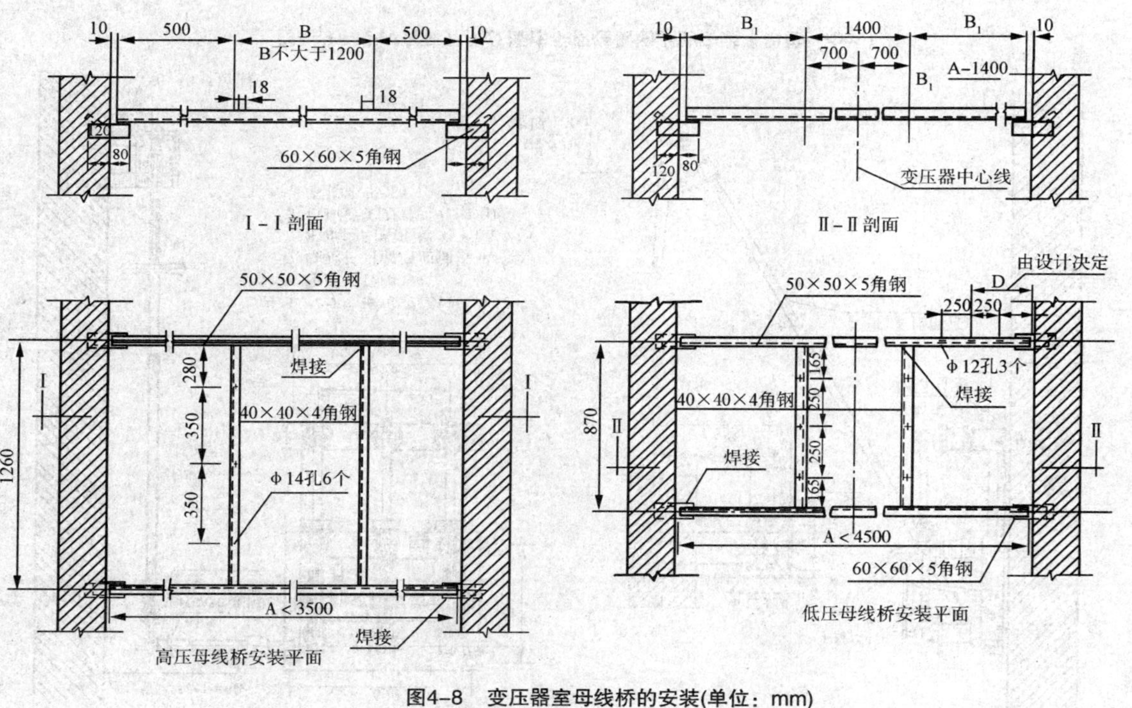

图4-8　变压器室母线桥的安装(单位：mm)

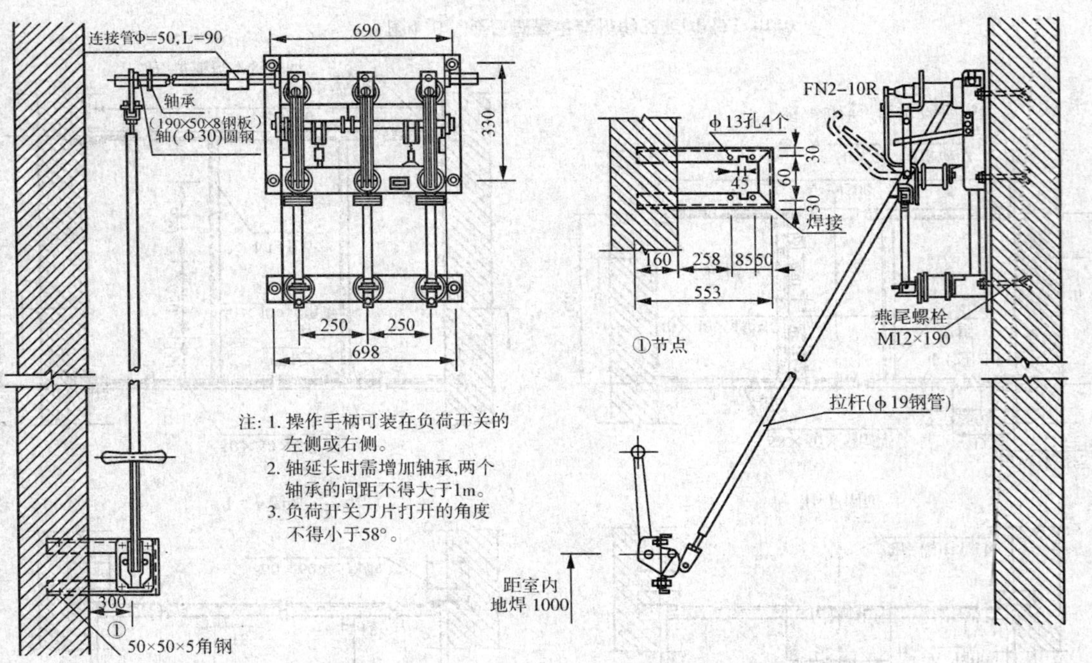

图4-9　10kV负荷开关及操作手柄在侧墙上的安装（单位：mm）

六、建筑物防雷接地工程图的识读

1. 防雷接地工程图的内容

建筑物与构筑物防雷保护工程在不同设计阶段有不同的表达内容。

（1）“设计施工说明”中的表达内容

1）根据自然条件、当地雷电日数、建筑物的重要程度确定防雷等级（或类别）。

2）防止雷击、防电磁感应、防侧击雷、防雷电波侵入和等电位的措施。

3）当用钢筋混凝土内的钢筋做接闪器、引下线和接地装置时，应说明采取的措施和要求。

4）防雷接地阻值的确定。如对接地装置做特殊处理时，应说明措施、方法和达到的阻值要求。当利用共用接地装置时，应明确阻值要求。

（2）初步设计阶段　此阶段，建筑防雷工程一般不绘图，特殊工程只出顶视平面图，画出接闪器、引下线和接地装置的平面布置，并注明材料规格。

（3）施工图设计阶段　这个时候需绘制出建筑物与构筑物防雷顶视平面图与接地平面图。小型建筑物与构筑物仅绘制顶视平面图，形状复杂的大型建筑最好加绘立面图，注明标高和主要尺寸。图中需绘出避雷针、避雷带、接地线和接地极、断接卡等的平面位置，表明材料规格、相对尺寸等。需利用建筑物与构筑物钢筋混凝土内的钢筋作防雷接闪器、引下线和接地装置时，应标出连接点、预埋件及敷设形式，特别要标出索引标准图编号、页次。

图中需说明防雷等级和采取的防雷措施，以及接地装置形式、接地电阻值、接地极材料规格和埋设方法。利用桩基、钢筋混凝土基础内的钢筋做接地极时，说明应采取的措施。

2. 防雷接地工程图的识读

图 4 – 10 所示为某工程防雷接地平面图，该图的识读结果是：

1）该工程为三级防雷建筑。

2）图中的电梯机房、水箱间比平台要高出一层，平台沿其边缘每隔 600 ~ 800mm 设支架一个，然后用直径不小于 10mm 的镀锌圆钢架设避雷线。

3）该建筑共有 6 根避雷引下线，全部由柱内引上的主钢筋焊接在一起，作为避雷引下线，如图中↓符号所表示的。

4）该建筑避雷针是采用大于 25mm 的镀锌圆钢制作的。

5）防雷接地与保护接地是共同接地体，接地电阻值不应大于 4Ω，实测达不到要求时，补打接地极。

3. 防雷接地平面图的识读

图 4 – 11 所示为某工程接地平面图（局部），该图的识读结果是：

1）该建筑利用结构柱内至少两根主筋作引下线，利用结构基础钢筋作为接地装置。结构主筋上端伸出女儿墙与避雷带焊接，下端与结构基础接地装置焊接，且距建筑物外墙 3. 0m 处用 4mm × 4mm 镀锌接地扁钢打一圈接地线，并按图中所示位置与柱内两根 ϕ16mm 主筋焊接，扁钢埋深为地下 1. 0m 处。另外，在建筑地下二层外墙侧壁内两根水平主筋环形焊接，与引下线焊接连通作水平接地体。

2）在该建筑地面以下 0. 8m 处焊接 1. 2m 长的 40mm × 4mm 镀锌扁钢引出防水层，以备自然接地电阻不能满足要求时补做接地体。所有进出建筑物的金属管道和屋顶上正常不带电的金属部分都与防雷接地线可靠连接，以便形成等电位联结。

3）该建筑地下二层地板内水平主筋焊成网格，由两根主筋连续焊接自然接地体。

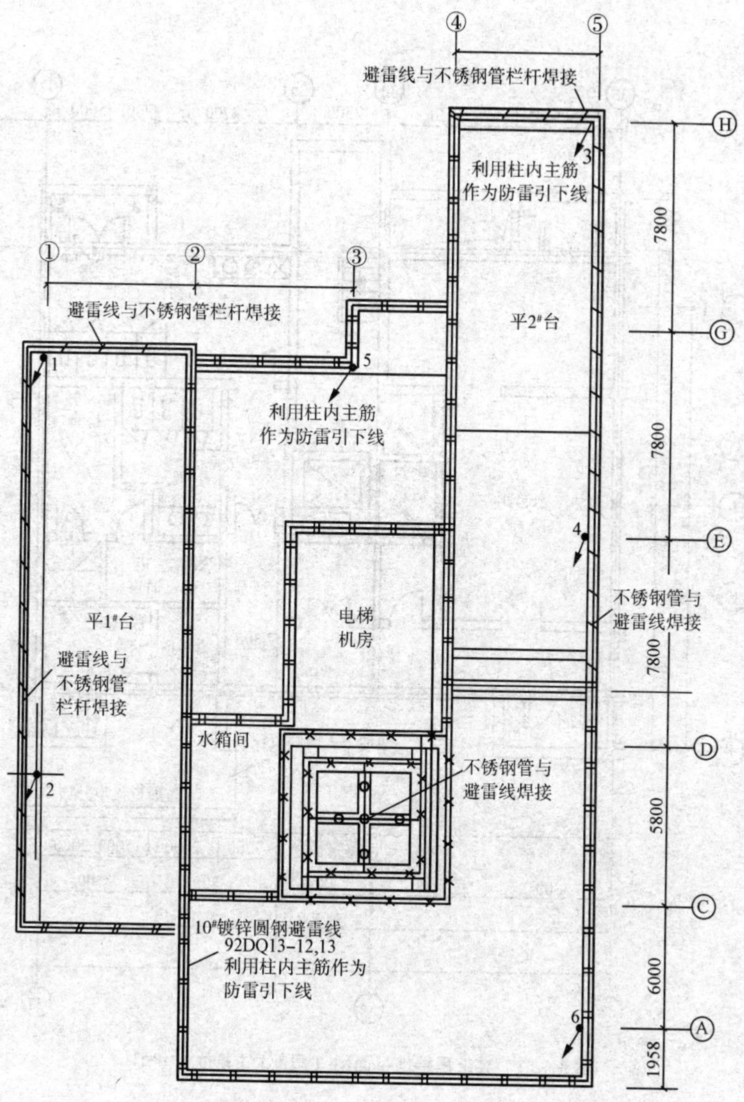

图 4－10　某工程防雷接地平面图（单位：mm）

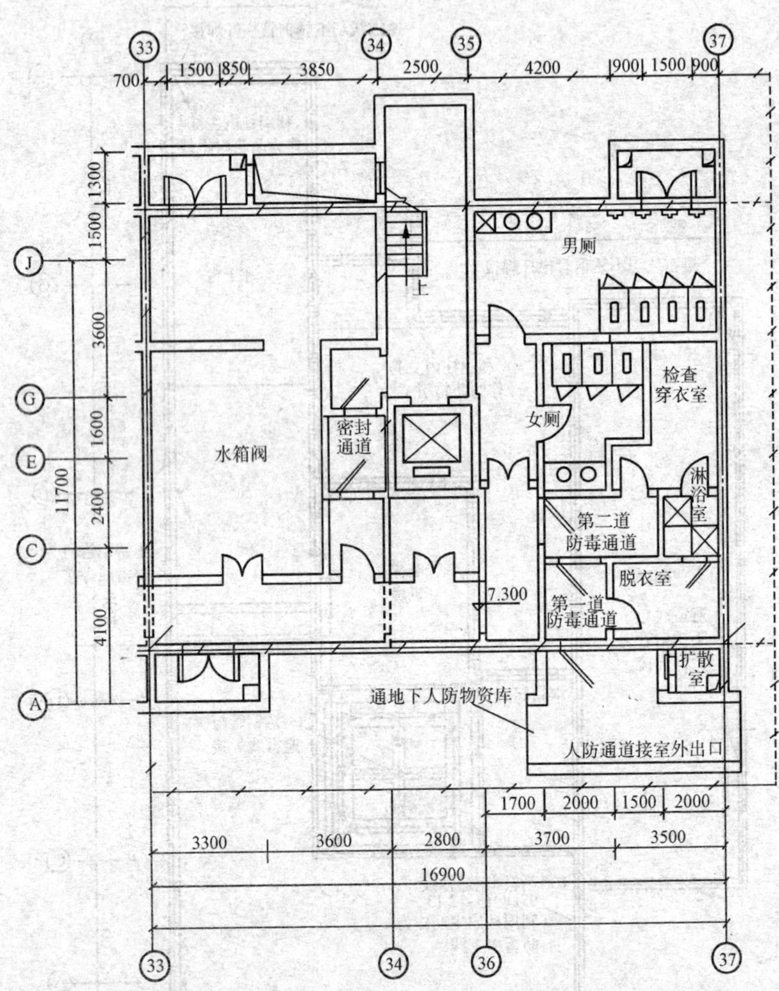

图 4-11 某工程接地平面图（局部）（单位：mm）

第二节　动力及照明工程线路

一、动力配电控制线路

1. 动力配电箱电路

动力配电箱电路如图 4－12 所示。动力配电箱电路由以下三部分组成：主电路、控制电路和信号指示电路。主电路包括电源开关 QF、交流接触器主触头及连接导线等。

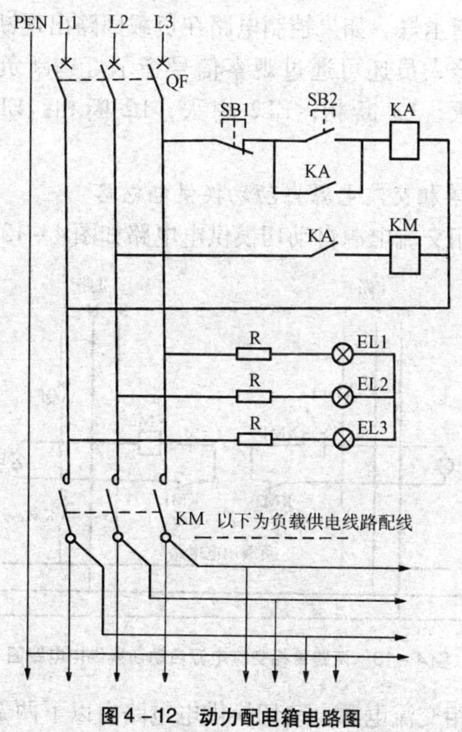

图 4－12　动力配电箱电路图

控制电路包括控制按钮 SB1、SB2 以及中间继电器 KA、交流接触器线圈 KM 等。信号指示电路包括电阻 R 及信号指示灯

HL1 ~ HL3 等。

使用时，合上 QF，按下控制按钮 SB2，中间继电器 KA 得电动作并自锁，同时接通交流接触器 KM 线圈工作回路，KM 得电动作，主触头闭合，负载得电工作。

如果 L3 相断路，则 KA 线圈失电；如果 L2 相断路，则 KM 线圈失电；如果 L1 相断路，则 KA、KM 两只线圈都失电。所以，L1、L2、L3 中无论哪一相断路，都会跳闸，从而实施对负载电路断相的保护。

为了防止控制回路中控制触头出现故障，这个电路还增设了各相信号指示灯。如果控制电路在负载回路出现断相时不能准确动作，检修人员还可通过观察信号指示灯判断负载端是否断相；EL1 熄灭，L3 断相；EL2 熄灭，L2 断相；EL3 熄灭，L1 断相。

2. 两路单相交流电源自动切换供电电路

两路单相交流电源自动切换供电电路如图 4－13 所示。

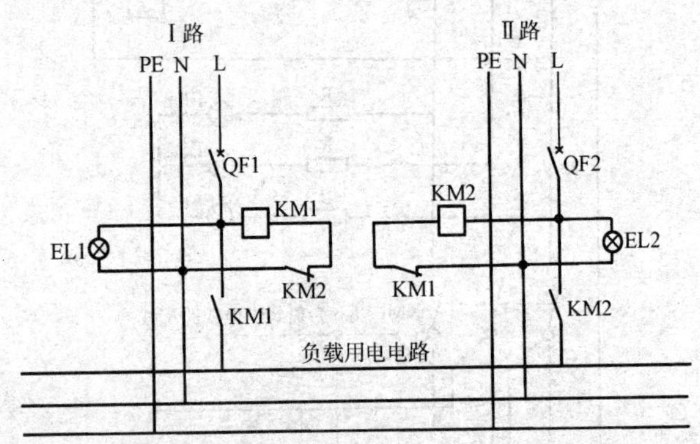

图 4－13　两路单相交流电源自动切换供电电路图

两路单相交流电源自动切换供电电路由以下两部分组成：Ⅰ路电源控制电路和Ⅱ路电源控制电路。Ⅰ路电源控制电路包括电源开关 QF1、交流接触器 KM1、交流接触器 KM2 的一个常闭触头以及电源信号指示灯等。Ⅱ路电源控制电路包括电源开关QF2、交流接触器KM2、交流接触器KM1的一个常闭触头及电源信号指示灯等。

图中QF1、QF2为断路器，使用两个相互进行电气联锁的220V交流接触器。采用人为优先工作模式，即人工控制哪一路接触器先得电，哪一只交流接触器就先投入工作，另一只接触器就等待备用。

合上QF1，EL1指示灯点亮，KM1线圈得电动作，断开与KM2线圈串联的常闭触头，禁止KM2线圈投入工作，KM1主触头闭合，将电源送达负载用电电路。

如果Ⅰ路电源失电，则交流接触器KM1的线圈失电，于是其常闭触头复位，在合上QF2的情况下，EL2也点亮。KM2线圈得电动作，断开串联在KM1线圈回路中的常闭触头，防止KM1线圈投入工作。KM2线圈吸合后，其主触头闭合，保证负载用电电路继续得电运行。

如果仅用一路电源供电，可以将另一路的电源开关断开。这样，合上所用电路的电源开关，供电电路有电时，交流接触器工作，主触头闭合，为用电负载电路供电。当供电电路失电时，交流接触器停止工作，负载电路同样停止工作。

3. 两路三相交流电源自动切换供电电路

两路三相交流电源自动切换供电电路如图4-14所示。两路三相交流电源自动切换供电电路主要由Ⅰ路电源控制电路和Ⅱ路电源控制电路所构成。其中，Ⅰ路电源控制电路包括电源开关QF1、交流接触器KM1、时间继电器KT1及交流接触器KM2的常闭触头等；Ⅱ路电源控制电路包括电源开关QF2、交流接触器KM2、时间继电器KT2及交流接触器KM1的常闭触头等。

运行时，先合上开关QF1，再合上QF2，则交流接触器KM1的线圈首先得电，其主触头将电源接入负载工作电路。

同时，KM1 的辅助常闭触头断开，KM2 线圈处于热备用状态。如果Ⅰ路电源因故停电，则交流接触器 KM1 的线圈失电，在主触头释放的同时，与 KM2 线圈串联的辅助常闭触头复位闭合，接通时间继电器 KT2 的线圈回路，KT2 线圈得电动作，与 KM2 线圈串联的延时闭合触头接通，KM2 线圈得电动作，其主触头闭合，为负载电提供电源。同时，KM2 与 KM1 线圈串联的常闭触头打开，不允许 KM1 动作，断开与 KT2 线圈串联的常闭触头，KT2 延时闭合触头瞬时释放。如果 KM1 控制的Ⅰ路电源恢复正常，则Ⅰ路电源转为热备用状态，Ⅱ路电源继续供电。

图 4 - 14 中 QF1、QF2 为断路器，两只交流接触器线圈的额定工作电压为 380V，两只时间继电器线圈的额定工作电压也是 380V。用时间继电器分别控制交流接触器 KM1 和 KM2 的线圈启动，又反过来利用交流接触器的辅助常闭触头的断开切断时间继电器线圈的工作电源。使用交流接触器的常闭触头，对另一路控制电路的公共连线实行联锁控制，保证Ⅰ路电源投入时Ⅱ路电源备用，或者Ⅱ路电源投入时Ⅰ路电源备用。

这个电路采用人为优先和时间可选优先控制模式，即人工控制与时间控制相结合的控制方式，在相同时间控制下，哪一路时间继电器先得电，哪一只交流接触器就先工作，而另一路时间继电器和交流接触器就处于备用状态。如果两路电源同时送电，且 QF1、QF2 同时合上，则哪一路投入运行、哪一路作为备用取决于时间继电器的动作结果。一般要求这两只时间继电器的动作时间错开，如 2s。实际操作时，要依次送电，通过人为分级控制就可以避免时间继电器竞争接通。如果只用一路电源供电，则只要合上断路器中的任意一只，让另一只电源开关处于冷备用状态即可。

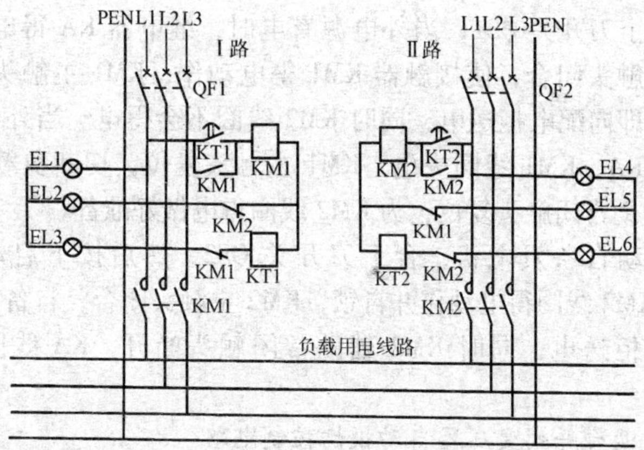

图 4－14　两路三相交流电源自动切换供电电路图

4. 外电网电源与自备发电电源转换电路

为了避免因外电网电源停电带来的损失，许多单位配备了发电设备。但有时误将自发电送向外电网，或外电源来电时倒送入发电机，危及人身和设备安全，为此可采用图 4－15 所示的外电网电源与自备发电电源的转换电路。

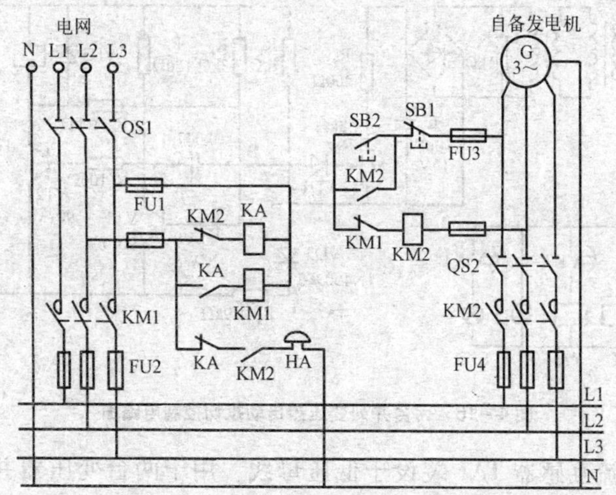

图 4－15　外电网电源与自备发电电源的转换电路

合上刀开关 QS1，当外电源有电时，继电器 KA 得电动作，其常开触头闭合，使接触器 KM1 得电动作，KM1 主触头闭合，外电源即向配电柜送电，同时 KM2 线圈不会得电。当外电源断电时，KA、KM1 线圈失电，KM1 主触头复位，切断负载回路，KM1 辅助常闭触头复位，为 KM2 线圈得电做好准备。

启动自备发电机，合上刀开关 QS2，然后按下启动按钮 SB2，KM2 线圈得电动作并自锁，KM2 主触头闭合，自备发电机向配电柜送电，同时 KM2 辅助常闭触头断开，KA 线圈不会得电。

5. 两台并列变压器自动投切控制电路

为了使变压器经济运行，根据负载的变化，经常需要投入或切除并列运行的变压器，为此可采用图 4 - 16 所示的电路。首先计算出两台变压器的经济运行点，再根据经济运行点处的容量换算成对应的负载电流 I_L。当负载电流小于 I_L 时，退出一台变压器；当负载电流大于 I_L 时，两台变压器都运行。

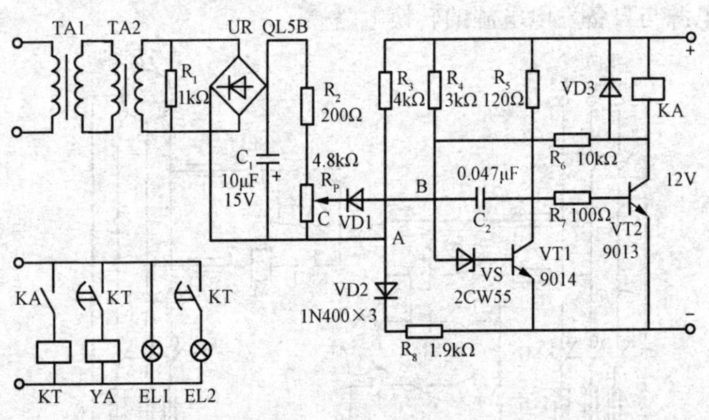

图 4 - 16 两台并列变压器自动投切控制电路图

电流互感器 TA1 装设于低压母线，用于两台变压器并联运行，可测到两台变压器共同的负载电流。由电流互感器 TA1 二次侧输出的电流信号，经电流互感器 TA2 在负载电阻器 R_1 上形成电压信号，然后经整流桥 UR 整流，电容器 C_1 滤波，分压器 R_2、R_P 分压，从 R_P 滑动臂送出。要求当电流互感器 TA1 二次侧输出的电流为 5A 时，C_1 上的电压为 10V。

由电阻器 R_3、R_8 和二极管 VD2 组成一个比较电路。当电流信号未达到设定值时，输入信号电压 $U_{AC} < U_{AB}$，U_{CB} 为正，二极管 VD1 截止，将信号电路与放大电路隔离，晶体管 VT1 基极处于高电位，VT1 导通，而 VT2 截止，继电器 KA 不动作，这时变压器为一台运行。当电流信号达到设定值时，$U_{AC} > U_{AB}$，U_{CB} 为负，VD1 导通，VT1 基极电位下降，VT1 截止，而 VT2 导通，KA 吸合，其常开触头闭合，时间继电器 KT 线圈得电。经过一段延时后，KT 延时闭合常开触头闭合，接通断路器的合闸线圈 YA，断路器合闸，另一台变压器投入并联运行。同时指示灯 EL2 点亮，表示并联运行。

图 4－16 中，二极管 VD2 起温度补偿作用；C_2 为抗干扰电容器；R_6 为正反馈电阻器，当 VT2 截止时，加深 VT1 的饱和导通，使 VT2 可靠截止；时间继电器 KT 的作用是防止负载电流短时间变化而引起误动作。

6. 建筑工地配电总线电路

图 4－17 所示是一种最基本、最常用的建筑工地配电总线电路，共分为九个供电支路：六个三相供电支路，分别为潜水泵电动机、卷扬机配电箱、打夯机、电焊机与振动棒、临时小型配电箱提供电源；三个单相供电支路，分别为手动工具临时配电箱、施工照明、照明备用供电。

建筑施工配电设备根据其用电量及用电设备的实际要求，装在防雨绝缘的配电箱内，故而可以设置总保险、总电源开关、分路空气开关、闸刀、单相照明闸刀以及三相四线制的临时四眼插座和单相三孔的插座等。

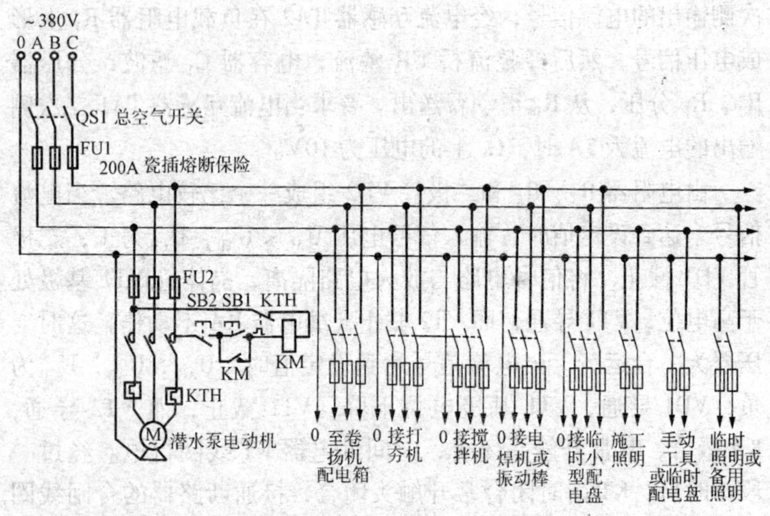

图 4－17 建筑工地配电总线电路图

7. 建筑工地配电箱电路

图 4－18 所示是一种最基本、最常用的建筑工地配电箱电路，是为了方便各种移动电动工具的使用而设置的具有防雨功能的小型配电箱，它可以通过四孔插座和四芯橡皮电线连接到移动工具的现场，以便于施工的操作。

移动小型动力配电盒（箱）可以根据需要在不同的地点设置多个供方便使用。图中配电箱设置了六个供电支路，两个四孔插座供电提供给振动棒、打夯机等使用，三个三孔插座供电锤及接单相电动工具使用，一个两孔插座供插入电钻等使用。

图 4－18 所示移动小型动力配电盒（箱）内也应设置总电源开关及保险丝等，配电盒中的指示灯还可兼作临时照明灯使用，小型动力配电盒（箱）与建筑配电总线之间可通过两芯橡皮电缆进行连接，但应具有防雨绝缘措施，并保证用电的安全，小型动力配电盒（箱）也应注意防雨和绝缘，也可作为各个插座加装分支闸刀。

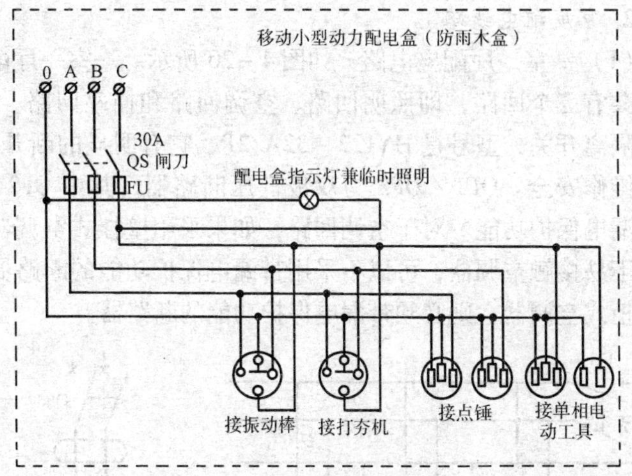

图4－18　建筑工地配电箱电路图

二、照明控制线路

1. 低压供电进户线路

低压供电进户线路如图4－19所示。低压供电进户电路主要由接户线、进户线、电能计量仪表PJ及漏电保护开关等构成。

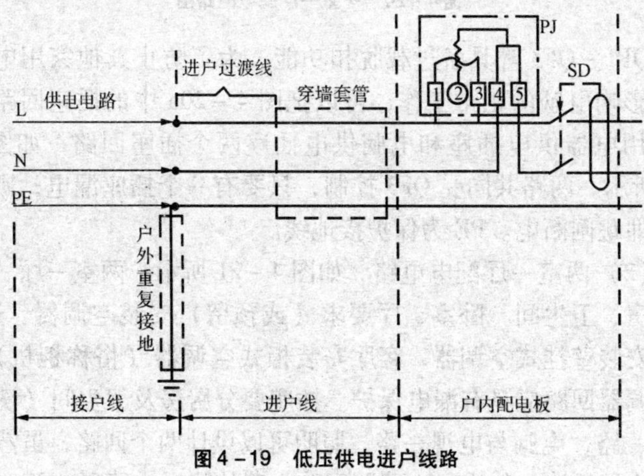

图4－19　低压供电进户线路

2. 家庭配电线路

（1）一室一厅配电电路　如图4－20所示。一室一厅配电系统中共有三个回路，即照明回路、空调回路和插座回路。QS为双极隔离开关，型号是HY122－32A/2P，它有明显的断开间隙，以便维修安全。QF1～QF3为双极低压断路器，其中QF2、QF3具有漏电保护功能。对于空调回路，如果采用壁挂式空调器，因为人不易接触空调器，可以不采用带漏电保护功能的断路器，但对于柜式空调器，则必须带漏电保护功能的断路器。

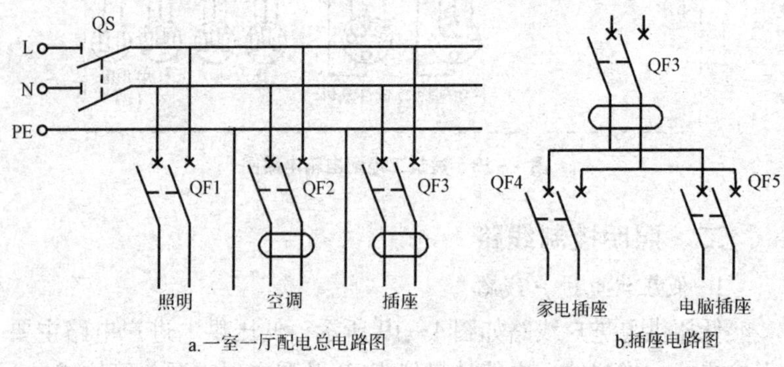

图4－20　一室一厅配电电路图

QF1～QF3都具备过载脱扣功能。为了防止其他家用电器用电时影响电脑的正常工作，可以把图4－20a中的插座回路再分成家用电器供电插座和电脑供电插座两个插座回路，如图4－20b所示。两路共同受QF3控制，只要有一个插座漏电，则QF3就立即跳闸断电。PE为保护接地线。

（2）两室一厅配电电路　如图4－21所示。两室一厅一般具有厨房、卫生间。卧室、厅要求（或预留）安装空调器。通常，卧室安装壁挂式空调器，客厅安装柜式空调器（俗称柜机），柜式空调器回路应具有漏电保护。插座要分厨房及卫生间（洗衣机用）一路，电脑与电视一路。照明可以设计两个回路，虽然增加了一次性投资，但当一个照明回路出现故障时，不影响第二个照明回路的正常工作，也有利于电工检修。

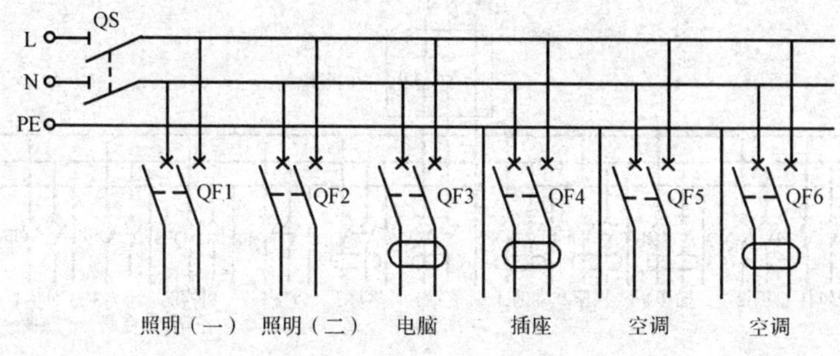

图 4－21　两室一厅配电电路图

（3）三室两厅配电电路　如图 4－22 所示。三室两厅配电系统共有九个回路，各回路的用途均标注在图 4－22 中。空调全部采用壁挂式，所以空调回路没有漏电保护断路器，如果客厅要采用柜式空调器，则该回路应采用漏电保护断路器。

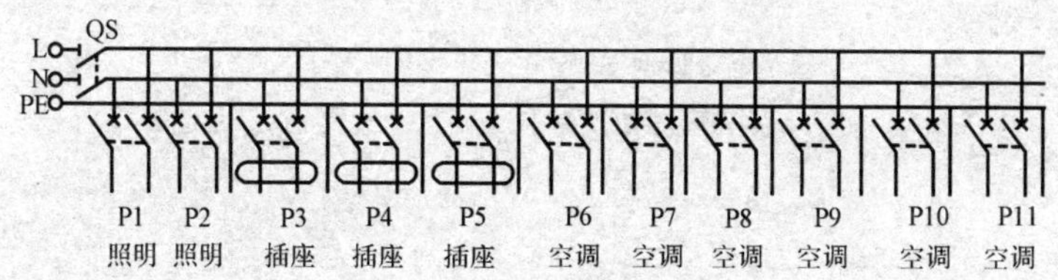

图 4－22　三室两厅配电电路图

（4）四室两厅配电电路　如图 4－23 所示。本电路共 11 个回路。其中两路作照明，一旦有一路发生短路等故障时，另一路能提供照明，以便检查。插座有三路，可分别送至客厅、卧室、厨房，这样插座电线不至于超负荷，避免电线过早老化，起到分容作用。六路空调回路，各室、厅都有空调（即使目前不安装，也须预留，以免将来要安装时凿墙打孔），全部为壁挂式，所以不设漏电保护断路器。

总开关采用 HY122－63/2P 型隔离开关，断路器可采用 DZ30 型、C45N 型，漏电保护断路器可选用 DZL 30 型、DLK 型。

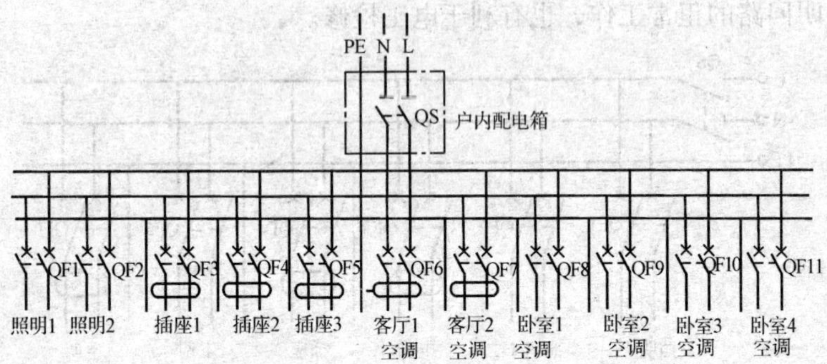

图 4－23 四室两厅配电电路图

第五章 常用电气设备的控制线路

第一节 机床设备的控制线路

一、车床控制线路

车床是一种应用极为广泛的金属切削机床。它能完成车内圆、外圆、端面、螺纹、钻孔、镗孔、倒角、割槽及切断等加工工序。如用于机械制造业的单件、小批生产车间，各行业的工具制造部门，机器设备修理部门及试验室等。车床可分为卧式车床和立式车床等不同的种类。

1. CA6140 卧式车床控制线路

该车床型号的意义如下：

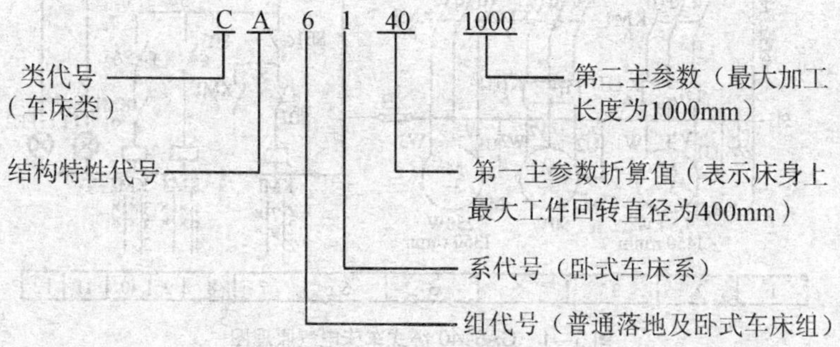

（1）CA6140 车床主要结构与运动形式　CA6140 车床主要由床身、主轴箱、滑板箱、进给箱、刀架、丝杆、光杆、尾架等部

分组成。

车床的切削运动包括工件旋转的主运动和刀具的直线进给运动。

1）主运动：指车床的主轴电动机带动被固定在卡盘上的工件的旋转运动。主轴变速是主轴电动机经 V 带传递到主轴变速箱实现的。CA6140 车床的主轴正转速度有 24 种（10～1400r/min），反转速度有 12 种（14～1580r/min）。

2）进给运动：指车床的刀架带动刀具的直线运动。滑板箱把丝杆或光杆的转动传递给刀架部分、变换箱外的手柄位置，经刀架部分使车刀做沿着床身的纵向或垂直床身的横向进给。

3）辅助运动：指除车床切削运动以外的必须的运动，如尾架的纵向移动，工件的夹紧与放松等。

（2）CA6140 车床电气线路分析　CA6140 卧式车床电气原理如图 5－1 所示。

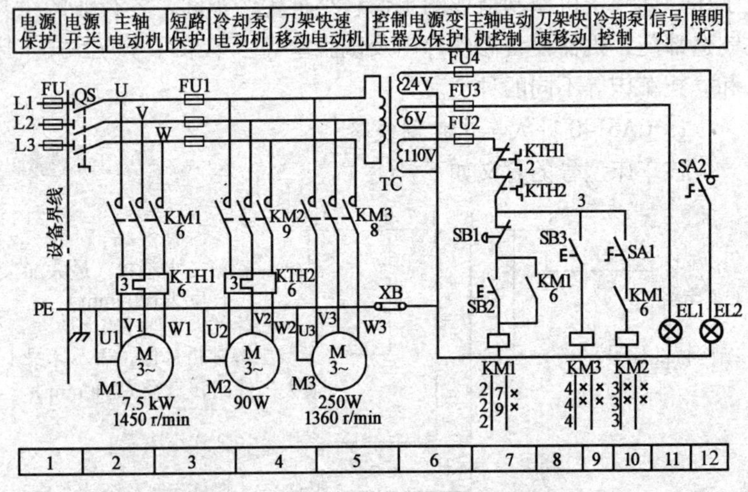

图 5－1　CA6140 卧式车床电气原理图

1）主电路分析。机床电源采用三相 380V 交流电路——由电源开关 QS（低压断路器）引入，总电源短路保护为 FU。主轴电动机 M1 的短路保护由低压断路器 QS 的电磁扣器来实现，而冷却泵电动机 M2、刀架快速移动电动机 M3 的短路保护由 FU1 来实现，M1 和 M2 的过载保护是由各自的热继电器 KTH1 和 KTH2 来实现的，三台电动机分别采用接触器控制。

2）控制线路。控制线路由控制变压器 TC 供电，控制电源电压为 110V，熔断器 FU2 做短路保护。

①M1 启动：合上 QS，主轴电动机准备启动指示灯 EL1、EL2 亮。

按下SB2→KM1线圈得电→
- →KM1自锁触头(7区)闭合┐
- →KM1主触头(3区)闭合──┴→主轴电动机M1启动运转
- →KM1辅助常开触头(12区)闭合→冷却泵准备启动
- →KM1辅助常闭触头(11区)断开→

②M1 停止：

按下 SB4 ⟶ KM1 线圈失电⟶ KM1 触头复位⟶ M1 失电停转

冷却泵电动机 M2 与主轴电动机 M1 是联锁控制的，只有当 M1 启动并闭合开关 SA1 后，M2 才能启动，M1 停止后，M2 也立即停止，以满足车工工艺的要求。

从安全需要考虑，快速进给电动机采用点控制，按下 SB3，就可以快速进给。当电动机 M1 或 M2 过载时，热继电器 KTH1 或 KTH2 动作，其常闭触头断开控制电路电源，接触器 KM1 或 KM2 断电释放，电动机 M1 或 M2 断电停转，从而起到过载保护作用。

主轴的正反转是采用多片摩擦离合器实现的。

3）照明、指示电路。当车床主电源接通后，由控制变压器 6V 绕组供电的指示灯 EL1 亮，表示车床已接通电源，可以开始工作。若闭合开关 SA2，由控制变压器 24V 绕组供电的车床照明工作灯 EL2 点亮。

2. C616 车床控制线路

（1）电路特点及控制要求

1）主拖动电动机从经济性、可靠性出发，一般选用笼型异步电动机，调速采用机械变速。

2）主电动机的启动、停止用按钮操作，电动机直接启动。

3）必须有冷却装置和过载、短路、失压保护。

4）主轴的正反转用改变电动机的转向来完成，由接触器KM1、KM2控制。

5）接触器由主令开关控制，因其不能自动复位，所以必须设置零压（零位）保护电路，以免发生事故。

6）装备有机械脚踏式刹车装置的机床，在刹车时，必须先断开主轴电动机的电源。

7）有照明装置，而且必须使用安全电压。

（2）电路工作原理　C616普通车床电气控制线路如图5－2所示。图中QS1为电源总开关，QS2是冷却泵电动机的电源控制开关。FU1、FU2做主轴和冷却泵电动机的短路保护。辅助电路电压为380V，中间继电器KA做零压保护。

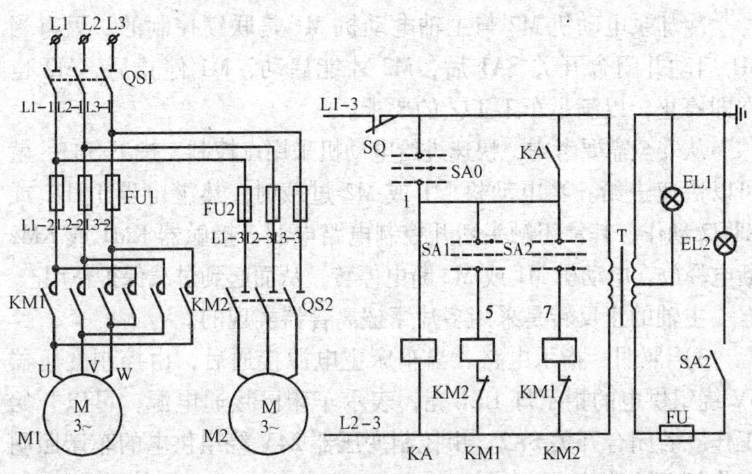

图5－2　C616普通车床电气控制电路图

主令开关SA由开关杠操纵，其结构如图5－3所示。它有三个形状相同的动触点SA0、SA1、SA2，安装位置互差45°，分

“零位”“正转”“反转”三个位置。若需电动机工作，先将电源开关 QS1 合上，开关杠扳到零位，其触点 SA0 接通了 KA3、L1－1 电路，如图 5－3a 所示，中间继电器 KA 通电吸合，常开触点闭合自锁，为正、反接触器工作做准备。需主轴电动机正转，把开关杠扳到正转位置，动触点 SA1 接通，如图 5－3b 所示，电源通过 KA 的自锁触点和 SA1，使接触器 KM1 线圈通电，主触点闭合，电动机正转。要使电动机反转，将开关杠扳到反转位置，动触点 SA2 接通，如图 5－3c 所示，主轴电动机反转。

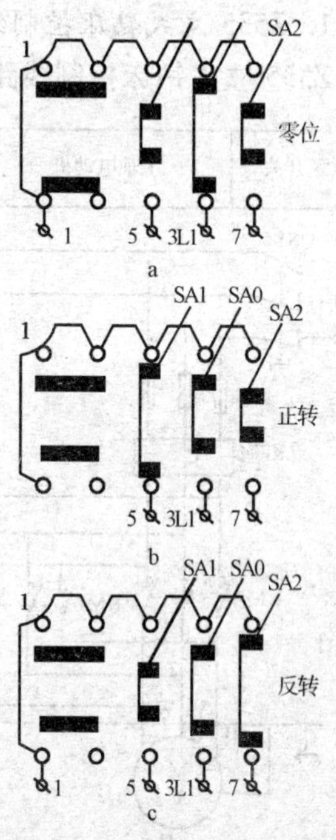

图 5－3　鼓形开关结构及触点通断情况

在主轴电动机正转或反转工作中突然停电时，中间继电器和接触器同时停止工作，这时，如重新获电，由于开关杠不在零位，组合开关 SA0 是断开的，继电器 KA 不工作，接触器线圈电路也得不到电源，不能吸合。只有开关杠扳到零位后，中间继电器工作，接触器才能重新工作，所以中间继电器 KA 起到了零压保护作用。如需反转或紧急停车，踏下刹车装置，制动开关 SQ 断开，使接触器断电，电动机进行机械制动。

二、钻床控制线路

钻床是一种用途广泛的通用机床，有立式钻床、卧式钻床、深孔钻床、多头钻床及专用钻床等。钻床用于钻孔、扩孔、铰孔及攻螺纹等基本加工过程。

1. Z535 立式钻床控制线路

Z535 立式钻床控制线路如图 5－4 所示。

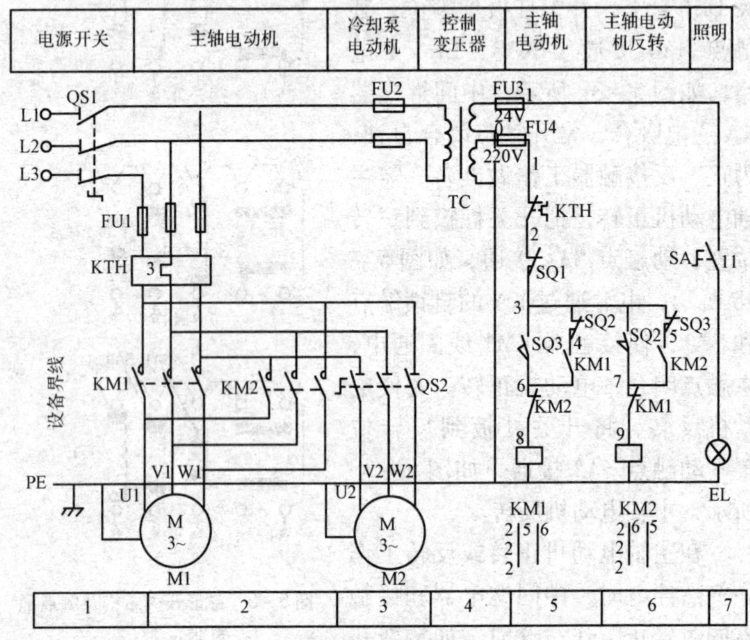

图 5－4　Z535 立式钻床电气原理图

（1）主线路分析　电源是由车间配电网供给的三相交流电 L1、L2、L3 提供，合上主开关 QS1，机床接通电源。主轴电动机由接触器 KM2 和 KM1 分别控制正、反转，冷却泵的启动停止由 QS2 控制。

（2）控制线路分析　合上 QS1，机床接通电源。将手柄向下扳，行程开关 SQ3 被压下，其常开触点闭合，接触器 KM1 沿电路 1→2→3→6→8→0 接通，KM1 主触点闭合，电动机 M1 启动右转（正转）；松开手柄，SQ3 复原，接触器沿 1→2→3→4→6→8→0 自锁接通。

将手柄向上扳动，行程开关 SQ2 被压下，接触器 KM2 接通，其主触点闭合，使电动机 M1 启动左转（反转），松开手柄，SQ2 复原，接触器 KM2 自锁。

手柄放在中间位置时，行程开关 SQ1 被压下，其常闭触点 2－3 断开，使电动机停转。

机床攻螺纹时，允许不经过停止位置直接使主轴反向。因为在 KM1 接通后，再压下 SQ2，其常闭触点 3－4 断开，切断 KM1 自锁回路；同样，在 KM2 接通后，再压下 SQ3，其常闭触点 3－5 断开，切断 KM2 自锁回路。

扳动 QS2，可接通或断开冷却泵电动机 M2。

（3）机床照明电路　照明线路由变压器 TC 供给 24V 安全电压，SA 为接通或断开照明的开关。

（4）机床电气保护

1）由熔断器 FU1、FU2、FU3 和 FU4 对电动机、控制线路及照明系统进行短路保护。

2）由热继电器 KTH 对电动机 M1 和 M2 进行过载保护。

3）接触器联锁触点及操纵手柄的定位机构使线路具有失压保护作用，机床因失去电源而停车。当恢复电源时，主轴不会自动旋转，必须由操作者重新扳动手柄，才能启动机床。

2. Z37 摇臂钻床电气控制线路

Z37 摇臂钻床主要由底座、内立柱、外立柱、摇臂、主轴箱、工作台等部分组成。内立柱固定在底座上，在它外面套着空心的外立柱，外立柱可绕着不动的内立柱回转 360°。摇臂一端的套筒部分与外立柱滑动配合，借助于丝杠，摇臂可沿着外立柱上下移动，但两者不能做相对转动，因此摇臂与外立柱一起相对内立柱回转。主轴箱是一个复合的部件，它包括主轴及主轴旋转和进给运动（轴向前进移动）的全部传动变速和操作机构。主轴箱安装于摇臂的水平导轨上，可通过手轮操作使它沿着摇臂上的水平导轨做径向移动。当需要钻削加工时，可利用夹紧机构将主轴箱紧固在摇臂导轨上，摇臂紧固在外立柱上，外立柱紧固在内立柱上，以保证加工时主轴不会移动，刀具也不会振动。

工件不很大时，可压紧在工作台上加工。若工件较大，则可直接装在底座上加工。根据工件高度的不同，摇臂借助于丝杠可带动主轴箱沿外立柱升降。但在升降之前，摇臂应自动松开；当达到升降所需位置时，摇臂应自动夹紧在立柱上。摇臂连同外立柱绕内立柱的回转运动依靠人力推动进行，但回转前必须先将外立柱松开。主轴箱沿摇臂上导轨的水平移动也是手动的，移动前也必须先将主轴箱松开。

（1）摇臂钻床的运动形式及控制特点

1）运动形式。该钻床的主运动是主轴带动钻头的旋转运动；进给运动是钻头的上下运动；辅助运动是指主轴箱沿摇臂水平移动、摇臂沿外立柱上下移动以及摇臂连同外立柱一起相对于内立柱的回转运动。

2）电力拖动特点及控制要求。

①由于摇臂钻床的相对运动部件较多，故采用多台电动机拖动，以简化传动装置。主轴电动机 M2 承担钻削及进给任务，只要求单向旋转。主轴的正反转一般通过正反转摩擦离合器来实现，主轴转速和进刀量用变速机构调节。摇臂的升降和立柱的夹紧放松由电动机 M3 和 M4 拖动，要求双向旋转。冷却泵用电动机 M1 拖动。

②该钻床的各种工作状态都是通过十字开关 SA 操作的，为防止十字开关手柄停在任何工作位置时，因接通电源而产生误动作，本控制电路设有零压保护环节。

③摇臂的升降要求有限位保护。

④摇臂的夹紧与放松是由机械和电气联合控制。外立柱和主轴箱的夹紧与放松是由电动机配合液压装置来完成的。

⑤钻削加工时，需要对刀具及工件进行冷却。由电动机 M1 拖动冷却泵输送冷却液。

（2）电气线路分析　Z37 摇臂钻床电气原理如图 5－5 所示。

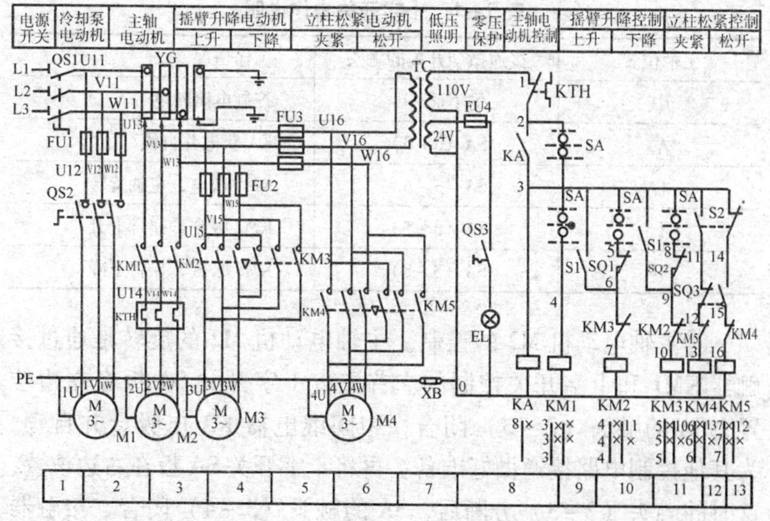

图 5－5　Z37 摇臂钻床电气原理图

1）主电路分析。Z37 摇臂钻床共有四台三相异步电动机，其中主轴电动机 M2 由接触器 KM1 控制，热继电器 KTH 做过载保护，主轴的正、反向控制是由双向片式摩擦离合器来实现的。摇臂升降电动机 M3 由接触器 KM2、KM3 控制，FU2 做短路保护。立柱松紧电动机 M4 由接触器 KM4 和 KM5 控制，FU3 做短路保护。冷却泵电动机 M1 是由组合开关 QS2 控制的，FU1 做短路保护。摇臂上的电气设备电源，通过转换开关 QS1 及汇流环 YG 引入。

2）控制电路分析。合上电源开关 QS1，控制电路的电源由控制变压器 TC 提供 110V 电压。Z37 摇臂钻床控制电路采用十字开关 SA 操作，它有集中控制和操作方便等优点。十字开关由十字手柄和四个微动开关组成。根据工作需要，可将操作手柄分别扳在孔槽内五个不同位置上，即左、右、上、下和中间位置。手柄处在各个工作位置时的工作情况见表 5－1。为防止突然停电又恢复供电而造成的危险，电路设有零压保护环节。零压保护是由中间继电器 KA 和十字开关 SA 来实现的。

表 5－1　十字开关操作说明

手柄位置	接通微动开关的触头	工作情况
中	均不通	控制电路断电
左	SA（2－3）	KA 获电并自锁
右	SA（3－4）	KM1 获电，主轴旋转
上	SA（3－5）	KM2 吸合，摇臂上升
下	SA（3－8）	KM3 吸合，摇臂下降

①主轴电动机 M2 的控制。主轴电动机 M2 的旋转是通过接触器 KM1 和十字开关控制的。首先将十字开关 SA 扳在左边位置，SA 的触头（2－3）闭合，中间继电器 KA 电吸合并自锁，为其他控制电路接通做好准备。再将十字开关 SA 扳在右边位置，这时的触头（2－3）分断后，SA 的触头（3－4）闭合，接触器 KM1 线圈获电吸合，主轴电动机 M2 通电旋转。主轴的正反转则由摩擦离合器手柄控制。将十字开关扳回中间位置，接触器 KM1 线圈断电释放，主轴电动机 M2 停转。

②摇臂升降的控制。摇臂的放松、升降及夹紧的半自动工作顺序是通过十字开关 SA、接触器 KM2 和 KM3、位置开关 SQ1 和 SQ2 及鼓形组合开关 S1，控制电动机 M3 来实现的。

当工件与钻头的相对高度不合适时，可将摇臂升高或降低来调整。要使摇臂上升，将十字开关 SA 的手柄从中间位置扳到向上的位置，SA 的触头（3－5）接通，接触器 KM2 获电吸合，电动机 M3 启动正转。由于摇臂在升降前被夹紧在立柱上，所以 M3 刚启动时，摇臂不会上升，而是通过传动装置先把摇臂松开，这时鼓形组合开关 S1 的常开触头（3－9）闭合，为摇臂上升后的夹紧做好准备，随后摇臂才开始上升。当上升到所需位置时，将十字开关 SA 扳到中间位置，接触器 KM2 线圈断电释放，电动机 M3 停转。由于摇臂松开时，鼓形组合开关常开触头 S1（3－9）已闭合，所以当接触器 KM2 线圈断电释放，其联锁触头（9－10）

恢复闭合后，接触器 KM3 获电吸合，电动机 M3 启动反转，带动机械夹紧机构将摇臂夹紧，夹紧后鼓形开关 S1 的常开触头（3－9）断开，接触器 KM3 线圈断电释放，电动机 M3 停转。

要使摇臂下降，可将十字开关 SA 扳到向下位置，于是十字开关 SA 的触头（3－8）闭合，接触器 KM3 线圈获电吸合，其余动作情况与上升相似，不再细述。由以上分析可知，摇臂的升降是由机械、电气联合控制实现的，能够自动完成摇臂松开→摇臂上升（或下降）→摇臂夹紧的过程。

为使摇臂上升或下降不致超出允许的极限位置，在摇臂上升和下降的控制电路中分别串联位置开关 SQ1 和 SQ2 做限位保护。

③立柱的夹紧与松开的控制。钻床正常工作时，外立柱夹紧在内立柱上。要使摇臂和外立柱绕内立柱转动，应首先扳动手柄放松外立柱。立柱的松开与夹紧是靠电动机 M4 的正反转拖动液压装置来完成的。电动机 M4 的正反转由组合开关 S2 和位置开关 SQ3、接触器 KM4 和 KM5 来实现。位置开关 SQ3 是由主轴箱与摇臂夹紧的机械手柄操作的。扳动手柄使 SQ3 的常开触头（14－15）闭合，接触器 KM5 线圈获电吸合，电动机 M4 拖动液压泵工作，使立柱夹紧装置放松。当夹紧装置完全放松时，组合开关 S2 的常闭触头（3－14）断开，使接触器 KM5 线圈断电释放，电动机 M4 停转，同时 S2 的常开触头（3－11）闭合，为夹紧做好准备。当摇臂转动到所需位置时，只需扳动手柄使位置开关 SQ3 复位，其常开触头（14－15）断开，而常闭触头（11－12）闭合，使接触器 KM4 线圈获电吸合，电动机 M4 带动液压泵反向运转，就可以完成立柱的夹紧动作。当完全夹紧后，组合开关 S2 复位，其常开触头（3－11）分断，常闭触头（3－14）闭合，使接触器 KM4 的线圈失电，电动机 M4 停转。

Z37 摇臂钻床的主轴箱在摇臂上的松开与夹紧和立柱的松开与夹紧是由同一台电动机 M4 拖动液压机构完成的。

3）照明电路分析。照明电路的电源也是由变压器 TC 将

380V 的交流电压降为24V 安全电压来提供的。照明灯 EL 由开关 QS3 控制，由熔断器 FU4 做短路保护。

三、M7120 磨床控制线路

M7120 磨床的结构主要由床身、工作台、磨头、立柱、拖板、行程挡块、砂轮修正器、驱动工作台手轮、垂直进给手轮、横向进给手轮等组成。M7120 平面磨床共有四台电动机。砂轮电动机直接带动砂轮旋转，对工件进行磨削加工是平面磨床的主运动。砂轮升降电动机使拖板在立柱导轨上做垂直运动，要求能双向启动。液压泵电动机进行液压传动用来带动工作台和砂轮的往复运动，由于液压传动较平稳，换向时惯性小、平稳、无振动，所以能实现无级平稳调速，从而保证加工精度。冷却泵电动机供给砂轮和工件加工时所需的冷却液。

1. 机床对电气线路的主要要求

1）机床对砂轮电动机、液压泵电动机和冷却液泵电动机只要求单向运转，而对砂轮升降电动机应有电气联锁装置，当电磁吸盘不工作或发生故障时，三台电动机均不能启动。

2）冷却液泵电动机只有在砂轮电动机工作时才能够启动。

3）电磁吸盘要求有充磁和退磁功能。

4）指示电路应能正确反映四台电动机和电磁吸盘的工作情况。

2. M7120 磨床电气线路分析

M7120 磨床电气原理图如图 5－6 所示。从 M7120 磨床电气原理图可以看出，该机床电气控制线路由主电路、控制电路、电磁工作台控制电路及照明与指示电路四部分组成。

（1）液压泵电动机 M1 的控制　合上电源开关 Q1，如果整流电源输出直流电压正常，则在 17 区上的电压继电器 KA 线圈通电吸合，使 7 区上的常开触点闭合，为启动液压电动机 M1 和砂轮电动机 M2 做好准备。按下 SB3，接触器 KM1 线圈通电吸合，液压泵电动机 M1 启动运转。按下停止按钮 SB2，M1 停转。

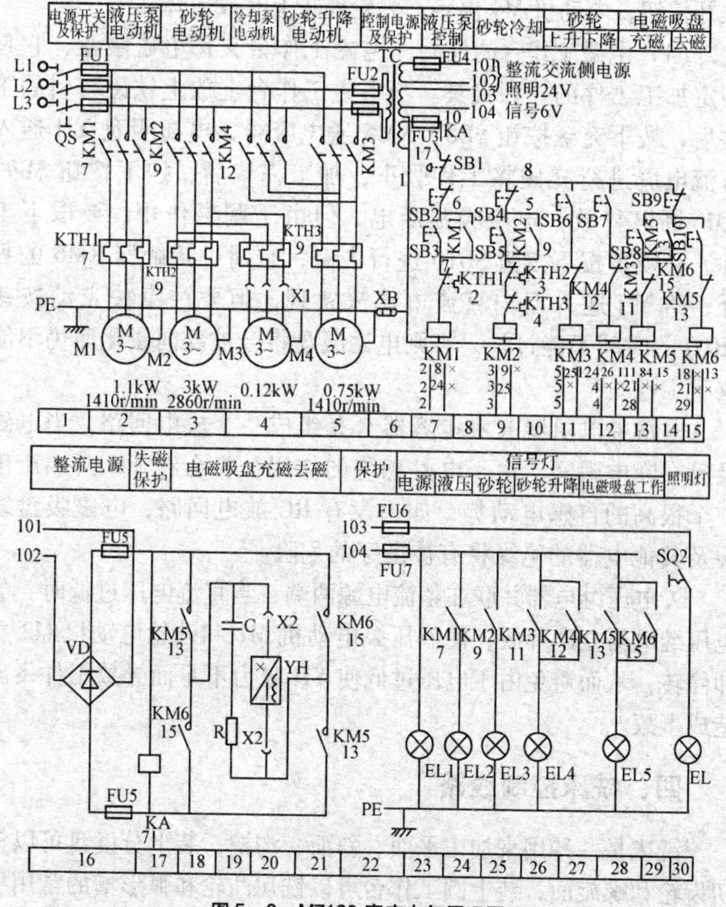

图 5－6　M7120 磨床电气原理图

（2）砂轮电动机 M2 及冷却泵电动机 M3 的控制　电动机 M2 及 M3 也必须在 KA 通电吸合后才能启动。按启动按钮 SB5，接触器 KM2 线圈通电吸合，M2 与 M3 同时启动运转。按停止按钮 SB4，则 M2 与 M3 同时停转。

（3）砂轮升降电动机 M4 的控制　采用接触器联锁的点动正反转控制，分别通过按下按钮 SB6 或 SB7，来实现正反转控制，放开按钮，电动机 M4 停转，砂轮停止上升或下降。

（4）电磁工作台的控制　电磁工作台又称电磁吸盘，它是固定加工工件的一种夹具。当电磁工作台上放上铁磁材料的工件后，按下充磁按钮 SB8，KM5 通电吸合，电磁吸盘 YH 通入直流电流进行充磁将工件吸牢，加工完毕后，按下按钮 SB9，KM5 断电释放，电磁吸盘断电，但由于剩磁作用，要取下工件，必须再按下按钮 SB10 进行去磁，它通过接触器 KM6 的吸合，给 YH 通入反向直流电流来实现，但要注意按点动按钮 SB10 的时间不能过长，否则电磁吸盘将会被反向磁化而仍不能取下工件。

电路中电阻器 R 和电容器 C 是组成一个放电回路，当电磁吸盘在断电瞬间，由于电磁感应的作用，将会在 YH 两端产生一个很高的自感电动势，如果没有 RC 放电回路，电磁吸盘线圈及其他电器的绝缘将有被击穿的危险。

欠电压继电器并联在整流电源两端，当直流电压过低时，欠电压继电器立即释放，使液压泵电动机 M1 和砂轮电动机 M2 立即停转，从而避免由于电压过低使 YH 吸力不足而导致工件飞出造成事故。

四、铣床控制线路

铣床是一种用来加工平面、斜面、沟槽，装上分度盘可以铣切齿轮和螺旋面，装上圆工作台可以铣切凸轮和弧形槽的常用机床。铣床种类很多，可分为卧式铣床、立式铣床、仿形铣床、龙门铣床、专用铣床和万能铣床等。

1. X62 铣床电气控制线路

X62W 万能铣床主要由底座、床身、主轴、悬梁、刀杆支架、升降台、横溜板及工作台等组成。

（1）X62W 万能铣床电力拖动的特点及控制要求　该铣床共用三台异步电动机拖动，它们分别是主轴电动机 M1、进给电动机 M2 和冷却泵电动机 M3。

1）铣削加工有顺铣和逆铣两种加工方式，所以要求主轴电动机能正反转，但考虑到正反转操作并不频繁（批量顺铣或逆铣），因此在铣床床身下侧电器箱上设置一个组合开关，来改变电源相序实现主轴电动机的正反转。由于主轴传动系统中装有避免振动的惯性轮，使主轴停车困难，故主轴电动机采用电磁离合器制动以实现准确停车。

2）铣床的工作台要求有前后、左右、上下六个方向的进给运动和快速移动，所以也要求进给电动机能正反转，并通过操纵手柄和机械离合器相配合来实现。进给的快速移动是通过电磁铁和机械挂挡来完成的。为了扩大其加工能力，在工作台上可加装圆形工作台，圆形工作台的回转运动是由进给电动机经传动机构驱动的。

3）根据加工工艺的要求，该铣床应具有以下电气联锁措施：

①为防止刀具和铣床的损坏，要求只有主轴旋转后才允许有进给运动和进给方向的快速移动。

②为了减小加工件表面的粗糙度，只有进给停止后主轴才能停止或同时停止。该铣床在电气上采用了主轴和进给同时停止的方式，但由于主轴运动的惯性很大，实际上就保证了进给运动先停止，主轴运动后停止的要求。

③六个方向的进给运动中同时只能有一种运动产生，该铣床采用了机械操纵手柄和位置开关相配合的方式来实现六个方向的联锁。

④主轴运动和进给运动采用变速盘来进行速度选择，为保证变速齿轮进入良好啮合状态，两种运动都要求变速后做瞬时点动。

⑤当主轴电动机或冷却泵电动机过载时，进给运动必须立即停止，以免损坏刀具和铣床。

⑥要求有冷却系统、照明设备及各种保护措施。

（2）X62 铣床电气线路分析　X62W 万能铣床电气原理如图 5－7 所示。

1）主电路分析。主电路有三台电动机，M1 是主轴电动机，M2 是进给电动机，M3 是冷却泵电动机。

①主轴电动机 M1 通过换相开关 SA4 与接触器 KM1 配合，能进行正反转控制，而与接触器 KM2、制动电阻器 R 及速度继电器的配合，能实现串联电阻瞬时冲动和正反转反接制动控制，并能通过机械进行变速。

②进给电动机 M2 能进行正反转控制，通过接触器 KM3、KM4 与行程开关及 KM5、牵引电磁铁 YA 配合，能实现进给变速时的瞬时冲动、六个方向的常速进给和快速进给控制。

③冷却泵电动机 M3 只能正转。

④电路中 FU1 作机床总短路保护，也兼做 M1 的短路保护；FU2 作为 M2、M3 及控制、照明变压器一次侧的短路保护；热继电器 KTH1、KTH2、KTH3 分别作为 M1、M2、M3 的过载保护。

2）控制电路分析。

①主轴电动机的控制。SB1、SB3 与 SB2、SB4 是分别装在机床两边的停止（制动）和启动按钮，实现两地控制，方便操作。KM1 是主轴电动机启动接触器，KM2 是反接制动和主轴变速冲动接触器。SQ7 是与主轴变速手柄联动的瞬时动作行程开关。

主轴电动机需启动时，要先将 SA4 扳到主轴电动机所需要的旋转方向，然后再按启动按钮 SB3 或 SB4 来启动电动机。M1 启动后，速度继电器 KS 的一副常开触头闭合，为主轴电动机的停转制动做好准备。停车时，按停止按钮 SB1 或 SB2 切断 KM1 电路，接通 KM2 电路，改变 M1 的电源相序进行串联电阻反接制动。当 M1 转速低于 120r/min 时，速度继电器 KS 的一副常开触头恢复断开，切断 KM2 电路，M1 停转，制动结束。

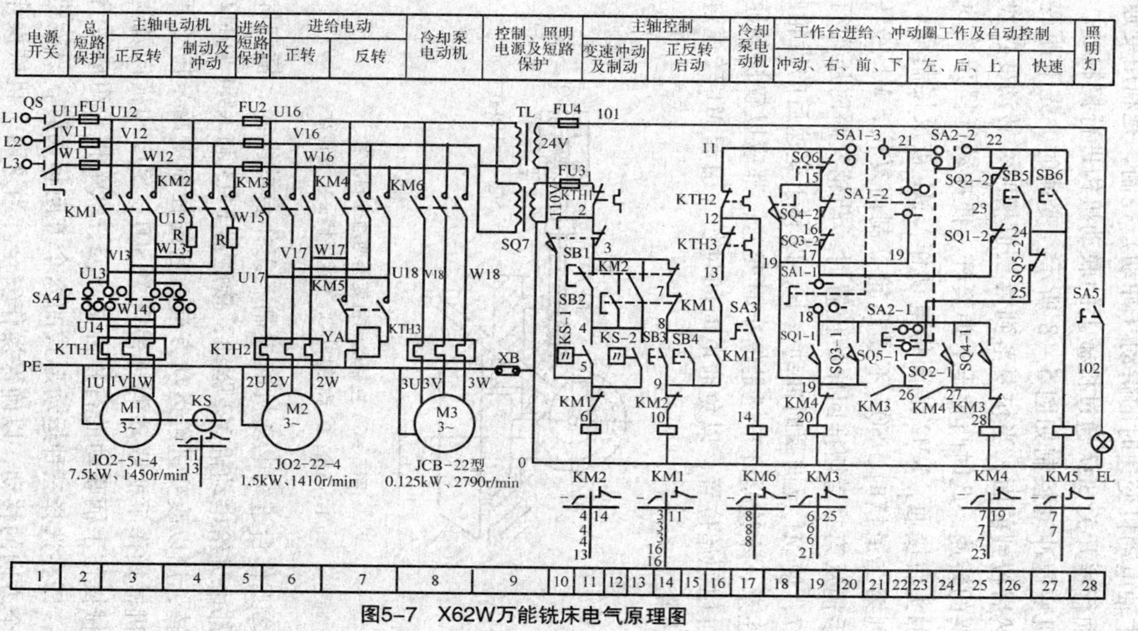

图5-7　X62W万能铣床电气原理图

主轴电动机变速时的瞬动（冲动）控制，是利用变速手柄与冲动行程开关 SQ7 通过机械上的联动机构进行控制的。主轴电动机变速冲动控制如图 5－8 所示。变速时，先下压变速手柄，然后拉到前面，当快要落到第二道槽时，转动变速盘，选择需要的转速。此时凸轮压下弹簧杆，使冲动行程开关 SQ7 的常开触头后接通，KM2 线圈得电动作，M1 被反接制动。当手柄拉到第二道槽时，SQ7 不受凸轮控制而复位，M1 停转。接着把手柄从第二道槽推回原始位置时，凸轮又瞬时压动行程开关 SQ7，使 M1 反向瞬时冲动一下，以利于变速后的齿轮啮合。但要注意，不论是开车还是停车时变速，都应以较快的速度把手柄推回原始位置，以免通电时间过长，引起 M1 转速过高而打坏齿轮。

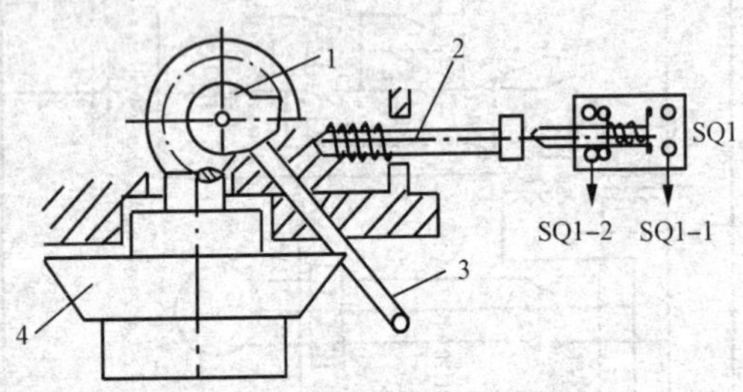

图 5－8　主轴电动机变速冲动控制示意

1. 凸轮；2. 弹簧杆；3. 变速手柄；4. 变速盘

②工作台进给电动机的控制。工作台的纵向、横向和垂直运动都由进给电动机 M2 驱动，接触器 KM3 和 KM4 使 M2 实现正反转，用以改变进给运动方向。它的控制电路采用了与纵向运动机械操作手柄联动的行程开关 SQ1、SQ2 和横向及垂直运动机械操作手柄联动的行程开关 SQ3、SQ4 相互组成复合联锁控制，即在选择三种运动形式的六个方向移动时，只能进行其中一个方向的移动，以确保操作安全。当这两个机械操作手柄都在中间位置时，各行程开关都处于未受压的原始状态，如图

5－7 中所示。

在机床接通电源后，将控制圆工作台的组合开关 SA1 扳到断开位置，使触头 SA1－1（17－18）和 SA1－3（11－21）闭合，而 SA1－2（19－21）断开，再将选择工作台自动与手动控制的组合开关 SA2 扳到手动位置，使触头 SA2－1（18－25）断开，而 SA2－2（21－22）闭合，然后启动 M1。这时接触器 KM1 吸合，使 KM1（8－13）闭合，就可进行工作台的进给控制。

工作台的垂直和横向运动，由垂直和横向进给手柄操纵。此手柄是复式的，有两个完全相同的手柄分别装在工作台左侧的前、后方。手柄的联动机械一方面能压下行程开关 SQ3 或 SQ4，同时能接通垂直或横向进给离合器。操纵手柄有五个位置，五个位置是联锁的，工作台的上下和前后的终端保护是利用装在床身导轨旁与工作台座上的撞铁，将操纵十字手柄撞到中间位置，使 M2 断电停转。操作手柄位置与工作台运动方向见表 5－2。

表 5－2　操作手柄位置与工作台运动方向

手柄位置	工作台运动方向	接通离合器	动作行程开关	动作接触器	M2 转向
向上	向上进给或快速向上	垂直进给离合器	SQ4	KM4	反转
向下	向下进给或快速向下	垂直进给离合器	SQ3	KM3	正转
向前	向前进给或快速向前	横向进给离合器	SQ3	KM3	正转
向后	向后进给或快速向后	横向进给离合器	SQ4	KM4	反转
中间	垂直或横向停止	横向进给离合器	—	—	停止

工作台向上运动的控制：在 M1 启动后，将操作手柄扳至向上位置，其联动机构一方面机械上接通垂直离合器，同时压下行程开关 SQ4，图区 19 上的 SQ4（15－16）断开，图区 25 上的 SQ4（18－27）闭合，见表 5－3。接触器 KM4 线圈通电吸合，

M2 反转，工作台向上运动。

表 5－3 工作台垂直、横向进给行程开关 SQ3、SQ4 通断表

触头	位置	向上、向后	停止	向下、向前
SQ3	18－19	—	—	+
	16－17	+	+	—
SQ4	18－27	+	—	—
	15－16	—	+	+

工作台向后运动的控制：当操纵手柄扳至向后位置，机械上接通横向进给离合器，而压下的行程开关仍是 SQ4，所以在电路上仍然接通 KM4，M2 也是反转，但在横向进给离合器的作用下，机械传动装置带动工作台向后进给运动。

工作台向下运动的控制：将操纵手柄扳至向下位置时，机械上接通垂直进给离合器，同时压下行程开关 SQ3，其图区 19 上的常闭触头 SQ3－2（16－17）断开，图区 20 上的常开触点 SQ3－1（18－19）闭合，接触器 KM3 吸合，M2 正转，工作台向下进给运动。

工作台向前运动的控制：当操纵手柄扳至向前位置时，机械上接通横向进给离合器，而压下的行程开关仍是 SQ3，所以在电路上仍然接通 KM3，M2 也是正转，但在横向离合器的作用下，机械传动装置带动工作台向前运动。

工作台的纵向运动也是由进给电动机 M2 驱动，由纵向操纵手柄来控制。此手柄也是复式的，一个安装在工作台底座的顶面中央部位，另一个安装在工作台底座的左下方。手柄有三个位置：向左、向右、零位。当手柄扳到向右或向左运动方向时，手柄的联动机构压下行程开关 SQ1 或 SQ2，使接触器 KM3 或 KM4 动作，控制进给电动机 M2 的正反转。工作台左右运动的行程，可通过调整安装在工作台两端的撞铁位置来实现。当工作台纵向

运动到极限位置时，撞铁撞动纵向操纵手柄，使它回到零，M2停转，工作台停止运动，从而实现了纵向终端保护。

工作台向左运动：在 M1 启动后，将操作手柄扳至向左位置，一方面在机械上接通纵向进给离合器，同时在电气上压下行程开关 SQ2，使图区 25 上的行程开关常闭触头 SQ2 - 2（22 - 23）断开，图区 24 上的行程开关 SQ2 - 1（18 - 27）闭合，而其他控制进给运动的行程开关都处于原始位置，见表 5 - 4。此时，使接触器 KM4 吸合，M2 反转，工作台向左进给运动。

表 5 - 4　工作台纵向进给行程开关 SQ1、SQ2 通断表

触头 \ 位置		向左	停止	向右
SQ1	18 - 19	—	—	+
	17 - 23	+	+	—
SQ2	18 - 27	+	—	—
	22 - 23	—	+	+

工作台向右运动：当操纵手柄扳至向右位置时，机械上仍然接通纵向进给离合器，但却压动了行程开关 SQ1。其 SQ1 常闭触头（17 - 23）断开，常开触头（18 - 19）闭合，这样，接触器 KM3 吸合，M2 正转，工作台向右进给运转。

为提高劳动生产率，在工作台的快速进给控制中，要求铣床在不作铣切加工时，工作台能快速移动。工作台快速移动控制分手动和自动两种控制方法。铣工在操作时，多数采用手动快速进给控制。

工作台快速进给也是由进给电动机 M2 来驱动，在纵向、横向和垂直三种运动形式六个方向上都可以实现快速进给控制。

主轴电动机启动后，将进给操纵手柄扳到所需位置，工作台按照选定的速度和方向做常速进给移动时，再按下快速进给按钮 SB5（或 SB6），使接触器 KM5 通电吸合，接通牵引电磁铁 YA，

电磁铁通过杠杆使摩擦离合器合上，减少中间传动装置，使工作台按原运动方向做快速进给运动。当松开快速进给按钮时，电磁铁 YA 断电，摩擦离合器断开，快速进给运动停止，工作台仍按原常速进给时的速度继续运动。

进给电动机变速时的瞬动（冲动）控制变速时，为使齿轮易于啮合，进给变速与主轴变速一样，设有变速冲动环节。当需要进行进给变速时，应将转速盘的蘑菇形手轮向外拉出并转动转速盘，把所需进给量的标尺数字对准箭头，然后再把蘑菇形手轮用力向外拉到极限位置并随即推向原位，就在一次操纵手轮的同时，其连杆机构二次瞬时压下行程开关 SQ6，使 SQ6 的常闭触头 SQ6（11－15）断开，常开触头 SQ6（15－19）闭合，使接触器 KM3 得电吸合，其通电回路是 11－21－22－23－17－16－15－19－20－KM3－0，电动机 M2 正转，因为 KM3 是瞬时接通的，故能达到 M2 瞬时转动一下，从而保证变速齿轮易于啮合。

由于进给变速瞬时冲动的通电回路要经过 SQ1～SQ4 四个行程开关的常闭触头，因此，只有当进给运动的操作手柄都在中间（停止）位置时，才能实现进给变速冲动控制，以保证操作时的安全。同时与主轴变速时冲动控制一样，电动机的通电时间不能太长，以防止转速过高，在变速时打坏齿轮。

③圆工作台运动的控制。铣床如需锐切螺旋槽、弧形槽等曲线时，可在工作台上安装圆形工作台及其传动机械。圆形工作台的回转运动也是由进给电动机 M2 经传动机构驱动的。

圆工作台工作时，应先将进给操作手柄都扳到中间（停止）位置，然后将圆工作台组合开关 SA1 扳到接通位置，这时图 5－7 中图区 19 和图区 20 上的 SA1－1 及 SA1－3 断开，图区 22 上的 SA1－2 闭合，见表 5－5。准备就绪后，按下主轴启动按钮 SB3 或 SB4，则接触器 KM1 与 KM3 相继吸合，主轴电动机 M1 与进给电动机 M2 相继启动并运转，而进给电动机仅以正转方向带动圆工作台作定向回转运动，此时 KM3 的通电回路为：1 - 2 - 3 - 7 - 8 - 13 - 12 - 11 - 15 - 16 - 17 - 23 - 22 - 21 - 19 - 20 - KM3 - 0。若要使圆工作台停止运动，可按主轴停止按钮 SB1 或 SB2，则主轴与圆工作台同时停止工作。

表 5 - 5　圆工作台组合开关 SA1 通断表

触头＼位置	圆工作台	
	接通	断开
SA1 - 1（17 - 18）	—	+
SA1 - 2（19 - 21）	+	—
SA1 - 3（11 - 21）	—	+

由以上通电回路中可知，圆工作台不能反转，只能定向做回转运动，并且不允许工作台在纵向、横向和垂直方向上有任何运动。当圆工作台工作时，若误操作而扳动进给运动操纵手柄，由于实现了电气上的联锁，就立即切断圆工作台的控制电路，电动机停止运转。

2. X6132 铣床控制线路

X6132 铣床的运动形式和控制要求与 X62 相似。X6132 万能铣床的电气原理图如图 5 - 9 所示，该机床的动力电源是三相交流电 380V，变压器两侧均有熔断器做短路保护。三个电动机除有熔断器做短路保护外，还有热继电器做过载和断相保护。

（1）主轴运动的电气控制　启动主轴时，先闭合开关 QS 接通电源，再把换向开关 SA3 转到主轴所需要的旋转方向，然后按启动按钮 SB3 或 SB4 接通接触器 KM1，即可启动主轴电动机 M1。

万能铣床主轴的停止控制原理是：按停止按钮 SB1 - 1 或 SB2 - 1，切断接触器 KM1 线圈的供电电路，并接通 YC1 主轴制动电磁离合器，主轴即可停止转动。

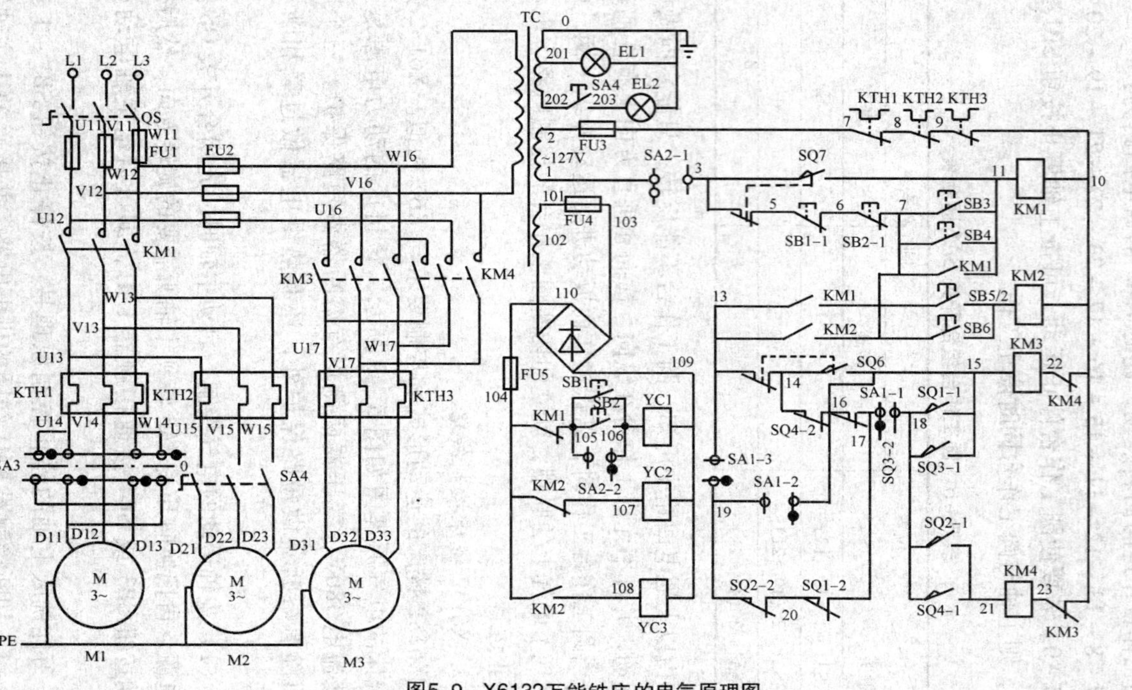

图5-9 X6132万能铣床的电气原理图

在变速时，为了让齿轮易于啮合，需使主轴电动机瞬时转动。当变速手柄推回原来位置时，压下行程开关SQ7，使接触器KM1瞬时接通，主轴电动机即做瞬时转动，应以连续的较快速度推回变速手柄，以免电动机转速过高而打坏齿轮。

（2）进给运动的电气控制　万能铣床升降台的上、下运动和工作台的前、后运动完全由操纵手柄来控制，手柄的联动机构与行程开关相连接，该行程开关装在升降台的左侧，后面一个是SQ3，用于控制工作台向前和向下运动，前面一个是SQ4，用于控制工作台向后和向上运动。

万能铣床升降台的左、右运动亦由操纵手柄来控制，其联动机构控制行程开关SQ1和SQ2，它们分别控制工作台向右及向左运动，手柄所指的方向即是运动的方向。

万能铣床升降台的向后、向上运动原理如下：工作台向后、向上手柄压SQ4及工作台向左手柄压SQ2，接通接触器KM4线圈，即按选择方向做进给运动。

万能铣床升降台的向前、向下运动原理如下：工作台向前、向下手柄压SQ3及工作台向右手柄压SQ1，接通接触器KM3线圈，即按选择方向做进给运动。

万能铣床升降台的进给运动原理如下：只有在主轴启动以后，进给运动才能动作，未启动主轴时，可进行工作台快速运动，即将操纵手柄选择到所需位置，然后按下快速按钮即可进行快速运动。

变换进给速度时，当蘑菇形手柄向前拉至极端位置且在反向推回之前借助孔盘推动行程开关SQ6，瞬时接通接触器KM3，则进给电动机做瞬时转动，使齿轮容易啮合。

（3）快速行程控制　主轴启动后，将进给操纵手柄扳到所需要的位置，工作台就开始按手柄所指的方向以选定的速度运动，此时如将快速按钮SB5或SB6按下，接通接触器KM2线圈电源，接通YC3快速离合器，并切断YC2进给离合器，工作台按原运动方向做快速移动；放开快速按钮时，快速移动立即停止，仍以原进给速度继续运动。

（4）主轴上刀制动　万能铣床工作台主轴上刀制动的控制原理是：当主轴上刀换刀时，先将转换开关 SA2 扳到断开位置确保主轴不能旋转，然后再上刀换刀。上刀完毕，再次转换开关扳到断开位置，主轴方可启动，否则主轴启动不了。

（5）冷却泵与机床照明　万能铣床工作台冷却泵、照明控制原理如下：将转换开关 SA4 扳到接通位置，冷却泵电动机启动；机床照明由照明变压器供给，照明灯本身由开关控制。

五、T68 型镗床控制线路

T68 型镗床主要由床身、主轴箱、前立柱、带尾架的后立柱、下溜板、上溜板和工作台等部分组成。

1. T68 型镗床的主要运动形式

（1）主运动　镗床主轴和花盘的旋转运动。

（2）进给运动　镗床主轴的轴向进给，花盘上刀具溜板的径向进给，工作台的横向和纵向进给，主轴箱沿前立柱导轨的升降运动。

（3）辅助运动　镗床工作台的回转，后立柱的轴向水平移动，尾座的垂直移动及各部分的快速移动。

2. T68 型镗床电气线路分析

T68 型镗床的主体运动及各种常速进给运动都是由主轴电动机来驱动，但机床各部分的快速进给运动是由快速进给电动机来驱动。T68 型镗床的电气原理如图 5－10 所示。

（1）主轴启动及点动电气控制线路原理分析

1）主轴电动机点动控制。主轴电动机 M1 由热继电器 KTH 做过载保护，熔断器 FU1 做短路保护，接触器 KM4 控制并兼做失压和欠压保护。控制电路的电源由控制变压器 TC 二次侧提供 110V 电压。

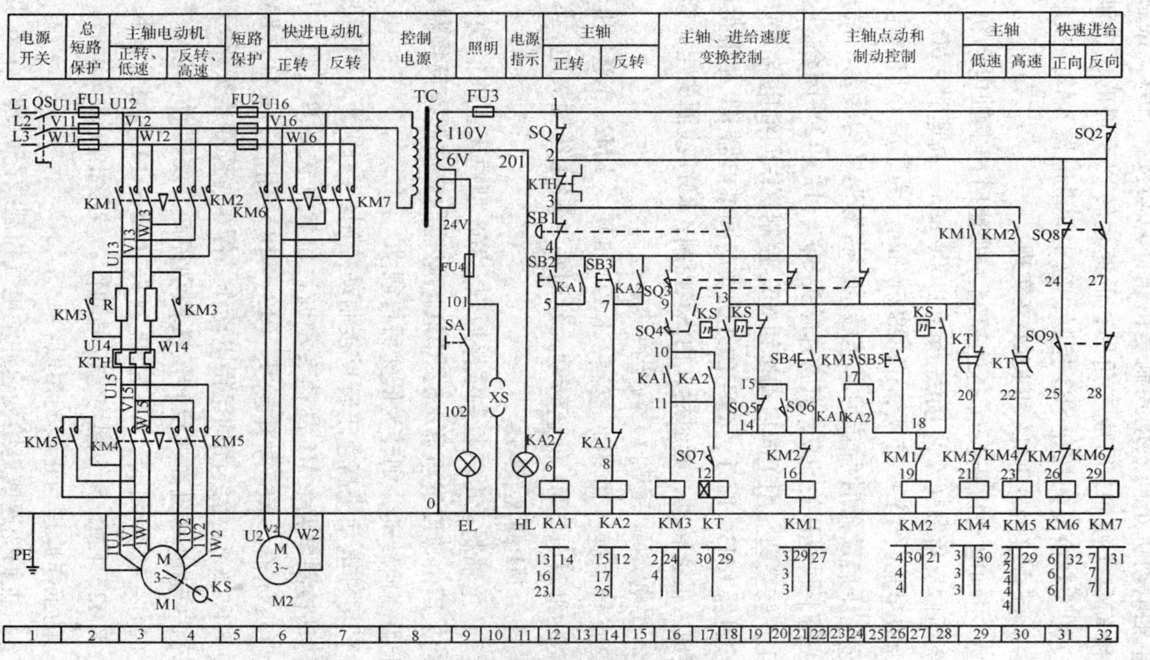

图5-10 T68型镗床的电气原理图

主轴电动机正向点动控制是由正向点动按钮 SB4，接触器 KM1 和 KM4（使 M1 形成三角形，低速运转）实现的；主轴电动机反转控制由反向按钮 SB3 控制，以中间继电器 KA2，接触器 KM2，并配合接触器 KM3 和 KM4 来实现。

2）主轴电动机正反转高速控制。低速时，主轴电动机 M1 定子绕组做三角形（△）接法，n＝1460r/min，高速时，M1 定子线组为双星形（YY）接法，n＝2880r/min。为了减小启动电流，先低速全压启动延时后转为高速转动。将变速机构转至“高速”位置，压下限位开关 SQ7，其常开触头 SQ7（11－12）闭合。

①正转高速。用正向启动按钮 SB2 控制，中间继电器 KA1 线圈和接触器 KM3、KM1、KM4 的线圈及时间继电器 KT 相继得电，M1 连成△低速转动，延时后，由 KT 控制，KM4 线圈失电，接触器 KM5 得电，M1 接成 YY 高速转动。

②反转高速。由 SB3 控制，KA2、KM3、KM2、KM4 和 KT 等线圈相继得电，M1 低速转动，延时后，KM4 线圈失电，KM5 线圈得电，M1 高速转动。

（2）主轴制动电气控制线路原理　T68 型镗床主轴电动机停车制动采用由速度继电器 KS、串联电阻器的双向低速反接制动。如 M1 为高速转动，则转为低速后再制动。

1）主轴电动机高速正转反接制动控制。参阅图 5－13 正向高速转动控制电路。M1 高速转动时，位置开关 SQ7（11－12）常开触头闭合，KS 常开触头（13－18）闭合，KA1、KM3、KM1、KT、KM5 等线圈均已得电动作，停车时按停止按钮 SB1。

2）主轴电动机高速反转反接制动控制。反转时，SQ7 常开触头（11－12）闭合，KS 常开触头（13－14）闭合，KA2、KM3、KM2、KM5 等线圈均已得电动作。按停止按钮 SB1 后，反接制动的工作原理与正转的相似。

（3）主轴变速或进给变速冲动电气控制线路原理　T68 型镗床主轴变速和进给变速分别由各自的变速孔盘机构进行调速。调速既可在主轴电动机 M1 停车时进行，也可在 M1 转动时进行（先自动使 M1 停车调速，再自动使 M1 转动）。调速时，使 M1 冲动以方便齿轮顺利啮合。

（4）T68 型镗床刀架升降线路原理 具体是先将有关手柄扳动，接通有关离合器，挂上有关方向的丝杆，然后由快速操纵手柄压动位置开关 SQ8 或 SQ9，控制接触器 KM6 或 KM7 线圈动作，使快速移动电机 M2 正转或反转，拖动有关部件快速移动。

将快速移动手柄扳到“正向”位置，压动 SQ9，SQ9 常开触头（24－25）闭合，KM6 线圈经 1－2－24－25－26－0 得电动作，M2 正向转动。将手柄扳到中间位置，SQ9 复位，KM6 线圈失电释放，M2 停转。将快速手柄扳到“反向”位置，压动 SQ8、KM7 线圈得电动作，M2 反向转动。

（5）主轴箱、工作台和主轴机动进给联锁 为防止工作台、主轴箱与主轴同时机动进给，损坏机床或刀具，在电气线路上采取了相互联锁措施。联锁是通过两个并联的限位开关 SQ1 和 SQ2 来实现的。

当工作台或主轴箱的操作手柄板在机动进给时，压动 SQ1，SQ1 常闭触头（1－2）分断；此时如果将主轴或花盘刀架操作手柄板在机动进给时，压动 SQ2，SQ2 常闭触头（1－2）分断。两个限位开关的常闭触头都分断，切断了整个控制电路的电源，于是 M1 和 M2 都不能运转。

（6）辅助线路（照明、指示电路） 控制变压器 TC 的二次侧分别输出 24V 和 6V 电压（照明、指示电路参见图 5－10 中 9 区、10 区、11 区），作为机床照明灯和指示灯的电源。EL 为机床的低压照明灯，由开关 SA 控制，FU4 做短路保护；HL 为电源指示灯，当机床电源接通后，指示灯 HL 亮，表示机床可以工作。

六、桥式起重机控制线路

桥式起重机桥架机构主要由大车和小车组成，主钩（20t）和副钩（5t）组成提升机构。大车可在轨道上沿车间纵向移动；大车上有小车轨道，供小车横向移动；主钩和副钩都装在小车上，主钩用来提升重物，副钩除可提升重物外，在其额定负载范围内也可协同主钩完成工件吊运，但不允许主、副钩同时提升两个物件。每个吊钩在单独工作时均只能起吊重量不超过额定重量的重物；当主、副钩同时工作时，物件重量不允许超过主钩起重量。

1. 20t/5t 桥式起重机对电力拖动的要求

1）由于桥式起重机工作环境比较恶劣，不但在多灰尘、高温、高湿度下工作，而且经常在重载下进行频繁启动、制动、反转、变速等操作，要承受较大过载和机械冲击。因此，要求电动机具有较高的机械强度和较大的过载能力，同时还要求电动机的启动转矩大、启动电流小，故多选用绕线转子异步电动机拖动。

2）由于起重机的负载为恒转矩负载，所以采用恒转矩调速。当改变转子外接电阻时，电动机便可获得不同转速。但转子中加电阻后，其机械特性变软，一般重载时，转速可降低到额定转速的 50% ~60% 。

3）要有合理的升降速度，空载、轻载要求速度快，以减少辅助工时；重载时要求速度慢。

4）提升开始或重物下降到预定位置附近时，都需要低速，所以在 30% 额定速度内应分成几挡，以便灵活操作。

5）提升的第一级作为预备级，是为了消除传动间隙和张紧钢丝绳，以避免过大的机械冲击。所以启动转矩不能过大，一般限制在额定转矩的一半以下。

6）起重机的负载力矩为位能性反抗力矩，因而电动机可运转在电动状态、再生发电状态和倒拉反接制动状态。为了保证人身与设备的安全，停车必须采用安全可靠的制动方式。

7）应具有必要的零位、短路、过载和终端保护。

2. 20t/5t 桥式起重机电气设备及控制、保护装置

20t/5t 桥式起重机电气控制线路如图 5 - 11 所示。

1）桥式起重机由 5 台电动机拖动，并且采用绕线式异步电动机拖动。

2）桥式起重机的大车桥架跨度一般较大，两侧装置两个主动轮，分别由同规格电动机 M3 和 M4 拖动，沿大车轨道纵向两个方向同速运动。

3）小车移动机构由一台电动机 M2 拖动，沿固定在大车桥架上的小车轨道横向两个方向运动。

4）主钩升降由一台电动机 M5 拖动，副钩升降由一台电动机 M1 拖动。

5）电源总开关为 QS1；凸轮控制器 AC1、AC2、AC3 分别控制副钩电动机 M1，小车电动机 M2，大车电动机 M3、M4；主令控制器 AC4 配合交流磁力控制屏（PQR）完成对主钩电动机 M5 的控制。

6）整个起重机的保护环节由交流控制柜（GQR）和交流磁力控制屏（PQR）来实现，各控制电路均用熔断器 FU1、FU2 作为短路保护；总电源及各台电动机分别采用过电流继电器 KA0、KA1、KA2、KA3、KA4、KA5 实现过载和过流保护；为了保障维修人员的安全，在驾驶室舱门盖上装有安全开关 SQ7；在横梁两侧栏杆门上分别装有安全开关 SQ8、SQ9；为了在发生紧急情况时操作人员能立即切断电源，防止事故扩大，在保护柜上还装有一只单刀单掷的紧急开关 QS4，上述各开关在电路中均使用常开触头，与副钩、小车、大车的过电流继电器及总过电流继电器的常闭触头相串联，当驾驶室舱门或横梁栏杆门开启时，主接触器线圈不能获电运行或在运行中释放，使起重机的全部电动机都不能启动运转，起到了保护作用。

7）起重机的移动部分均采用位置开关作为行程限位保护。

8）起重机的移动电动机和提升电动机均采用电磁抱闸制动器制动，它们分别是：副钩制动用 YB1，小车制动用 YB2，大车制动用 YB3 和 YB4，主钩制动用 YB5 和 YB6。其中 YB1 ~ YB4 为

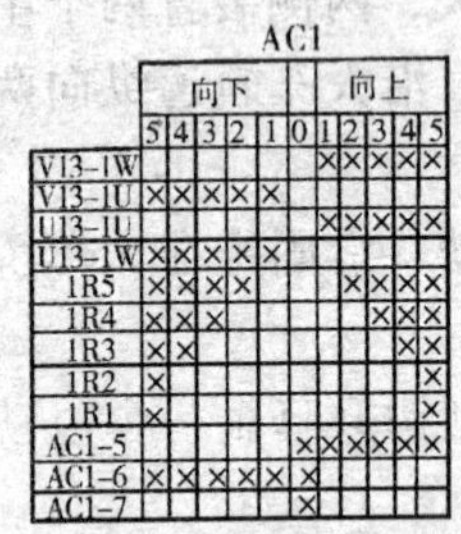

AC1

	向下						向上				
	5	4	3	2	1	0	1	2	3	4	5
V13-1W							×	×	×	×	×
V13-1U	×	×	×	×	×						
U13-1U							×	×	×	×	×
U13-1W	×	×	×	×	×						
1R5	×	×	×	×				×	×	×	×
1R4	×	×	×						×	×	×
1R3	×	×								×	×
1R2	×										×
1R1	×										×
AC1-5						×	×	×	×	×	×
AC1-6	×	×	×	×	×	×					
AC1-7						×					

a.副钩凸轮控制器触点分合表

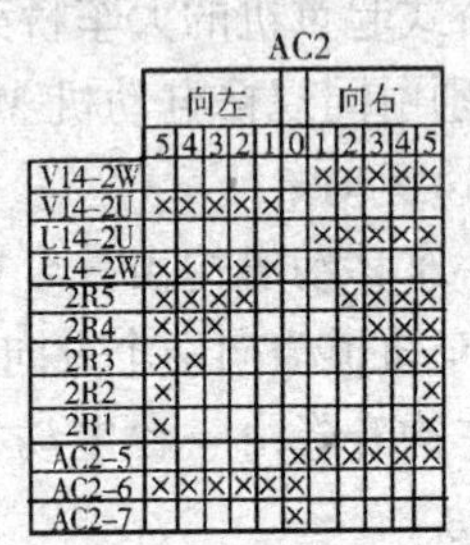

AC2

	向左						向右				
	5	4	3	2	1	0	1	2	3	4	5
V14-2W							×	×	×	×	×
V14-2U	×	×	×	×	×						
U14-2U							×	×	×	×	×
U14-2W	×	×	×	×	×						
2R5	×	×	×	×				×	×	×	×
2R4	×	×	×						×	×	×
2R3	×	×								×	×
2R2	×										×
2R1	×										×
AC2-5						×	×	×	×	×	×
AC2-6	×	×	×	×	×	×					
AC2-7						×					

b.小车凸轮控制器触点分合表

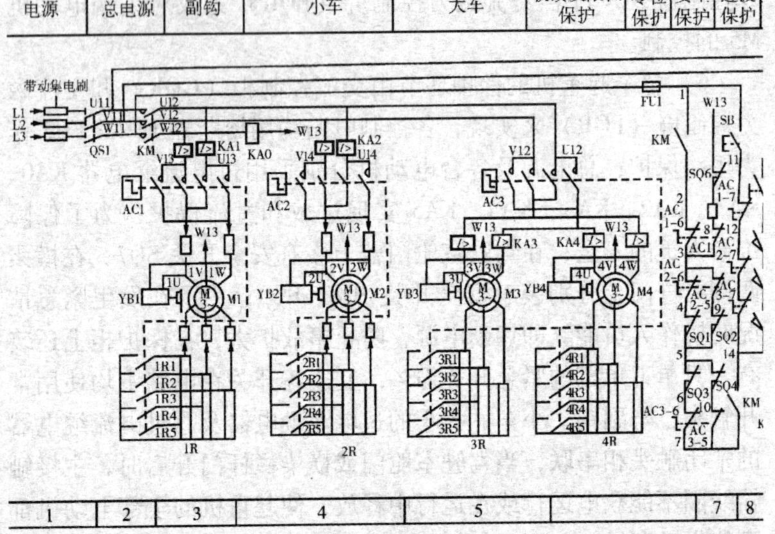

e.电路图

图5-11 20t/5t桥式起

AC3

	向后						向前				
	5	4	3	2	1	0	1	2	3	4	5
V12-3W.4U							×	×	×	×	×
V12-3U.4W	×	×	×	×	×						
U12-3U.4W							×	×	×	×	×
U12-3W.4U	×	×	×	×	×						
3R5	×	×	×	×				×	×	×	×
3R4	×	×	×						×	×	×
3R3	×	×								×	×
3R2	×										×
3R1	×										×
4R5	×	×	×	×				×	×	×	×
4R4	×	×	×						×	×	×
4R3	×	×								×	×
4R2	×										×
4R1	×										×
AC3-5						×	×	×	×	×	×
AC3-6	×	×	×	×	×	×					
AC3-7						×					

c.大车凸轮控制器触点分合表

AC4

		下降							上升					
		强力			制动									
		5	4	3	2	1	1	0	1	2	3	4	5	6
	S1							×						
	S2	×	×	×										
	S3				×	×	×		×	×	×	×	×	×
KM3	S4	×	×	×	×	×			×	×	×	×	×	×
KM1	S5	×	×	×										
KM2	S6				×	×	×		×	×	×	×	×	×
KM4	S7	×	×	×		×	×		×	×	×	×	×	×
KM5	S8	×	×	×			×			×	×	×	×	×
KM6	S9	×	×								×	×	×	×
KM7	S10	×										×	×	×
KM8	S11	×											×	×
KM9	S12	×	0	0										×

X——触点闭合
0——触点转向0位时闭合

d.在主令控制器触点分合表

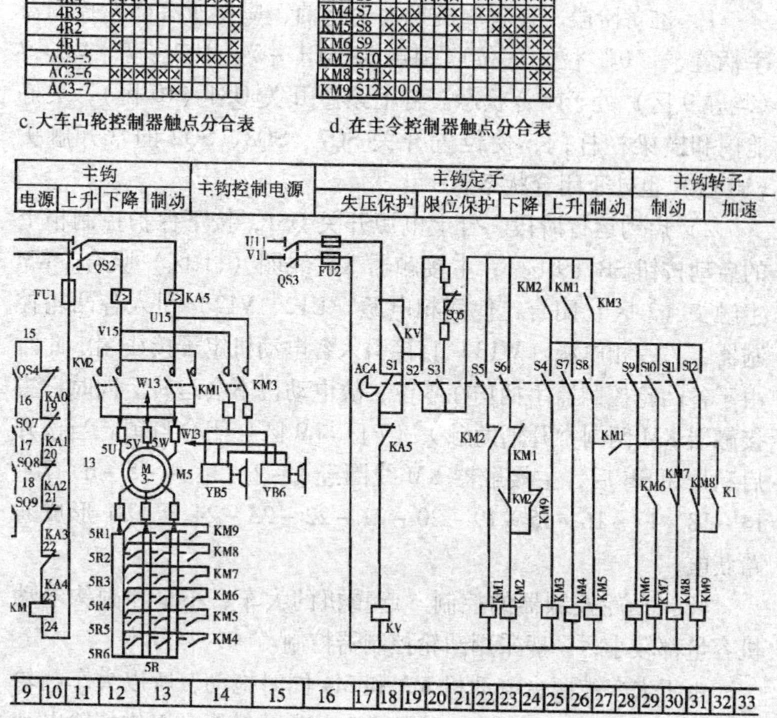

重机电气控制线路

两相电磁铁，YB5 和 YB6 为三相电磁铁。当电动机通电时，电磁抱闸制动器的线圈获电，使闸瓦和闸轮分开，电动机可以自由旋转；当电动机断电时，电磁抱闸失电，闸瓦抱住闸轮使电动机被制动停转。

起重机轨道及金属桥架有可靠的接地保护。

3. 桥式起重机电气线路分析

(1) 主接触器 KM 的控制

1）准备阶段。在起重机投入运行前，应将所有凸轮控制器手柄置于“0”位，零位联锁触头 AC1 – 7、AC2 – 7、A3 – 7（均在 9 区）处于闭合状态。合上紧急开关 QS4（10 区），关好舱门和横梁栏杆门，使位置开关 SQ7、SQ8、SQ9 的常开触头（10 区）也处于闭合状态。

2）启动运行阶段。合上电源开关 QS1，按下保护控制柜上的启动按钮 SB（9 区），主接触器 KM 线圈（11 区）吸合，KM 主触头（2 区）闭合，使两相电源（U12、V12）引入各凸轮控制器，另一相电源（W13）直接引入各电动机定子接线端。此时由于各凸轮控制器手柄均在零位，故电动机不会运转。同时，主接触器 KM 两副常开辅助触头（7 区与 9 区）闭合自锁。当松开启动按钮 SB 后，主接触器 KM 线圈经 1 – 2 – 3 – 4 – 5 – 6 – 7 – 14 – 18 – 17 – 16 – 15 – 19 – 20 – 21 – 22 – 23 – 24 至 FU1 形成通路获电。

(2) 凸轮控制器的控制　起重机的大车、小车和副钩电动机容量都较小，一般采用凸轮控制器控制。

由于大车被两台电动机 M3 和 M4 同时拖动，所以大车凸轮控制器 AC3 比 AC1 和 AC2 多用了 5 对常开触头，以供切除电动机 M4 的转子电阻器 4R1 ~ 4R5 用。大车、小车和副钩的控制过程基本相同。下面以副钩为例，说明控制过程。

副钩凸轮控制器 AC1 共有 11 个位置，中间位置是零位，左、右两边各有 5 个位置，用来控制电动机 M1 在不同转速下的正、反转，即用来控制副钩的升、降。AC1 共用了 12 副触头，其中 4 对常开主触头控制 M1 定子绕组的电源，并换接电源相序以实现 M1 的正反转；5 对常开辅助触头控制 M1 转子电阻器1R 的切换；三对常闭辅助触头作为联锁触头，其中 AC1－5 和 AC1－6 为 M1 正反转联锁触头，AC1－7 为零位联锁触头。

在主接触器 KM 线圈获电吸合，总电源接通的情况下，转动凸轮控制器 AC1 的手轮至向上的“1”位置时，AC1 的主触头 V13－1W 和 U13－1U 闭合，触头 AC1－5（8 区）闭合，AC1－6（7 区）和 AC1－7（9 区）断开，电动机 M1 接通三相电源正转（此时电磁抱闸 YB1 获电，闸瓦与闸轮已分开），由于 5 对常开辅助触头（2 区）均断开，故 M1 转子回路中串接全部附加电阻 1R 启动，M1 以最低转速带动副钩上升。转动 AC1 手轮，依次到向上的“2”～“5”位时，5 对常开辅助触头依次闭合，短接电阻 1R5～1R1，电动机 M1 的转速逐渐升高，直到预定转速。

当凸轮控制器 AC1 的手轮转至向下挡位时，这时，由于触头 V13－1U 和 U13－1W 闭合，接入电动机 M1 的电源相序改变，M1 反转，带动副钩下降。

若断电或将手轮转至“0”位时，电动机 M1 断电，同时电磁抱闸制动器 YB1 也断电，M1 被迅速制动停转。副钩带有重负载时，考虑到负载的重力作用，在下降负载时，应先把手轮逐级扳到“下降”的最后一挡，然后根据速度要求逐级退回升速，以免引起快速下降而造成事故。

（3）主令控制器的控制　主钩电动机是桥式起重机容量最大的一台电动机，一般采用主令控制器配合磁力控制屏进行控制，即用主令控制器控制接触器，再由接触器控制电动机。为提高主钩电动机运行的稳定性，在切除转子附加电阻器时，采取三相平衡切除，使三相转子电流平衡。

主钩运行有升、降两个方向，主钩上升与凸轮控制器的工作过程基本相似，区别仅在于它是通过接触器来控制的。

主钩下降时与凸轮控制器控制的动作过程有较明显的差异。主钩下降有6挡位置。“J”“1”“2”挡为制动下降位置，防止在吊有重载下降时速度过快，电动机处于倒拉反接制动运行状态；“3”“4”“5”挡为强力下降位置，主要用于轻负载时快速强力下降。主令控制器在下降位置时，6个挡次的工作情况如下：合上电源开关QS1（1区）、QS2（12区）、QS3（16区），接通主电路和控制电路电源，主令控制器AC4手柄置于零位，触头S1（18区）处于闭合状态，电压继电器KV线圈（18区）获电吸合，其常开触头（19区）闭合自锁，为主钩电动机M5启动控制做好准备。

1）手柄扳到制动下降位置“J”挡。由主令控制器AⅨ的触头分合表（图5-14d）可知，此时常闭触头S1（18区）断开，常开触头S3（21区）、S6（23区）、S7（26区）、S8（27区）闭合。触头S3闭合，位置开关SQ5（21区）串入电路起上升限位保护；触头S6闭合，提升接触器KM2线圈（23区）获电，KM2联锁触头（22区）分断对KM1联锁，KM2主触头（13区）和自锁触头（23区）闭合，电动机M5定子绕组通入三相正序电压，KM2常开辅助触头（25区）闭合，为切除各级转子电阻5R的接触器KM4～KM9和制动接触器KM3接通电源做准备；触头S7、S8闭合，接触器KM4（26区）和KM5（27区）线圈获电吸合，KM4和KM5常开触头（13区、14区）闭合，转子切除两级附加电阻5R6和5R5。这时，尽管电动机M5已接通电源，但由于主令控制器的常开触头S4（25区）未闭合，接触器KM3（25区）线圈不能获电，故电磁抱闸制动器YB5、YB6线圈也不能获电，制动器未释放，电动机M5仍处于抱闸制动状态，因而电动机虽然加正序电压产生正向电磁转矩，电动机M5也不能启动旋转。这一挡是下降准备挡，将齿轮等传动部件啮合好，以防下放重物时突然快速运动而使传动机构受到剧烈的冲击。手柄置于“J”挡时，时间不宜过长，以免烧坏电气设备。

2）手柄扳到制动下降位置“1”挡。此时主令控制器 AC4 的触头 S3、S4、S6、S7 闭合。触头 S3 和 S6 仍闭合，保证串联提升限位开关 SQ5 和正向接触器 KM2 通电吸合；触头 S4 和 S7 闭合，使制动接触器 KM3 和接触器 KM4 获电吸合，电磁抱闸制动器 YB5 和 YB6 的抱闸松开，转子切除一级附加电阻器 5R6。这时电动机 M5 能自由旋转，可运转于正向电动状态（提升重物）或倒拉反接制动状态（低速下放重物）。当重物产生的负载倒拉力矩大于电动机产生的正向电磁转矩时，电动机 M5 运转在负载倒拉反接制动状态，低速下放重物；反之，则重物不但不能下降反而被提升，这时必须把 AC4 的手柄迅速扳到下一挡。

接触器 KM3 通电吸合时，与 KM2 和 KM1 常开触头（25 区、26 区）并联的 KM3 的自锁触头（27 区）闭合自锁，以保证主令控制器 AC4 进行制动下降“2”挡和强力下降“3”挡切换时，KM3 线圈仍通电吸合，YB5 和 YB6 处于非制动状态，防止换挡时出现高速制动而产生强烈的机械冲击。

3）手柄扳到制动下降位置“2”挡。此时主令控制器触头 S3、S4、S6 仍闭合，触头 S7 分断，接触器 KM4 线圈断电释放，附加电阻全部接入转子回路，使电动机产生的电磁转矩减小，重负载下降速度比“1”挡时加快。这样，操作者可根据重负载情况及下降速度要求，适当选择“1”挡或“2”挡下降。

4）手柄扳到强力下降位置“3”挡。主令控制器 AC4 的触头 S2、S4、S5、S7、S8 闭合。触头 S2 闭合，为下面通电做准备。因为“3”挡为强力下降，这时提升位置开关 SQ5（21 区）失去保护作用。控制电路的电源通路改由触头 S2 控制；

触头 S5 和 S4 闭合，反向接触器 KM1 和制动接触器 KM3 获电吸合，电动机 M5 定子绕组接入三相负序电压，电磁抱闸 YB5 和 YB6 的抱闸松开，电动机 M5 产生反向电磁转矩；触头 S7 和 S8 闭合，接触器 KM4 和 KM5 获电吸合，转子中切除两级电阻器 5R6 和 5R5。这时，电动机 M5 运转在反转电动状态（强力下降重物），且下降速度与负载重量有关。若负载较轻（空钩或轻载），则电动机 M5 处于反转电动状态；若负载较重，下放重物的速度很高，使电动机转速超过同步转速，则电动机 M5 将进入再生发电制动状态。负载越重，下降速度越快，应注意操作安全。

5）手柄扳到强力下降位置“4”挡。主令控制器 AC4 的触头除“3”挡闭合外，又增加了触头 S9 闭合，接触器 KM6（29 区）线圈获电吸合，转子附加电阻器 5R4 被切除，电动机 M5 进一步加速运动，轻负载下降速度变快。另外，KM6 常开辅助触头（30 区）闭合，为接触器 KM7 线圈获电做准备。

6）手柄扳到强力下降位置“5”挡。主令控制器 AⅪ的触头除“4”挡闭合外，又增加了触头 S10、S11、S12 闭合，接触器 KM7 ~ KM9 线圈依次获电吸合（因在每个接触器的支路中，串联了前一个接触器的常开触头），转子附加电阻 5R3、5R2、5R1 依次逐级切除，以避免过大的冲击电流，同时电动机 M5 旋转速度逐渐增加，待转子电阻器全部切除后，电动机以最高转速运行，负载下降速度最快。此挡若负载很重，使实际下降速度超过电动机的同步转速时，电动机进入再生发电制动状态，电磁转矩变成制动力矩，保证了负载的下降速度不致太快，且在同一负载下，“5”挡下降速度要比“4”和“3”挡速度低。

由以上分析可见，主令控制器 AC4 手柄置于制动下降位置“J”“1”“2”挡时，电动机 M5 加正序电压。其中“J”挡为准备挡。当负载较重时，“1”挡和“2”挡电动机都运转在负载倒拉反接制动状态，可获得重载低速下降，且“2”挡比“1”挡速度高。若负载较轻时，电动机会运转于正向电动状态，重物不但不能下降，反而会被提升。当 AC4 手柄置于强力下降位置“3”“4”“5”挡时，电动机 M5 加负序电压。若负载较轻或空钩时，电动机工作在电动状态，强迫下放重物，“5”挡速度最高，“3”挡速度最低；若负载较重，则可以得到超过同步转速的下降速度，电动机工作在再生发电制动状态，且“3”挡速度最高，“5”挡速度最低。由于“3”和“4”挡的速度较高，很不安全，因而只能选用“5”挡速度。

桥式起重机在实际运行中，操作人员要根据具体情况选择不同的挡位。例如主令控制器手柄在强力下降位置“5”挡时，仅适用于起重负载较小的场合。如果需要较低的下降速度或起重负载较大的情况下，就需要把主令控制器手柄扳回到制动下降位置“1”挡或“2”挡，进行反接制动下降。这时，必然要通过“4”挡和“3”挡。为了避免在转换过程中可能发生过高的下降速度，在接触器 KM9 电路中常用辅助常开触头 KM9（33 区）自锁。同时，为了不影响提升调速，故在该支路中再串联一个常开辅助触头 KM1（28 区）。这样可以保证主令控制器手柄由强力下降位置向制动下降位置转换时，接触器 KM9 线圈始终有电，只有手柄扳至制动下降位置后，接触器 KM9 线圈才断电。在主令控制器触头分合表（图 5－11d）中可以看到，强力下降位置“4”挡“3”挡上有“0”的符号，便表示手柄由“5”挡向“0”位回转时，触头 S12 接通。如果没有以上联锁装置，在手柄由强力下降位置向制动下降位置转换时，若操作人员不小心，误把手柄停在了“3”挡或“4”挡，那么正在高速下降的负载速度不但得不到控制，反而使下降速度增加，很可能造成恶性事故。

另外，串联在接触器 KM2 支路中的 KM2 常开触头（23 区）

与 KM9 常闭触头（24 区）并联，主要作用是当接触器 KM1 线圈断电释放后，只有在 KM9 线圈断电释放情况下，接触器 KM2 线圈才允许获电并自锁，这就保证了只有在转子电路中串联一定附加电阻器的前提下，才能进行反接制动，以防止反接制动时造成直接启动而产生过大的冲击电流。

电压继电器 KV 实现主令控制器 AC4 的零位保护。

第二节 通用设备的控制线路

一、电焊机的控制线路

1. 弧焊机电气线路

接触器控制的弧焊机电气线路如图 5－12 所示。当合上刀开关 Q 后，按下按钮 SB2，接触器 KM2 得电吸合并自锁，其主触点接通交流电焊机电源，电焊机得电工作。当按下停止按钮 SB1 时，接触器 KM2 断电释放，切断电焊机电源，电焊机停止工作。

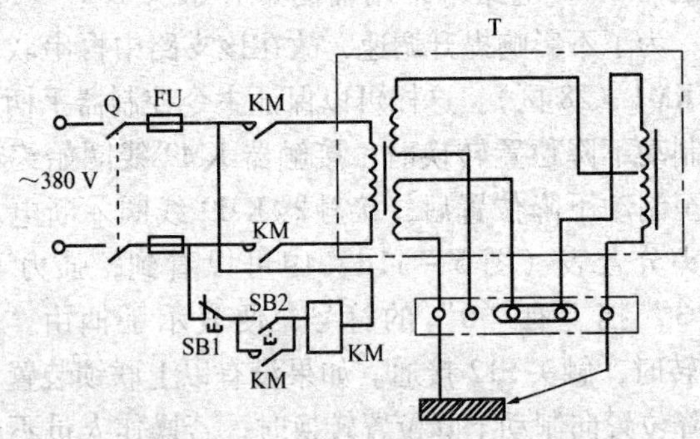

图 5－12 弧焊机电气线路

2. BX1 系列交流弧焊机控制线路

BX1 系列交流弧焊机采用三铁芯柱的单相磁分路动铁芯式结构，BX1 系列交流弧焊机控制线路如图 5－13 所示。由于磁分路动铁芯的存在，增加了漏磁通，增大了漏电抗。

工作时电抗线圈串联在二次绕组中，空载时绕组和电抗线圈不产生压降，输出空载电压高，容易起弧。焊接时焊接电流通过绕组和电抗线圈产生压降，从而获得所需的焊接特性。焊接电流的调节有粗调和细调两种。粗调可更换输出接线板上的连接片（1、2 端子连接时为Ⅰ接法，2、3 端子连接为Ⅱ接法），细调是转动焊机中部的手柄，以改变动铁芯的位置，即改变漏磁分路的大小，从而获得均匀的电流调节。

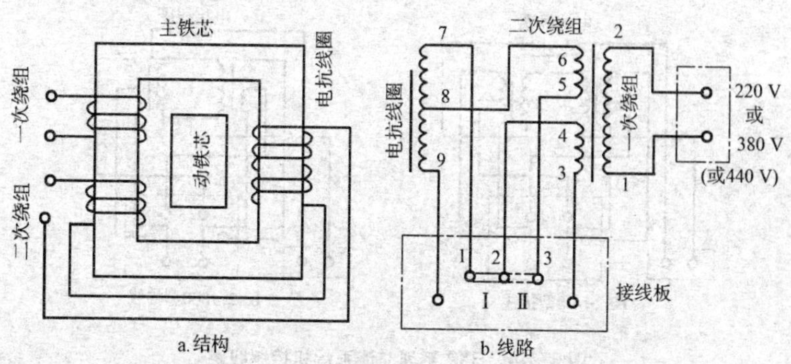

图 5－13 BX1 系列交流弧焊机控制线路

3. BX2 系列交流弧焊机控制线路

BX2 系列交流弧焊机采用同体组合电抗器式结构，控制线路如图 5－14 所示。铁芯像个“日”字，有上下两个窗口，上窗口为电抗器铁芯，上轭一半可动，为动铁轭；下窗口为变压器铁芯。焊接电流的调节靠移动电抗铁芯上轭的可动部分以改变气隙距离，从而改变漏电抗大小，使焊接电抗改变。当铁芯间隙增大时，漏电抗变小，焊接电流变大；反之，则焊接电流变小。

除 BX2－500 型外，其余均在一次绕组上抽头并引至接线板上，通过接线片改接，以适应电网电压的波动。

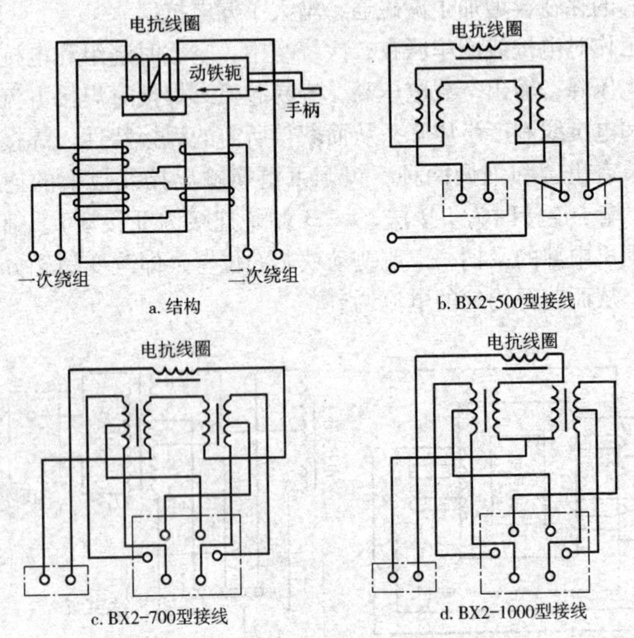

图 5－14　BX2 系列交流弧焊机控制线路

4. BX3 系列交流弧焊机控制线路

BX3 系列交流弧焊机采用动圈式结构，如图 5－15 所示。一次线圈在铁芯柱的底部，二次线圈装在铁芯柱上由非磁性材料做成的活动架上。转换开关转到“0”位置时，断开电源；转到“Ⅰ”或“Ⅱ”位置时为两种不同的绕组接法。

焊接电流的调节有粗调和细调两种。粗调可通过转换开关和更换输出接线板上的连接片，将绕组接成串联或并联，一、二次绕组串联为“Ⅰ”接法；一、二次绕组并联为“Ⅱ”接法。细调是转动手柄，使二次绕组和铁芯柱做上下移动，以改变一次与二次绕组间的距离，改变它们之间的漏电抗的大小，从而改变焊接电流。

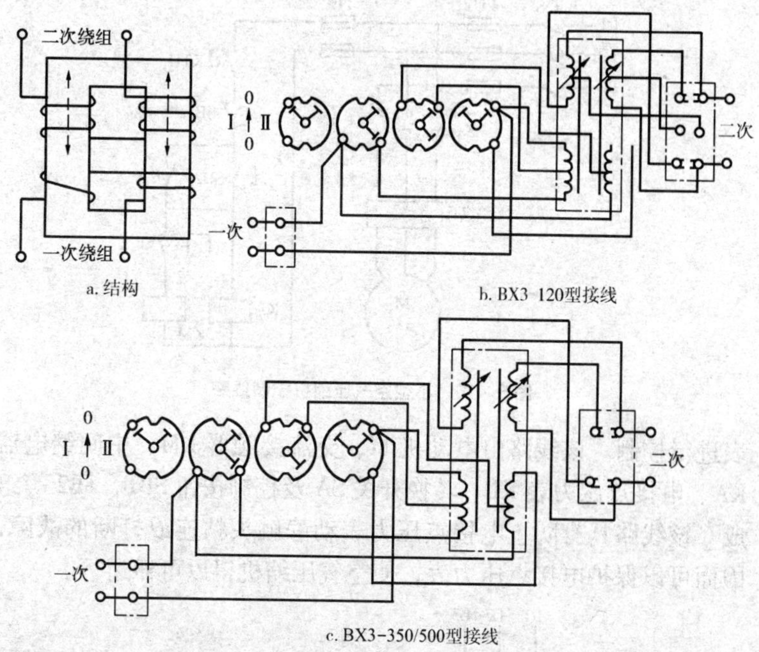

a. 结构

b. BX3-120型接线

c. BX3-350/500型接线

图 5-15　BX3 系列交流弧焊机控制线路

二、压缩机的控制线路

1. 小型空气压缩机控制线路

小型空气压缩机控制线路如图 5-16 所示。该线路由三相异步电动机 M、压力传感器 SP、中间继电器 KA、交流接触器 KM 及控制按钮 SB1、SB2 等组成。它通过安装在储气罐上的压力传感器 SP 的压力指示，自动控制电动机启动、停止，以保证空气压缩机始终保持额定供气压力。

2. 具有保护功能的空气压缩机控制线路

具有保护功能的空气压缩机控制线路如图 5-17 所示。在工厂中空气压缩机是较常用的机电设备，通常它们均由电接点压力

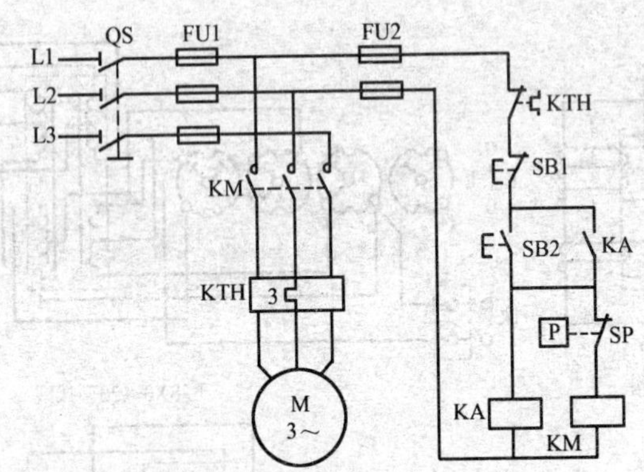

图5－16 小型空气压缩机控制线路

表进行控制。该线路由电动机 M、交流接触器 KM、中间继电器 KA、电接点压力表 KP、转换开关 SA 及控制按钮 SB1、SB2 等组成。该线路具有防止电接点压力表动静触头粘连或打断的故障，因而可以保护电接点压力表，使空气压缩机得以可靠运行。

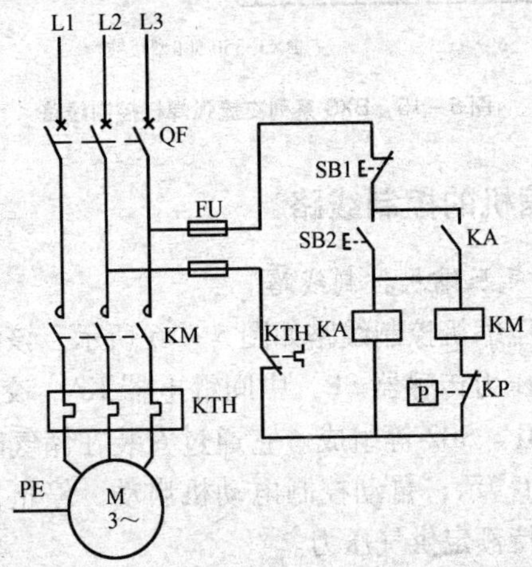

图5－17 具有保护功能的空气压缩机电气线路

3. 带失控保护的空气压缩机控制线路

带失控保护的空气压缩机控制线路如图 5－18 所示。该电路能防止电触头压力表动静触头粘连或打断引起的故障，从而保护电触头压力表，使空气压缩机能安全、可靠运行。

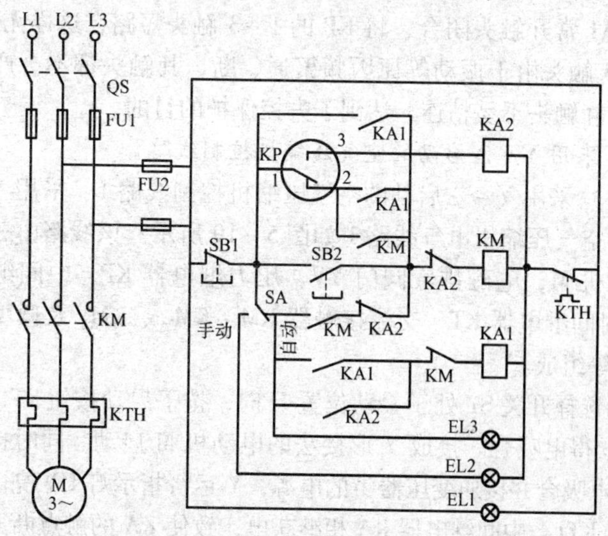

图5－18　带失控保护的空气压缩机控制线路

合上电源开关QS，将转换开关SA转到“自动位置”，按下启动按钮SB2，接触器KM线圈得电，吸合并自锁，KM主触头闭合，空气压缩机启动运行。当空气压力达到上限值时，电接点压力表KP的1－2触头闭合。中间继电器KA2线圈得电，KA2常闭触头断开，KM线圈失电，KM主触头复位，空气压缩机停止工作；KA2常开触头闭合，中间继电器KA1线圈得电，触头吸合并自锁，KA1常开触头闭合，将KP的1－3触头短路。当空气压力下降到下限值时，KP的1－2触头闭合，KM线圈得电，吸合并自锁，空气压缩机又启动运行，KM常闭辅助触头断开，KA1、KA2线圈先后失电，触头复位。空气压力上升后，KP的1－2触头断开，KM线圈通过KA2常闭触头和自己的自锁触头而保持得电吸合，空气压缩机继续运转，直到空气压力达到上限值时，KP的1－3触头闭合，开始新的循环。

控制电路可使管路中的压力维持在高、低设定值之间，从而实现自动控制。当空气压力达到上限值，KP 的 1－3 触头闭合后，KA1 常开触头闭合，将 KP 的 1－3 触头短路，这样无论 KP 的 1－3 触头由于振动等原因频繁通、断，其触头都不会产生火花，动静触头不易粘连，达到了失控保护的目的。

4. 采用 Y－△启动的空气压缩机控制线路

（1）采用 Y－△启动的空气压缩机控制线路 1　采用 Y－△启动的空气压缩机电气线路 1 如图 5－19 所示。该线路由三相异步电动机 M，电磁排气阀门 YV，压力继电器 KP，中间继电器 KA，时间继电器 KT，交流接触器 KM、$KM_{\triangle}$、KM_Y 及微型断路器 SD 等组成。

当选择开关 S1 处于手动位置 H 时，按下启动按钮 ST，接触器 KM_Y 得电吸合。接成 Y 形接法的电动机 M 启动。同时接触器 KM 得电吸合并接通变压器 T 的电源，Y 运行指示灯 HY 亮。时间继电器 KT1、中间继电器 KA 相继获电，致使 KA 的触点断开并将 $KM_{\triangle}$ 线圈断电，几乎在同时，中间继电器 KA 的另一触点闭合并接通接触器 $KM_{\triangle}$ 线圈电源，使主接触器 KM 保持吸合状态，此时电动机 M 按△接法进入额定电压运行，指示灯 $H_{\triangle}$ 亮。

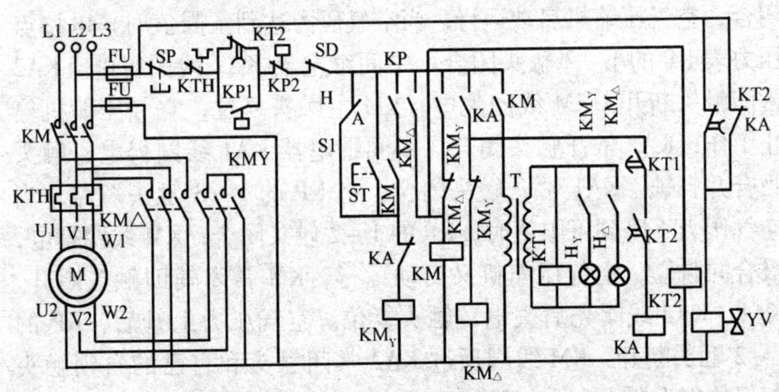

图 5－19　采用 Y－△启动的空气压缩机控制线路 1

（2）采用Y－△启动的空气压缩机控制线路2　采用Y－△启动的空气压缩机控制线路2如图5－20所示。该线路由两部分组成：主电路和控制电路。主电路包括电源开关QF、短路保护熔断器FU、交流接触器KM1～KM3的主触头、热继电器KTH元件以及三相交流异步电动机M等。控制电路包括热继电器KTH的常闭触头、时间继电器KT、交流接触器KM1～KM3的线圈和辅助触头以及控制按钮SB1、SB2等。

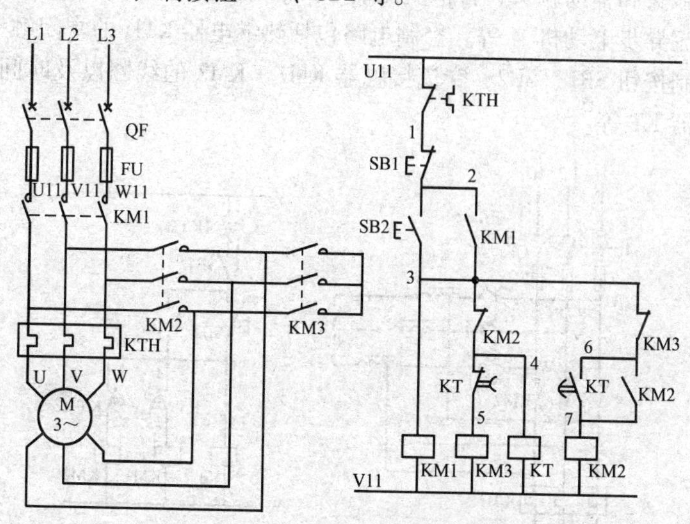

图5－20　采用Y－△启动的空气压缩机控制线路2

电路工作原理：合上电源开关QF，控制电路得电。按下开关SB2，交流接触器KM1的线圈得电动作，在其主触头闭合的同时，其常开触头（2－3）闭合自锁，时间继电器KT开始延时；KM3的主触头闭合，电动机绕组接成Y启动，KM3的常闭触头（3－6）打开，禁止KM2线圈参与工作。时间继电器KT延时结束时，其延时常闭触头（4－5）断开，交流接触器KM3的线圈失电复位，KM3的主触头断开，KM3的触头（3－6）闭合。与此同时，时间继电器KT的延时常开触头（6－7）闭合，交流接触器 KM2 的线圈得电吸合并自锁，其主触头闭合，电动机绕组接成△运行。

5. 自耦变压器减压启动空气压缩机控制线路

自耦变压器减压启动空气压缩机控制线路如图 5－21 所示。该线路由主电路和控制电路组成。主电路包括电源开关 QS、短路保护器 FU、交流接触器 KM2 的主触头、交流接触器 KM1 的主触头和辅助触头、自耦变压器 T、热继电器 KTH 元件以及三相交流异步电动机 M 等。控制电路包括热继电器 KTH 的常闭触头，控制按钮 SB1、SB2，交流接触器 KM1、KM2 的线圈以及时间继电器 KT 等。

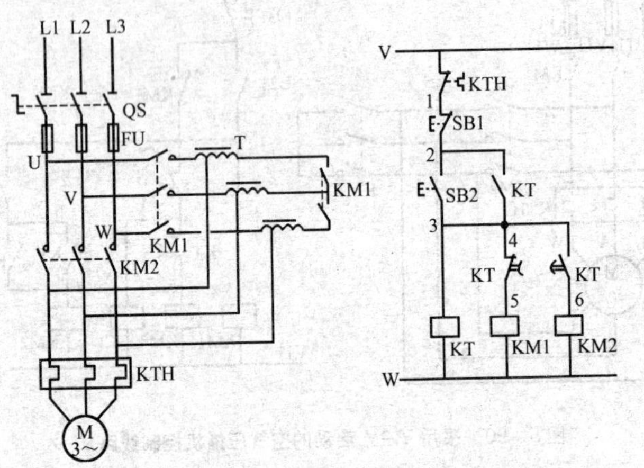

图 5－21　自耦变压器减压启动空气压缩机控制线路

电路工作原理：合上电源开关 QS，控制电路得电。按下启动按钮 SB2，时间继电器 KT 的线圈得电，其瞬时常开触头（2－4）闭合，延时开始。KM1 的线圈得电吸合，它在主电路中的主触头闭合，将自耦变压器 T 的抽头接入主电路，电动机 M 开始启动。时间继电器延时结束后，其延时常闭触头（4－5）断开，KM1 的线圈失电，其主触头断开，自耦变压器退出电路。与此同时，时间继电器 KT 的延时常开触头（3－6）闭合，KM2 的线圈得电吸合，其主触头闭合，保证电源供给，电动机 M 正常运行。

需要停机时，按下按钮 SB1，交流接触器 KM2 的线圈失电复位，其主触头断开，电动机 M 失电而停止工作。

6. 空气压缩机手动、自动控制线路

空气压缩机手动、自动控制线路如图 5－22 所示。该线路由三相交流隔离开关 QS，熔断器 FU1、FU2，交流接触器 KM，热继电器 KTH，三相异步电动机 M，压力继电器 SP 以及按钮开关 SB1、SB2 等组成。空气压缩机的手动与自动控制由开关 S 来处置。

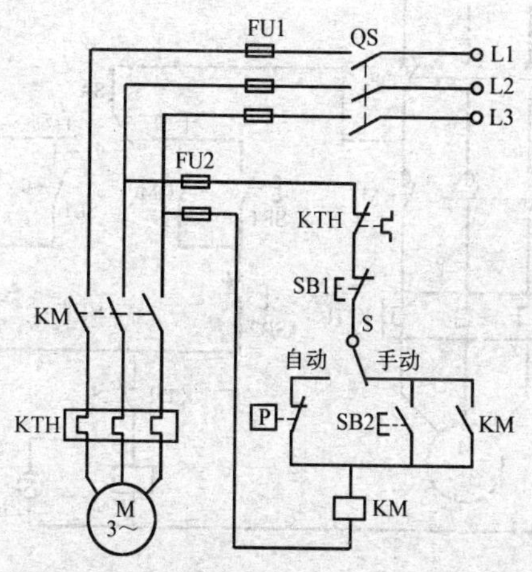

图 5－22　空气压缩机手动、自动控制线路

三、水泵、油泵的控制线路

1. 水泵控制线路

（1）排水泵控制电气线路　排水泵控制电气线路如图 5－23 所示。该线路有两种工作状态可供选择，即手动控制和自动控制。

1）手动工况。将单刀双掷开关 SC 置于“手动”位置，按下 SB1 时启动，按下 SB2 时停机。图中 EL 为绿色信号灯，点亮时表示接触器处于运行状态。

2）自动工况。将单刀双掷开关 SA 置于“自动”位置，当集水井（池）中的水到达高水位时，SL1 闭合，接触器 KM 的线圈得电动作并自锁，水泵电动机启动排水；待水降至低水位时，SL2 动作，将其常闭触头断开，接触器 KM 的线圈失电复位，排水泵停止排水。

本电路手动、自动控制共用热继电器进行过载保护。当电动机出现过载时，热继电器 KTH 的常闭触头断开，接触器 KM 的线圈失电，水泵停止排水。

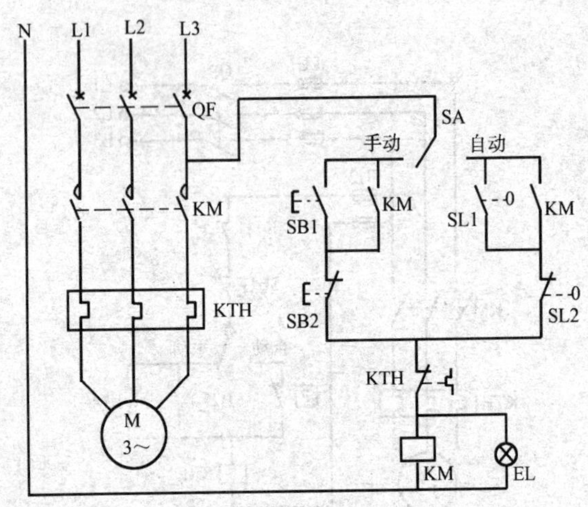

图 5－23 排水泵控制电气线路

（2）水泵多地控制电气线路

1）水泵多地控制电气线路 1 如图 5－24 所示。当多台大功率设备需要循环冷却水降温时，则可以考虑安装一台共用水泵，采用一机多地点控制的方式。即每个操作地点既可以单独开泵，也可以单独停机，操作十分灵便。该线路主要由电源开关 QF，交流接触器 KM，热继电器 KTH，中间继电器 K1、K2，进水阀 YV1、YV2 和控制按钮 ST、STP 等组成。线路各个控制点的电路则完全一样。

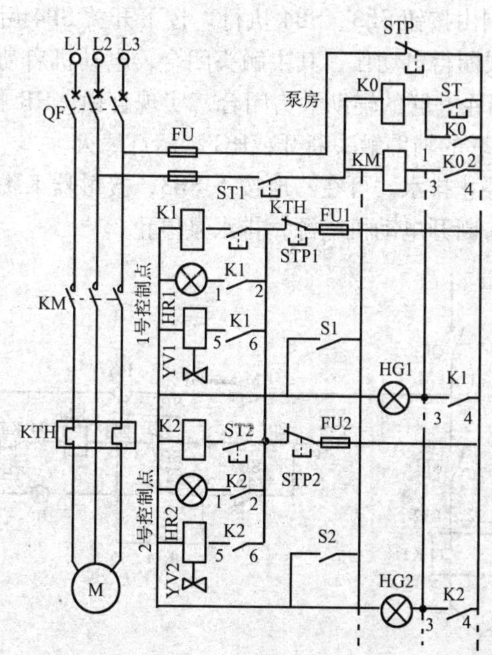

图 5－24　水泵多地控制电气线路

2）水泵多地控制电气线路 2 如图 5－25 所示。主电路包括电源开关 QF、交流接触器 KM 的主触头、热继电器 KTH 的元件和三相交流电动机 M 等。控制电路包括按钮 SB1～SB4、交流接触器 KM 的线圈和辅助触头、热继电器 KTH 的触头以及信号指示灯 HR、HG 等。

合上电源开关 QF 后，绿色指示灯 HG 点亮，表示电源供电正常。甲地控制由按钮 SB1、SB2 执行。按下开关 SB2 后，交流接触器 KM 的线圈得电吸合，其主触头闭合，电动机 M 启动运行；KM 的辅助触头闭合，实现自锁，红色指示灯 HR 点亮；KM 与 HG 串联的辅助触头断开，绿色指示灯 HG 熄灭。如果要停止排水，可在甲地按下 SB1，接触器 KM 的线圈失电，其主触头断开电动机电源，排水泵停止工作。

乙地控制由按钮 SB3、SB4 执行。按下开关 SB4 后，交流接触器 KM 的线圈得电动作，其主触头闭合，电动机启动运行。同样，KM 与 SB4 并联的辅助触头闭合，实现自锁，HR 指示灯亮；KM 与 HG 串联的辅助触头断开，HG 指示灯熄灭。

如果要停止排水，可在乙地按下 SB3，接触器 KM 的线圈失电，其主触头断开电动机电源，排水泵停止。

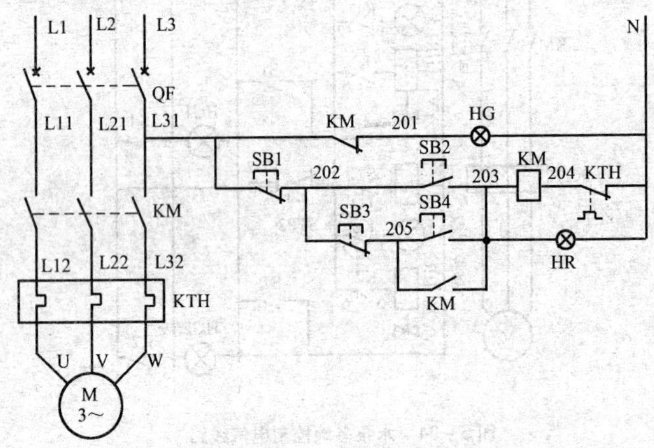

图 5－25　水泵多地控制电气线路 2

（3）水泵自动投入切除电气线路　如图 5－26 所示。该线路能在两台水泵一台运行、另一台备用时实现自动投入和切除。操作时，先合上断路器 QF，接着将手动开关 SA 合上，此时控制回路电源即已接通。若需启动第一台水泵电动机 M1，按下控制按钮 ST1，则交流接触器 KM1 得电吸合，水泵电动机即运转工作。停机时按下 STP 即可。如需启动水泵电动机 M2 时，则按下 ST2 即可。

（4）自动增压给水设备单机自控电气线路　如图 5－27 所示。该线路能确保在水箱中装有充足的水时才工作，能在水箱压力表的上限与下限之间运行并做到全自动，具有断相保护、反映

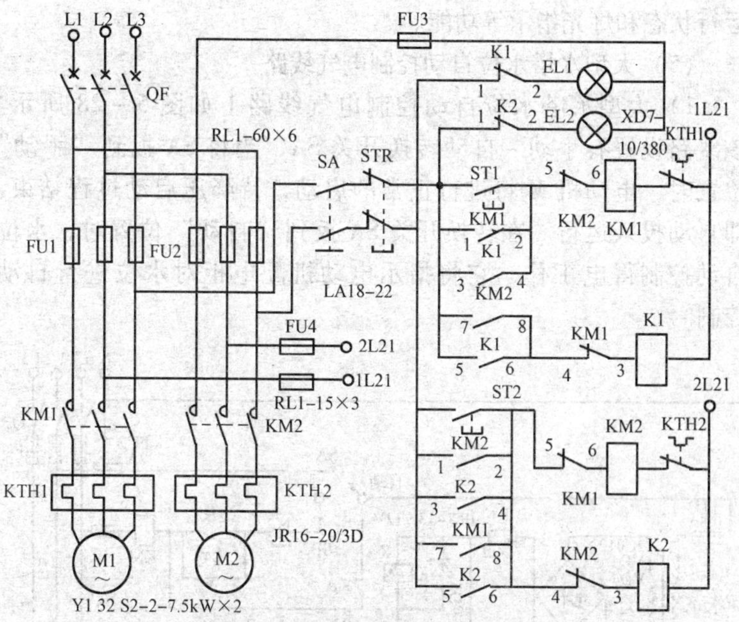

图5－26　水泵自动投入切除电气线路

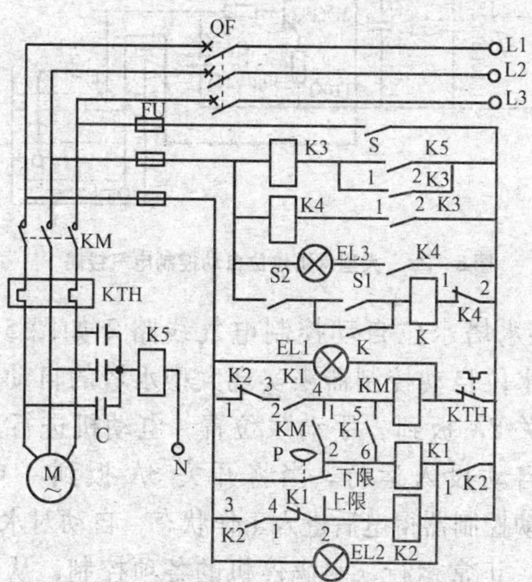

图5－27　自动增压给水设备单机自控电气线路

运行状态和灯光指示等功能。

（5）大型水塔水位自动控制电气线路

1）大型水塔水位自动控制电气线路 1 如图 5－28 所示。该线路设置有手动－自动转换开关 SA，当将 SA 扳到“手动”位置时，电动机 M 将进行正常的启动，待降压启动过程结束，即自动投入运行。在转换开关 SA 扳到“自动”位置时，水位自动控制得电工作，它将指示电动机配电柜对水位进行自动控制。

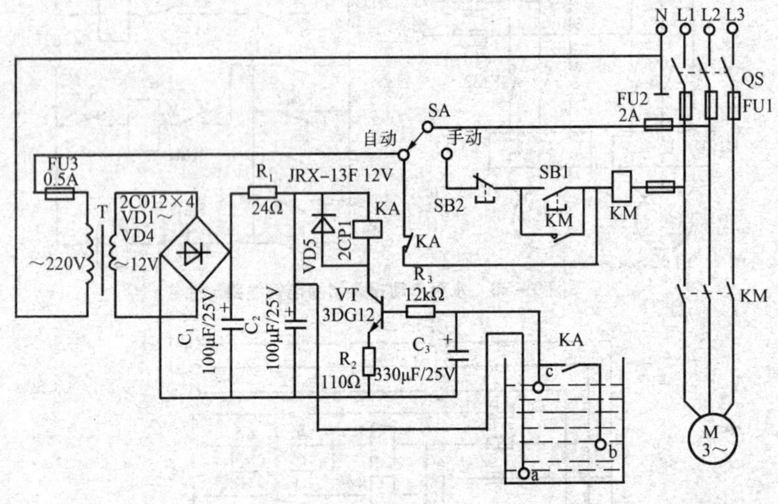

图 5－28　大型水塔水位自动控制电气线路 1

2）大型水塔水位自动控制电气线路 2 如图 5－29 所示。该线路应用水位自动控制器来实现大型水塔的自动化供水。操作时，将开关 SA 扳到“手动”位置，电动机进行正常的降压启动后，即自动投入运行。当将开关 SA 扳到“自动”位置时，水位自动控制器得电后进入工作状态，自动对水泵电动机进行降压启动、正常运行、水满停机的各项控制，从而实现无人值守。

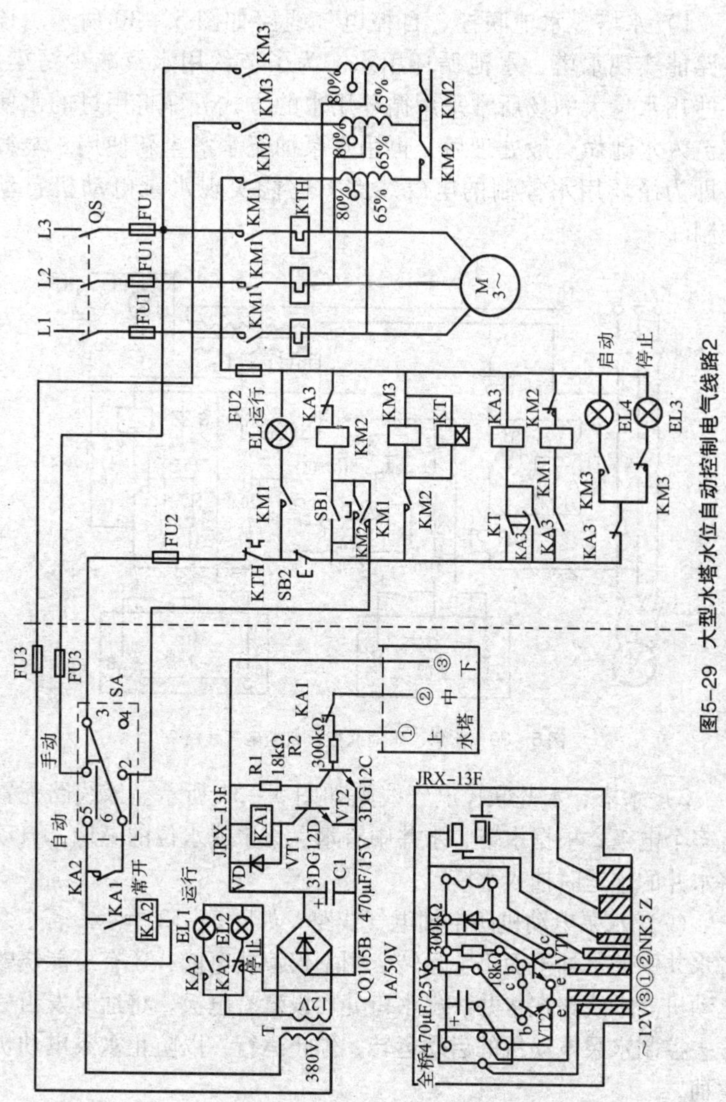

图5-29　大型水塔水位自动控制电气线路2

（6）水塔、水池联控、自控电气线路

1）水塔、水池联控、自控电气线路如图5-30所示。该线路能实现水塔、水池循环用水。为了节约用水及减少污染，某些用水量大的场所常采用循环用水的方式。即将用过的水使其流入水池做一般处理后，再用水泵抽至水塔重新使用。本线路即为循环用水控制的电气线路，它能实现水泵电动机自动控制。

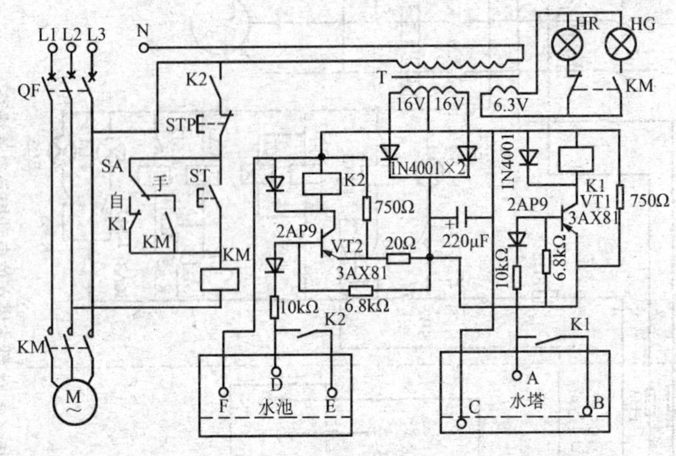

图5-30　水塔、水池联控、自控电气线路2

2）水塔、水井联控电气线路如图5-31所示。该线路配置有多个电极，根据水塔、水井中有水、无水或水位的高低，自动将水井的水适时抽入水塔。

（7）水泵电动机防空抽电气线路　如图5-32所示。若水泵将水井中的水抽干而仍在运转，则不仅浪费电能，还有可能烧毁电动机。本线路在水井、出水口处均设置有电极，将适时发出信号去控制水泵电动机的启动运转、停止运行，以防止水泵电动机空抽。

（8）两台水泵控制线路　如图5-33所示。两台排污泵控制

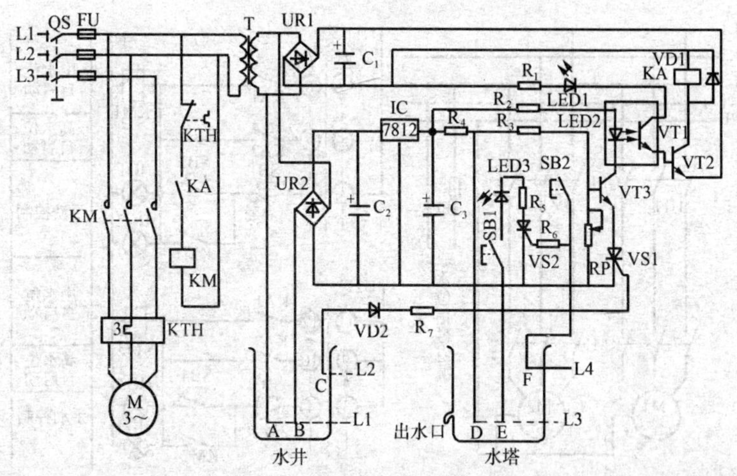

图 5－31　水塔、水井联控电气线路

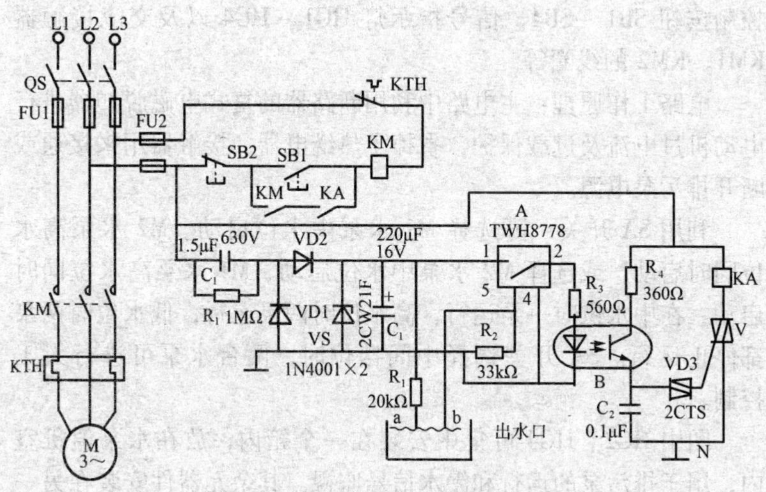

图 5－32　水泵电动机防空抽电气线路

电路的结构完全相同，每台排污泵电路都由主电路和控制电路组成。主电路包括交流电动机 M1、M2，电源开关 QF1、QF2，以及交流接触器 KM1、KM2 的主触头等。控制电路包括主令开关、

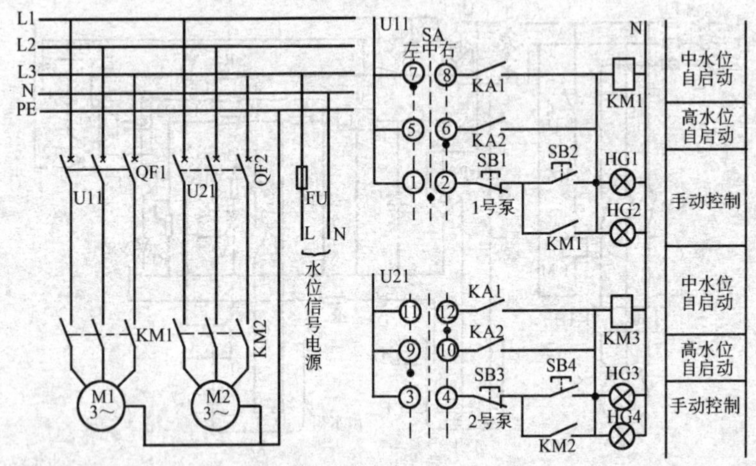

图 5－33 两台排污泵控制线路

控制按钮 SB1～SB4、信号指示灯 HG1～HG4 以及交流接触器 KM1、KM2 的线圈等。

电路工作原理：主电路中利用断路器的复式电磁脱扣器进行电动机过电流及过载保护，省掉了热继电器。接触器用来接通或断开排污泵电源。

利用 SA 开关，可选择 M1 水泵中水位启动、M2 水泵高水位同时启动，或选择 M2 水泵中水位启动、M1 水泵高水位同时启动。在中水位时一泵运行，高水位时两泵运行，低水位时两泵都停止运行。SA 开关选择中间挡位时，两台水泵可进行人工控制。

图中 HG2、HG4 可集中安装在一个箱内，放在水泵值班室内，用于排污泵的运行和漫水信号监视。其余元器件安装在另一个箱内，设置在排污泵附近，供操作和维护使用。

（9）两台水泵互为备用控制线路　两台水泵互为备用控制电路由主电路和控制电路等组成，如图 5－34 所示。每台水泵的主电路和控制电路完全相同。主电路包括电源开关、交流接触器主触头、热继电器元件和三相交流电动机等。控制电路包括选择开关、交流接触器线圈、时间继电器、控制按钮、水位信号控制触头以及信号指示灯等。

电路工作原理：图 5－34 中采用对应的控制电路，电源开关 QF1、QF2 断开时，L101、L201 均断电，交流接触器 KM1、KM2 均不能工作。水位信号电路采用如图 5－35 所示的 GSK 互为备用水位信号电路或图 5－36 所示互为备用 UDK－121 水位信号电路。

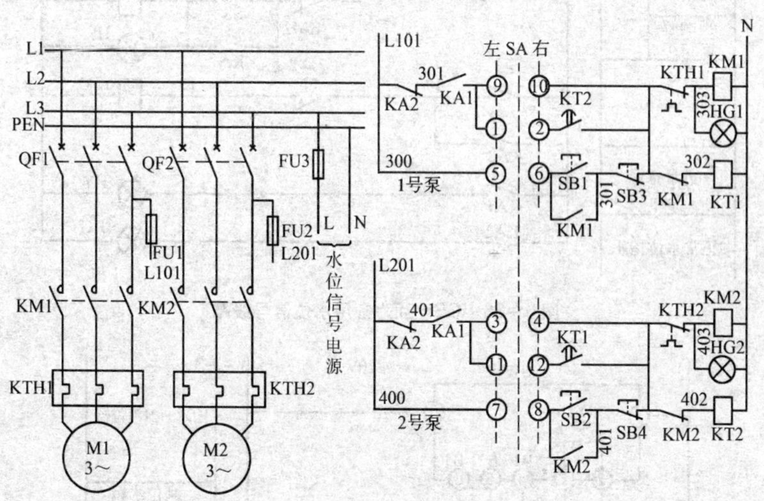

图 5－34　两台水泵互为备用控制线路

合上电源开关 QF1、QF2，操作 SA 确定运行泵和备用泵。SA 位于右边时，选择 M2 工作，M1 备用；SA 位于中间时，电动机 M1、M2 可手动启停，以便进行检修或调试；SA 位于左边时，选择 M1 工作，M2 备用。

当储水池水位超过最低水位时，继电器 KA2 不动作，其常闭触头处于闭合状态。高位水箱或水塔中的水处于低水位时，KA1 的触头 301－①、401－③闭合，允许 M1 或 M2 启动。这时如果开关 SA 选择“右”挡，则接触器 KM2 的线圈得电动作，其主触头闭合，M2 水泵得电运行；KM2 的触头④－402 断开，

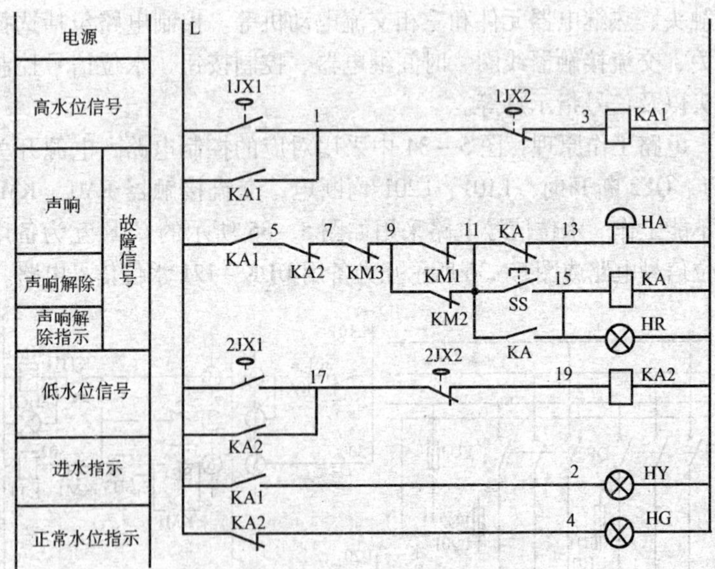

图 5－35　GSK 互为备用水位信号线路

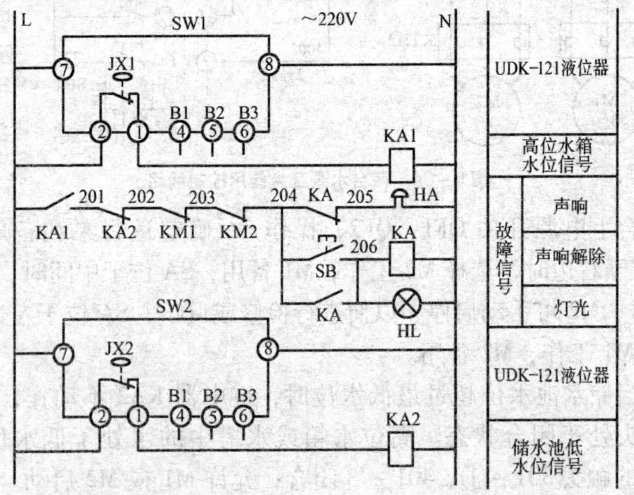

图 5－36　互为备用 UDK－121 水位信号线路

禁止时间继电器 KT2 工作。若电动机 M2 因故障停机，则继电器 KA1 的触头 401 - ③、KA2 的触头 400 - 401、SA 的触头③ - ④及 KM2 的常闭触头④ - 402 都处于闭合状态，时间继电器 KT2 的线圈得电，延时开始。延时结束后，KT2 的延时常开触头⑩ - ②闭合，接触器 KM1 的线圈得电动作，使水泵 M1 代替 M2 运行。当高位水箱或水塔中的水到达高水位时，KA1 的触头 301 - ①断开，M1 停止运行。

（10）二用一备水泵控制线路　如图 5 - 37 所示。该线路由主电路和控制电路组成，三台水泵的主电路是一样的，每台水泵的主电路包括电源开关、交流接触器的主触头、热继电器的热元件和三相交流电动机等。3 号水泵中有两台的控制电路是一样的，这两台水泵的每一控制电路包括启、停按钮，水位信号控制触头（KA1、KA2），交流接触器的线圈，时间继电器的线圈，以及信号指示灯等。3 号水泵 M3 的控制电路包括启动按

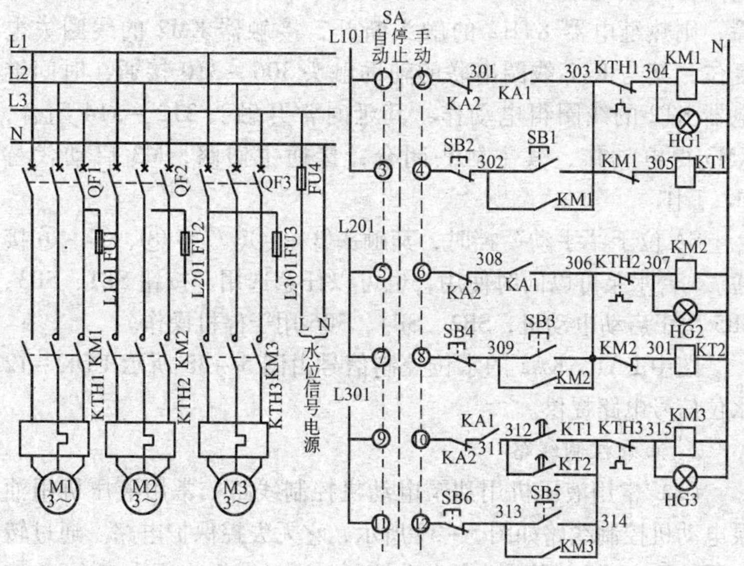

图 5 - 37　二用一备水泵控制线路

钮SB5，停止按钮SB6，水位信号控制触头KA1的311－312、KA2⑩－311，交流接触器KM3的线圈，时间继电器KT1、KT2的延时常开触头312－314，热继电器KTH3的触头314－315及信号指示灯HG3等。

电路工作原理：图中M1、M2为工作泵，M3为备用泵，SA为运行方式选择开关。SA选择左边时，电路为自动控制运行方式；SA选择右边时，电路为手动控制运行方式；SA位于中间时，电路停止使用。

SA位于“自动”位置时，触头①－②、⑤－⑥、⑨－⑩接通。如果水泵M1发生故障，则KTH1的触头303－304断开，接触器KM1的线圈失电复位，其与KT1串联的辅助触头303－305接通，时间继电器KT1的线圈得电动作，其延时常开触头312－314闭合，接触器KN3的线圈得电动作，其主触头闭合，接通主回路，M3启动代替M1工作。如果M2发生故障，则热继电器KTH2的触头断开，接触器KM2的线圈失电复位，其与KT2线圈串联的辅助触头306－310接通，时间继电器KT2的线圈得电动作，其延时常开触头312－314闭合，KM3得电动作，其主触头闭合，接通主回路，M3启动代替M2工作。

SA位于“手动”挡时，其触头③－④、⑦－⑧、⑩－⑥接通。3台水泵可以同时使用，也可以任意选用。按钮SB1、SB3、SB5用于启动电动机，SB2、SB4、SB6用于停机操作。

图中KA1、KA2的水位控制信号由图5－38所示UQK－12水位信号电路提供。

2. 油泵控制线路

（1）常用液压机用油泵电动机控制线路　常用液压机用油泵电动机控制线路如图5－39所示，它无失控保护电路。通过转换开关SA，可实现手动和自动控制。通过电触头压力表KP，使管路中的压力维持在高、低设定值之间。

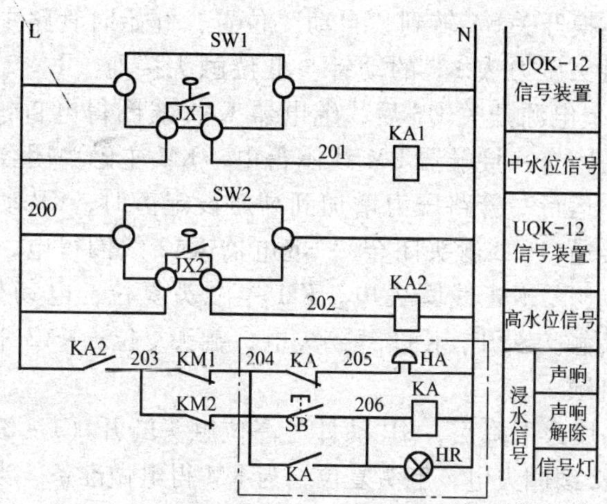

图 5－38　UQK－12 水位信号线路

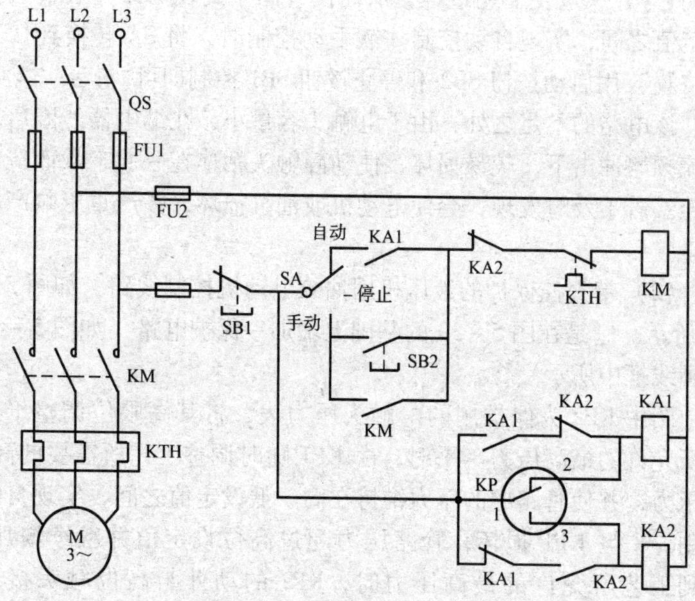

图 5－39　常用液压机用油泵电动机控制线路

将转换开关SA转到“自动”位置，开始时管路中的压力低、电触头压力表KP的动针与低位触头接通（1－2触头闭合）。合上电源开关QS后，继电器KA1线圈得电自锁→KA1常开触头闭合→接触器KM线圈得电→KM主触头闭合→电动机启动、运行，管路压力增加到高压设定值时，KP动针与高位触头接通(1－3触头闭合)，继电器KA2线圈得电，KA2常闭触头断开，KM线圈失电，KM主触头复位，电动机停转；KA2常闭触头断开，KA1线圈失电，触头复位；KA2常开触头闭合，自锁。

管路压力下降后，KP动针与高位触头断开（1－3触头断开），KA2线圈失电，触头复位，为KM得电做准备。当管路压力下降到低位设定值时，KP的动针与低位触头又接通（1－2触头闭合），又重复上述过程，从而使管路中的压力维持在高、低设定值之间，实现自动控制。欲手动控制时，将SA转换到“手动位置”用启动按钮SB2和停止按钮SB1控制即可。

该电路的不足之处：由于电触头容量小，在继电器线圈启动电流频繁冲击下，较易损坏，使动静触头粘连在一起，从而造成失控。若不及时发现，会使电动机或油缸损坏，并严重影响产品质量。

（2）带失控保护的液压机用油泵电动机控制线路　如图5－40所示。它是在图5－39的基础上增加一保护电路（如图5－40点画线框中所示）。

图中KP2为保护用的电触头压力表，将其高限位调整于工艺所允许的最高压力。平时，由KP1随时调整工艺所需要的高、低压力，并使管路中的压力维持在高、低设定值之间，实现自动控制。一旦KP1损坏，管路压力超过高位设定值并继续增加，达到工艺所允许的最高压力时，KP2的动针与高位触头接通(4－6触头闭合)，中间继电器KA3线圈得电、吸合并自锁，其常闭触头断开，接触器KM线圈失电、主触头复位，及时断开电

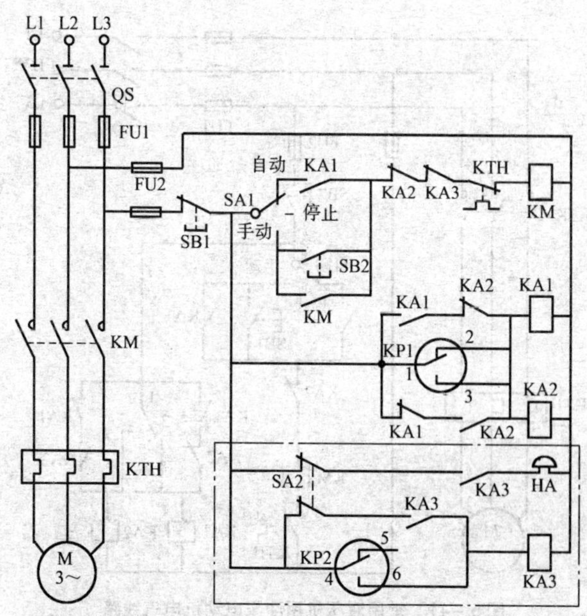

图 5－40　带失控保护的液压机用油泵电动机控制线路

动机电源，同时电铃 HA 发出报警声，告诉操作者前来处理。拉开开关 SA2，电铃停止发声。

（3）常用液压机用油泵电动机电气线路　如图 5－41 所示。该线路无失控保护电路，它通过转换开关 SA 即可实现手动和自动控制。当实行手动控制时，将转换开关 SA 置于“手动”位置，用启动按钮 SB1 和停止按钮 SB2 进行控制即可。

（4）液压压力自控电气线路　如图5－42 所示。该线路由电源开关 QS，电接点压力表 SP，电动泵 M，交流接触器 KM，中间继电器 K1、K2、K3，电磁阀 YV1、YV2，控制按钮 ST、STP、SB 等组成。线路工作时，首先将电接点限或“下限”处，然后按下启动按钮，得电吸合，电动泵 M 即进入运转。同时，交流接触器 KM 也被锁定，电磁阀 1 开通。经线路的自控过程，使液压压力基本稳定在预定值的上下限之间。

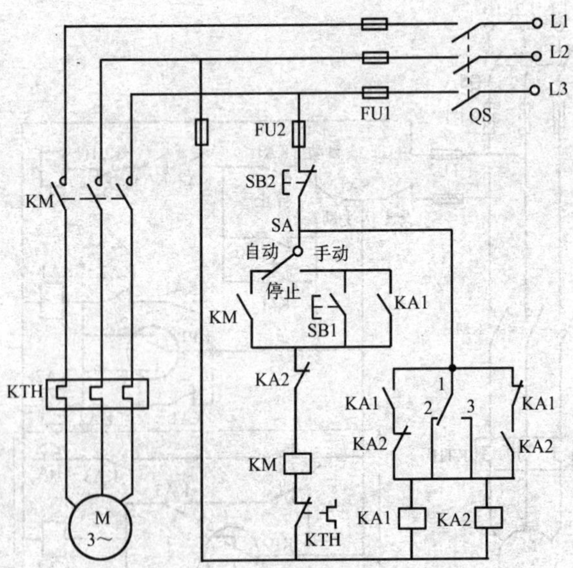

图 5－41 常用液压机用油泵电动机电气线路

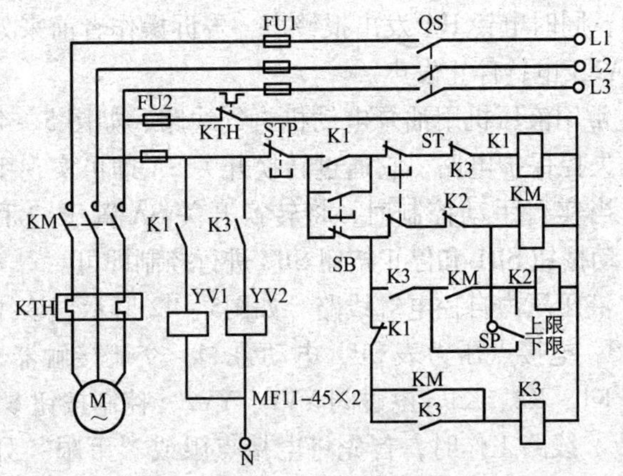

图 5－42 液压压力自控电气线路

第三节 建筑设备的控制线路

一、卷扬机的控制线路

卷扬机控制线路如图 5－43 所示。在建筑工地上常用的一种卷扬机为单筒快速电磁制动式电控卷扬机。它主要由电动机、电磁制动器、减速器及卷筒等组成。由图 5－43 可知，这是一个典型的电动机正反转控制线路。当合上电源开关 Q，按下正转启动按钮 SB2 时，正转接触器 KM1 得电吸合并自锁，其主触点接通电动机和电磁铁线圈电源，电磁铁 YB 得电吸合，使制动闸瓦立即松开制动轮，电动机正转，带动卷筒转动，使钢丝绳卷在卷筒上，从而带动提升设备向楼层高处运输。

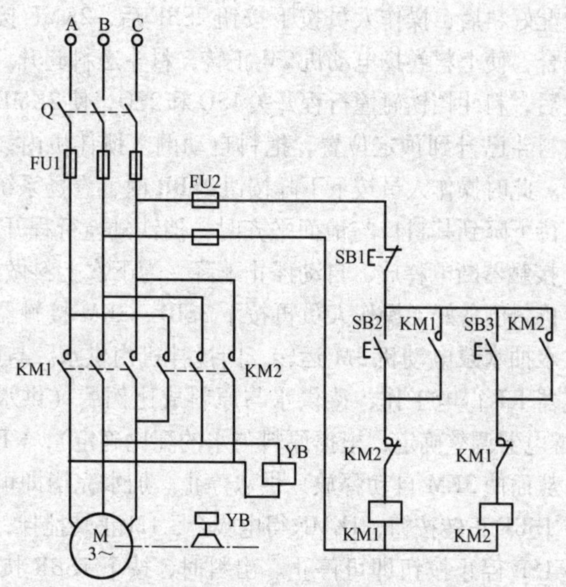

图 5－43 卷扬机电气控制线路

当需要卷扬机停止时，按下停止按钮 SB1，接触器 KM1 断电释放，切断电动机和电磁铁线圈 YB 电源，电动机停转，并且电磁抱闸立即抱住制动轮，避免货物以自重下降。

当需要卷扬机做反向下降运行时，按下反转按钮 SB3，反转接触器 KM2 得电吸合并自锁，其主触点反序接通电动机电源，电磁铁线圈也同时得电吸合，松开抱闸，电动机反向运行，使卷筒反向松开卷绳，货物下降。

这种卷扬机的优点是体积小、结构简单，操作方便，下降时安全可靠，因此得到广泛的应用。

二、搅拌机的控制线路

1. 锥型 JZ350 型搅拌机控制线路

锥型 JZ350 型搅拌机控制线路如图 5－44 所示。当把水泥、沙子、石子配好料后，操作人员按下按钮 2SBF 后，2KMF 接触器线圈得电吸合，使上料卷扬电动机 2M 正转，料斗送料起升。当升到一定高度后，料斗挡铁碰撞行程开关 1SQ 和 2SQ，使 2KMF 断电释放。这时料斗已升到预定位置，把料自动倒入搅拌机内，并自动停止上升。此时操作人员按下下降按钮 2SBR 时，卷扬系统带动料斗下降，待下降到其料口与地面平齐时，挡铁碰撞行程开关 3SQ，使 2KMR 接触器断电释放，自动停止下降，为下次上料做好准备，这时搅拌机料已备好，操作人员再按下 3SB1，3KM 接触器得电吸合，使供水抽水泵电动机 3M 运转，向搅拌机内供水。与此同时，时间继电器 KT 得电工作，待供水与原料成比例后（供水时间由 KT 时间继电器调整确定，根据原料与水的配比确定），KT 动作延时结束，从而使 3KM 自动释放，供水停止。加水完毕即可实施搅拌。按下 1SBF 正转按钮，1KMF 得电吸合，1M 正转搅拌，搅拌完毕后按下 1SB 停止按钮即可停止。出料时，按下 1SBR 按钮，1M 反转即可把混凝土泥浆自动搅拌出来。然后按下 1SB，接触器 1KMF 断电释放，1M 停转，出料停止。

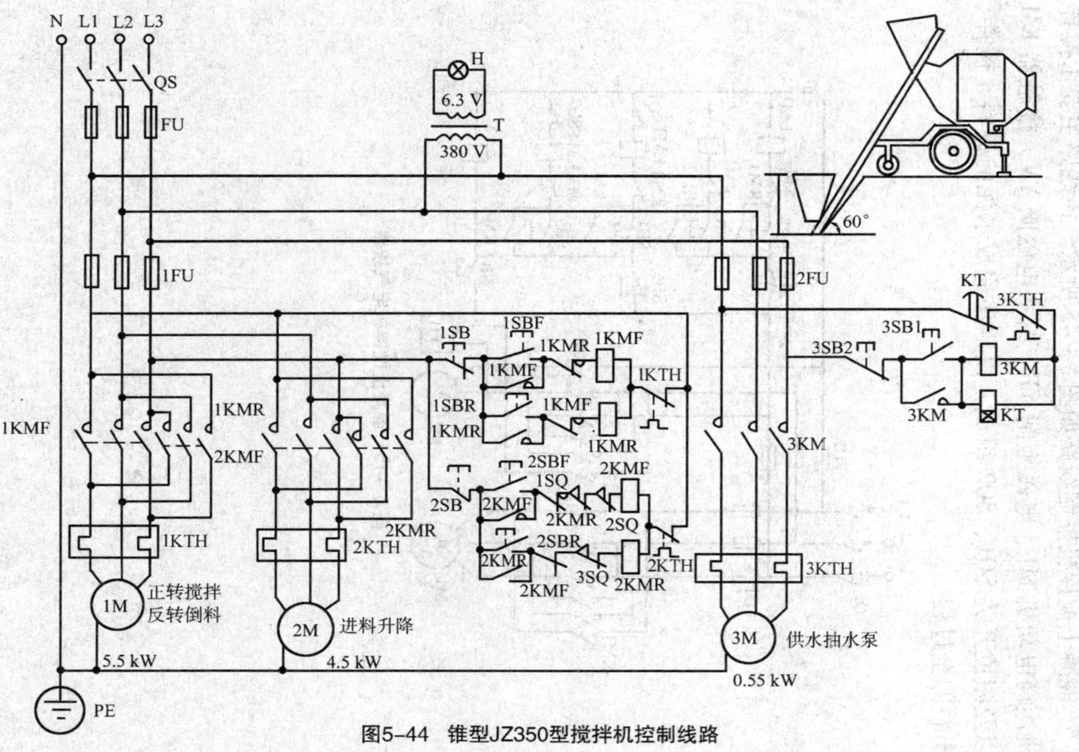

图5-44　锥型JZ350型搅拌机控制线路

2. 混凝土搅拌机控制线路

混凝土搅拌机控制线路如图 5－45 所示。该线路主要由搅拌机滚筒电动机 M1、电磁抱闸 YB、给水电磁阀 YV、接触器 KM 以及限位开关 SQ1、SQ2 组成，以顺序完成水泥的进料、搅拌、出料的全过程。

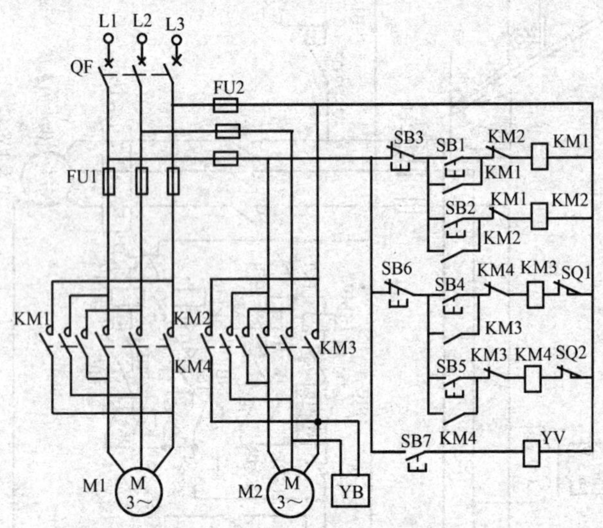

图 5－45　混凝土搅拌机电气线路

第六章 电气测量线路

第一节 电流和电压的测量线路

在电气线路中，电流、电压是最基本的量。电路有直流和交流之分，因此电流和电压也有直流电流、交流电流和直流电压、交流电压之分。专门用于测量电流的仪表叫电流表，专门用于测量电压的仪表叫电压表。

一、电流表及电流的测量线路

1. 电流表

测量电流的仪表包括磁电系电流表、磁电系检流计、电磁系电流表、电流互感器、钳形电流表和万用表等。

（1）磁电系电流表 在磁电系测量机构中，由于可动线圈的导线很细，而且电流还要经过游丝，所以允许通过的电流很小，为几微安到几百微安。要测量较大的电流，必须加接分流电阻。因此，磁电系电流表实际上是由磁电系测量机构与分流电阻并联组成的，如图 6－1 所示。由于磁电系电流表只能测量直流电流，故又称为直流电流表。

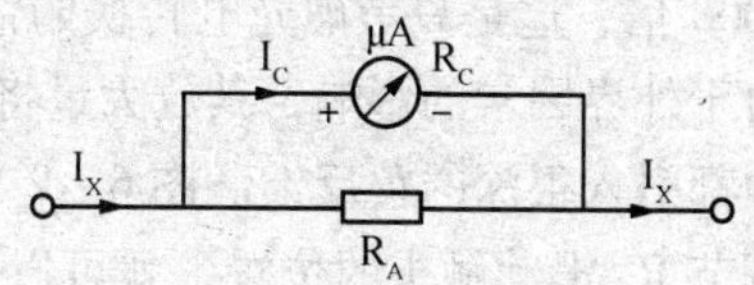

图 6－1 磁电系电流表的组成

（2）磁电系检流计 磁电系检流计是专门用来测量

小电流或小电压的高灵敏度仪表。通常用于检测电流的有无，如在电桥中作指零仪使用。常用的是光点检流计。光点检流计是根据光电放大原理制成的一种检流计，它的灵敏度比普通检流计高一个数量级，而且使用方便，性能稳定可靠。

光电检流计的原理如图 6－2 所示。当被测电流为零时，输入变换检流计 P1 可动部分的电流为零，其偏转角处于初始位置。此时，由灯泡射出的光线投射到检流计内的小镜上，经反射照射到两只差接光电池上，使两只光电池的光通量相等，其产生的差动电流也相等，此时，光电流为零，二次检流计 P2 中无电流通过，也处于初始位置（零位）。

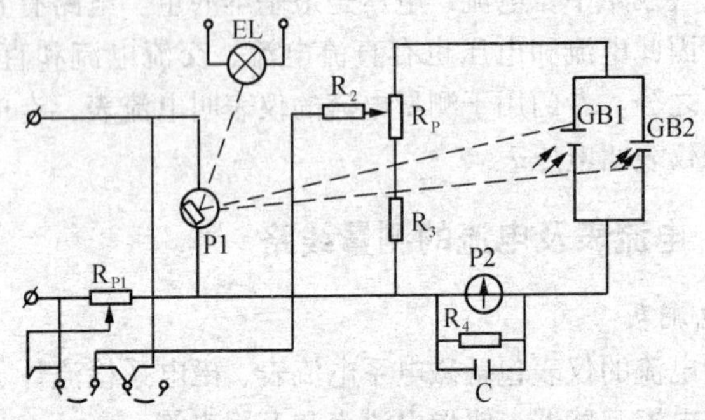

图 6－2 光电检流计原理示意

当输入电流不为零时，检流计 P1 的可动部分将发生偏转，使两个光电池上的光通量发生变化。假设 GB2 上的光通量大于 GB1 上的光通量，将产生差动光电流，该电流比输入电流大 1000 倍，这是只考虑光电转换的情况。在这种无反馈的情况下，由于外界因素的影响，其放大量将有明显的波动，为此实际应用中都引入很深的负反馈。图 6－2 中的可调电阻 R_P 为反馈电阻，调节 R_P 滑动触头的位置，就可以改变反馈深度，达到改变检流计灵敏度的目的。调节可调电阻 R_{P1}，可以改变被测量输入的灵敏度，同时防止被测电流过大而损坏检流计。

光电检流计作为检查或确定微小电流（电压）是否存在及其大小的高灵敏度仪表，广泛应用于电工精密测量技术中。

使用光电检流计时应注意以下几点：

1）搬动时必须轻拿轻放。

2）使用时要按正常工作位置放置。

3）搬动或使用完毕，应将止动器锁上。无止动器的，要合上短接动圈的开关，或用导线将两接线端子短路。

4）禁止用万用表或电桥直接测量检流计的内阻，以防止过大的电流烧坏检流计线圈。

5）使用光电检流计时，在未知被测电流大致范围的情况下，应先将 R_{P1} 调至最大值，从最低灵敏度开始，逐步向最高灵敏度过渡。测量过程中，应缓慢调节 R_{P1} 和 R_P，以避免冲击电流损坏检流计。

6）检流计应放置在干燥、无尘、无振动的场所使用或保存。

（3）电磁系电流表　电磁系电流表由电磁系测量机构组成。由于电磁系电流表的固定线圈直接串联在被测电路中，所以，要制造不同量程的电流表时，只要改变线圈的线径和匝数即可。因此，测量线路十分简单。

安装式电磁系电流表一般制成单量程，且最大量程不超过200A。这是因为电流太大时，靠近仪表的导线产生的磁场会引起仪表较大的误差，且仪表端钮若与导线接触不良时，会严重发热而酿成事故。因此，在测量较大的交流电流时，仪表须与电流互感器配合使用。

便携式电磁系电流表一般都制成多量程的，但它不能采用并联分流电阻的方法扩大量程。这是因为电磁系电流表的内阻较大，所以要求分流电阻也较大，这会造成分流电阻的体积及功率损耗都很大。因此，电磁系电流表扩大量程一般采用将固定线圈分段，然后利用分段线圈的串、并联来实现。图6－3所示为双量程电磁系电流表的原理电路图。当连接片按图6－3a 所示连接时，两段线圈串联，电流量程为I；按图6-3b所示连接时，两段线圈并联，电流量程扩大为2I。仪表的标度尺可以按量程I来确定，当量程为2I时，只需将读数乘以2即可。

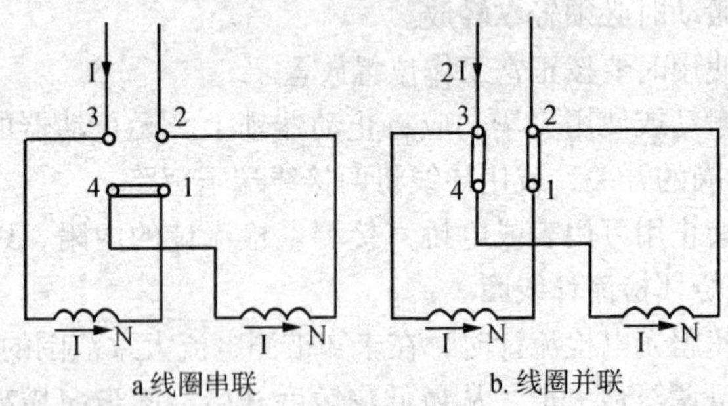

图6-3 双量程电磁系电流表的原理电路图

使用电流表时要做到以下几点：

1）选择电流表时要求其内阻小些好。

2）使用直流电流表测量电流时，除了使电流表与被测电路串联外，还要使电流从“+”端流入，“-”端流出。

3）测电流时，所选择的量程应使电流表指针指在刻度标尺的后三分之一段。

4）测量交流大电流时，一般用电流互感器将一次侧的大电流转换成二次侧的5A的小电流，然后再进行测量。

（4）电流互感器　电流互感器结构上与普通双绕组变压器相似，也有铁芯和一次侧、二次侧绕组，但它的一次侧绕组匝数很少，只有一匝到几匝，导线都很粗，串联在被测的电路中，流过被测电流，被测电流的大小由用户负载决定，如图6-4所示。

电流互感器的二次侧绕组匝数较多，它与电流表或功率表的电流线圈串联成为闭合电路，由于这些线圈的阻抗都很小，所以二次侧近似于短路状态。由于二次侧近似于短路，所以互感器的一次侧的电压也几乎为零。根据变压器的变流原理$\frac{I_1}{I_2}=\frac{N_2}{N_1}=K_I$

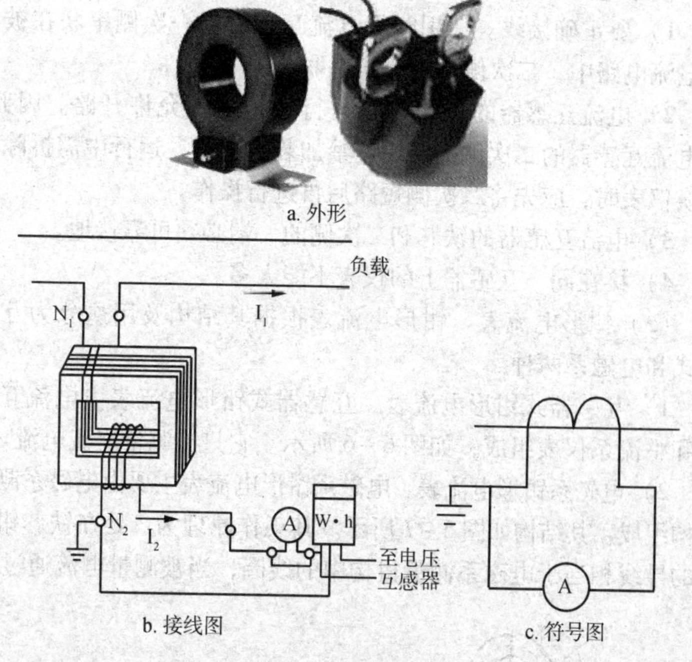

图 6－4　电流互感器

可知，式中 K_I 为电流互感器的额定电流比；I_2 为二次侧所接电流表的读数，乘以 K_I，就是一次侧的被测大电流的数值。

电流互感器的结构形式有干式、浇注绝缘式、油浸式等多种，如图 6－5 所示。

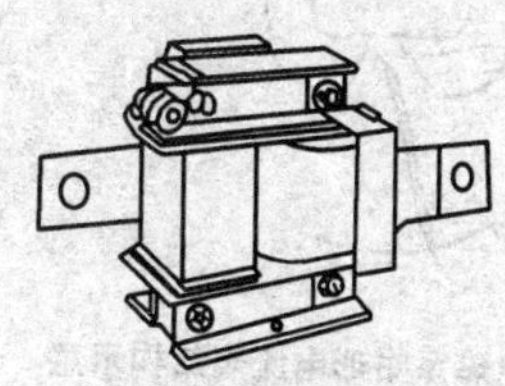
a.干式LQG-0.5型

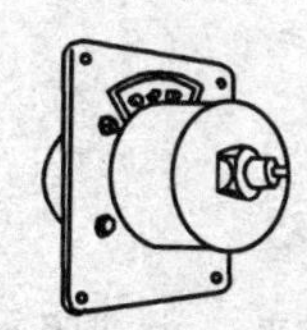
b.浇注绝缘式LDZJ1-10型

c.油浸式LCWD2-110型

图 6－5　电流互感器的种类

使用电流互感器时应注意：

1）要正确接线。使用时将电流互感器的一次侧串联在被测大电流电路中，二次侧与电流表串联。

2）电流互感器的二次侧在运行中绝对不允许开路。因此，在电流互感器的二次侧回路中严禁加装熔断器。运行中需拆除或更换仪表时，应先将二次侧短路后再进行操作。

3）电流互感器的铁芯和二次侧的一端必须可靠接地。

4）接在同一互感器上的仪表不能太多。

（5）钳形电流表　钳形电流表根据其结构及用途分为互感器式和电磁系两种。

1）互感器式钳形电流表。互感器式钳形电流表由电流互感器和整流系仪表组成，如图 6－6 所示。它只能测量交流电流。

2）电磁系钳形电流表。电磁系钳形电流表主要由电磁系测量结构组成，其结构如图 6－7 所示。其工作原理为：处在铁芯钳口中的导线相当于电磁系测量机构中的线圈，当被测量电流通过导

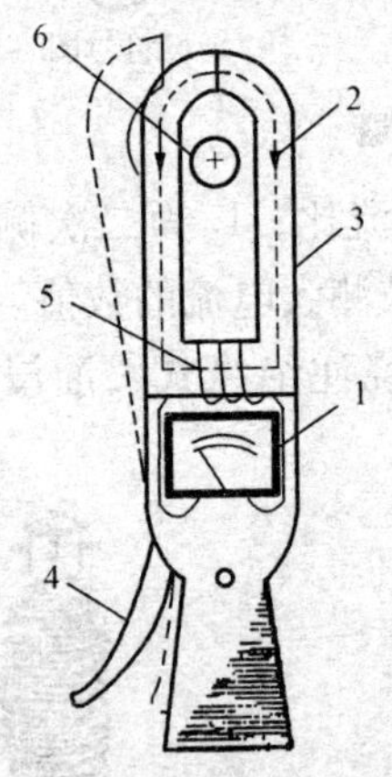

图 6－6　互感器式钳形电流表

1. 电流表；2. 电流互感器；3. 铁芯；4. 把手；5. 二次侧；6. 被测导线

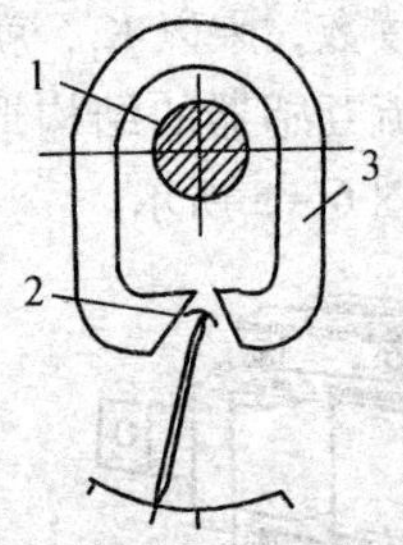

图 6－7　电磁系钳形电流表结构示意

1. 被测电流导线；2. 动铁片；3. 磁路系统

线时，在铁芯中产生磁场，使可动铁片磁化，产生电磁推力，带动指针偏转，指示出被测电流的大小。由于电磁系仪表的可动部分的偏转方向与电流极性无关，因此，可以交、直流两用。常用的有 MG20 型和 MG30 型钳形电流表。

3）钳形电流表的使用。

①测量前先检查钳形表有无损坏。

②估计被测电流的大小，选择合适的量程。若无法估计被测电流的大小，则应先从最大量程开始，逐步换成合适的量程。转换量程应在退出导线后进行。

③测量并读取测量结果。合上电源开关，将被测电流导线置于钳口内的中心位置，以免增大误差；若量程不对，应在退出钳口后转换量程开关。如果转换量程后指针仍不动，需继续减小量程至较小量程。

④使用时钳口的结合面要保持良好的接触，如有杂声，应将钳口重新开合一次；若杂声依然存在，应检查钳口处有无污垢存在，如有可用乙醇或汽油擦干净后再进行测量。

⑤测量 5A 以下较小电流时，可将被测导线多绕几圈再放入钳口测量，被测的实际电流值就等于仪表读数除以放进钳口中的导线的圈数。

⑥测量完毕，应将仪表的量程开关置于最大量程位置上，以防下次使用时，由于使用者疏忽而造成仪表损坏。

（6）万用表　万用表是一种可以测量多种电量，具有多种量程的便携式仪表。一般情况下，万用表主要用来测量直流电流、交直流电压和电阻。有的万用表还能测量交流电流、电感、电容、晶体三极管的 h_{FE} 值等。常用的万用表有模拟式和数字式两种，其中 500 型模拟式万用表最为常用。500 型模拟式万用表的总电路图如图 6－8 所示。

万用表的正确使用方法：

1）使用之前要调零。为了减小测量误差，在使用万用表之

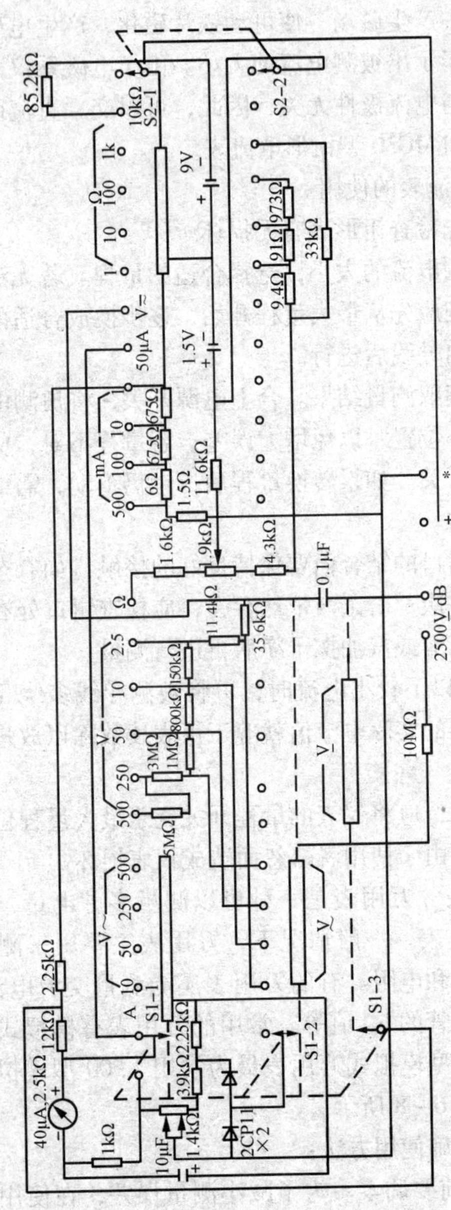

图6-8 500型模拟式万用表的总电路图

前应进行机械调零，如图 6 －9 所示。

图 6 －9　万用表机械调零

图 6 －10　正确接线

2）要正确接线。万用表面板上的插孔和接线柱都有极性标记。使用时将红表笔与“＋”极性孔相连，黑表笔与“－”极性孔相连。测量直流量时，要注意正、负极性不得接反，以免指针反转。测量电流时，仪表应串联在被测电路中。如图 6 －10 所示。

3）要正确选择测量挡位。测量挡位包括测量对象和量程。如测量电压时应将转换开关放在相应的电压挡，测量电流时应放在相应的电流挡等。如误用电流挡去测量电压，会造成仪表损坏。选择电流或电压量程时，应使指针处在标度尺三分之二以上的位置；选择电阻量程时，最好使指针处在标度尺的中间位置。这样做的目的是为了尽量减小测量误差。测量时，当不能确定被测电流、电压的数值范围，应先将转换开关转至对应的最大量程，然后根据指针的偏转程度逐步减小至合适量程。

4）测电流。

①将开关量程放置在直流挡，根据被测电流选择合适的量程，测量时，将测试表笔串联于被测电路中，电流流入端与红表笔相接，流出端与黑表笔相接。

②若电源内阻和负载电阻都很小，应尽量选择较大的电流量程，不能带电变换挡位和量程。

③测量较大电流，需将红表笔插入10A挡。

2. 直流电流的测量

(1) 直流电流表电路　测量直流电流要使用直流电流表或万用表的直流电流挡，其接线方法如图6－11所示。

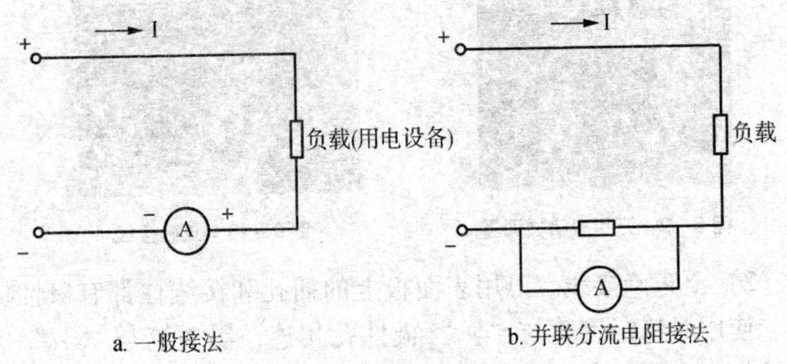

图6－11　直流电流表电路图

要扩大电流表的量程，只要在原来电流表的两端并联一只适当的分流电阻器就可以了。一般情况下，由于分流电阻的数值比原来电流表的内阻小得多，所以被测电流的绝大部分要经分流电阻分流，实际通过原来电流表的电流只是被测电流的很小一部分。同时，当原来电流表内阻与分流电阻一定时，被测电流与流过原电流表的电流之比也是一定的。因此，只要将原来电流表标度尺的刻度放大一定倍数，就能用仪表指针的偏转角来直接反映被测电流的数值。其表达式为

$$R=\frac{R_A}{n-1}$$

上式说明，要使电流表量程扩大n倍，所并联的分流电阻R应为测量机构内阻的1/(n－1)。对于同一测量机构，只要配上不同的分流电阻，就能制成不同量程的电流表。

(2) 多量程直流电流表电路　多量程直流电流表一般采用

并联不同阻值分流电阻的方法来扩大电流量程。按照分流电阻与测量机构连接方式划分，分为开路式和闭路式两种形式。

1）开路式分流电路的电路如图6－12a所示。它的优点是各量程间相互独立、互不影响。缺点是其转换开关的接触电阻包含在分流电阻中，可能引起较大的测量误差。特别是当转换开关触头接触不良，导致分流电路断开时，被测电流将全部流过测量机构使之烧毁。因此，开路式分流电路目前极少应用。

2）闭路式分流电路的电路如图6－12b所示。这种分流电路的缺点是各个量程之间相互影响，计算分流电阻较复杂。但其转换开关的接触电阻处在被测电路中，而不在测量机构与分流电阻的电路里，因此对分流准确度没有影响。尤其是当转换开关触头接触不良而导致被测电路断开时，保证不会烧坏测量机构。所以，闭路式分流电路得到了广泛的应用。

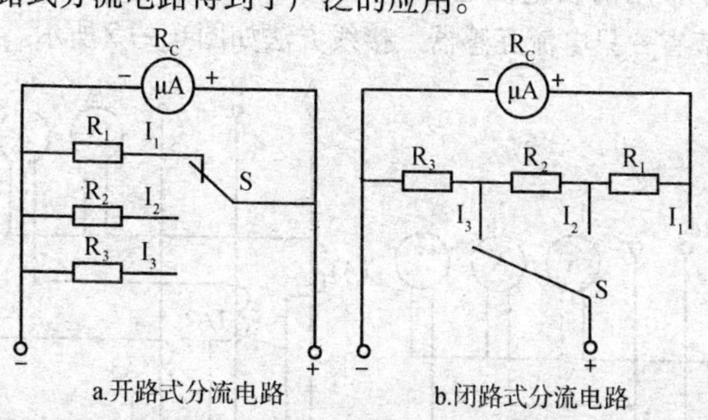

图6－12 多量程直流电流表原理电路图

在图6－12b所示的闭路式分流电路中，因为分流电阻越小时电流表量程越大，所以量程 $I_3>I_2>I_1$。

3. 交流电流的测量

（1）测交流电流的电路　测量交流电流要使用交流电流表或万用表的交流电流挡，其接线方法如图6－13所示。

（2）经一只电流互感器测单相电流电路　在交流电路中，若被测电流较大，或被测电路的电压较高，都可使用电流互感器和量程为5A的交流电流表测量电流。一是为了扩大电流表量程，二是比较安全。接线方法如图6－14所示。

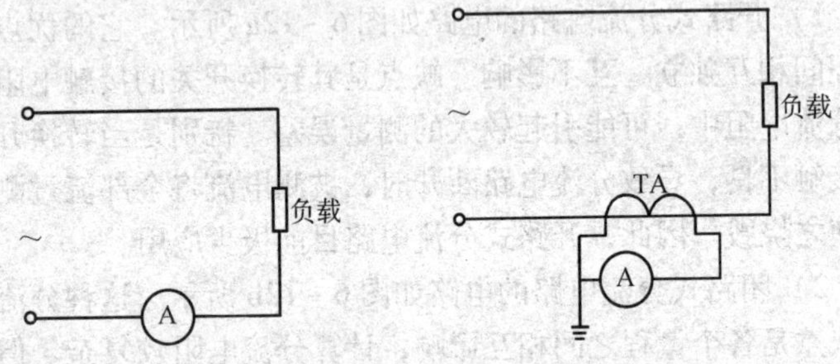

图6－13　交流电流表电路图　　图6－14　经一只电流互感器测单相电流电路图

(3) 经两只电流互感器测三相电流电路　在三相三线制交流电路中，用两只电流互感器和三只交流电流表，测量三相电流，可节省一只电流互感器。接线方法如图6－15所示。

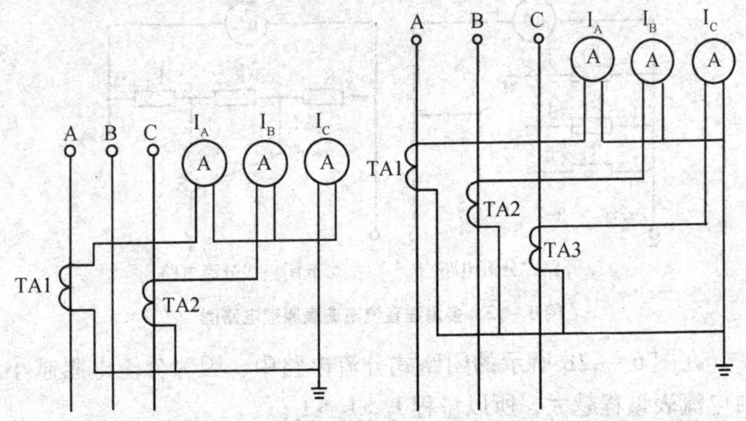

图6－15　经两只电流互感器测三相电流电路图　　图6－16　经三只电流互感器测三相电流电路图

(4) 经三只电流互感器测三相电流电路　在三相电流电路中测量三相电流，一般用三只电流互感器和三只交流电流表，接线方法如图6－16所示。

（5）一只交流电流表、两只电流互感器和一只电流换相开关测三相电流电路　在三相三线制交流电路中，常用一只交流电流表、两只电流互感器和一只电流换相开关测量三相电流，它可监视三相电流是否平衡，特别是对大容量电动机，可用一只电流表监视三相电流。

当旋转式电流转换开关旋转到 M1 与 A，M2 与 B、C 相接时，测量 A 相电流；当 M1 与 C，M2 与 A、B 相接时测量 C 相电流；当 M1 与 B，M2 与 A、C 相接时，测量 B 相电流。这样可节省两只电流表。接线如图 6－17 所示。

在使用旋转式电流换相开关时，要注意以下几点：

1）旋转式电流换相开关在安装接线时，互感器一端必须可靠接地，以防产生高压。

2）用这种旋转开关只用两只电流互感器，便可测得三相电流。

3）接旋转式电流换相开关时，必须接线可靠，在接线前还应检查换相开关的内部触点，必须接触良好方能接线。

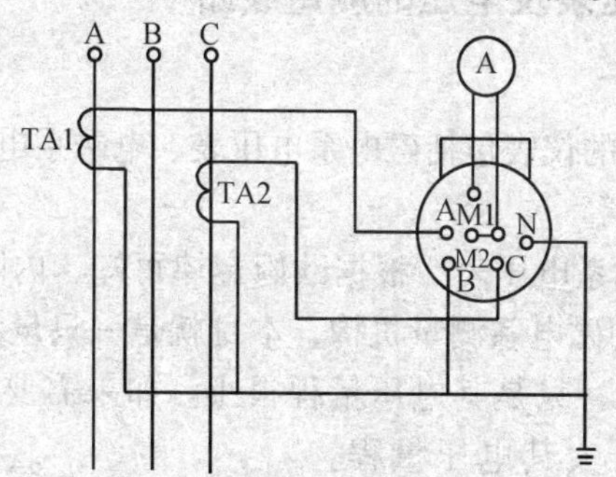

图 6－17　一只交流电流表、两只电流互感器和一只电流换相开关测三相电流电路图

（6）一只交流电流表、三只电流互感器和一只电流换相开关测三相交流电流电路　在三相交流电路中，也可以用一只交流电流表、三只电流互感器和一只电流换相开关测量三相电流。接

线方法如图 6－18 所示。当旋转式电流转换开关转到 M1 与 A，M2 与 B、C、N 相接时，测量 A 相电流；当 M1 与 B，M2 与 A、C、N 相接时，测量 B 相电流；当 M1 与 C，M2 与 A、B、N 相接时，测量 C 相电流。

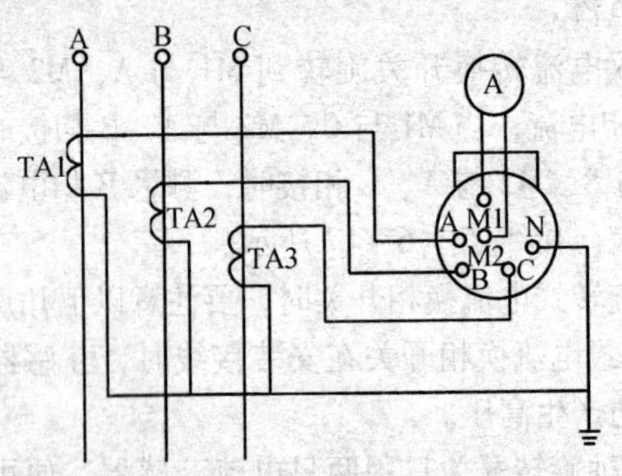

图 6－18 一只交流电流表、三只电流互感器和一只电流换相开关测三相交流电流电路图

二、电压表及电压的测量线路

1. 电压表

测量电压的仪表包括磁电系电压表、电磁系电压表、电压互感器和万用表等。

（1）磁电系电压表 根据欧姆定律可知，内阻为 R_C、满刻度电流为 I_C 的磁电系测量机构，本身就是一只量程为 $U_C = I_C R_C$ 的直流电压表，只是其电压量程很小。如果需要测量更高的电压，就必须扩大其电压量程。根据串联电阻具有分压作用的原理，扩大电压量程的方法就是给测量机构串联一只分压电阻 R_V，如图 6－19 所示。

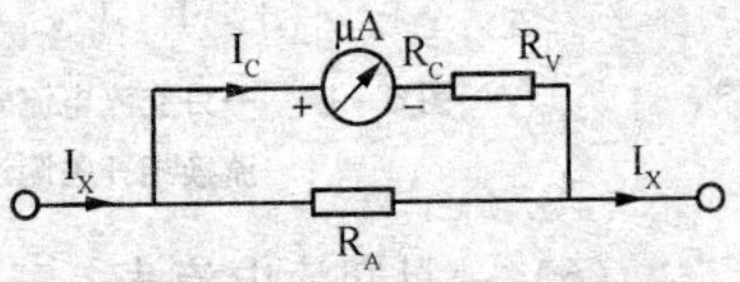

图 6－19 磁电系电压表的组成

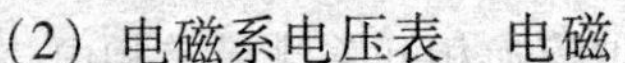
（2）电磁系电压表 电磁

系电压表由电磁系测量机构与分压电阻串联组成。作为电压表，一般要求通过固定线圈的电流很小，但为了获得足够的转矩，又必须有一定的励磁安匝数，所以固定线圈的匝数一般较多，并用较细的漆包线绕制。

安装式电磁系电压表都做成单量程的，最大量程为600V。要测量更高的交流电压时，仪表要与电压互感器配合使用。

便携式电磁系电压表一般也制成多量程的。图6－20所示为双量程电磁系电压表的电路图，它采用了共用式分压电路。

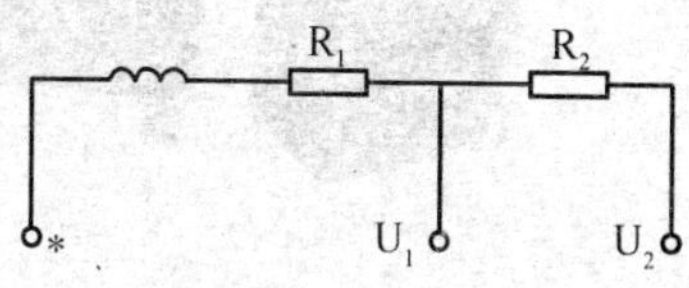

图6－20　电磁系电压表

使用电压表测量电压时应注意以下问题：

1）选择电压表时要求其内阻大些好。

2）使用直流电压表时，除了使电压表与被测电路两端并联外，还应使电压表的“+”极与被测电路的高电位端相连，“－”极与被测电路的低电位端相连。

3）交流电压表使用时不分“+”“－”极性，其指示值是交流电压的有效值。

4）当无法确定被测电压的大约数值时，应先用电压表的最大量程测试后，再换成合适的量程。转换量程时，要先切断电源，再转换量程。

5）为安全起见，600V以上的交流电压，一般不直接接入电压表，而是通过电压互感器将一次侧的高电压变换成二次侧的100V后再进行测量。

（3）电压互感器　电压互感器的原理和普通降压变压器是完全一样的，不同的是它的变压比更准确；电压互感器的一次侧接有高电压，而二次侧接有电压表或其他仪表（如功率表、电能表等）的电压线圈，如图6－21所示。

因为这些负载的阻抗都很大，电压互感器近似运行在二次侧

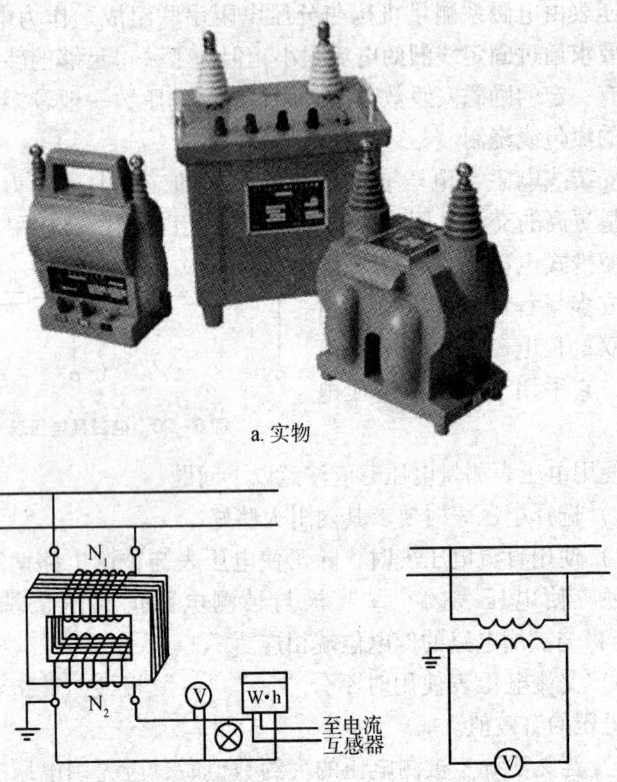

a. 实物

b. 接线图

c. 符号

图 6－21 电压互感器

开路的空载状态，则有

$$\frac{U_1}{U_2}=\frac{N_1}{N_2}=K$$

式中，U_2 为二次侧电压表上的读数，只要乘变比 K 就是一次侧的高压电压值。

电压互感器的种类和电流互感器相似，也有干式、浇注绝缘式、油浸式等多种，如图 6－22 所示。

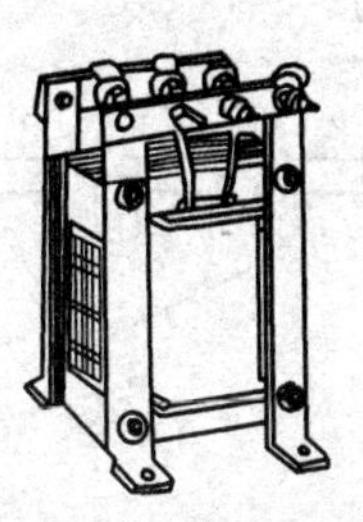
a.干式JDG-0.5型

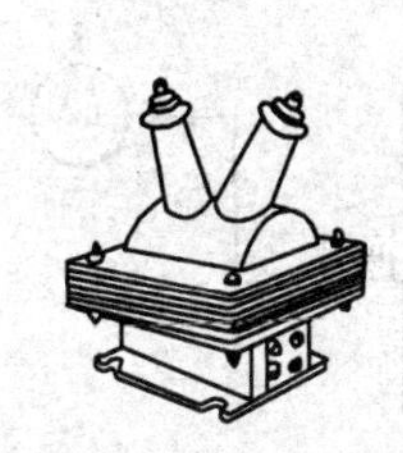
b.浇注绝缘式JDZJ-10型

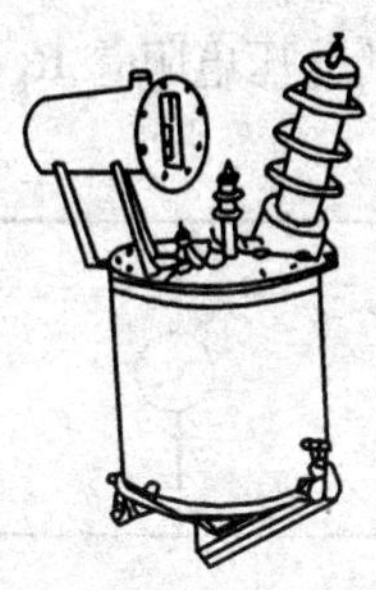
c.油浸式JDJJ-35型

图6－22　电压互感器的种类

使用电压互感器时应注意：

1）要正确接线。使用时，将电压互感器一次侧与被测电路并联，二次侧与电压表并联。

2）电压互感器的一次侧、二次侧在运行中绝对不允许短路。

3）电压互感器的铁芯和二次侧的一端必须可靠接地。

2. 直流电压的测量

（1）单量程直流电压表测量电路　测量直流电压要使用直流电压表或万用表的直流电压挡，其接线方法如图6－23所示。

根据串联电阻具有分压作用的原理，扩大电压表量程的方法就是给量程小的电压表串联一只适当的分压电阻，此时，通过测量机构的电流仍为原来的小电流 I_C 不变，并且 I_C 与被测电压 U 成正比。所以，可以用仪表指针偏转角的大小来反映被测电压的数值，从而扩大了电压表的量程。

（2）多量程直流电压表测量电路　多量程直流电压表是由磁电系测量机构与不同阻值的分压电阻串联组成。通常采用如图6－24所示的共用式分压电路，这种电路的优点是高量程分压电阻共用了低量程的分压电阻，达到了节约材料的目的。缺点是一旦低量程分压电阻损坏，则高量程电压挡就不能使用。

在图6－24所示分压电路中，量程 $U_3 > U_2 > U_1$，其中 U_3 量程的分压电阻是 $R_1 + R_2 + R_3$，U_2 量程的分压电阻是 $R_1 + R_2$，U_1

量程的分压电阻是 R_1，端钮“－”是共用的。

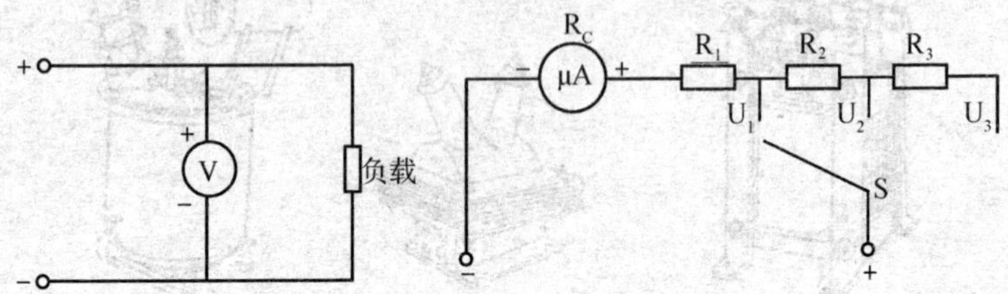

图 6－23　直流电压的测量电路图　　图 6－24　多量程直流电压表测量电路图

（3）万用表直流电压测量电路　测量直流电压时，可将 500 型万用表右边转换开关 S2 置于交流挡位置，左边转换开关 S1 置于直流电压的任意挡位，就组成如图 6－25 所示直流电压测量电路（此时开关位于 2.5V 挡位置）。

从图 6－25 可以看出，万用表的直流电压测量电路实质上就是一只多量程的直流电压表。它采用了共用式分压电路，其电路也是在 50μA 直流电流挡的基础上组成的。

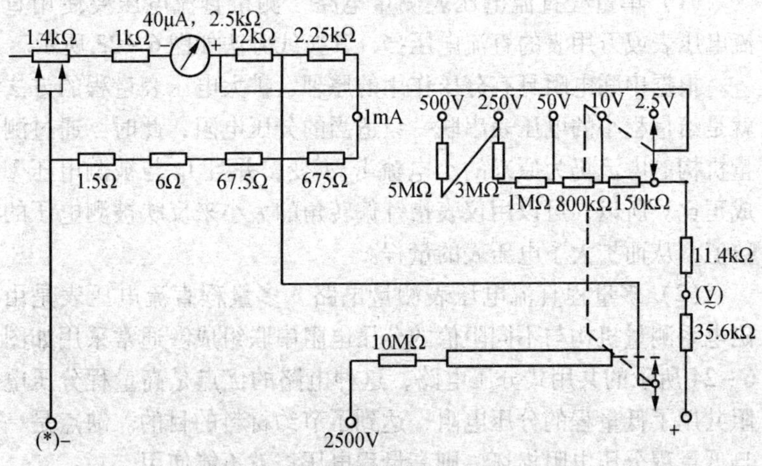

图 6－25　万用表直流电压测量电路图

测 2500V 高压时，量程开关可放在 2.5V 挡以外的任意直流电压挡上，其分压电阻采用一只专用的 10MΩ 电阻。使用时将红表笔插在 2500V 专用插孔里，黑表笔插在“＊”插孔里。

3. 交流电压的测量

（1）交流电压表电路　测量交流电压要使用交流电压表或万用表的交流电压挡，其接线方法如图 6－26 所示。

（2）万用表测交流电压电路　万用表的测量机构采用磁电系微安表，只能测量直流电流。如果要测量交流量，只有加上整流器将交流变换成直流后，再送入测量机构，然后找出整流后的电流与输入交流电流之间的关系，才能在仪表标度尺上直接标出输入交流电的大小。我们把由磁电系测量机构和整流装置组成的仪表称为整流系仪表。万用表的交流电压测量电路就是在整流系仪表的基础上串联分压电阻而成的。

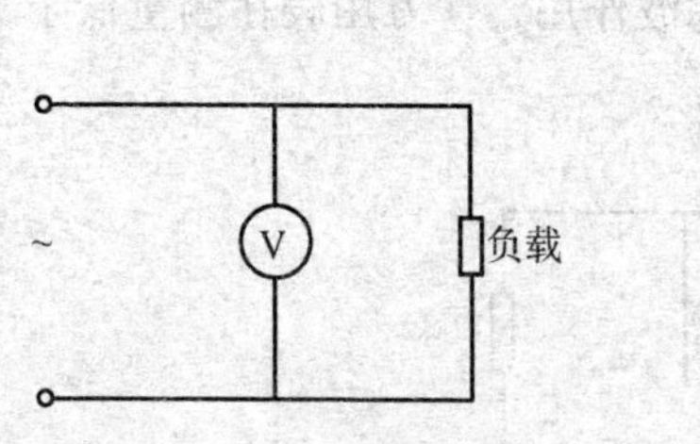

图 6－26　交流电压表电路图

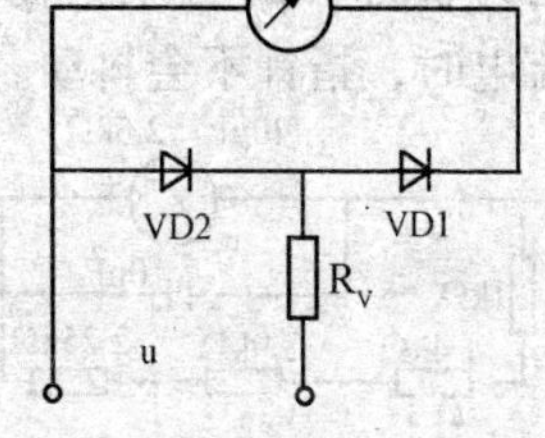

图 6－27　万用表测量交流电压的原理电路图

万用表交流电压测量电路中的整流电路有半波和全波两种形式。500 型万用表采用如图 6－27 所示的半波整流电路，图中的 R_V 为分压电阻。与测量机构串联的 VD1 是整流二极管，它能将输入的交流电变成脉动直流电流，送入磁电系微安表。VD2 是保护二极管，可以防止输入交流电压在负半周时反向击穿整流二极管 VD1。如果没有 VD2，则在外加电压负半周时，由于整流二极管 VD1 反向截止而承受很高的反向电压，可能造成 VD1 的反向击穿。接入 VD2 后，在负半周时 VD2 导通，使 VD1 两端的反向电压大大降低，保证了 VD1 不会被反向击穿。

由于通过测量机构的电流实际上是经过整流后的单向脉动电流，而其指针的偏转角是与脉动电流的平均值成正比的，所以，整流系仪表所指示的值应该是交流电的平均值。但是，交流电的大小习惯上是指交流电的有效值。为此，可根据交流电有效值与平均值之间的关系来刻度标度尺。

将万用表右边的转换开关 S2 置于交流电压挡，左边转换开关 S1 置于交流电压的任意一个量程，就组成如图 6－28 所示的交流电压测量电路。

由图 6－28 看出，交流电压测量电路仍是在直流电流 50μA 挡的基础上扩展而成的，也采用共用式分压电路。只是另外又与测量机构串联了一只 2.25kΩ 的隔离电阻，并且用一只 3.9kΩ 的电阻分流，使测量机构的灵敏度比直流电压挡的灵敏度低。与测量机构并联的 10μF 电容起滤波作用，使万用表在测量低于 10Hz 的交流电时，指针不会抖动。

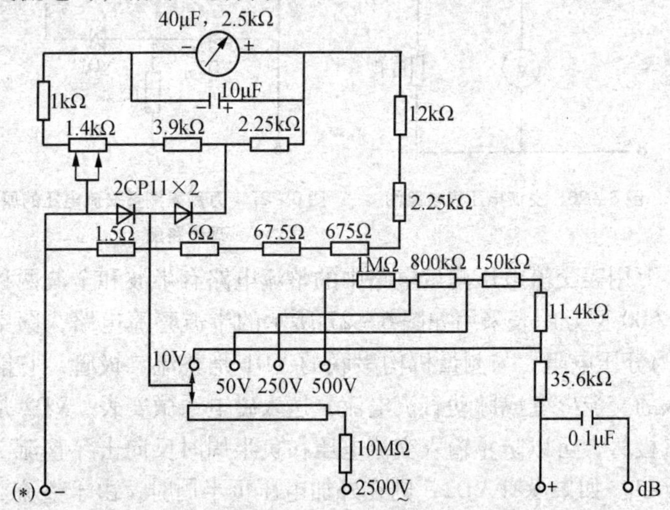

图 6－28　500 型万用表交流电压测量电路图

500 型万用表的交流电压测量电路采用半波整流电路，整流效率低。它的分压电阻与直流电压挡的分压电阻共用。如交流

250V 挡的分压电阻为直流 50V 挡的分压电阻，两者相差 5 倍。可见，交流电压挡的电压灵敏度只有直流电压挡灵敏度的五分之一，这就是用降低分压电阻的方法，补偿由于整流效率低而使测量机构电流下降的影响，从而达到节省材料和交直流电压挡共用一条标度尺的目的。

测量 2500V 交流高压时，要用专用的 10MΩ 分压电阻，两表笔分别与 2500V 和“＊”两插孔相接，量程开关置于 10～500V 中的任意一挡。

（3）一只电压转换开关和一只交流电压表测量三相电压电路　在三相交流低压电路中，有时应用一只交流电压表通过电压转换开关分别测得三相线电压，以监视三相电压值是否平衡，使用起来极为方便，其接线方法如图 6－29 所示。

当 M1 与 A、M2 与 B 相接时，可测得 AB 两相线电压；当 M1 与 B、M2 与 C 相接时，可测得 BC 两相线电压；当 M1 与 C、M2 与 A 相接时，可测得 CA 两相线电压。使用旋转式电压换向开关时应注意以下几点：

1）这种换向开关是用于测量 380V 的三相交流电压，它与 380V 的三相交流电压配合使用，切忌用于直流上。

2）旋转式电压换向开关应安装在配电柜操作台上方，竖直安装，以便于操作。

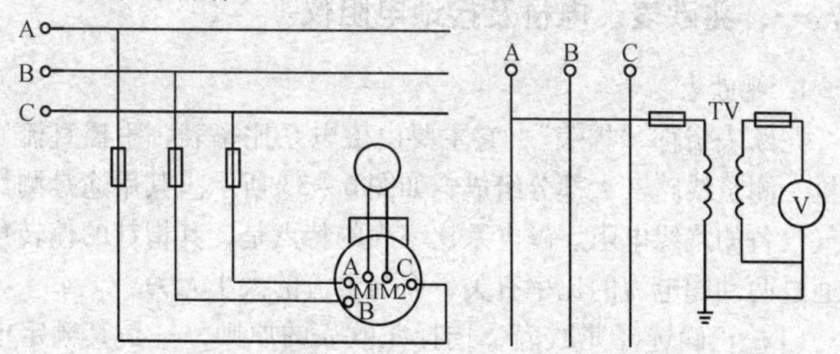

图 6－29　一只电压转换开关和一只交流电压表测量三相电压电路图

图 6－30　经一只电压互感器测单相交流电压电路图

（4）一只电压互感器测量单相交流电压电路　在交流电路中测量电压，往往采用电压互感器和量程为100V的交流电压表。这样既扩大了仪表量程，又比较安全。接线方法如图6－30所示。

（5）两只单相电压互感器测量三相线电压电路　接线方法如图6－31所示。

（6）三相电压互感器测三相线电压电路　接线方法如图6－32所示。

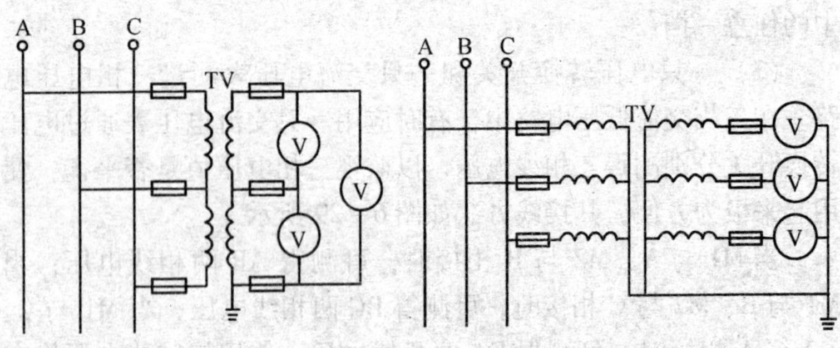

图6－31　两只单相电压互感器测三相线电压电路图

图6－32　三相电压互感器测量三相线电压电路图

第二节　电阻的测量

一、兆欧表、电桥及接地电阻仪

1. 兆欧表

兆欧表俗称“摇表”，它主要由磁电系比率表、手摇直流发电机、测量线路三大部分组成，如图6－33所示。其用途是测量电气设备的绝缘电阻。磁电系比率表的特点是，其指针的偏转角与通过两动圈电流的比率有关，而与电流的大小无关。

（1）正确选择兆欧表　选择兆欧表的原则，一是其额定电压一定要与被测电气设备或线路的工作电压相适应；二是兆欧表的测量范围也应与被测绝缘电阻的范围相符合，以免引起大的读数误差。

图 6－33 兆欧表

图 6－34 兆欧表的接线

（2）兆欧表的正确接线 兆欧表有三个接线端钮，分别标有 L（线路）、E（接地）和 G（屏蔽），使用时应按测量对象的不同来选用。当测量电力设备对地的绝缘电阻时，应将 L 接到被测设备上，E 可靠接地即可。如图 6－34 所示。

（3）使用兆欧表前的检查 使用兆欧表前要检查其是否完好。检查步骤是：在兆欧表未接通被测电阻之前，摇动手柄使发电机达到 120r/min 的额定转速，观察指针是否指在标度尺的“∞”位置。再将端钮 L 和 E 短接，缓慢摇动手柄，观察指针是否指在标度尺的“0”位置。如果指针不能指在相应的位置，表明兆欧表有故障，必须检修后才能使用。如图 6－35 所示。

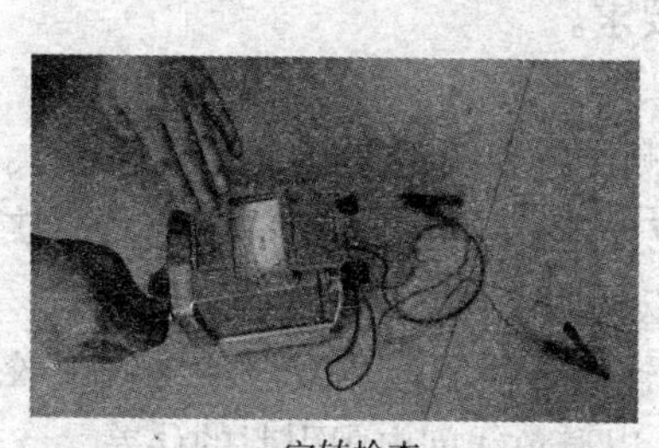

a. 空转检查

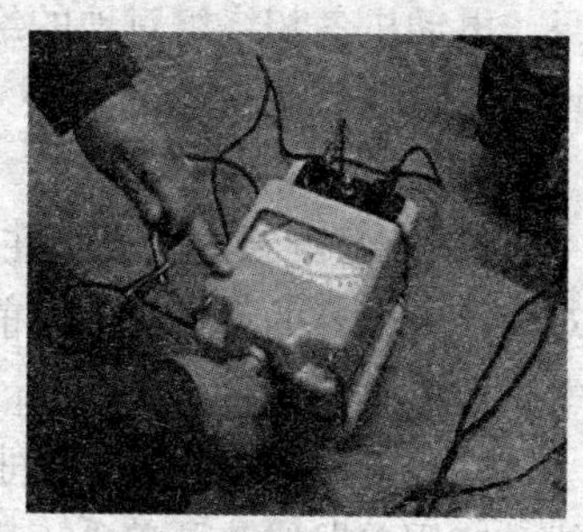

b. 短接检查

图 6－35 使用兆欧表前的检查

（4）测量绝缘电阻　以三相异步电动机为例说明其操作方法。

1）先测量各相绕组对地的绝缘电阻。将兆欧表的 E 端接电动机的外壳，L 端接在电动机 U 相绕组接线端上，如图 6－36 所示。摇动手柄应由慢渐快增加到 120r/min，手摇发电机时要保持匀速。若发现指针指零，应立即停止摇动手柄。应注意，读数应在匀速摇动手柄 1min 以后读取。

测量电动机 V 相绕组对地的绝缘电阻：将兆欧表的 L 端改接在 V 相绕组接线端，摇动手柄 1min 以后读取读数。用相同的方法测量电动机 W 相绕组对地的绝缘电阻。

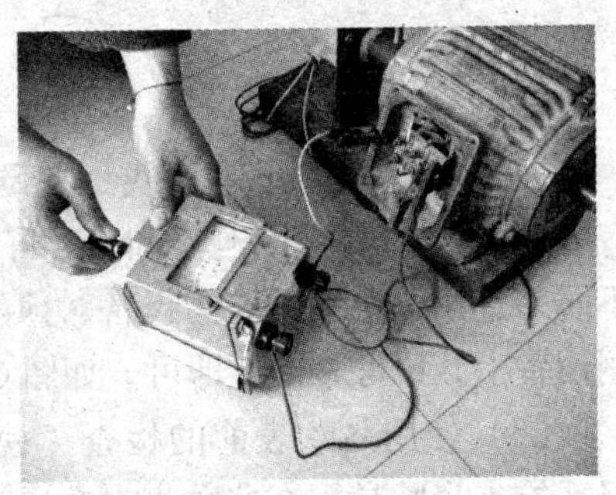

图 6－36　兆欧表 E 端、L 端的接线

2）测量电动机绕组相与相之间的绝缘电阻。将兆欧表的 L 端和 E 端分别接在每两相绕组接线端，摇动手柄 1min 以后读取读数。

（5）记录测量结果　将各测量结果用笔记录，根据测量结果，电动机各相绕组对地的绝缘电阻和各相绕组之间的绝缘电阻均大于 500MΩ，完全符合技术要求。

（6）注意事项

1）测量绝缘电阻必须在被测设备和线路停电的状态下进行。对含有大电容的设备，测量前应先进行放电，测量后也应及时放电，放电时间不得小于 2min，以保证人身安全。

2）兆欧表与被测设备间的连接导线不能用双股绝缘线或绞线，应用单股线分开单独连接，以避免线间电阻引起的误差。

3）摇动手柄时应由慢渐快至额定转速 120r/min。在此过程中，若发现指针指零，说明被测绝缘物发生短路事故，应立即停止摇动手柄，避免表内线圈因发热而损坏。

4）测量具有大电容设备的绝缘电阻，读数后不能立即停止摇动兆欧表，以防止已充电的设备放电而损坏兆欧表。应在读数后一边降低手柄转速，一边拆去接地线。在兆欧表停止转动和被测物充分放电之前，不能用手触及被测设备的导电部分。

5）测量设备的绝缘电阻时，应记下测量时的温度、湿度、被测设备的状况等，以便于分析测量结果。

2. 单臂电桥

（1）直流单臂电桥的工作原理　直流单臂电桥又称惠斯通电桥，是专门用来测量1Ω以上直流电阻的较精密的仪器。如图6－37所示，R_x、R_2、R_3、R_4 分别组成电桥的四个臂。其中，R_x 称为被测臂，R_2、R_3 构成比例臂，R_4 称为比较臂。

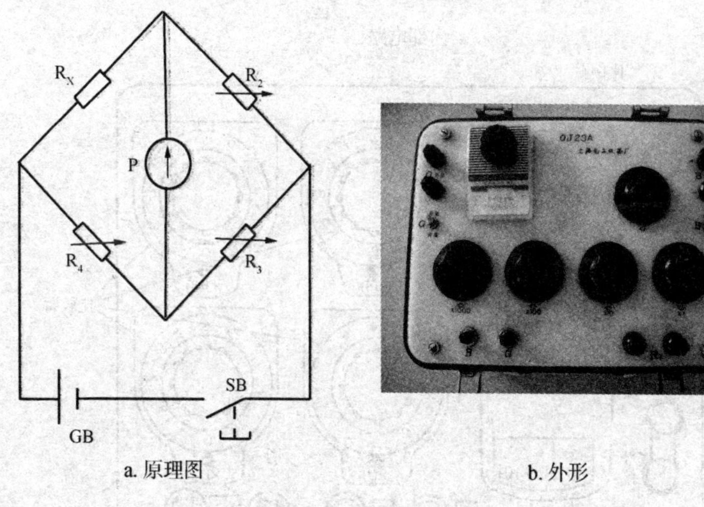

a. 原理图　　b. 外形

图6－37　直流单臂电桥

当接通按钮开关SB后，调节标准电阻 R_2、R_3、R_4，使检流计P的指示为零，即 $I_P=0$，这种状态称为电桥的平衡状态。

电桥平衡的条件是 $R_2 \cdot R_4 = R_x \cdot R_3$，它说明，电桥相对臂

电阻的乘积相等时，检流计中的电流 $I_P = 0$。

（2）QJ23 型直流单臂电桥　QJ23 型直流单臂电桥如图 6－38 所示。它的比例臂 R_2/R_3 由 8 只标准电阻组成，共分为七挡，

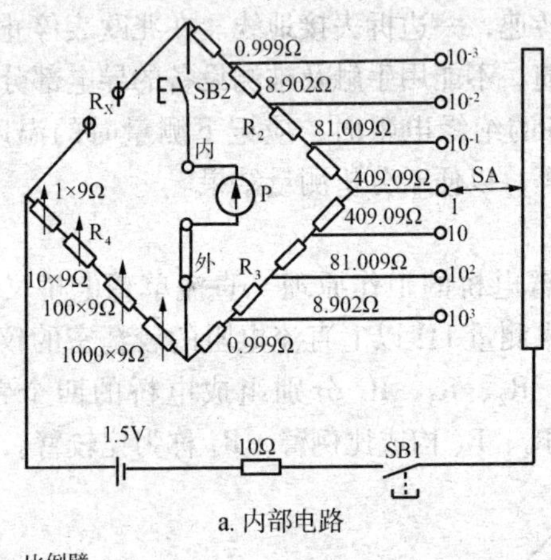

a. 内部电路

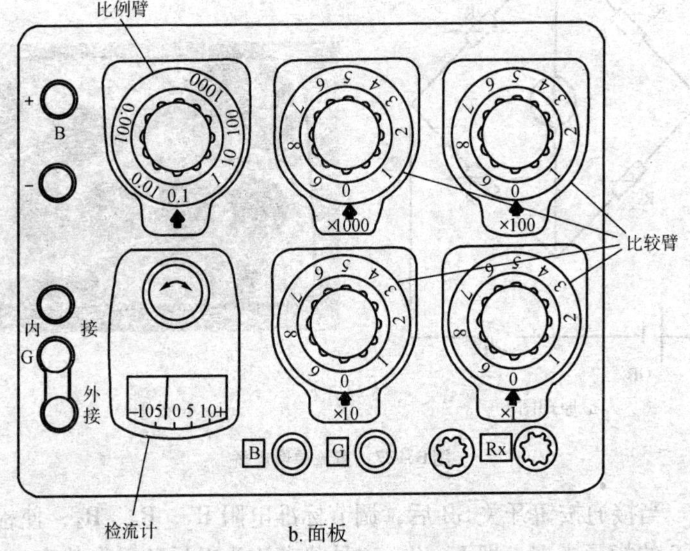

b. 面板

图 6－38　QJ23 型直流单臂电桥

由转换开关 SA 换接。比例臂的读数盘设在面板左上方。比较臂 R_4 由 4 只可调标准电阻组成，它们分别由面板上的四个读数盘控制，可得到从 0～9999Ω 范围内的任意电阻值，最小步进值为 1Ω。

面板上标有“Rx”的两个端钮用来连接被测电阻。当使用外接电源时，可从面板左上角标有“B”的两个端钮接入。如需使用外附检流计时，应用连接片将内附检流计短路，再将外附检流计接在面板左下角标有“外接”的两个端钮上。

(3) 直流单臂电桥的使用

1) 调整检流计零位。测量前应先将检流计开关拨向“内接”位置，即打开检流计的锁扣，然后调节调零器使指针指在零位。如图 6－39 所示。

2) 用万用表的欧姆挡估测被测电阻值，得出估计值。如图 6－40 所示。

图 6－39　调整检流计零位

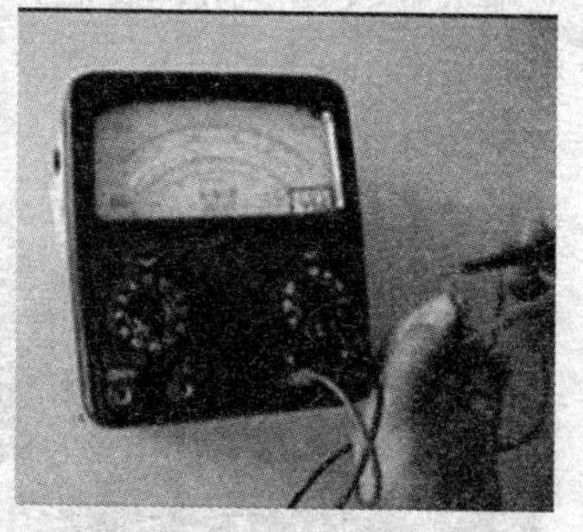

图 6－40　估测被测电阻值

3) 接入被测电阻时，应采用较粗较短的导线，并将接头拧紧。如图 6－41 所示。

4) 根据被测电阻的估计值，选择适当的比例臂，使比较臂的四挡电阻都能被充分利用，从而提高测量准确度。例如，被测电阻约为几十欧时，应选用 ×0.01 的比例臂。被测电阻约为几百欧时，应选用×0.1的比例臂。如图6－42所示。

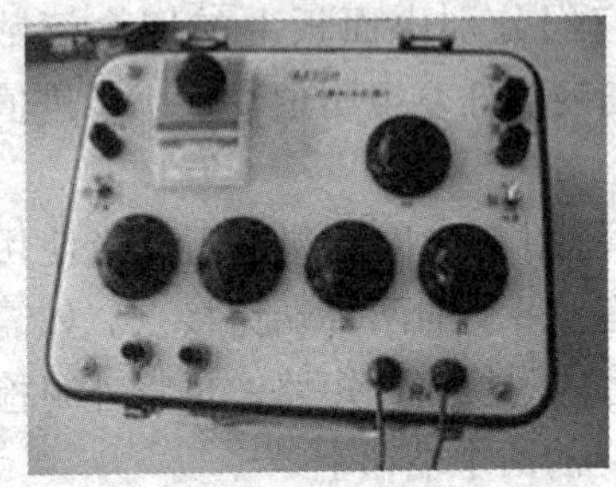

图6－41 接入被测电阻

图6－42 选择适当的比例臂

5）当测量电感线圈的直流电阻时，应先按下电源按钮，再按下检流计按钮，测量完毕，应先松开检流计按钮，后松开电源按钮，以免被测线圈产生自感电动势损坏检流计。如图6－43所示。

6）电桥电路接通后，若检流计指针向"＋"方向偏转，应增大比较臂电阻；反之，应减小比较臂电阻。如图6－44所示。

图6－43 按钮操作

图6－44 检流计指针

7）电桥检流计平衡时，读取被测电阻值＝比例臂读数×比较臂读数。

8）电桥使用完毕，应先切断电源，然后拆除被测电阻，最后将检流计锁扣锁上。

9）注意事项：

①使用前应先检查内附电池，电池容量不足时会影响测量准确度，要及时更换电池。

②连接导线应尽量短而粗，接点漆膜或氧化层应刮干净，接头要拧紧，以防止因接触不良影响准确度或损坏检流计。

③采用外接电源时，必须注意电源的极性，且不要使电源电压值超过电桥的规定值。

④长期不用的电桥，应取出内附电池，把电桥放在通风、干燥、阴凉的环境中保存。

⑤要保证电桥的接触点接触良好，如发现接触不良，可拆去外壳，用沾有汽油的纱布清洗，并旋转各旋钮，清除接触面的氧化层，再涂上一层薄薄的中性凡士林油。

3. 双臂电桥

直流双臂电桥又称凯文电桥。和直流单臂电桥相比，它能够消除接线电阻和接触电阻对测量结果的影响。因此，直流双臂电桥是专门用来精密测量1Ω以下小电阻的仪器。

直流双臂电桥的原理电路如图6－45所示。与单臂电桥不同，被测电阻R_x与标准电阻R_4共同组成一个桥臂，标准电阻R_n和R_3组成另一个桥臂，R_x与R_n之间用一阻值为r的导线连接起来。为了消除接线电阻和接触电阻的影响，R_x与R_n都采用两对端钮，即电流端钮C_1、C_2、C_{n1}、C_{n2}，电位端钮P_1、P_2、P_{n1}、P_{n2}。桥臂电阻R_1、R_2、R_3、R_4都是阻值大于10Ω的标准电阻。R是限流电阻。

使用时调节各桥臂电阻，使检流计指零，即$I_P=0$，电桥处于平衡状态。此时有

$$R_x=\frac{R_2}{R_1}R_n$$

为了使双臂电桥平衡时，求解R_x的公式与单臂电桥相同，

双臂电桥在结构上采取了以下措施：

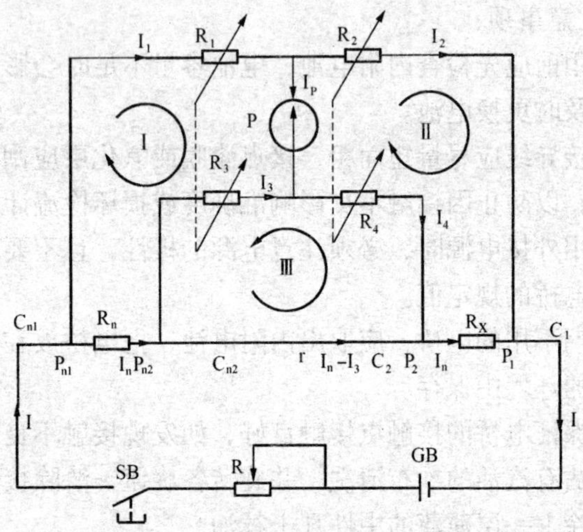

图 6-45 直流双臂电桥的原理电路

1）将 R_1 与 R_3、R_2 与 R_4 采用机械联动的调节装置，使 R_3/R_1 的变化和 R_4/R_2 的变化保持同步，从而满足 $R_3/R_1=R_4/R_2$。

2）连接 R_x 与 R_n 的导线，尽可能采用导电性良好的粗铜母线，使 $r\to0$。

由于直流双臂电桥可以较好地消除接触电阻和接线电阻的影响，因而在测量小电阻时，能够获得较高的准确度。

QJ103 型双臂电桥如图 6-46 所示。四个桥臂电阻做成固定倍率形式，通过机械联动转换开关 SA 的转换，可得到 ×100、×10、×1、×0.1 和 ×0.01 五个固定倍率，并保持 $R_3/R_1=R_4/R_2$。标准电阻 R_n 的数值可在 0.01～0.11Ω 范围内连续调节，其调节旋钮与读数盘一起装在面板上。测量时，调节倍率旋钮和 R_n 的调节旋钮使电桥平衡，检流计指零。此时，被测电阻 = 倍率数 × 读数盘读数。

QJ103 型直流双臂电桥的测量范围是 0.0011～11Ω，使用 1.5～2V 的直流电源，并备有外接电源用的接线端子。

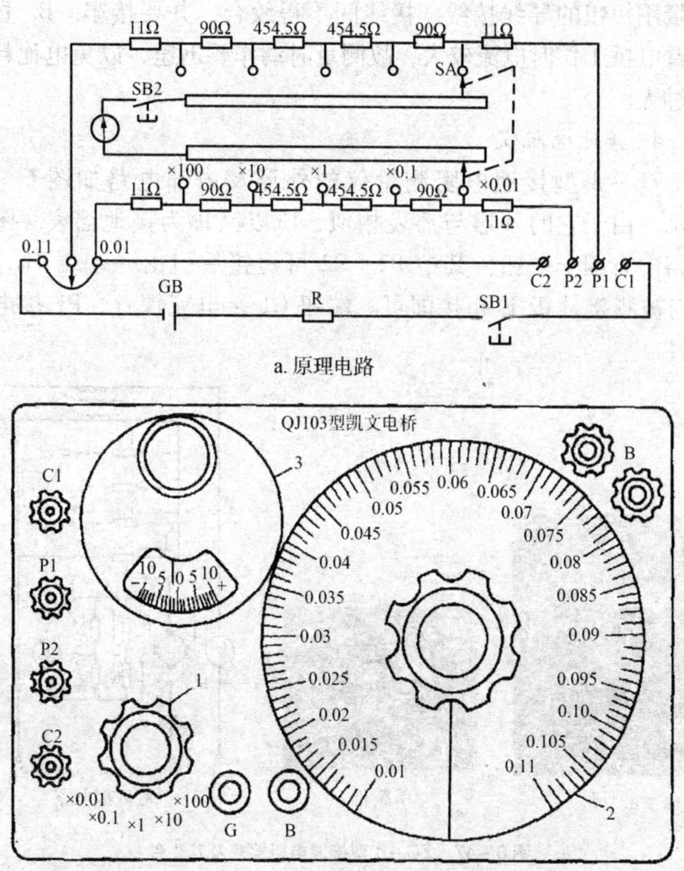

a. 原理电路

b. 面板

图 6－46　OJ103 型直流双臂电桥

1. 倍率旋钮；2. 标准电阻读数盘；3. 检流计

直流双臂电桥的使用方法与单臂电桥基本相同。另外还应注意以下两点：A. 被测电阻有电流端钮和电位端钮时，要与电桥上相应的端钮相连接。要注意电位端钮总是在电流端钮的内侧，且两电位端钮之间的电阻就是被测电阻。如果被测电阻没有电流端钮和电位端钮，则应自行引出电流和电位端钮。接线时注意应尽量用短粗的导线接线，接线间不得绞合，并要接牢。B. 直流双臂电桥工作时电流较大，故测量时动作要迅速，以免电池耗电量过大。

4. 接地电阻仪

ZC－8 型接地电阻测量仪的外形及内部电路如图 6－47 所示。由于它的外形与摇表相似，所以又称为接地摇表。图示电路中有四个端钮，其中 P2、C2 可短接后引出一个端 4E，将 E 与被测接地极 E 相接即可。端钮 C1 接电流探针，P1 接电位探针。

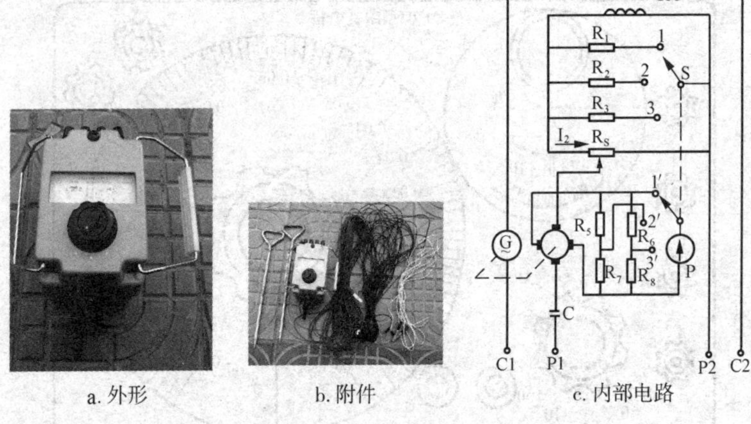

a. 外形 b. 附件 c. 内部电路

图 6－47 ZC－8 型接地电阻摇表及其附件

接地电阻测量仪应采用交流电源，因为土壤的导电主要依靠土壤中电解质的作用，如果用直流电测量会产生极化电动势，以致造成很大的误差。但是用做指零仪的检流计 P 是磁电系的，所以，该仪器备有机械整流器（或相敏整流器），以便将交流电整流成直流电后送入检流计。图 6－47c 中电容器 C 可用来隔断大地中的直流杂散电流。

为减小测量误差，根据被测接地电阻大小划分，仪表有 0～

1Ω、0~10Ω和0~100Ω三个量程，用联动转换开关S同时改变电流互感器二次侧的并联电阻 $R_1 \sim R_3$，以及与检流计并联的电阻 $R_5 \sim R_8$，即可改变量程。

设电流互感器TA的一次侧电流为 I_1，二次侧流经电位器 R_S 的电流为 I_2。则接通 R_1 时，$I_2 = I_1$，即 $K = 1$；接通 R_2 时，$I_2 = \frac{1}{10}I_1$，即 $K = \frac{1}{10}$；接通 R_3 时，$I_2 = \frac{1}{100}I_1$，即 $K = \frac{1}{100}$。调节仪表面板上电位器的旋钮使检流计指零，可由读数盘读得 R_S 的值，则 $R_X = KR_S$。

接地电阻测量仪的使用与维护：

1）使用前先将仪表放平，然后调零。

2）接地电阻测量仪的接线如图6-48所示。将电位探针P′插在被测接地极E′和电流探针C′之间，三者之间呈一直线且彼此相距20m。再用导线将E′与仪表端钮E相接，P′与端钮P相接，C′与端钮C相接，如图6-48a所示。四端钮测量仪的接线如图6-48b所示。当被测电阻小于1Ω时，为消除接线电阻和接触电阻的影响，应采用四端钮测量仪，接线如图6-48c所示。

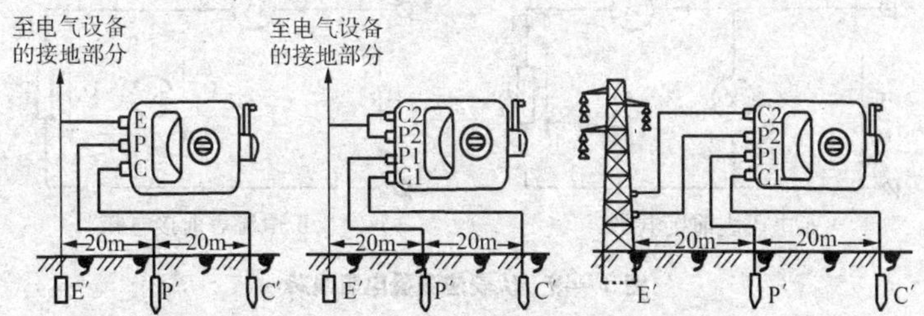

a.三端钮测量仪的接线　b.四端钮测量仪的接线　c.测量小电阻的接线

图6-48　接地电阻测量仪的接线

3）将倍率开关置于最大倍数上，缓慢摇动发电机手柄，同时转动“测量标度盘”，使检流计指针处于中心位置上。当检流计接近平衡时，要加快摇动发电机手柄，使发电机转速达到额定转速 120r/min，同时调节“测量标度盘”，使检流计指针稳定指在中心位置。此时即可读取接地电阻的数值：

接地电阻 = 倍率 × 测量标度盘读数

4）如果测量标度盘的读数小于 1Ω，应将倍率开关置于较小的一挡，再重新进行测量。

5）测量完毕，将各探针拔出，擦净泥土，防止生锈。

二、电阻的测量线路

电阻测量的方法较多，按获取测量结果的方式分为直接法、比较法和间接法三种；按所用仪表分类有万用表法、伏安法、兆欧表法、单双臂电桥法、接地电阻表法。

1. 伏安法

把被测电阻接上直流电源，然后用电压表和电流表分别测得电阻两端电压和通过电阻的电流，再根据欧姆定律计算出被测电阻的方法，称为伏安法。伏安法是一种间接测量方法。伏安法测量电阻线路如图 6－49 所示。

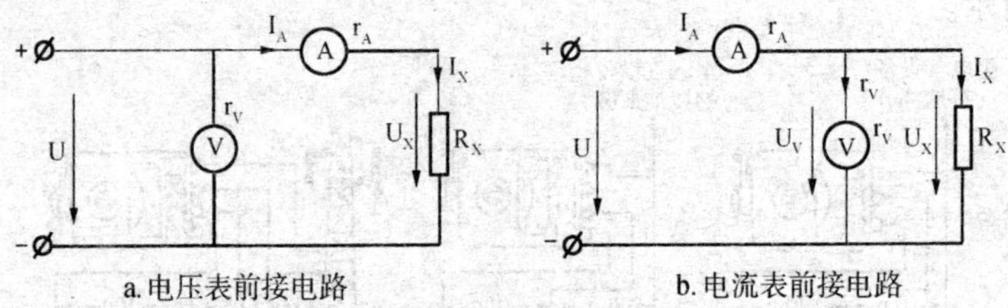

a. 电压表前接电路　　b. 电流表前接电路

图 6－49　伏安法测量电阻线路

2. 万用表测量电阻线路

500 型万用表测量电阻线路如图 6－50 所示。当转换开关置于电阻挡时，其电阻挡是在 50μA 挡的基础上扩展而成的。电阻 4.3kΩ、1.6kΩ 和可调电阻 1.9kΩ 共同组成分压式欧姆调零电路，1.9kΩ 可调电阻就是欧姆调零电阻。

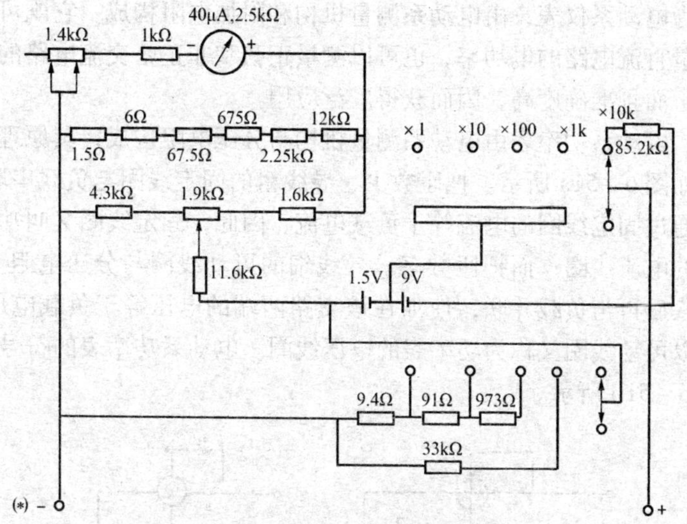

图 6－50　500 型万用表测量电阻线路

500 型万用表的电阻挡共有五挡倍率。×1～×10k 各挡的欧姆中心值分别为 10Ω、100Ω、1kΩ、10kΩ 和 100kΩ。

使用万用表时要做到以下几点：

1）测量电阻前要先进行欧姆调零。

2）严禁在被测电阻带电的情况下用万用表的欧姆挡测量电阻。

3）用万用表测量电阻时，所选择的倍率挡应使指针处于表盘的中间段。

4）万用表使用后，最好将转换开关置于最高交流电压挡或空挡。

第三节　功率的测量

一、功率表

功率表又称瓦特表，是用来测量电功率的仪表。常用的功率表为电动系仪表，由电动系测量机构和附加电阻构成，它既可以测量直流电路的电功率，也可以测量正弦和非正弦交流电路的功率，而且准确度高，因而获得广泛应用。

电动系功率表由电动系测量机构与分压电阻构成，其原理电路如图 6－51a 所示。把匝数少、导线粗的固定线圈与负载串联，使通过固定线圈的电流等于负载电流，因此，固定线圈又叫功率表的电流线圈；而把匝数多、导线细的可动线圈与分压电阻 R_V 串联后再与负载并联，使加在该支路两端的电压等于负载电压，所以可动线圈又称为功率表的电压线圈。电动系功率表的符号如图 6－51b 所示。

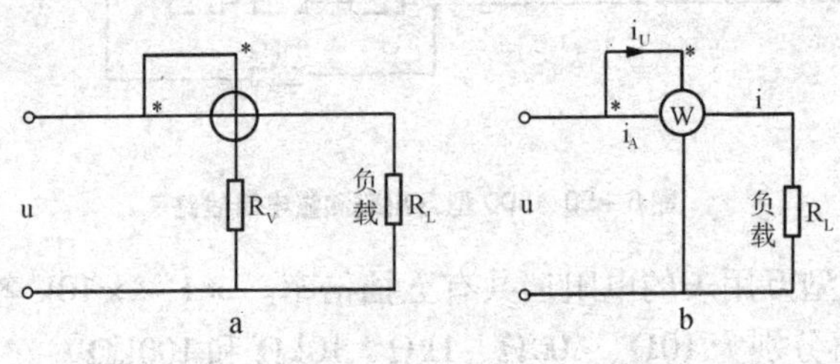

图 6－51 电动系功率表

1. 功率表的选择

在选择功率表时，首先要考虑功率表的电压量程和电流量程，使电流量程允许通过负载电流，电压量程能承受负载电压。此外，还要根据被测电路交流负载功率因数的大小考虑选用普通功率表还是低功率因数功率表。对功率因数很低的负载，应选用低功率因数功率表去测量，以保证测量的准确度。

2. 功率表的接法

功率表的电流线圈必须接入电路，标有“＊”号的电流端钮应接电源，另一端接负载；电压线圈必须并联接入电路，电压线圈上标有“＊”号的电压端钮接至电流端钮的任一端，另一端钮跨接到负载的另一端。以上接线规则称为功率表接线的发电机端守则，按照该规则，功率表的正确接线方式有两种：一种称为电压线圈前接方式，适用于负载电阻远大于功率表电流线圈电阻的情况；另一种称为电压线圈后接方式，适用于负载电阻远小于功率表电压线圈电阻的情况。在实际测量中，若被测负载的功率较大，以上两种接线方式可任选。

3. 功率表的使用

（1）机械调零　功率表应放置在坚固平整的桌面上，使用前应先进行机械调零。

（2）正确选择量程　由于功率表的功率量程实质上由电流量程和电压量程来决定，所以要求功率表的电流量程略大于被测电流，电压量程略高于被测电压，功率量程大于被测功率。三者必须同时满足。

（3）正确接线

（4）正确读数

1）求分格常数。如果功率表内部附有分格常数表，可通过查表得到在不同电流、电压量程时的分格常数 C。

分格常数 C 也可按下式计算：

$$C=\frac{\text{电压量程}\times\text{电流量程}}{\text{满刻度的格数}}$$

2）求被测功率 P：

$$P=\text{分格常数}\times\text{指针偏转格数}$$

操作完毕，要断开电源，拆除引线，清理现场，各仪表放归原处。

二、有功功率的测量线路

1. 直流电路功率的测量

直流电路功率测量有用电压、电流表法和功率表（瓦特表）法两种。前者功率 P 等于电压表和电流表读数的乘积，即 $P=UI$。为减少测量误差，在负载电阻 R_L、电压表内阻 R_V 和电流表内阻 R_A 相对值不同时，采用的接线方法如图 6－52a、b 所示。

图 6－52c 接线方法，功率表的读数就是被测负载的功率，电流必须同时从电流、电压端（标有 ∗）流进。

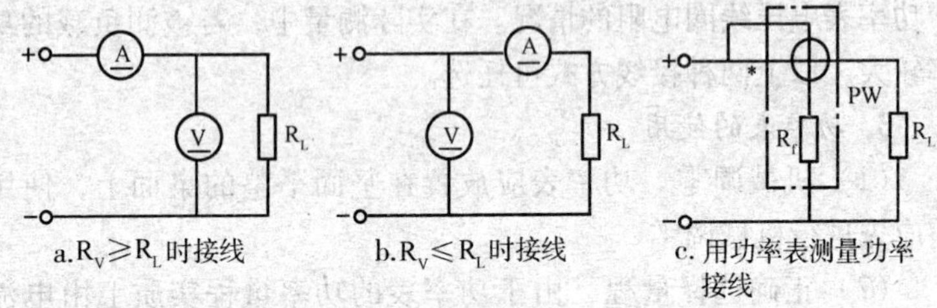

a. $R_V \geqslant R_L$ 时接线　b. $R_V \leqslant R_L$ 时接线　c. 用功率表测量功率接线

图 6－52　直流电路功率的测量

2. 单相功率表测量单相功率电路

功率表的接线方式有两种：电压线圈前接和电压线圈后接，如图 6－53 所示。电压线圈前接方式适用于负载电阻比功率表电流线圈电阻大得多的情况，而电压线圈后接方式适用于负载电阻比功率表电压线圈支路电阻小得多的情况。另外，为了保证功率表安全可靠地运行，常将功率表与电流表、电压表联合使用，其接线方式如图 6－53c 所示。

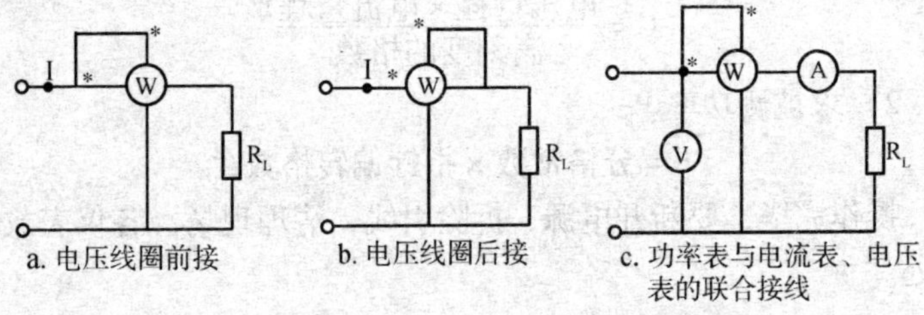

a. 电压线圈前接　b. 电压线圈后接　c. 功率表与电流表、电压表的联合接线

图 6－53　功率表接线

3. 三相有功功率的测量

（1）一表法测量三相对称负载功率　在三相四线制电路，若负载对称，可用一只单相功率表测量其中一相负载的功率，然后将该表读数乘以 3 即为三相对称负载的总功率。一表法测量三相对称负载功率如图 6－54 所示。

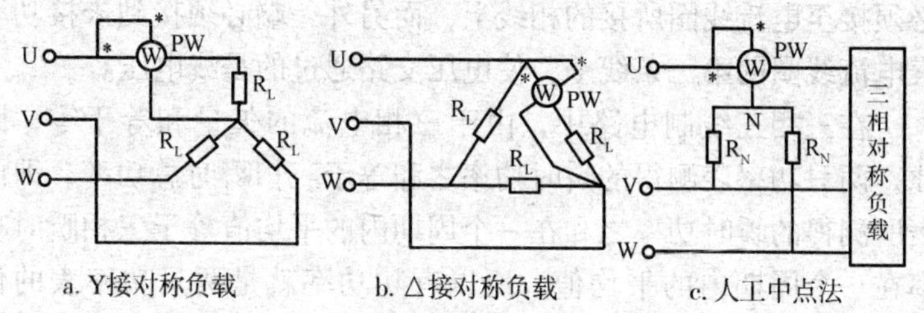

图 6－54　一表法测量三相对称负载功率

（2）三表法测量三相四线制有功功率电路　三表法测量三相四线有功功率电路如图 6－55 所示，用三只单相功率表分别测出每一相的功率，则三相总功率等于出每一相的功率之和。

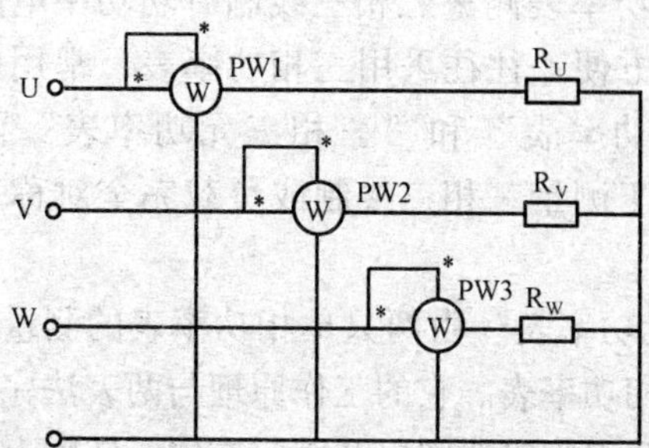

图 6－55　三表法测量三相四线有功功率电路图

（3）两表法测量三相三线制有功功率电路　用两只单相功率表测量三相三线有功功率的方法称为两表法，两表法测量三相三线制有功功率电路如图 6－56 所示。这是用单相功率测量三相三线制电路功率的最常用方法，而且不管三相负载是否对称。图中功率表 PW1、PW2 的电流线圈串接入任意两相相线中，两只表电压支路＋端

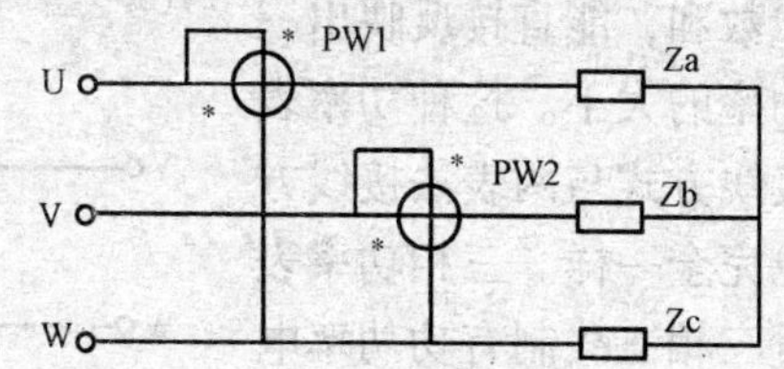

图 6－56　两表法测量三相三线制有功功率电路图

必须接至电流线圈所接的相线上，而另外一端必须接到未接功率表电流线圈的第三条线上，使电压支路通过的是线电压。

在三相三线制电路中，由于三相电流的矢量和等于零，因此，两只功率表测得的瞬时功率之和等于三相瞬时总功率，即两表所测得的瞬时功率之和在一个周期内的平均值等于三相瞬时功率在一个周期内的平均值，所以有功功率就是两只功率表的代数和。

在三相四线制不对称负载电路中，因三相电流瞬时值之和不等于0，所以此种测量方法只适用于三相三线制电路，而不适用于三相四线制电路。

(4) 三相功率表测量三相三线制有功功率电路　在实际应用中，为测量方便，往往采用三相功率表，常用的三相功率表有“三相二元功率表”和“三相三元功率表”两种。三相二元功率表适用于测量三相三线制或负载完全对称三相四线制的电路。

“三相二元功率表”由两只单相功率表的测量机构组成，故又称为两元三相功率表。它的工作原理与两表法完全相同。在它的内部，装有两组固定线圈以及固定在同一转轴上的两个可动线圈，因此仪表的总转矩等于两个可动线圈所受转矩的代数和，能直接反映出三相功率的大小。这种功率表的接线方式与两表法接线方式也完全一样。三相功率表测量三相三线制有功功率电路如图6-57所示。

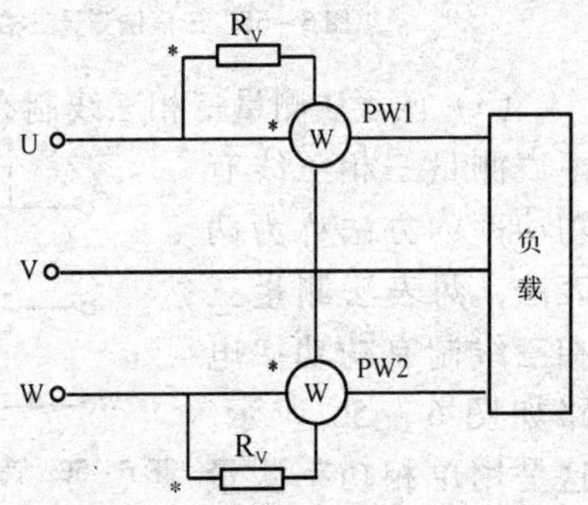

图6-57　三相功率表测量三相三线制有功功率电路图

(5) 三相功率表测量三相四线制有功功率电路　三相三元功率表适用于测量

一般三相四线制电路的功率。三相三元功率表包含有 3 个独立单元，用来测量三相四线电路功率，三相功率表测量三相四线制有功功率电路如图 6－58 所示。仪表外壳上有 10 个接线端钮，包括 3 个电流线圈的 6 个端钮和 3 个电压线圈的 4 个端钮。接线时将 3 个电流线圈分别串联在三相电路中，3 个电压线圈则应分别并联在三根电路和零线上。

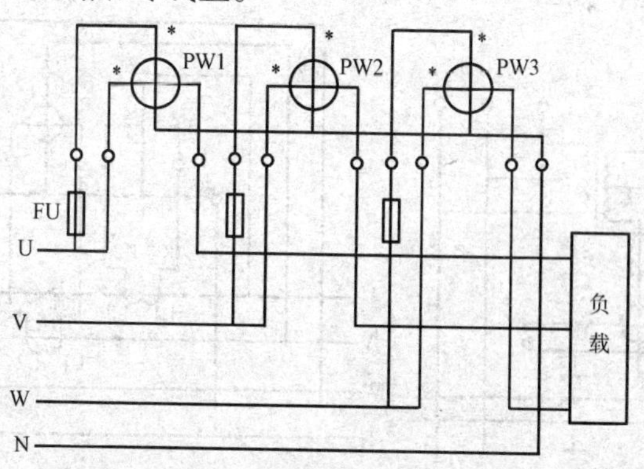

图 6－58　三相功率表测量三相四线制有功功率电路图

（6）三相二元功率表通过互感器测量三相三线制有功功率电路　在测量高电压或负荷电流很大的功率时，要通过电压或电流互感器与功率表相接。若电压高，则接入电压互感器，若负载电流很大，则接入电流互感器。接线时除功率表电流和电压量程应满足互感器二次额定电流和电压（电流互感器二次额定电流为 5A，电压互感器二次额定电压为 100V）外，还应注意功率表的极性不能接反，并应根据电压和电流互感器的电压比和电流比计算出功率表的倍率。配用互感器的三相功率表的表盘刻度实际上是按扩大量程后的数值刻度的。

三相二元功率表经互感器接入电路，测量三相三线电路的三相有功功率，如图 6－59 所示。

（7）三相三元功率表通过互感器测量三相三线制有功功率电路　在三相四线制中性点接地低压 380V/220V 供电系统中，

为了满足三相功率表扩大电流量程的需要，可经电流互感器接入三相三元功率表。读数时应乘以电流互感器的电流比（倍率）。接线时，应将电流互感器的 K1 端分别接入功率表带 * 的电流接线端子，K2 端接入不带 * 的电流端子，且 K2 端应接地或接零。带 * 的电压端子应接在电流互感器的 L1 端，不带 * 的电压端子接在零线上，如图 6 - 60 所示。

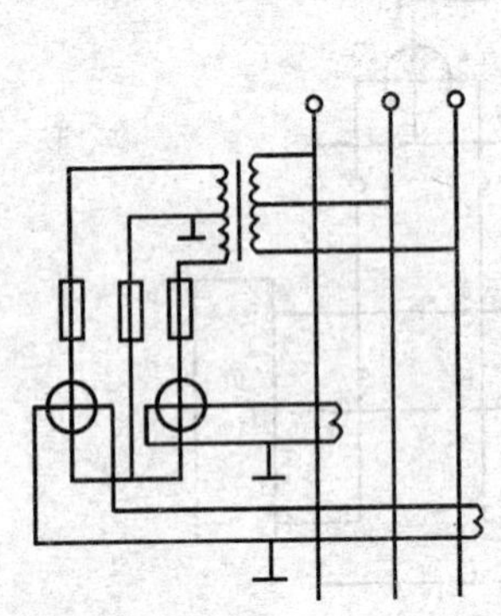

图 6 - 59　三相二元功率表通过互感器测量三相三线制有功功率电路图

图 6 - 60　三相三元功率表通过互感器测量三相三线制有功功率电路图

三、三相无功功率的测量线路

1. 一表法测量三相无功功率电路

一表法测量三相无功功率电路如图 6 - 61 所示。如果改变接线方式，设法使功率表电压支路上的电压 u 与电流线圈上的电流 i 之间的相位差为(90° - φ)，这样有功功率表读数就是无功功率了。

在对称三相电路中，线电压 U_{VW} 与相电压 U_U 之间有相位差，也就是当 U_{VW} 和相电流 I_U 之间差 φ 角时，U_{VW} 和 I_U 之间相差 (90° - φ) 相位角。把 U_{VW} 加到功率表的电压支路上，电流线圈仍然接在 U 相，这时功率表的读数为 $Q' = U_{VW} I_U \cos(90° - \varphi)$。而对称三相电路中的无功功率因数为 $Q = U_L I_L \sin\varphi$（U_L、I_L 为线电压与线电流）。

比较上面两个式子可知，只要把上述有功功率表读数 Q' 乘以$\sqrt{3}$，就可得到对称三相电路的总无功功率。

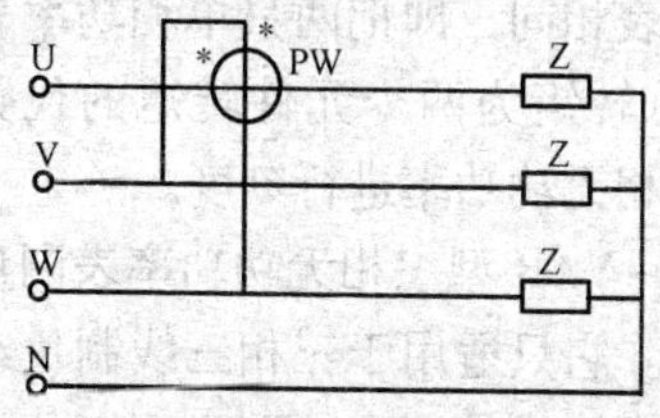

图 6-61　一表法测量三相无功功率电路图

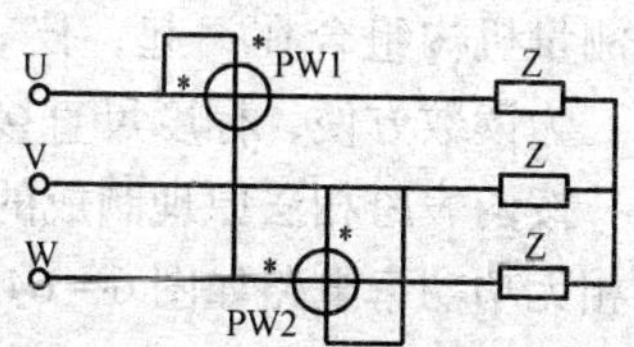

图 6-62　两表法测量三相无功功率电路图

2. 两表法测量三相无功功率电路

用两只功率表或三相二元功率表测三相电路无功功率如图 6-62 所示，得到的三相电路无功功率 $Q=\frac{\sqrt{3}}{2}(Q_1+Q_2)$。当电源电压不完全对称时，两表跨相法比一表跨相法误差小，因此实际中常用两表跨相法测量三相电路的无功功率。

3. 三表法测量三相无功功率电路

三表法测量三相无功功率电路如图 6-63 所示。采用三只单相功率表，每表都按一表跨相法的原则接线，得到的三相电路无功功率 $Q=\frac{1}{\sqrt{3}}(Q_1+Q_2+Q_3)$。即三相电路总的无功功率等于三只单相功率表的读数之和除以$\sqrt{3}$。

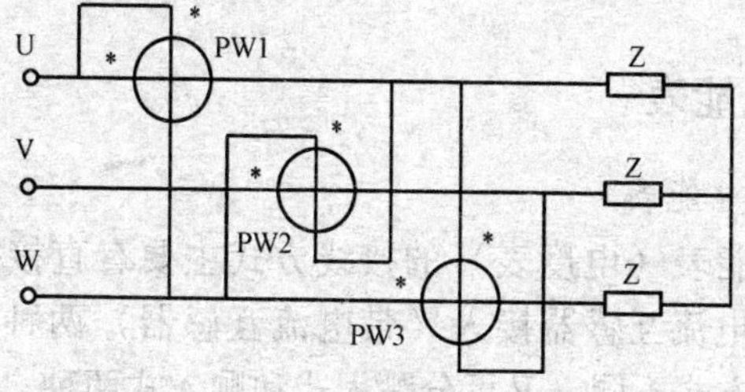

图 6-63　三表法测量三相无功功率电路图

4. 三相无功功率表测量三相无功功率电路

安装式三相无功功率表都采用铁磁电动系测量机构，并按两表跨相法（或两表人工中点法）的原理制成。仪表的基本结构与铁磁电动系两元件三相有功功率表相同，即把两只单相功率表的测量机构组合在一起，仪表的总转矩为两个元件转矩的代数和。为读数方便，标度尺直接按三相无功功率进行刻度。

按两表跨相法原理制成的1D5－VAR型三相无功功率表测量三相无功功率电路如图6－64所示。它只适用于三相三线制负载对称的电路。按两表人工中点法原理制成的1D1－VAR型三相无功功率表的接线如图6－65所示，它适用于三相三线制负载对称或不对称的电路。

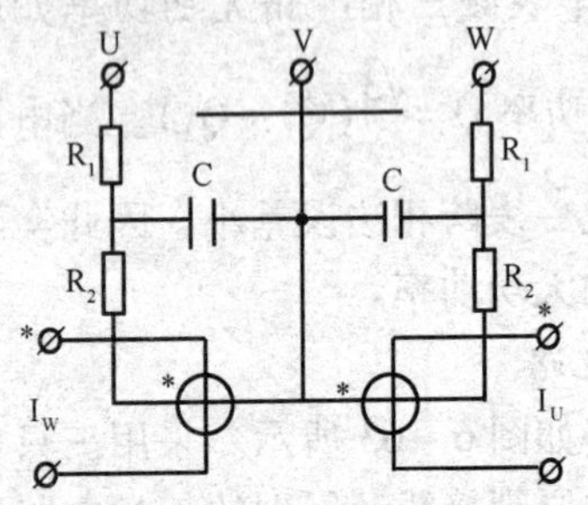

图6－64　1D5－VAR型三相无功功率表　　图6－65　1D1－VAR型三相无功功率表

第四节　电能测量线路

一、电能表

1. 单相电能表

单相电能表（电度表）的接线方式主要有直接接入式（直入式）和经电流互感器接入（带电流互感器）两种。直入式按照表内接线方式不同，又可分跳入式和顺入式两种。

国产单相电能表绝大多数是跳入式，如图6－66a所示，其端子1、2为电流线圈，串联在相线中；端子3、4在表内短接后与电压线圈尾端相连，表外则与零线相接，端子1、4或1、3为电压线圈与电路并联。

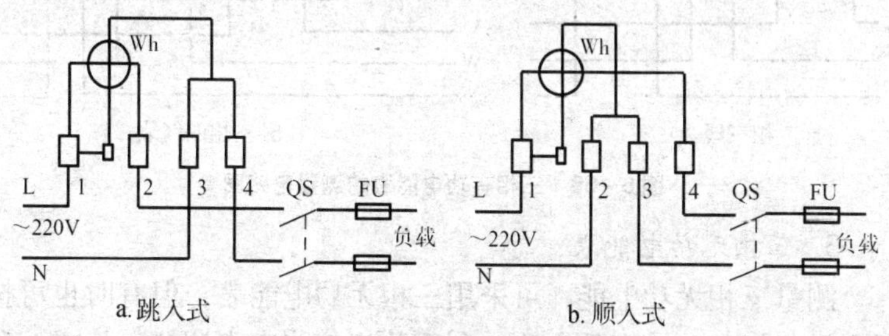

图6－66　单相电能表测量电路图

顺入式单相电能表接线如图6－66b所示，其端子1、4为电流线圈，1、2或1、3为电压线圈。实际接线如图6－67所示。

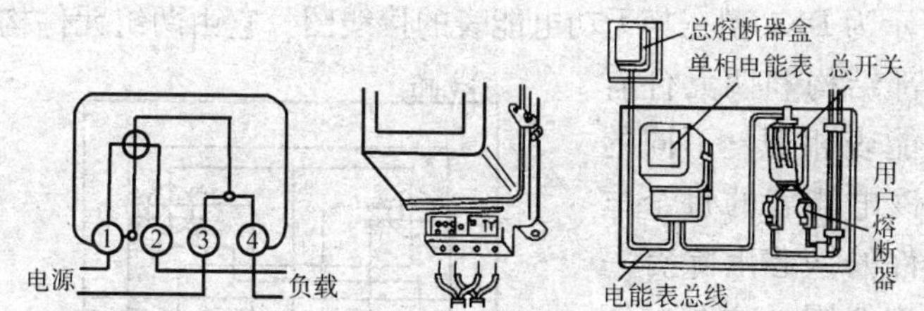

图6－67　实际接线图

2. 三相有功电能表

三相电能的测量通常选用三相有功电能表。三相有功电能表分为三相三线制和三相四线制表，分别与三相三线制和三相四线制电路相接。有功电能表的常用规格有3A、5A、10A、25A、50A、75A和100A等多种。接线时，电压线圈应并联在电路中，电流线圈应串联在电路中。常见三相三线制和三相四线制电路有功电能表的测量电路如图6－68所示。

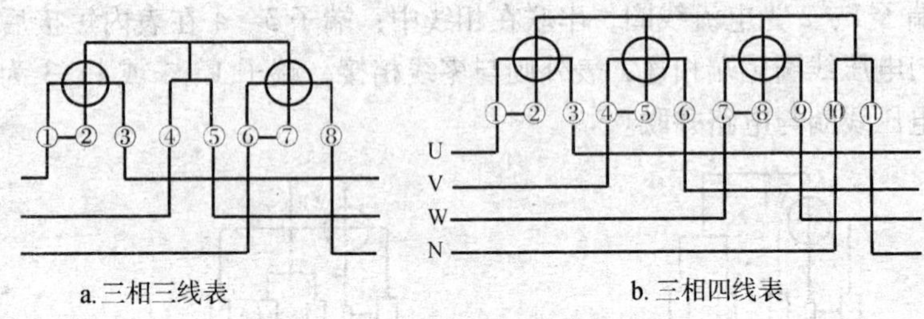

图 6－68　三相有功电能表的测量电路图

3. 三相无功电能表

测量三相无功电能，可采用三相无功电能表，但有时也可按照测量三相无功功率的方法，利用单相电能表来测量。目前，我国生产的三相无功电能表主要有以下两种基本类型。

（1）具有附加电流线圈的三相无功电能表　采用这种结构的有国产 DX1、DX15、DX18 等型号的三相无功电能表。图 6－69 所示为 DX1 型三相无功电能表的接线图。它由两组元件构成，其内部结构和两元件有功电能表相似。不同的是，该电能表的每个电流元件的铁芯上除有一个电流线圈 1 之外，还装有一个附加线圈 2。附加线圈与电流线圈的匝数相等，但附加线圈的接法却与电流线圈的极性相反，两线圈绕在同一铁芯上，所以铁芯磁通为两线圈产生的磁通之差，反映的电流也是两线圈电流之差。

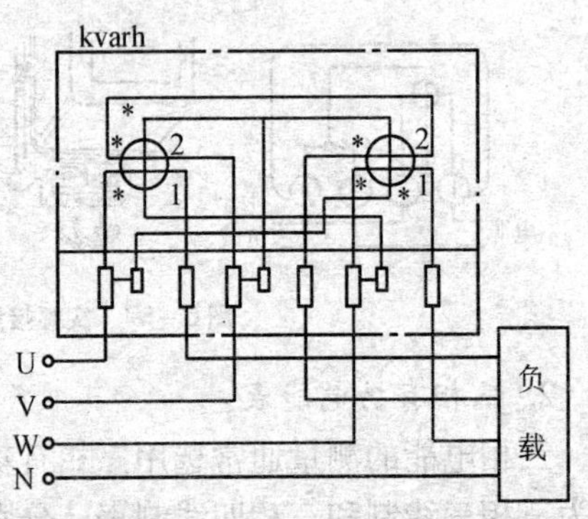

图 6－69　DX1 型三相无功电能表接线图

DX1 型为两元件三相无功电能表，它的两个电流线圈以及电压线圈的接法与两表跨相法相同，即一组元件接入的电流为 $\dot{I}_U$，电压为$\dot{U}_{VW}$，另一组元件接入的电流为$\dot{I}_{W}$，电压为$\dot{U}_{UV}$。两个附加线圈串联后接在没有电流线圈的一相（图6－69中为V相）上，并使通过其中的电流$\dot{I}_{V}$所产生的磁通，和电流线圈中的磁通方向相反。这样，每个电流元件所反映的电流就分别是$\dot{I}_{U}-\dot{I}_{V}$和$\dot{I}_{W}-\dot{I}_{V}$。

（2）具有60°相位差的三相无功电能表　这种电能表也是由两组元件构成，其基本结构与两元件有功电能表相似。不同的是，在两个电压线圈电路中分别串联了附加电阻R。适当选择R的阻值，可使电压回路的电流不是滞后于电压90°，而是滞后于电压60°，所以，这种电能表称为具有60°相位差的三相无功电能表。接线时，第一组元件的电流线圈串联于$\dot{I}_{U}$上，电压线圈支路并联在电压$\dot{U}_{UW}$上；第二组元件的电流线圈串联于$\dot{I}_{W}$上，电压线圈支路并联在电压$\dot{U}_{UW}$，如图6－70所示。

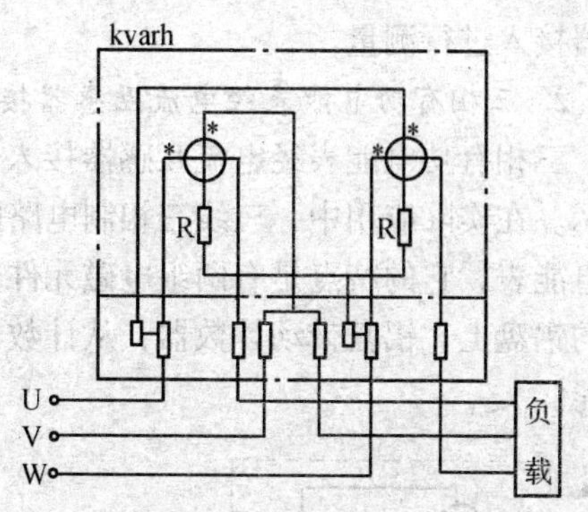

图6－70　具有60°相位差的三相无功电能表

可以证明，具有60°相位差的三相无功电能表的总转矩为

$$M=C_1Q$$

即总转矩与三相无功功率成正比，因而通过计度器，也能测出三相无功电能。

由于这种电能表的总转矩与三相无功功率成正比，所以，在制造时可直接采用和有功电能表相同的线圈。另外，它的外部接线也和三相有功电能表完全一样，因此在制造和使用时都比较方便。

这种具有 60°相位差的三相无功电能表适用于负载对称或不对称的三相三线制线路。目前生产的 DX2 和 DX8 型三相无功电能表就是采用这种结构制造的。

二、有功电能的测量线路

1. 单相电能表带电流互感器测量电能电路

单相电能表带互感器测量电能电路如图 6－71 所示。由于电能表本身不能承受大电流通过，故测量大功率时，必须带电流互感器接入进行测量。

2. 三相有功电能表经电流互感器接入的测量电路 1

三相有功电能表经电流互感器接入的测量电路 1 如图 6－72 所示。在实际应用中，三线三相制电路的测量大多采用三线三相制电能表，它的特点是有两组电磁元件分别作用在固定于同一转轴的铝盘上，铝盘带动计数器，从计数器上即能直接读出三相总电能。

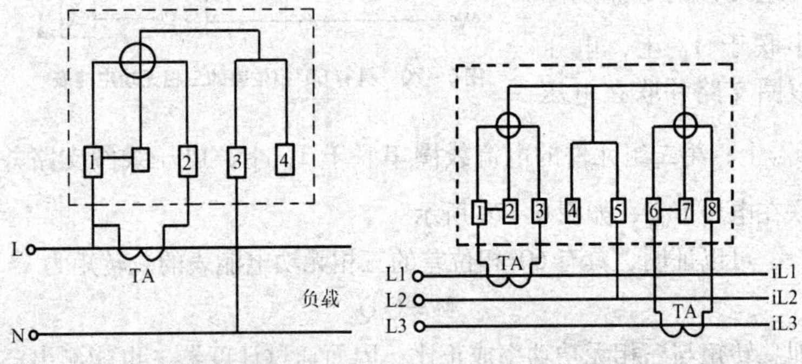

图 6－71 单相电能表带互感器测量电能电路图

图 6－72 三相有功电能表经电流互感器接入的测量电路图 1

3. 三相有功电能表经电流互感器接入的测量电路 2

三相有功电能表经电流互感器接入的测量电路 2 如图 6－73

所示。三相三线制电路所用的电能表其结构与单相的基本相同，只不过它具有两组电压线圈、电流线圈而已。本线路是采用两只单相电流互感器来测量三相三线制电路的电能，将两只电能表的读数相加即为三相总电能。

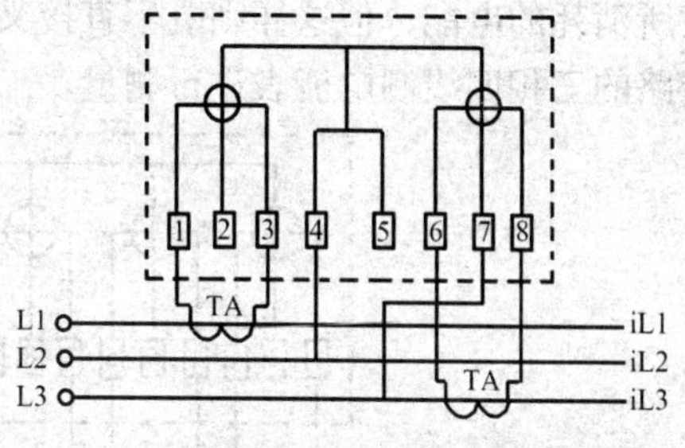

图 6-73 三相有功电能表经电流互感器接入的测量电路图 2

4. 三相有功电能表经电流互感器接入的测量电路 3

三相有功电能表经电流互感器接入的测量电路 3 如图 6-74 所示。在该电路中，三只有功电能表上即可读出各相的电能。在对称的三相四线制电路中，也可以用一只单相电能表测量任意一相负载所消耗的电能，然后乘以 3 即得到三相消耗的总电能。

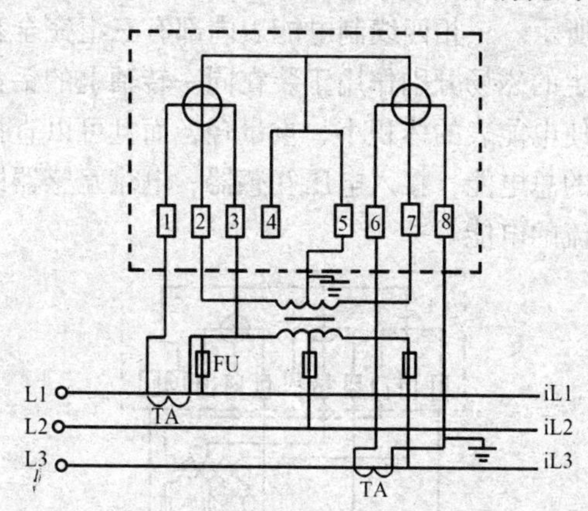

图 6-74 三相有功电能表经电流互感器接入的测量电路图 3

5. 三相有功电能表经电流互感器接入的测量电路 4

三相有功电能表经电流互感器接入的测量电路 4 如图 6-75 所示。在三相负载不对称时，就得用三只电能表分别测量三相负载所消耗的电能，但这样则既不直接又不经济。实用中多采用本线路的三相四线制电能表进行测量。

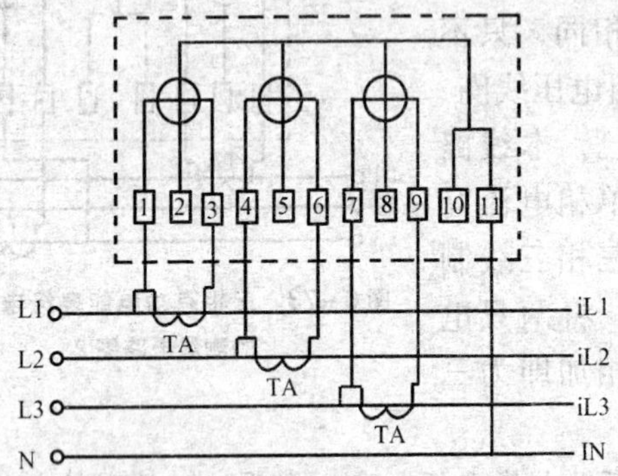

图 6－75 三相有功电能表经电流互感器接入的测量电路图 4

6. 三相有功电能表经电流互感器、电压互感器接入的测量电路

三相有功电能表经电流互感器、电压互感器接入的测量电路如图 6－76 所示。三相四线制电能表内部有三组完全相同的电磁元件，所产生的磁场分别作用于装在同一转轴上的铝盘上。这样的结构就可使电能表的体积小、重量轻，而且可以直接读出三相负载所消耗的总电能，接入电压互感器、电流互感器即可测量高电压、大电流的电能。

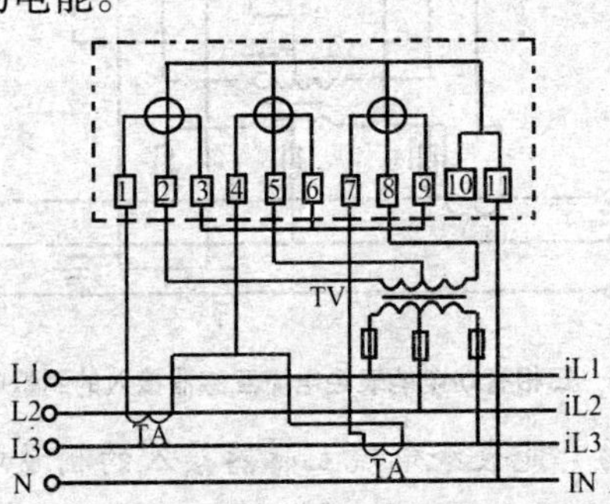

图 6－76 三相有功电能表经电流互感器、电压互感器接入的测量电路图

7. 三只单相电能表接入三相四线制的测量电路

三只单相电能表接入三相四线制的测量电路如图 6 – 77 所示。若用三只单相电能表也能组成测量三相四线制电能的测量电路。

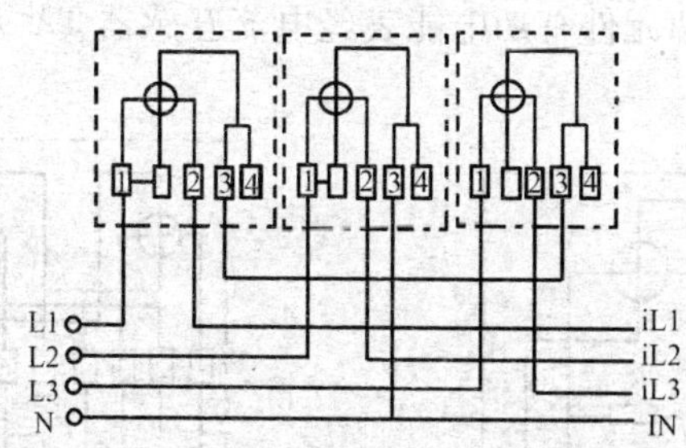

图 6 – 77　三只单相电能表接入三相四线制的测量电路图

三、无功电能的测量线路

1. 用单相电能表测量三相无功电能的电路

用单相电能表测量三相无功电能的电路如图 6 – 78 所示。如无功电能的测量与有功电能的测量配合进行，即可算出用电的功率因数来。因此，通过无功电能的测量可使设备的利用率提高。

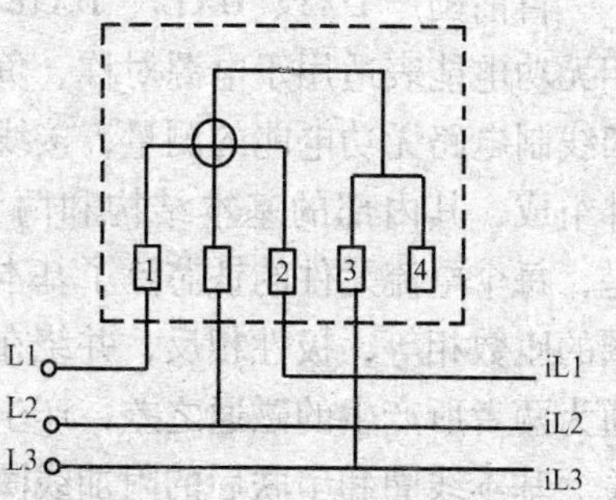

图 6 – 78　用单相电能表测量三相无功电能的电路图

2. 单相无功电能表测量电路

用电量较大而又需要进行功率因数补偿的用户，一般应安装无功电能表来测量无功功率的消耗量。单相电路中无功电能的计量，一般都使用正弦式无功电能表，接线如图 6－79 所示，图中 R_A、R_B 为电压、电流线圈的附加电阻。

3. 用两元件电能表测量三相无功电能的电路

用两元件电能表测量三相无功电能的电路如图 6－80 所示。本电路是利用两元件有功电能表经电流互感器 TA 去测量三相无功电能的电路。

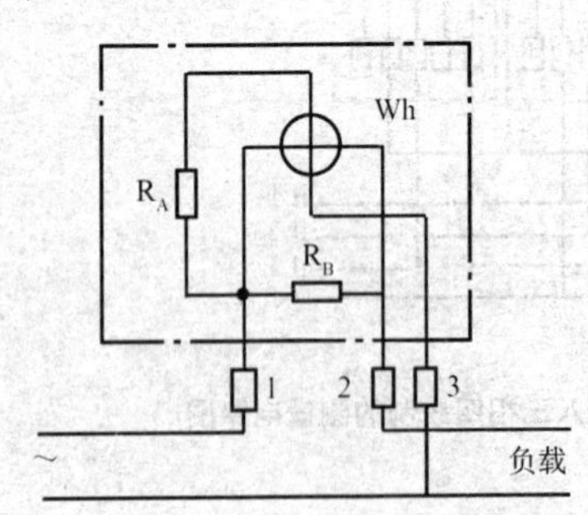

图 6－79　单相无功电能表测量电路图

图 6－80　用两元件电能表测量三相无功电能的电路图

4. 三相无功电能表测量三相四线制电路

目前国产 DX1、DX15、DX18 等型（具有附加电流线圈）三相无功电能表适用于电源对称、负载不对称的三相三线制和三相四线制电路无功电能的测量，接线如图 6－81 所示。它由两组元件组成，其内部的基本结构和两元件有功电能表相似。不同的是，每个电流元件的铁芯除了基本线圈外还有附加线圈，两个线圈的匝数相等，极性相反，并绕在同一铁芯上，所以铁芯的总磁通为两者所产生的磁通之差，产生的转矩也与两线圈电流之差有关。基本线圈和串联后的附加线圈分别通入三相线电流，总转矩和三相无功功率 Q 成正比，因而通过计算，便可测出三相的无功电能。

5. 三相无功电能表测量三相三线制电路

目前生产的 DX2、DX8 等型为采用具有 60°相位差的三相无

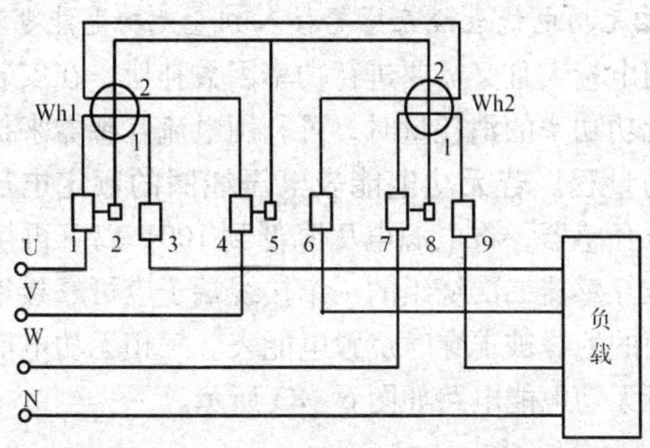

图6－81　三相无功电能表测量三相四线制电路图

功电能表，可用于负载不对称的三相三线制电路中，接线如图6－82所示。这种电能表的总转矩和三相无功功率成正比，不存在$\sqrt{3}$的倍数，所以在制造时应用有功电能表相同的线圈。该表外部接线与三相有功电能表一样。这种电能表由两组元件组成，但两组电压元件的电路中分别串联了附加电阻R，这就使当负载功率因数cosφ＝1时，电压工作磁通与电流磁通的相位差不是90°，而是60°相位差的电能表。

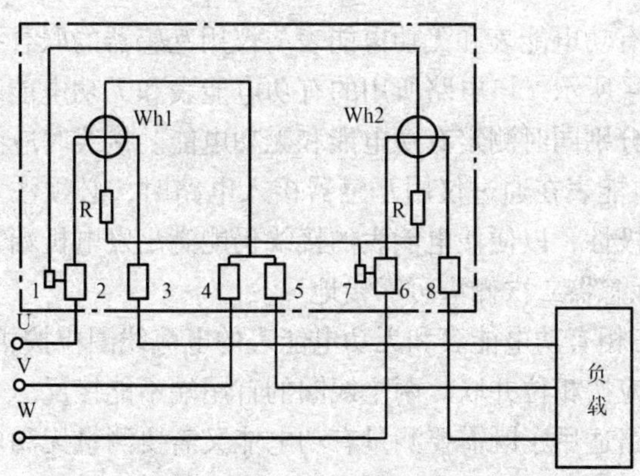

图6－82　三相无功电能表测量三相三线制电路图

6. 三相无功电能表经互感器接入测量无功电能电路

用户用电量大且又需要进行功率因数补偿，在安装无功电能表来测量无功功率的消耗量时，可利用电流互感器来扩大三相无功电能表的量程。若无功电能表电压线圈的额定电压是100V，则应装电压互感器，将电源电压降低到100V以下再接入无功电能表。电压互感器二次绕组的一个接线端子应可靠接地，以免一次绕组之间的绝缘被击穿时烧毁电能表。三相无功电能表经互感器接入测量无功电能电路如图6－83所示。

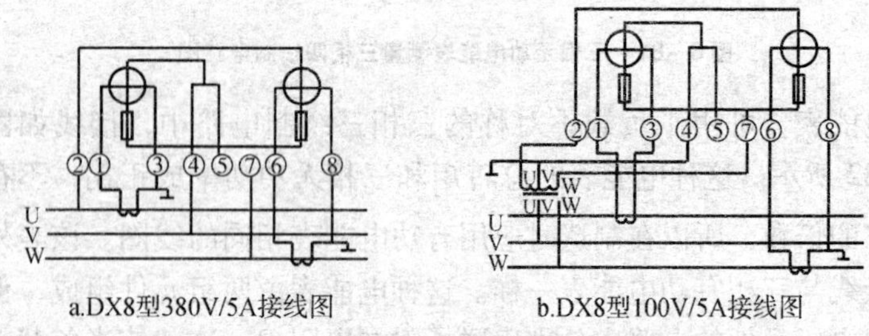

图6－83　三相无功电能表经互感器接入电路图

7. 三相有功电能表和无功电能表与仪用互感器的联合接线电路

三相有功电能表和无功电能表与仪用互感器的联合接线电路如图6－84所示。该电路所用的有功电能表和无功电能表都是两元件表，分别同时测定有功电能和无功电能。接线时应注意：

1）电能表在通过仪用互感器接入电路时，必须注意互感器接线端的极性，以便使电能表的接线仍能满足发电机端守则。

2）互感器二次侧应可靠接地。

3）三相有功电能表和无功电能表的电流线圈应按相位串联，电压线圈应按相位并联。两个线圈的首尾端不能接反。

本电路适用于既需要测量有功电能又需要测量无功电能的三相三线制电路。

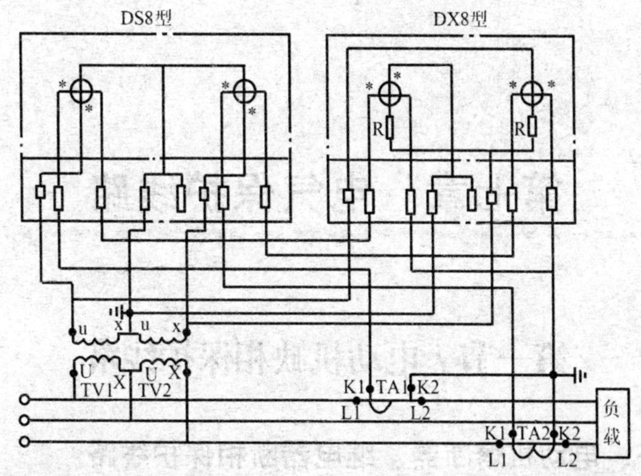

图6－84　三相有功电能表和无功电能表与仪用互感器的联合接线电路图

第七章　电气保护线路

第一节　电动机缺相保护线路

一、电动机熔断器、继电器断相保护线路

电动机熔断器、继电器断相保护电路如图 7－1 所示。该电路是一种断丝电压保护电路，即当熔丝熔断后，熔丝两端产生电压，这时与其并联的继电器 KV1、KV2、KV3 动作，使接触器 KM 失电脱开主电路电源，电动机即停止运行，从而保护了电动机。继电器 KV 一般整定在 60V 动作即可。该电路应用于熔丝熔断时产生的断相保护。

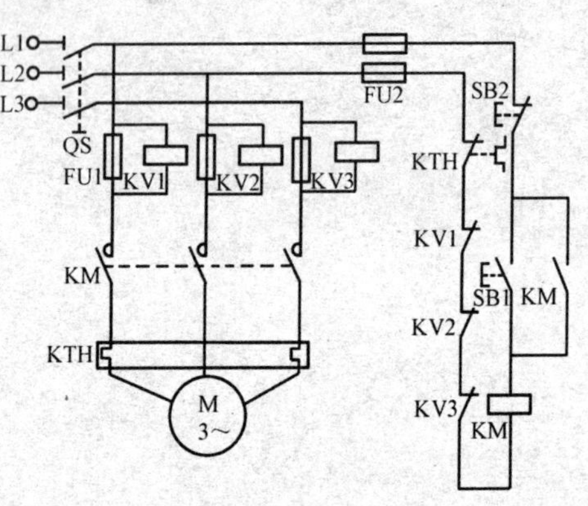

图 7－1　电动机熔断器、继电器断相保护电路图

二、欠流继电器电动机断相保护线路

欠流继电器电动机断相保护电路如图 7－2 所示。该电路的保护元件是三只欠流继电器 KA1、KA2、KA3。电动机在运行中，如果任一相电流大幅度减少或消失，则串联在该相电路上的

继电器 KA 就会动作，并切断控制回路。此种线路的特点是保护比较可靠。但由于要使用三只欠流继电器，成本较高些。

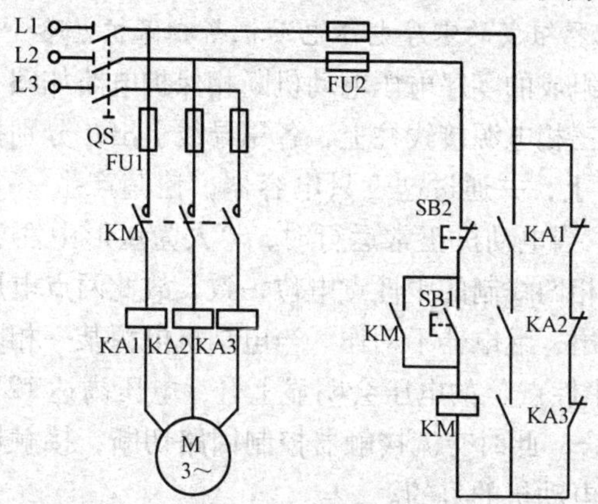

图7－2　欠流继电器电动机断相保护电路图

三、零序电压电动机断相保护线路

1. 简单零序电压电动机断相保护电路

简单零序电压电动机断相保护电路如图7－3所示。由于采用Y形接法的电动机绕组中性点对地电压为零，而当电动机的三相中的某一相断电时就会使其中性点电位产生偏移，就与地的零电位点存在电位差。因此，如在此点与地之间接一个18V的继电器，即可起到

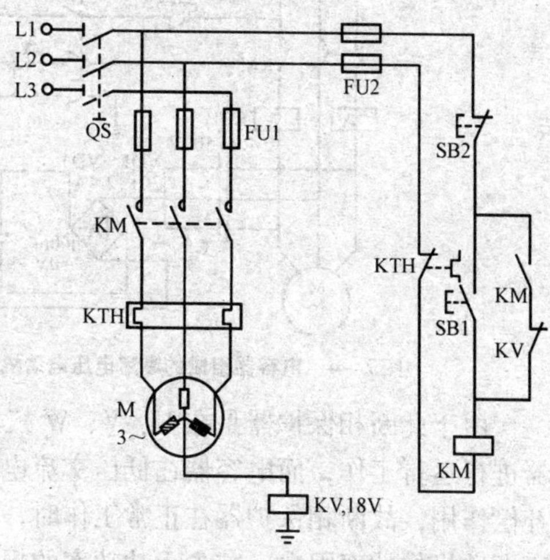

图7－3　简单零序电压电动机断相保护电路图

对电动机的断相保护。此电路简单可行，在单台电动机的断相保护中应用较多。

2. 电容器组成的零序电压电动机断相保护电路

电容器组成的零序电压电动机断相保护电路如图 7－4 所示，在电动机的三相电源接线柱上，各用导线引出，分别接在电容器 C_1、C_2、C_3 上，并通过这三只电容器，使其产生一个“人为星形中性点”，当电动机正常运行时，“人为星形中性点”的电压为零，与三相四线制的中性点电位一致，故此两点电压通过整流后无电压输出，继电器不动作。当电动机电源某一相断相时，则“人为星形中性点”的电压会明显上升，电压高达 12V 时，继电器 KA 便吸合，此时交流接触器控制回路切断，接触器释放，从而达到保护电动机的目的。

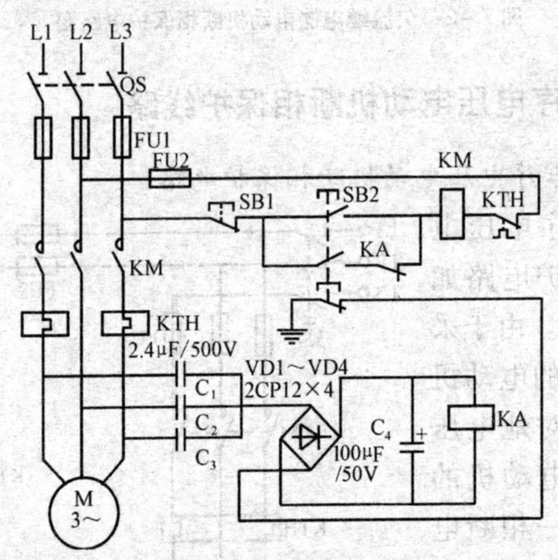

图 7－4 电容器组成的零序电压电动机断相保护电路图

由于此断相保护器是在 U、V、W 三相电源上投入三只电容器进行运行工作，而电容器在低压交流电网上又能起到无功功率补偿作用，故断相保护器在正常工作时，不浪费电，相反还会提高电动机的功率因数，减少无功功率的损耗，可称是一个小型节电器。该电路动作灵敏，在电动机断相小于或等于 1s 时，继电器便会动作，星形连接的电动机或是三角形连接的电动机均可使用。本电路适用于 0.1～22kW 的电动机。换用容量更大的继电器，则可在 30kW 以上电动机上使用。

为了防止电动机在启动时交流接触器触头不同步引起继电器误动作，该电路采用一常闭的双连按钮作启动按钮，使在启动的同时断开保护器与三相四线制中性点的连线。待电动机启动完毕，操作者松手使按钮复位，断相保护器才能正常工作。

3. 电阻器组成的零序电压断相保护电路

(1) 电阻器组成的零序电压断相保护电路 1　该电压型电动机断相保护器具有成本低、性能稳定、动作可靠等特点，用于星形连接和三角形连接的电动机。电动机断相保护器电路由电源电路和断相检测保护电路组成，如图 7－5 所示。

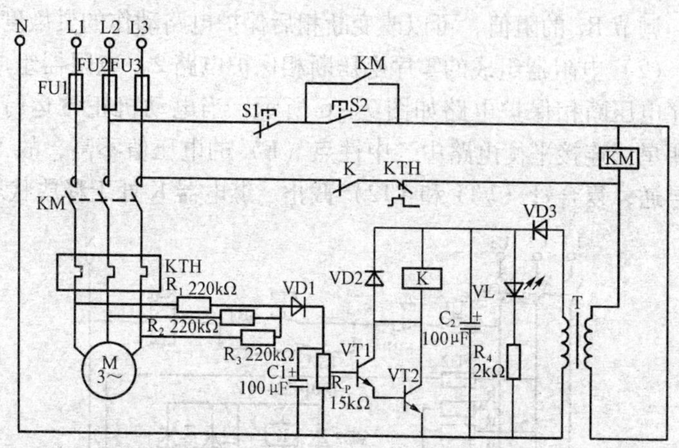

图 7－5　电阻器组成的零序电压断相保护电路图 1

电源电路由电源变压器 T、整流二极管 VD3、滤波电容器 C_2、限流电阻器 R_4 和发光二极管 VL 组成。

断相检测保护电路由电阻器 R_1～R_3、电容器 C_1、二极管 VD1 和 VD2、电位器 R_P、晶体管 VT1 和 VT2 及继电器 K 等组成。

按动启动按钮 S2 后，L2、L3 两端的电压一路经停止按钮

S1、启动按钮 S2、继电器 K 的常闭触头和热继电器 KTH 的触头加至交流接触器 KM 两端，使 KM 吸合，电动机启动运转；一路经 T 降压、VD3 整流、C_2 滤波后，为继电器驱动电路（由 VT1、VT2、VD2 和 K 组成）提供 12V 直流电压，同时 12V 电压还将 VL 点亮。

在三相（L1、L2、L3）交流电压正常时，VD1 的正端（Y 形连接的中点）与零线 N 之间的电压为 0，VT1 和 VT2 不导通，K 处于释放状态。

当三相交流电压中缺少某一相电压时，VD1 的正端与 N 端之间将产生一个交流电压，此电压经 VD1 整流及 C_1 滤波后，使 VT1 和 VT2 导通，K 吸合，其常闭触头断开，使 KM 释放，将电动机 M 的工作电源切断，从而保护了电动机。

调节 R_P 的阻值，可以改变断相后保护电路动作的灵敏度。

（2）电阻器组成的零序电压断相保护电路 2　电阻器组成的零序电压断相保护电路如图 7－6 所示，当电动机正常运行时，三相星形连接平衡电路中，中性点（E）的电压值不高，故 VD1 不导通，复合管（VT1 和 VT2）截止，继电器 K 处于释放状态；

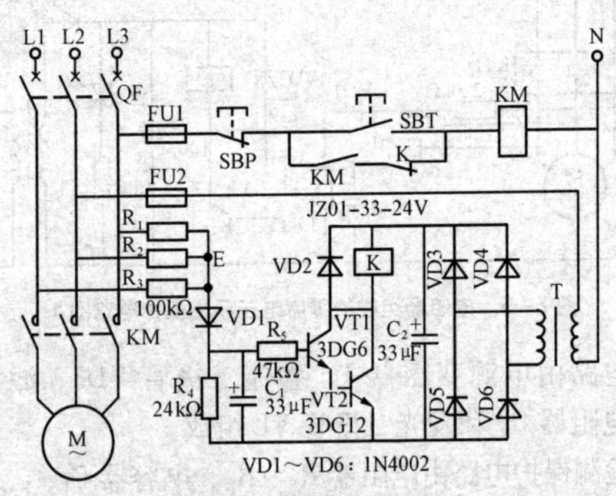

图 7－6　电阻器组成的零序电压断相保护电路图 2

当断相故障发生后，E 点对零线电压升高，经 VD1 整流，使复合管因发射极正向偏置而导通，K 吸合，其常闭触头断开，使接触器 KM 失电释放，电动机 M 停转。

4. 星连接电动机零序电压断相保护电路

因星形连接电动机的中性点对地电压为零，在此点与地之间接一个 18V 的继电器，即可起到电动机的断相保护作用。这是当电动机某一相断电时，会造成电动机的中性点电位偏移，与地零电位点存在电位差，从而使继电器吸合，断开接触器主回路，使电动机停转，保护电动机不被烧坏，如图 7－7 所示。此方法简单可行，是一种较老式的保护方法。

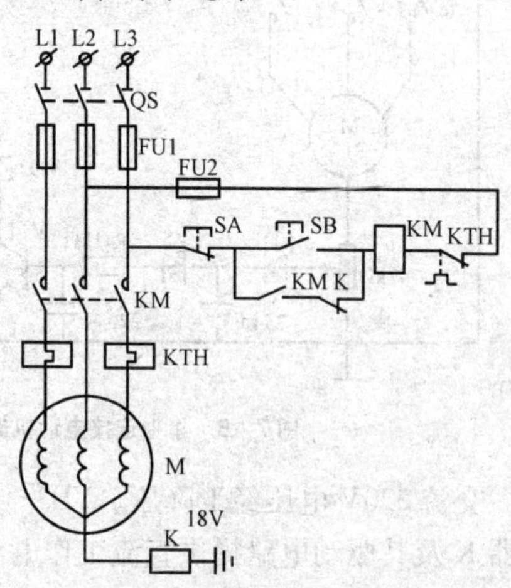

图 7－7　简单星形零序电压断相保护电路

四、星形/三角形连接电动机断相保护线路

1. 星形连接电动机断相保护电路

该保护器适用于采用星形连接的三相交流电动机。该电动机保护器电路由电源电路和电压检测控制电路组成，如图 7－8 所示。

电源电路由电源变压器 T、整流二极管 VD3 和滤波电容器 C_3 组成。电压检测控制电路由电位器 R_P、二极管 VD1、VD2，电容器 C_1、C_2，稳压二极管 VS，电阻器 R，晶体管 VT1、VT2 和继电器 K 组成。KM 为电动机控制电路中的交流接触器，S1 和 S2 分别为电动机控制电路中的停止按钮和启动按钮。

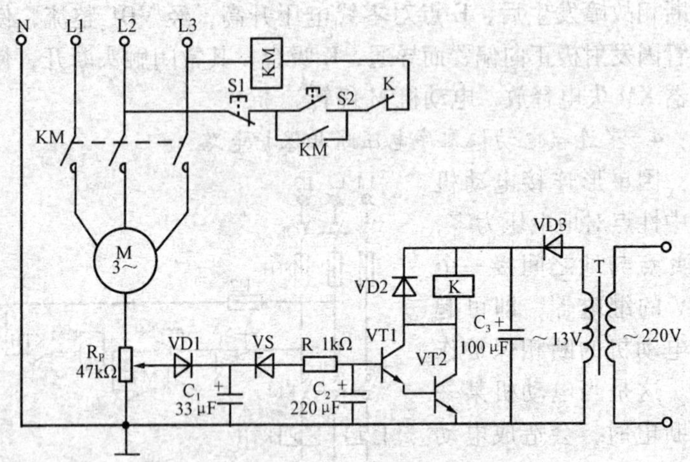

图7－8　星形连接电动机保护器电路图

交流220V电压经T降压、VD3半波整流及C_3滤波后，为继电器K及其驱动电路提供直流工作电源。

在电动机M正常运行时，电位器R_P中心抽头无电压或电压很低，VS和VT1、VT2均处于截止状态，继电器K处于释放状态，其常闭触头接通，对电路无影响。

当某种原因导致电动机M断相运行时，R_P的中心抽头上的电压将升高，使VS被击穿导通。延时3s后，VT1和VT2饱和导通，K吸合，其常闭触头断开，交流接触器KM释放，电动机M断电而停止运行。

2. 三角形连接电动机断相保护电路

三角形连接电动机断相保护电路如图7－9所示。该电路是将3只电阻R_1～R_3接成一个人为的中性点，当电动机断相时，继电器KA吸合，继电器的常闭触点切断接触器KM线圈回路，KM失电释放，电动机主回路电路被切断，电动机M停转。

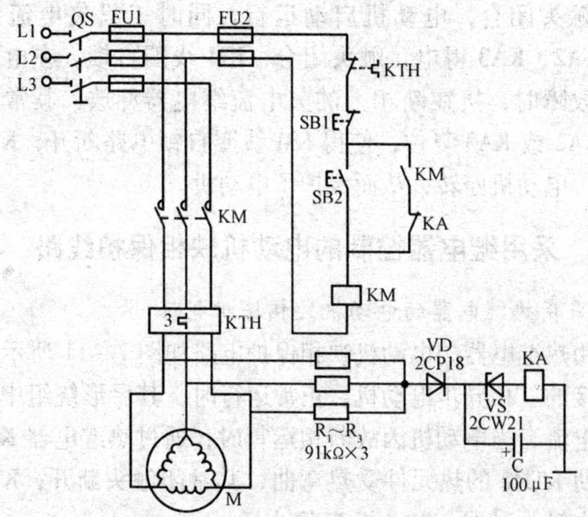

图7-9　三角形连接电动机断相保护电路图

五、零序电流断相保护线路

一种用3只欠电流继电器KA的断相保护电路，如图7-10所示。合上电源开关QS，按下启动按钮SB2，接触器KM线圈得

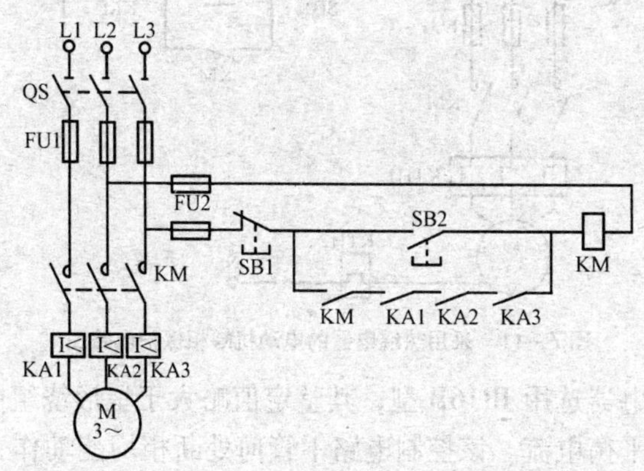

图7-10　一种用三只欠电流继电器KA的断相保护电路图

电，主触头闭合，电动机启动运行，同时三只欠电流继电器KA1、KA2、KA3得电，触头闭合，KM线圈自锁。在电动机发生断相故障时，接在断相上的欠电流继电器释放，其常开触头KA1、KA2或KA3复位，使得KM线圈自锁电路断开，KM主触头复位，电动机停转，从而保护了电动机。

六、采用继电器控制的电动机缺相保护线路

1. 采用热继电器的电动机缺相保护电路

采用热继电器的电动机缺相保护电路如图7－11所示。对于星形连接的三相异步电动机，正常运行时，其星形绕组中点与N线间无电流。当电动机因故断相运行时，通过热继电器KTH2的电流，使KTH2的热元件受热弯曲，其常闭触头断开，KM线圈失电、主触头释放，电动机M停止运行。

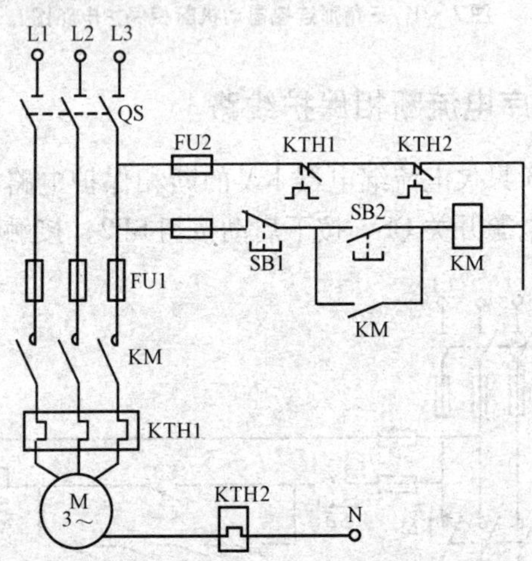

图7－11　采用热继电器的电动机缺相保护电路图

热继电器选用JR16B型，其整定值略大于星形绕组中点与N线间的不平衡电流。该控制电路不管何处断相均能动作，有较宽的电流适应范围，通用性强；不另外使用电源，不会因保护电路

的电源故障而拒动。

2. 由一只中间继电器构成的电动机缺相保护电路

由一只中间继电器构成的电动机缺相保护电路如图 7－12 所示。在该电路中，电动机控制电路的电源一般均从两相主电路引入，这样就会造成电动机两相运行的可能，如果在普通的电动机控制电路中加入一只工作电压为 380V 的中间继电器 KA，以使 KA 在L3 有电时其常开触点才能闭合，从而保证只有在 L1、L2、L3 三相都有电时，交流接触器 KM 才能得电动作，这样就起到了电动机缺相保护的作用。此电路适用于电动机负载较重的工作场合。

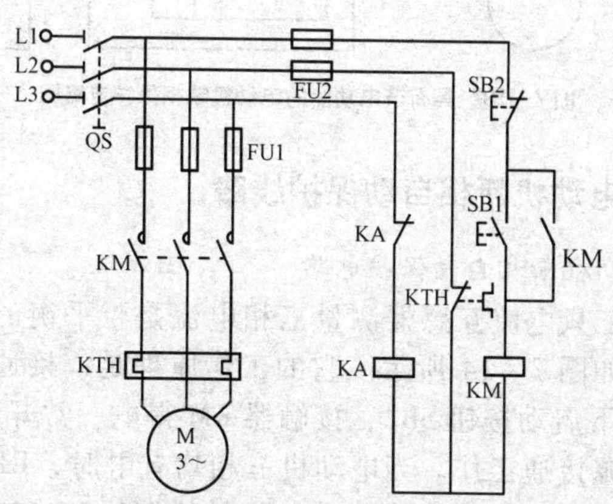

图 7－12　由一只中间继电器构成的电动机缺相保护电路图

七、具有节电功能的电动机缺相保护线路

具有节电功能的电动机缺相保护电路如图 7－13 所示。该电路是在电动机三相电源上投入三只电容器运行工作，因电容器在低压交流电网上能够起到无功补偿作用，故断相保护器还能提高电动机的功率因数。该电路动作灵敏，当电动机缺相后小于或等于 1s 时，继电器 KV 便会动作。它适用于星形连接和三角形连接的电动机，并且对电动机轻、重负载均

能适应。

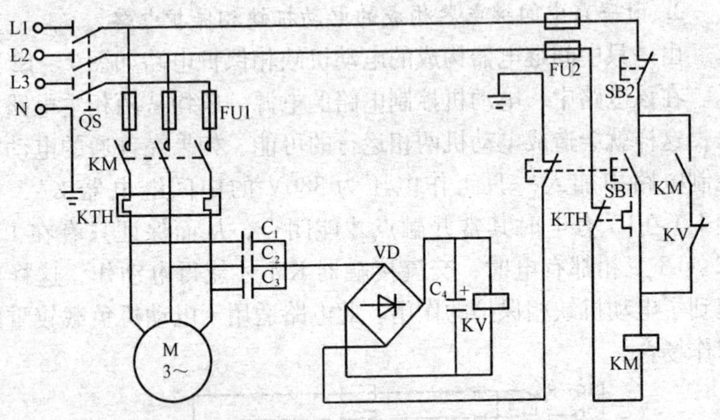

图 7-13　具有节电功能的电动机缺相保护电路图

八、电动机断相自动保护线路

1. 电动机断相自动保护电路

采用三只电流互感器测量三相电流是否平衡的电动机保护电路，如图 7-14 所示。它的工作原理是：接通电源开关 QS，当按下启动按钮 SB2，接触器 KM 得电，常开触头闭合，保护器电源接通工作。当电动机三相均有电时，L1、L2、L3 的感应电压经 VD1、VD2、VD3 使晶体管饱和，三只晶体管的集电极输出电位为零，VD4～VD6 构成的二极管或门电路输出为零，VT4 截止，VT5 饱和，继电器 KA 获电工作，其常开触头闭合，电动机正常运行。当断相启动时，其中一只晶体管将截止，或门输出高电位，使 VT4 饱和，VT5 截止，继电器 KA 失电断开，接触器 KM 线圈断电，电动机停止运行。

电路中的晶体管选用 3DG6，VT5 选用 3DG12，继电器 KA 选用 JR-4 型。

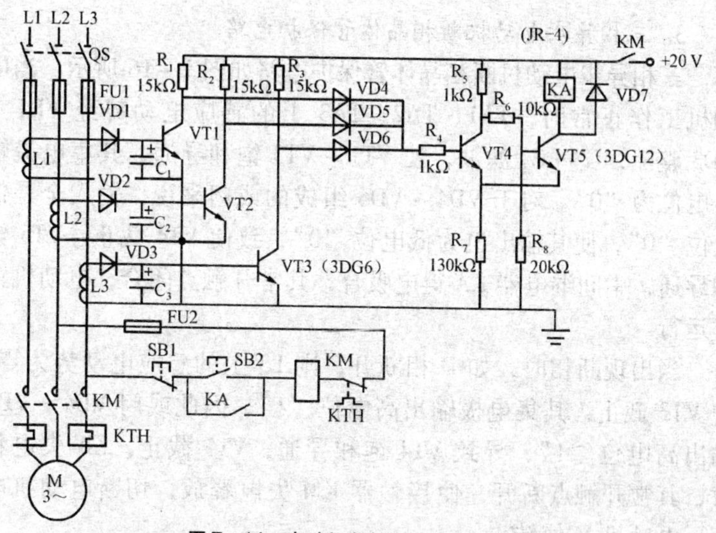

图 7－14　电动机断相自动保护电路图

2. 用晶体管电路作电动机断相自动保护电路

用晶体管电路作断相保护电路如图 7－15 所示。三相电流正常时，电流互感器 TA1、TA2、TA3 感应出交流电压，此时晶体管 VT1、VT2、VT3 都导通，继电器 K 吸合，M 正常运行。当某一相断电时，该相电流互感器输出电压为零，相对应的那一只晶体管截止，与门电路条件被破坏，继电器 K 释放，断开了 KM 回路，KM 主触头跳开，电动机 M 得以保护。

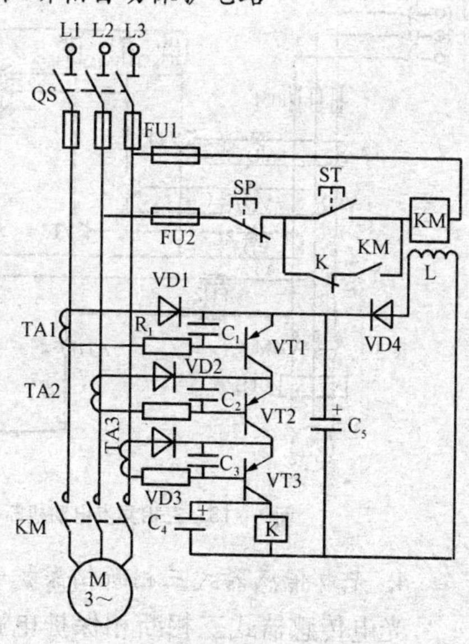

图 7－15　用晶体管电路作断相保护电路图

3. 三相异步电动机断相晶体管保护电路

三相异步电动机断相晶体管保护电路如图 7－16 所示。当电动机工作正常时，TA1、TA2、TA3 上的感应电动势经 VD1～VD3 整流，C_1～C_3 滤波，使 VT1～VT3 饱和导通，其集电极输出电位为“0”。对于 VD4～VD6 组成的或门来说，输入全是低电位“0”，使其输出也为低电位“0”，致使 VT4 截止、VT5 饱和导通，中间继电器 KA 得电吸合，其常开触点闭合，电动机正常运行。

当出现断相时，如 D 相断开，则 L3 上的感应电动势为零，使 VT3 截止，其集电极输出高电位“1”，因此或门 VD4～VD6 输出高电位“1”，导致 VT4 饱和导通，VT5 截止，KA 失电释放，其常开触点断开，使接触器 KM 失电释放，切断电动机电源，电动机 M 停转。

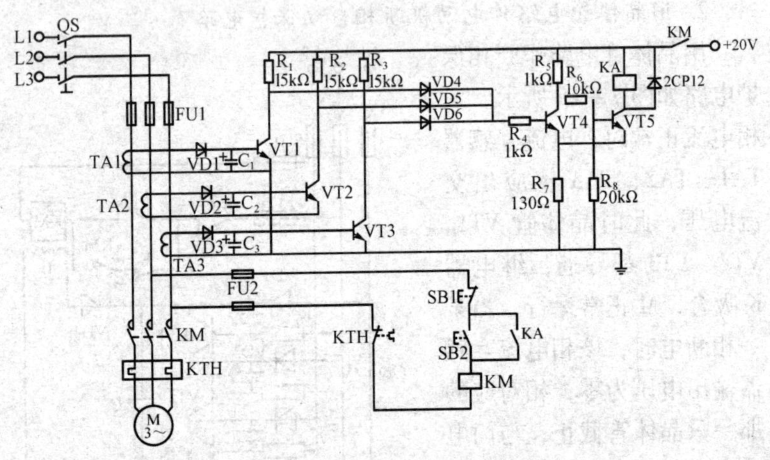

图 7－16　三相异步电动机断相晶体管保护电路图

4. 光电传感器式三相断相保护电路

光电传感器式三相断相保护电路，如图 7－17 所示。图中，VL1～VL3 为发光二极管，VT1～VT3 为光敏晶体管，发光二极管与光敏晶体管分别组成三只光耦合器，$R_1 \sim R_3$ 为 VL1 ~ VL3 的限流电阻。A1 ~ A3 为 LM324 集成运算放大器，在这里构成三个电压比较器。A6 为一个与非门电路（74LS00），VT4 为晶体管，A4 为 7805 集成稳压电路。HA 为电铃，K 为继电器。

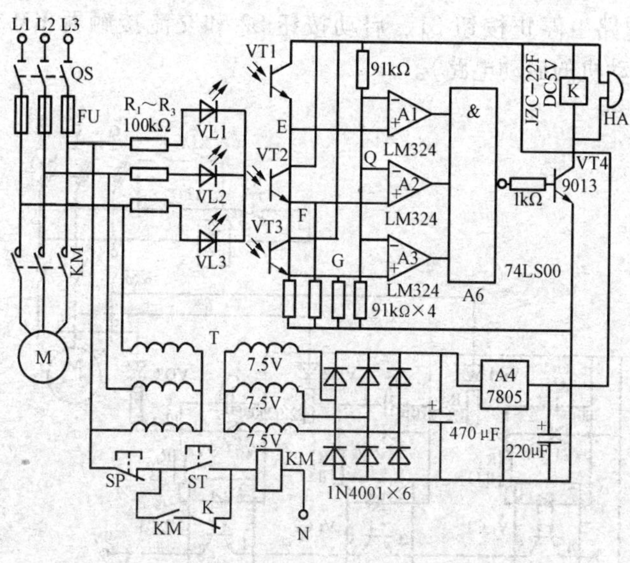

图 7 - 17 光电传感器式三相断相保护电路图

按下启动按钮 ST，KM 吸合，电动机正常运转。VL1 ~ VL3 发光，光敏晶体管 VT1 ~ VT3 的阻值仅为几十千欧，E、F、G 点的电位高于 Q 点电位，A6 输出端为低电位，VT4 处于截止状态，继电器 K 不动作，K 的触头为常闭状态，当有某相断相时，如 L1 相缺电，VL3 熄灭，VL1、VL2 仍发光，VT3 的阻值为无穷大，G 点电位低于 Q 点电位（G 点通过电阻接地），于是 A6 的输出端为高电位，VT4 导通，继电器 K 动作，电动机的三相电源被 KM 切断，电铃 HA 骤响，提醒操作人员前来排除故障。

在本例中，采用三相电源变压器供电。无论电网供电正常还是缺一相，始终有较稳定的5V直流电压为保护电路提供电源。

5. 光耦合器式电动机断相保护电路

光耦合器式电动机断相保护电路如图7－18所示。该电动机断相保护器电路由电压检测电路和保护控制执行电路组成，启动控制电路由停止按钮S1、启动按钮S2和交流接触器KM组成（原电动机的启动电路）。

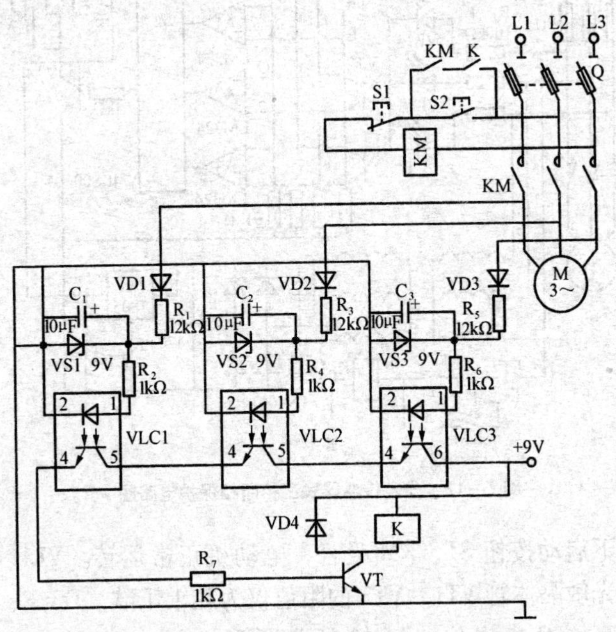

图7－18 光耦合器式电动机断相保护电路图

电压检测电路由二极管VD1～VD3，稳压二极管VS1～VS3，电阻器R_1、R_6，电容器C_1～C_3及光耦合器VLC1～VLC3组成。

保护控制电路由晶体管VT、继电器K、二极管VD4和电阻器R_7组成。

按动启动按钮S2后，交流接触器KM通电吸合，其常开触头KM接通，电动机M启动运转。若此时三相交流电源均正常，则 VLC1 ~ VLC3 内部的发光二极管均点亮，光敏晶体管均导通，使 VT 饱和导通，K 吸合，其常开触头接通，松开 S2 后 KM 仍能维持吸合。

九、三相电动机断相过电流保护线路

三相电动机断相过电流保护电路如图 7 – 19 所示。这是一种较为实用的电路，按下 ST，KM 吸合，电动机 M 启动、运转。电流互感器 TA 通过二次侧输出电流，经 VD1 整流、R_P、R_1 分压，形成电压信号，经 R_2、VD6 加到 VT1 的基极，另一个信号经 R_P 加到 VT3 的基极。VT1、VT2、VT3 组成一个射极耦合双稳态电路。正常时，VT1 截止，VT2、VT3 饱和导通，继电器 K 吸合，电动机 M 正常运行。

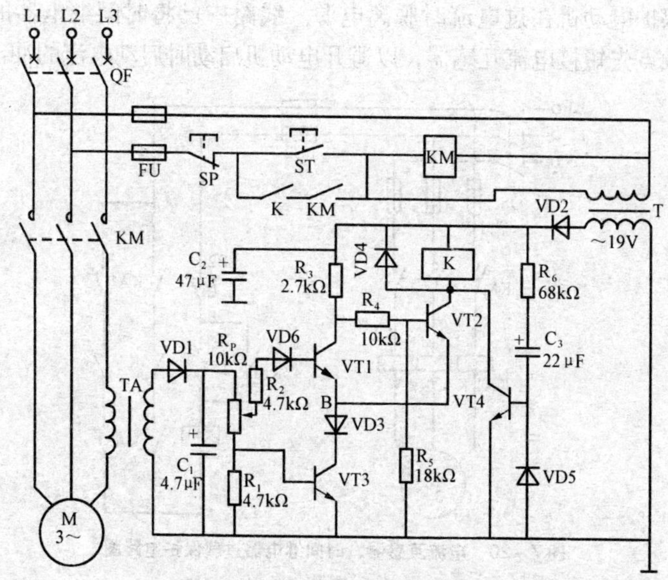

图 7 – 19　三相电动机断相过电流保护电路图

当三相电动机某一相断相时，电流必定比正常时增大许多，或因电动机绕组短路、机械卡堵等故障使电流大增，这时 TA 的二次电流也必定大增，加到 VT1 的基极电压也大增，促使 VT1、VT3 饱和导通，VT2 截止，K 线圈失电释放，KM 线圈相继失电释放，电动机 M 停电。

第二节 过载、失压、欠压保护线路

一、过载保护线路

1. 电流互感器、时间继电器过载保护电路

电流互感器、时间继电器过载保护电路如图 7－20 所示。该电路使用一只电流互感器来感应电流，当电动机电流出现超过正常工作电流时，电流继电器达到吸合电流而动作，从而断开主电路保护电动机在过电流时脱离电源。线路中已将时间继电器的常闭触点先短接电流互感器，以避开电动机启动时启动电流的冲击。

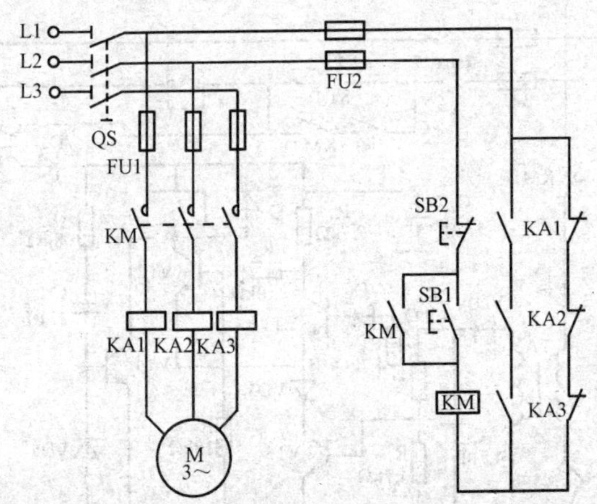

图 7－20 电流互感器、时间继电器过载保护电路图

2. 电流互感器、热继电器过载保护电路

电流互感器、热继电器过载保护电路如图 7－21 所示。该电路主要用于较大容量电动机的过载保护，热继电器接在电流互感

器的二次侧，经电流互感器 TA 将大电流转换成小电流，而热继电器的热元件串接在 TA 二次侧进行保护。

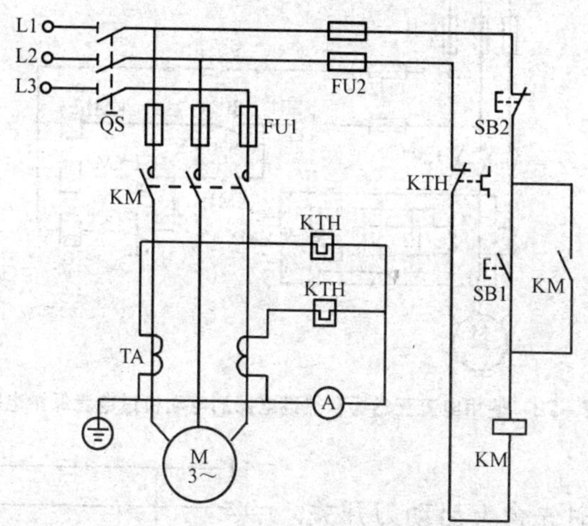

图 7－21　电流互感器、热继电器过载保护电路图

3. 电流互感器、热继电器和时间继电器的电动机过电流保护电路

为了防止电动机过载损坏，常采用热继电器 KTH 进行过载保护。对于容量较大的电动机，额定电流较大时，如果没有合适的热继电器，可以用电流互感器 TA 变流后，再接热继电器进行保护。如果启动时负载惯性矩大，启动时间长（5s 以上），则在启动时可将热继电器短接。使用电流互感器和热继电器的电动机过电流保护电路如图 7－22 所示。

热继电器动作电流一般设定为电动机额定电流通过电流互感器电流比换算后的电流。

4. 电动机双闸式保护电路

三相交流电动机启动电流很大，一般是额定电流的 4～7 倍，故选用的熔丝额定电流较大，这对保护运行中的电动机很不利。电动机用双闸式保护装置指用两只刀开关控制，电路如图 7－23

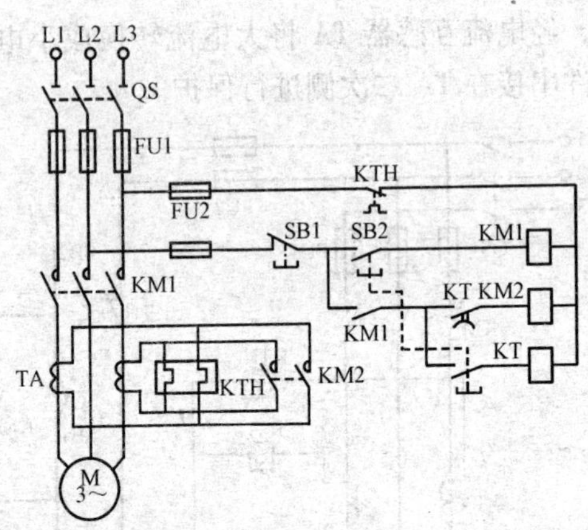

图7－22　使用电流互感器和热继电器的电动机过电流保护电路图

所示。

启动时先合上启动刀开关，其熔丝额定电流较大（电动机额定电流的1.5～2.5倍），因此启动时熔丝不会熔断。当电动机进入正常运行后，再合上运行刀开关，拉开启动刀开关。运行刀开关上熔丝的额定电流可等于电动机的额定电流，所以在电动机正常运行的情况下，熔丝不会熔断。发生断相运行时，电流增加到电动机额定电流的1.73倍左右，可使运行刀开关的熔丝熔断，断开电源，保护电动机不被烧毁。

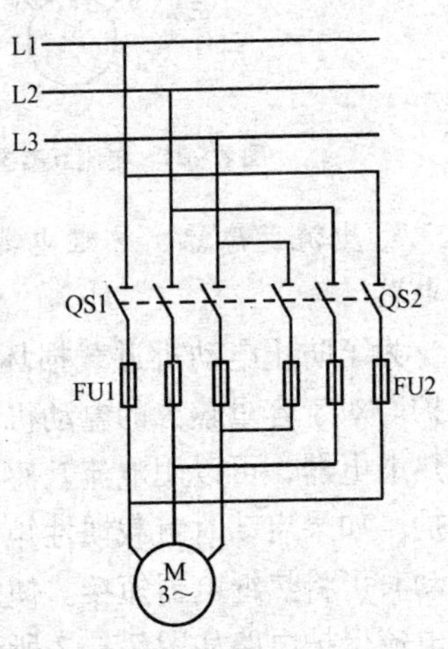

图7－23　电动机双闸式保护电路图

5. *启动时双路熔断器并联控制电路*

由热继电器和熔断器组成的三相异步电动机保护系统，通常前者作为过载保护用，后者作为短路保护用。在这种保护系统中，如果热继电器失灵，而过载电流又不能使熔断器熔断，则会烧毁电动机。如果电动机能顺利启动，而运行时熔断器熔丝的额定电流等于电动机额定电流，则在发生过载时，即使热继电器失灵，熔断器也会熔断，从而保护了电动机。如图 7－24 所示为一种启动时双路熔断器并联控制电路。

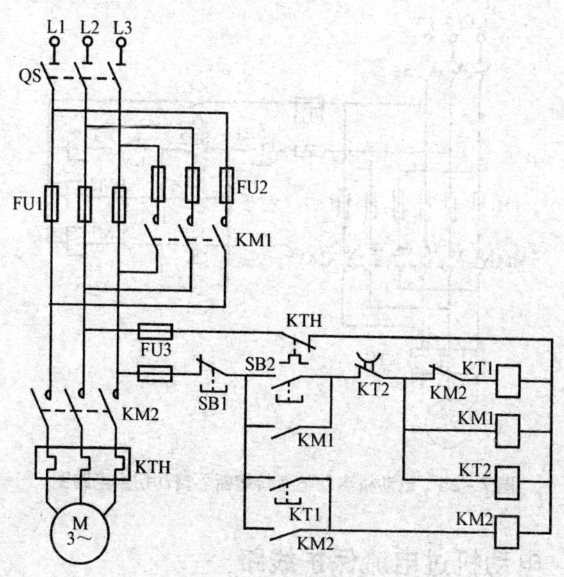

图 7－24　电动机用双闸式保护装置电路图

电动机启动时，两路熔断器装置并联工作。电动机启动完毕，正常运行时，第二路熔断器装置自动退出。这样，所装设的执行运行、保护功能的熔丝的额定电流和电动机的额定电流一致，一旦发生过电流或其他故障，能将熔丝熔断，保护电动机。

KT1 的作用是保证 FU2 并上后，电动机才开始启动。KT1 调到最小位置（零点几秒），KT2 调到电动机启动完毕，电动机正常运行 1～33s。选择熔丝时，FU1 熔丝的额定电流应等于电动机的额定电流，FU2 熔丝的额定电流一般与 FU1 的一样大，如果是重负荷启动，则应酌情增大。

6. 电动机启动与运转熔断器自动切换电路

电动机启动与运转熔断器自动切换电路如图 7－25 所示。电动机启动熔断器 FU2 熔丝的额定电流按满足启动要求选择，运行熔断器 FU1 熔丝的额定电流按电动机额定电流选择。时间继电器 KT 的延时时间（3～30s）视负载大小而定。

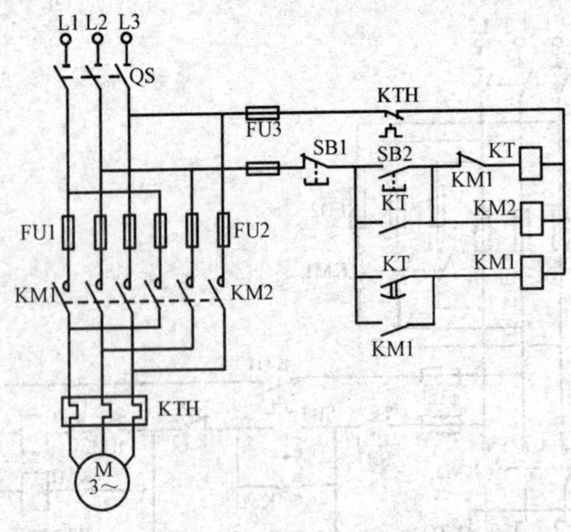

图 7－25　电动机启动与运转熔断器自动切换电路图

二、电动机过电流保护线路

1. 使用晶闸管的电动机过电流保护电路

使用晶闸管的电动机过电流保护电路如图 7－26 所示。当合上电源开关 QS，因电流互感器 TA1～TA3 的二次中无感应电动势，晶闸管 VTH 的门极无触发电压而关断，继电器 KA 处于释放状态，其常闭触头闭合，接触器 KM 线圈得电，主触头闭合，电动机启动运行。

电动机正常运行时，TA1～TA3 二次的感应电动势较小，不足以触发 VTH 导通。当电动机任一相出现过电流时，电流互感器二次的感应电动势增大，经整流桥 VC1、VC2、VC3 整流，

C_3、C_4、C_5 滤波，通过或门电路（VD2 ~ VD4）使 VTH 触发导通，KA 线圈得电，其常闭触头断开，KM 线圈失电，主触头复位，电动机停转。

检修时，应断开电源开关 QS。如果未断开电源开关 QS，故障排除后，VTH 仍维持导通，此时应按一下复位按钮 SB，使 VTH 关断。

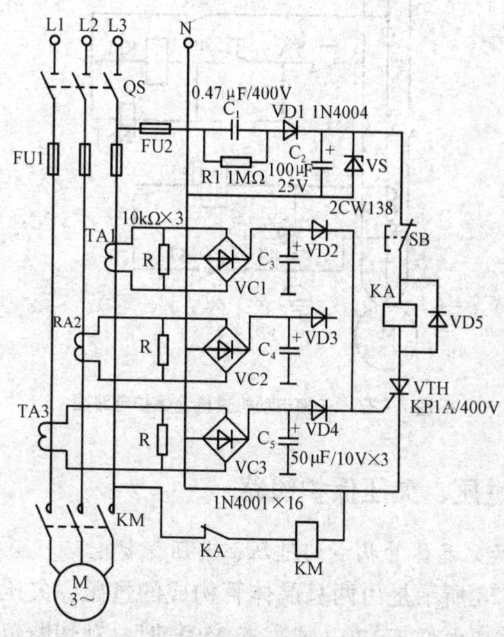

图 7－26 使用晶闸管的电动机过电流保护电路图

2. 三相电动机过电流保护电路

三相电动机过电流保护电路如图 7－27 所示。它使用一只电流互感器来感应电流，在三相电动机电流出现超过正常工作电流时，KA 达到吸合电流而吸合，使主回路断电，从而保护电动机过电流时断开电源。由于电动机在启动时电流很大，所以本电路将时间继电器的常闭触头先短接电流互感器，当电动机启动完毕后，KT时间继电器动作，KT常闭触头断开，KT常开触头闭合，把KA接入电流互感器电路中。

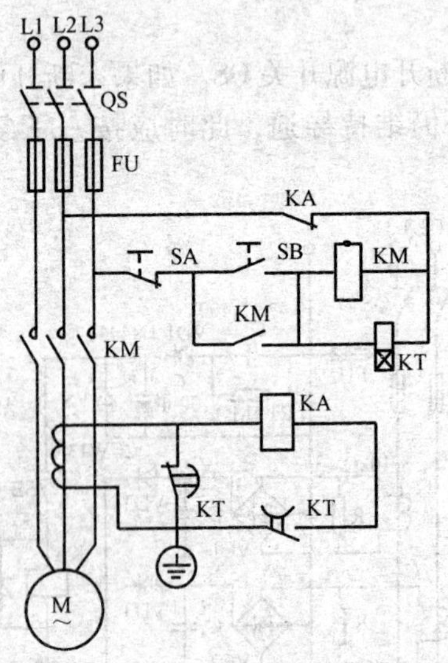

图7-27 三相电动机过电流保护电路图

三、过压、欠压保护线路

1. 由两只晶体管构成的过压、欠压保护电路

图7-28所示是由两只晶体管构成的过压、欠压保护电路。该电路可在市电低于170V或高于250V时自动切断负载的供电，以保护电气设备不会因电压欠压或过压而损坏。

图7-28所示电路由VT1、VT2、降压变压器T1、KA1、KA2等组成。其中，KA1和KA2是一种双触点继电器；SA1为电压表开关；SA2为系统预置开关；T1是带中心抽头的降压变压器；二极管VD1、VD2组成全波整流电路；电容器C_1对整流电压进行滤波；晶体管VT1用于过压时断开电路；二极管VD3、VD4消除继电器KA1、KA2线圈的反电动势；电容器C_2、C_3可

避免继电器的抖动，并在其再次吸合接通时提供一定的延迟时间；R_5、VD6 和 R_6 为 VT2 的基极偏置电路；红色和绿色氖灯 EL1、EL2 为指示灯。

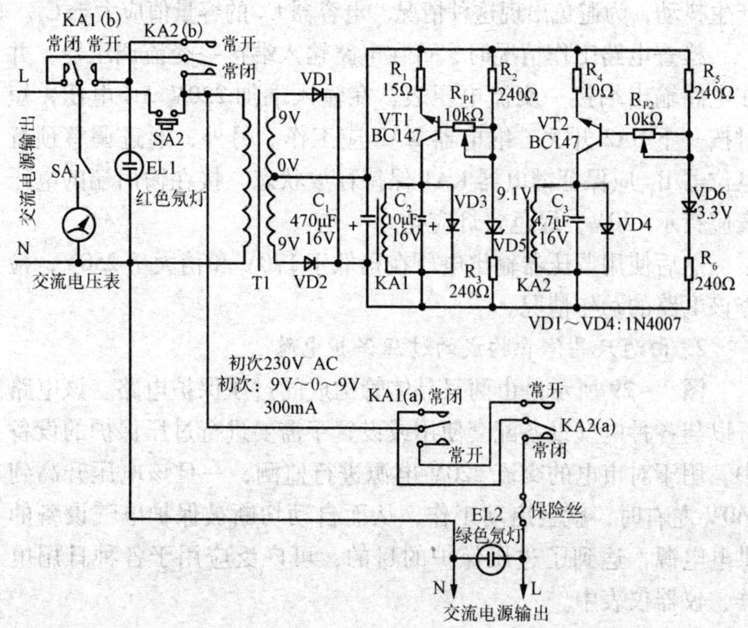

图 7－28　由两只晶体管构成的过压、欠压保护电路图

该电路的工作原理可从欠压控制与过压控制两个方面来说明。

（1）欠压控制　如果电网电压低于 170V，继电器 KA2 释放，因 KA2（a）触点打开，断开了负载；同时，KA2（b）触点打开，使电网电压与变压器 T1 的初级线圈脱离，故控制电路和负载都得到了保护。此时，红色氖灯也点亮，以示电网供电处于欠压状态。

（2）过压控制　如果电网电压升至 250V 以上，继电器 KA1 吸合，其 KA1（a）的中心触头动作，断开了负载，KA1（b）

的中心触点断开电网电压与 T1 初级的通路，从而实现了过压保护，此时红色氖灯又点亮。

提示：如 KA2 的释放时间大于 KA1 的释放时间，继电器可能产生抖动，为避免出现这种情况，电容器 C_2 的容量值应大于 C_3。

检查电路工作情况时，可在电路输入端接一交流调压器，并在电路输出端接一交流电压表，在输入端加 220V AC 电压，短时按一下 SA2 开关，继电器 KA2 应工作。另外，通过调整预置电位器 R_{P1} 应保证继电器 KA1 保持释放状态，接在输出端的电压表应指示 220V，绿色氖灯应亮。

然后使用调压器输出电压在稍低于 170V 和稍大于 250V，检查该电路的动作情况。

2. 由两只晶体管构成的过压保护电路

图 7－29 所示是由两只晶体管构成的过压保护电路。该电路可以与各种电气设备配套使用或设置于需要进行过压保护的设备中。用于对市电的交流 220V 电源进行监测，一旦该电压升高到 240V 左右时，就会启动工作，从而自动切断被保护电气设备的供电电源，达到了过压保护的目的，可广泛应用于各种日用电器、仪器仪表中。

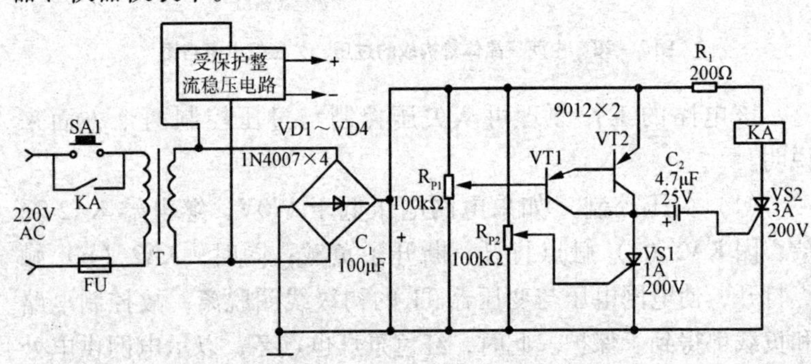

图 7－29 由两只晶体管构成的过压保护电路图

图 7－29 所示电路主要以 VT1、VT2、VS1、VS2、KA 为核心

构成。其中，VT1、VT2 的型号均为 9012，是一种 PNP 型晶体三极管；VS1、VS2 均为单向晶闸管，VS1 的主要参数为 1AJ200V，VS2 的主要参数为 3A/200V；KA 是一只直流继电器，其有一组常开触点用于进行电源控制。

图 7－29 所示电路是由供电电路与电压检测执行电路两个部分组合而成的。

（1）供电电路　供电电路由电源变压器 T、VD1～VD4、C_1 等组成。220V 交流电压经电源变压器变压，从其次级输出的交流电压经 VD1～VD4 桥式整流、C_1 电容滤波而得到的直流电压作为过压检测电压和继电器 KA 的工作电压。

（2）电压检测执行电路　R_{P1}、R_{P2}用于设定过压保护点，在交流电压正常时，R_{P1}与 R_{P2}的滑动点输出均为低电平。当按下启动开关 SA1 后，R_{P1}中间滑动端输出的低电平加到 VT1 管的基极，使 VT1、VT2 复合管导通，经电容器 C_2 触发 VS2 导通，KA 继电器线圈得电吸合，其常开触点闭合后自锁，使松开 SA1 后电路仍维持工作状态。

四、多功能保护电路的电动机控制线路

1. 多功能保护电路的电动机控制电路 1

多功能保护电路的电动机控制电路如图 7－30 所示。多功能保护电路的电动机控制电路能实现电动机的过载、断相、堵转、失压和欠压保护。

保护信号由电流互感器 TA1、TA2、TA3 串联后取得。这种互感器选用具有较低饱和磁感应强度的磁环（例如用铁氧体软磁材料 MX0－2000 型锰锌磁环）制成。电动机运行时磁环处于饱和状态，因此互感器二次绕组中的感应电动势，除基波外还有三次谐波成分。

电动机正常运行时，由于三个线电流基本平衡（大小相等、相位互差 120°），所以在电流互感器二次侧绕组中的基波电动势

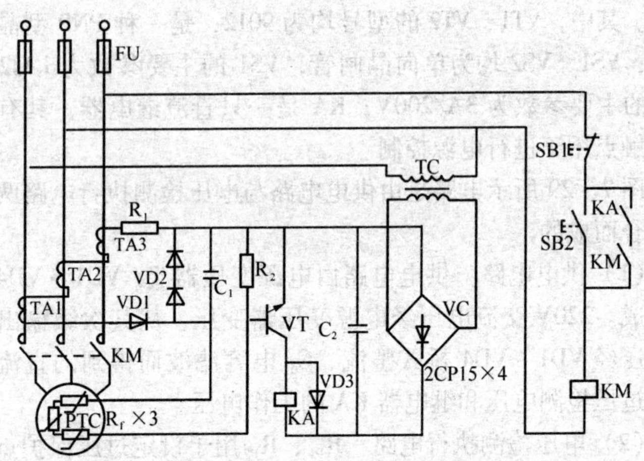

图7-30 多功能保护电路的电动机控制电路图1

合成为零，但三次谐波电动势合成后是每个电动势的3倍。取得的三次谐波电动势经过二极管VD1整流、VD2稳压（利用二极管的正向特性）、电容器 C_1 滤波，再经过 R_f 与 R_2 分压后，供给晶体三极管VT的基极，使VT饱和导通。于是电流继电器KA吸合，KA常开触头闭合。按下SB2时，接触器KM线圈得电并自锁。

当电动机的电源线断开一相时，其余两相中的线电流大小相等、方向相反，互感器三个串联的二次绕组中只有两个绕组感应电动势，且大小相等、方向相反，使互感器二次绕组中总电动势为零，既不存在基波电动势，也不存在三次谐波电动势，于是VT的基极电流为零，VT截止，接在VT集电极的电流继电器KA释放，接触器KM线圈失电，其触头断开切断电动机的电源。

当电动机由于故障或其他原因使其绕组温度过高，若温度超过允许值时，PTC热敏电阻 R_f 的阻值急剧上升，改变了 R_f 和 R_2 的分压比，使晶体三极管VT的基极电流的数值减小（实际上接近于零），VT截止，电流继电器KA释放，其常开触头断开，接触器 KM 线圈失电，电动机脱离电源停转。

2. 多功能保护电路的电动机控制电路 2

多功能保护电路的电动机控制电路如图 7－31 所示。该电动机多功能保护器电路由电源电路、电流检测电路和保护控制电

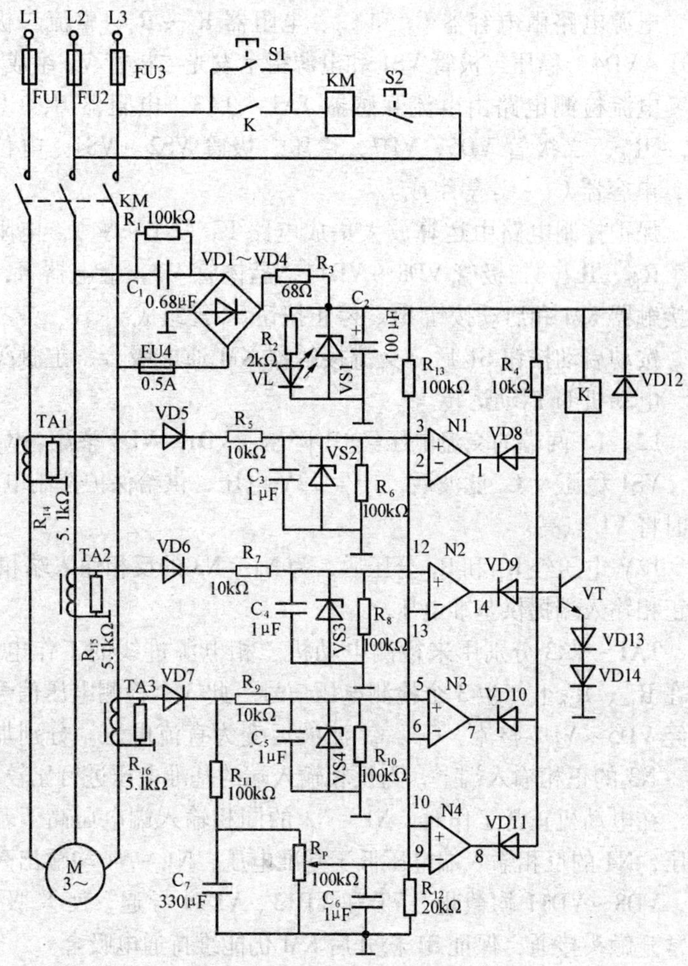

图 7－31　多功能保护电路的电动机控制电路图 2

路组成，该保护电路能在电动机断相和过载时，及时切断电动机的工作电源，防止电动机烧毁。该保护器具有抗干扰能力强、工作性能可靠、自耗电低等特点，适用于小型三相交流电动机。

电源电路由电容器 C_1 和 C_2、电阻器 R_1 ~ R_3、整流二极管 VD1 ~ VD4、稳压二极管 VS1 和电源指示发光二极管 VL 组成。

电流检测电路由电流互感器 TA1 ~ TA3，电阻器 R_5 ~ R_{11}、R_{14} ~ R_{16}，二极管 VD5、VD7，稳压二极管 VS2 ~ VS4，电位器 R_P，电容器 C_3 ~ C_7 等组成。

保护控制电路由运算放大集成电路 IC（N1 ~ N4），电阻器 R_4、R_{12}、R_{13}，二极管 VD8 ~ VD14，晶体管 VT，继电器 K，交流接触器 KM 和启动按钮 S1、停止按钮 S2 等组成。

按动启动按钮 S1 后，交流接触器 KM 通电吸合，主触头接通，电动机 M 启动运转。

L2、L3 两端的交流电压经 C1 降压、VD1 ~ VD4 整流、R_3 限流、VS1 稳压及 C_2 滤波后，产生 12V 电压，供给保护控制电路；同时将 VL 点亮。

12V 电压经 R_{13}和 R_{12}分压后，为 N1 ~ N3 的反相输入端和 N4 的正相输入端提供基准电压。

TA1 ~ TA3 分别用来检测电动机三相电源进线的工作电流，并在 R_{14}、R_{16}上产生 3 个检测电压信号。此 3 个检测电压信号分别经 VD5 ~ VD7 整流、C_3 ~ C_5 滤波后变为直流电压，分别加在 N1 ~ N3 的正相输入端上，与反相输入端的基准电压进行比较。

在电动机正常工作时，N1 ~ N3 的同相输入端电压高于基准电压，N4 的反相输入端电压低于基准电压，N1 ~ N4 均输出高电平，VD8 ~ VD11 均截止，VT 和 VD13、VD14 导通，使 K 吸合，其常开触头接通，保证 S1 松开后 KM 仍能维持通电吸合。

若由于某种原因造成三相电源中任一相断相时，则该相检测电压信号消失，该路运算放大器将输出低电平，使其输出端外接的二极管导通，VT 截止，K 释放，K 的常开触头断开，使 KM 释放，KM 的主触头将电动机的工作电源切断，从而保护电动机不会因为断相而损坏。

当电动机出现过载时，N4 反相输入端电压将高于基准电压，N4 输出低电平，使 VD11 导通，VT 截止，K 和 KM 释放，切断电动机的工作电源，从而保护电动机不会因为过载而损坏。

3. 多功能保护电路的电动机控制电路 3

多功能保护电路的电动机控制电路如图 7－32 所示。该电动机多功能保护器电路由电源电路、电流检测电路和保护控制电路组成。

电源电路由电源变压器 T、整流桥堆 UR、滤波电容器 C_5、限流电阻器 R_3 和稳压二极管 VS 组成。

电流检测电路由电流互感器 TA、二极管 VD1、电容器 C_1 和电位器 R_{P1}、R_{P2}组成。

保护控制电路由时基集成电路 IC，电阻器 R_1、R_2，二极管 VD2，电容器 C_2 ~ C_4，继电器 K 和交流接触器 KM 组成。

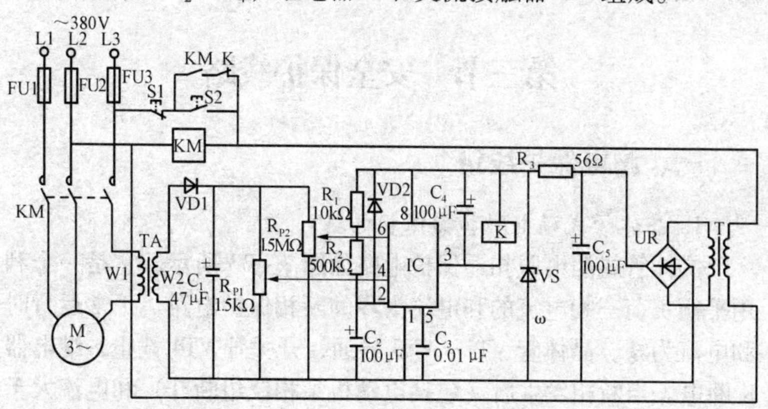

图 7－32　多功能保护电路的电动机控制电路图 3

按动启动按钮 S2 时，交流接触器 KM 通电吸合，其常开触头 KM 接通，电动机 M 通电运转。KM 的工作电压还经 T 降压、

UR 整流、C_5 滤波、R_3 限流及 VS 稳压后，为 IC 提供 12V（U_{CC}）工作电源。松开 S2 后，KM 触头和 K 的常闭触头将电源锁定，KM 保持吸合状态。

在电动机 M 正常运行时，TA 的 W2 绕组上的感应电压较低，IC 的 6 脚电压低于 $2U_{CC}/3$，3 脚输出低电平，K 不吸合。

当 L1 相或 L2 相电压断相时，L3 相电流将迅速增大（约为正常电流的 1.73 倍），使 TA 的 W2 绕组上的感应电压增高，IC 的 6 脚电压高于 $2U_{CC}/3$，3 脚由高电平变为低电平，K 吸合，其常闭触头断开，KM 断电释放，其常开触头 KM 将电动机 M 的工作电源切断。若 L3 相电压断相时，TA 无感应电压输出，相当于 IC 的 4 脚加上了低电平，其 3 脚输出低电平，使 K 吸合，KM 释放，电动机 M 停止运转。

当电动机 M 的拖动负荷变重、超过电动机的额定功率时，三相线 L1 ~ L3 上的电流同时增大，当电流增大至额定电流的 1.2 倍左右时，IC 的 6 脚电压将高于 $2U_{CC}/3$，3 脚输出低电平，使 K 吸合，KM 释放，电动机 M 停转保护。

第三节 安全保护线路

一、漏电保护线路

1. 晶体管式漏电脱扣器保护电路

晶体管式漏电脱扣器保护电路如图 7 - 33 所示。它是一个利用平衡负荷三相电流的和电流为零的断相保护电路。正常运行时和电流为零，晶体管 VT1 ~ VT3 导通，开关管 VT4 截止，继电器 K 断电。当断相发生后（包括电动机某相绕组断开）和电流大于零且系统失去平衡，晶体管截止，开关管导通，继电器得电，其触点打开，切断了原有的控制电路，接触器断电释放，电动机断电停止。

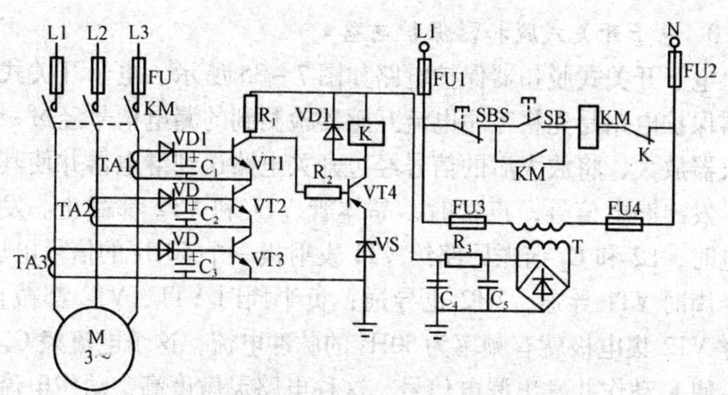

图 7-33　晶体管式漏电脱扣器保护电路图

2. 漏电流式保护电路

漏电流式保护电路如图 7-34 所示。该电路是传统的电磁式脱扣器，它直接接受零序电流互感器的信号，灵敏度很高，一般用极化电磁铁，在漏电流达到 30mA 时即可动作。无漏电流时，漏电脱扣器的永久电磁铁将衔铁吸合，处于正常工作状态。当被保护电路对地有漏电流时，零序电流互感器二次绕组输入到脱扣器线圈的电流便产生磁通，在半个周期内抵消了永久磁铁的磁通，衔铁借弹簧的拉力释放，脱扣器动作，并使继电器的触点在 0.1s 内接通或断开。调节弹簧使衔铁和磁轭有一定的间隙，即可调节动作电流。

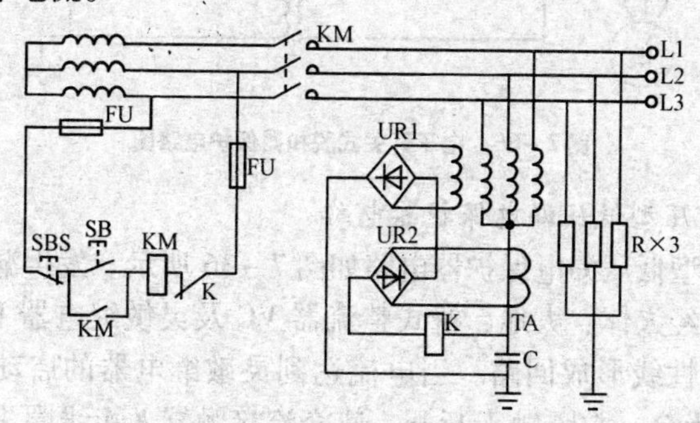

图 7-34　漏电流式保护电路图

3. 电子开关式脱扣器保护电路

电子开关式脱扣器保护电路如图 7-35 所示。电子开关式脱扣器保护电路是先将零序电流互感器检测到的漏电信号经过一个放大器放大，将放大后的信号经过开关电路送到继电器并使其动作，发出漏电信号，正常时，晶体管 VT1 和 VT2 都截止。发生漏电时，L2 和 C_2 谐振回路给 VT1 发射极一个 50Hz 的信号电压，正半周时 VT1 导通，VT2 也导通；负半周时 VT1、VT2 都截止。这样 VT2 集电极就有频率为 50Hz 的脉冲电流，这个电流经 C_3 滤波后使 K 动作并发出漏电信号。这种电路灵敏度高，动作电流小于 15mA。

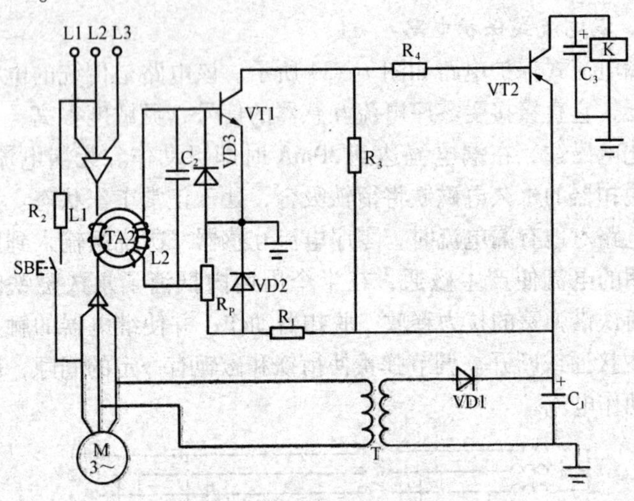

图 7-35 电子开关式脱扣器保护电路图

4. 电压型低压漏电保护器电路

电压型低压漏电保护器电路如图 7-36 所示。发生漏电事故时，电流经人体、大地、桥式整流器 VC 及灵敏继电器 KA 和变压器 T 中性线形成回路。当电流达到灵敏继电器的启动电流值时，KA 吸合、常闭触头断开，使交流接触器 KM 线圈失电，主触头切断电源，人体得到安全保护。图中 SB3 为模拟漏电实验按钮，以检验该保护器工作是否可靠。

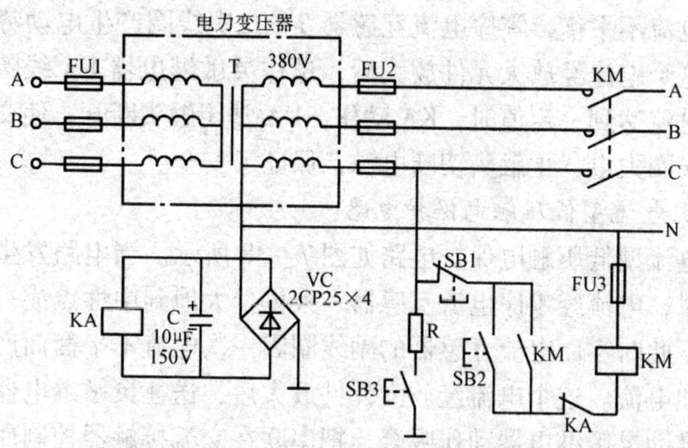

图 7－36　电压型低压漏电保护器电路图

5. 电流型低压漏电保护器电路

电流型低压漏电保护器电路如图 7－37 所示。按下启动按钮 SB2，接触器 KM 线圈得电自锁，主触头闭合，接通电路。当电

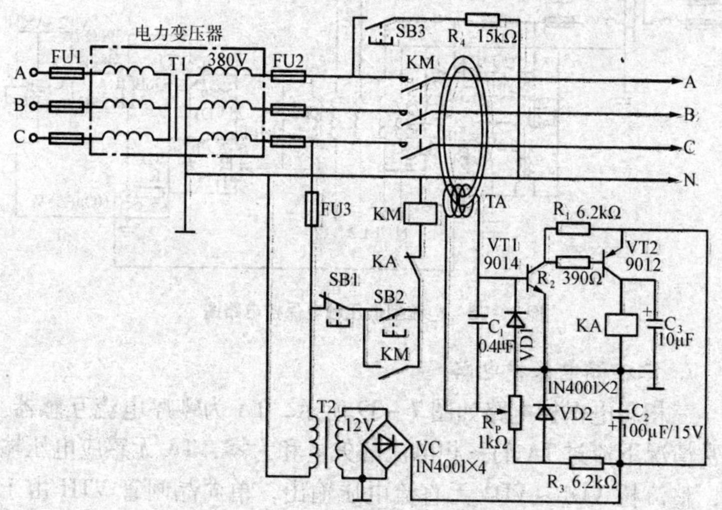

图 7－37　电流型低压漏电保护器电路图

路发生漏电事故时，电流经人体、大地到中性点形成回路，此时三相电流不平衡，零序电流互感器 TA 二次线圈产生电动势和电流。这个电流经放大元件放大后，送往灵敏继电器 KA 线圈。当漏电电流达到一定值时，KA 动作，KA 常闭触头断开，使交流接触器线圈失电，主触头切断电源，保证了安全。

6. 电流型低压触电保护电路

电流型低压触电保护电路如图 7－38 所示。当电路发生触电事故时，电流经零序电流互感器、人体、大地到中性点成一闭合回路。此时零序电流互感器的副线圈因一次电流不平衡而产生电动势和电流。这个电流经放大元件放大后，送往灵敏继电器的线圈，推动灵敏继电器动作吸合，把串联在交流接触器控制回路的常闭触头 K 打开，使交流接触器失压而切断电源，保证了人身的安全。图中 SA 为模拟触电实验按钮。

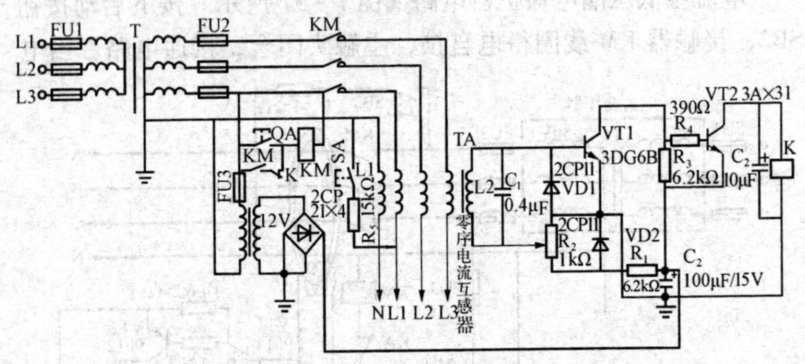

图 7－38 电流型低压触电保护电路图

7. 三相漏电保护电路

三相漏电保护电路如图 7－39 所示，TA 为零序电流互感器。正常情况下流过 TA 的三相电流的矢量和为零，TA 无感应电压输出，整流桥 VD1～VD4 无直流电压输出，单向晶闸管 VTH 由于门极无触发电压而处于截止状态，脱扣线圈 F 失电不工作，断路器 QF 的三相触头一直闭合，向负载正常供电。如果某一相发生漏、触电故障，流过 TA 的三相电流矢量和不为零，TA 有感应电压输出，经 VD1 ~ VD4 桥式整流、C_1 滤波，得到直流电压，VTH 门极得到触发电压而导通。380V 交流电经脱扣线圈 F、VD5、VTH、VD6 形成回路，F 内有直流脉动电流流过，F 得电吸合，拉动脱扣机构，使断路器 QF 的三相触头断开，切断负载的三相电源，起到保护作用。

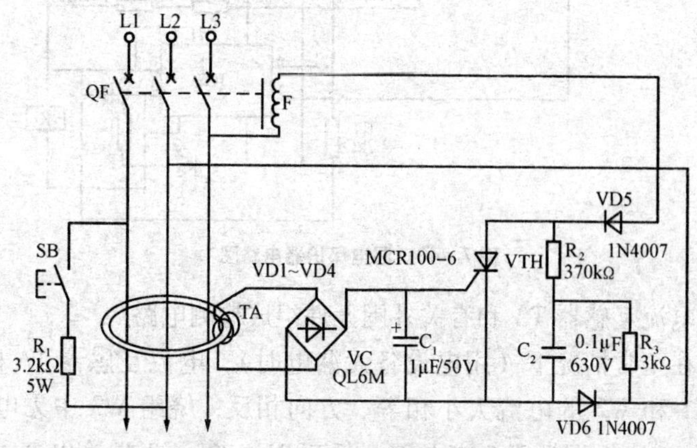

图 7－39　三相漏电保护电路图

SB 为检验漏电保护功能是否有效的试验按钮，R_1 限制电流的大小，R_2、R_3、C_2 组成抗干扰电路。

8. 漏电保护器电路 1

本例介绍的漏电保护器，可用于各种外壳易带电的家用电器。它能够在家用电器漏电及用户触电时，及时进行断电保护（其灵敏度较高，动作时间约 0.02s，动作电流小于 2mA），有效地起到保护作用。

漏电保护器电路如图 7－40 所示。该漏电保护器电路由电源电路、检测电路和控制电路组成，交流 220V 电压经电容器 C_1 降压、整流桥堆 UR 整流、电容器 C_2 滤波和三端稳压集成电路 IC1 稳压后，产生 12V 电压，供给 IC2 和继电器 K。

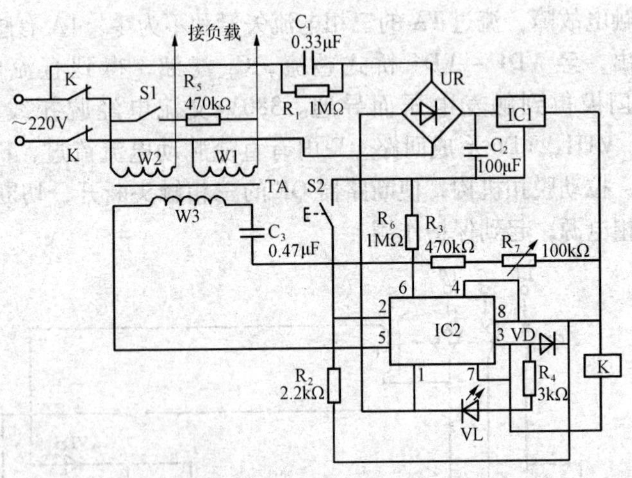

图 7-40 漏电保护器电路图 1

电流互感器 TA 和有关外围元件组成检测电路。

在正常情况下（用电设备无漏电时），电流互感器 TA 的绕组 W1 和 W2 的电流大小相等、方向相反；绕组 W3 中无电流，IC2 的 6 脚电压低于 5 脚电压（低于 $2U_{CC}/3$），3 脚输出高电平，继电器 K 不动作，交流 220V 电压经过继电器的常闭触点 K 向负载供电。

若发生漏电或触电时，则电流互感器 TA 的绕组 W3 中将产生感应电流，使 IC2 的 6 脚电压高于 5 脚，IC2 内部的触发器翻转，其 3 脚电压输出低电平，使继电器 K 动作，其常闭触头 K 断开，使负载的电源被切断。

S1 为实验按钮，S2 为复位按钮，若按 S1 发光二极管 VL 熄灭，按 S2 时发光二极管 VL 点亮，则说明保护器正常工作。若按 S1 时继电器 K 不动作，则应适当调节可变电阻器 R_7。

9. 漏电保护器电路 2

该漏电保护器电路由电源电路、漏电检测电路、声光报警电路和保护执行电路等组成，如图 7-41 所示。

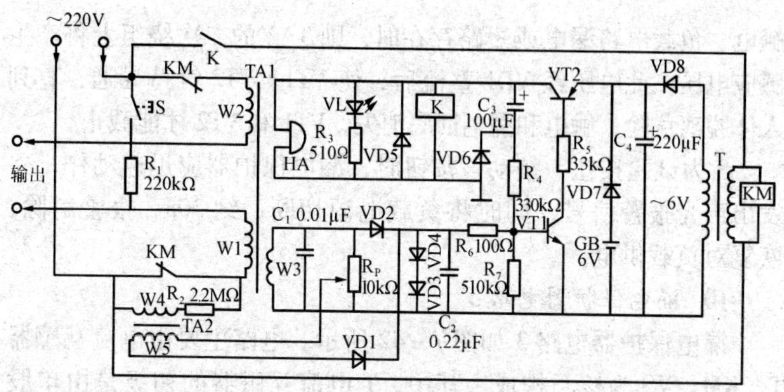

图 7－41　漏电保护器电路图 2

电源电路由电源变压器 T，二极管 VD7、VD8，滤波电容器 C_4 及电池 GB 组成。

漏电检测电路由电流互感器 TA1、TA2，二极管 VD1～VD4，电容器 C_1、C_2，电位器 R_P 和电阻器 R_2 等组成。

声光报警电路由报警器 HA、发光二极管 VL 和电阻器 R_3 组成。

保护执行电路由晶体管 VT1、VT2，电阻器 R_4～R_7，电容器 C_3，继电器 K，交流接触器 KM 和二极管 VD5、VD6 组成。

在负载电路正常时，流过 TA 的 W1、W2 绕组的电流大小相等、相位相反，故 W3 绕组中无感应电压输出。此时 VT1 和 VT2 截止，继电器 K 和交流接触器 KM 均处于释放状态，市电经 KM 的两组常闭触头供给负载（家用电器）。

当发生触电、漏电或短路故障时，流过 W1 和 W2 的电流不再相等，在 W3 绕组中将产生一定的感应电压，此电压经 VD2 整流后，使 VT1 和 VT2 导通，继电器 K 吸合，K 的常开触头接通，使交流接触器 KM 通电吸合，KM 的两组常闭触头断开，将市电切断。同时，VL 发光，报警器 HA 发出报警声。

在 W3 绕组上感应电压消失后，由于 C_3 和 R_4 的反馈作用，VT1 和 VT2 仍维持导通状态。当 C_3 上的电压充至 6V 时（约 30s），VT1 和 VT2 截止，K 和 KM 释放，恢复对负载供电。若此时仍有人触电、负载电路漏电或短路存在时，则 TA2 的二次绕组上将产生感应电压，此电压经 VD1 整流后，使 VT1、VT2 维持导通，直到人体脱离危险，触电和漏电彻底消失，VT1 和 VT2 才能截止。

S 为试验按钮，按动该按钮时，漏电保护器应迅速动作，并发出声光报警信号，同时将负载电源切断，约 30s，报警解除，恢复对负载供电。

10. 漏电保护器电路 3

漏电保护器电路 3 如图 7－42 所示。电路主要由电流互感器 T、KM、VS 为核心构成。其中，T 电流互感器的初级是由单股塑料导线双线并绕 3～5 匝作为 L_1、L_2 线组，次级 L_3 可用 ф0.17mm 的高强度漆包线绕制，匝数应根据负载的允许电流来确定，只要使负载有漏电现象出现，使 VS 导通即可；KM 是一只直流脱扣器（实际上是一只直流电磁铁），其工作电压在 100V 左右，其由动、静触点 SA2 组成的开关，受 KM 线圈的控制，一旦出现漏电现象时，KM 线圈得电后就会动作，带动 SA2 开关动作（脱扣），切断了输出到后级的 220V 交流供电；VS 是一只单向晶闸管，用于控制 KM 脱扣器线圈的供电。

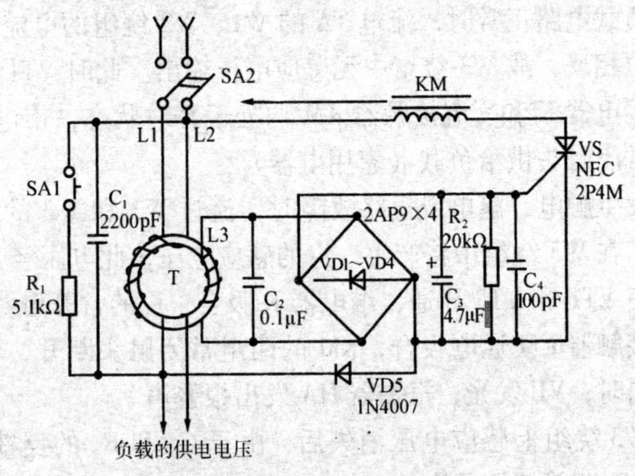

图 7－42 漏电保护器电路图 3

当负载端未出现漏电现象时，合上脱扣开关 SA2 后，L_1 与 L_2 上通过的电流向量和为零，故电流互感器 L_3 次级绕组上无感应电压或产生的感应电压极低，不会使 VS1 单向晶闸管被触发导通，不会影响负载的供电电压。

当被保护线路发生人身触电或设备漏电时，T 初级出现剩余电流，使次级 L3 中感应出的电流经 VD1 ~ VD4 桥式整流、电容器 C_3 滤波，得到的直流电压触发 VS 单向晶闸管导通。这样，由于 VS 的半波整流作用，使施加到脱扣器 KM 线圈两端的直流电压有效值为 0.45 × U(市电) = 0.45 × 220V = 99V(0.45 为脱扣器调试经验值)，从而使 KM 得电吸动自由脱扣装置，使保护器的 SA2 开关触点分离，切断了负载的电源，起到了漏电（触电）保护的作用。

二、接地和接零保护

1. 保护接地电路

保护接地是将电气设备的不带电的金属外壳，通过导体和埋入地下的金属接地体连接在一起的技术措施，这种方法用于三相电源中性点不接地系统，如图 7 - 43 所示。其作用是一旦电气设备绝缘损坏漏电时，人体接触带电设备的外壳，此时，人体电阻远大于接地体电阻（4Ω），电流通过金属外壳泄入大地，对地电压可降低至 36V 以下，从而保证人身安全。

2. 保护接零电路

保护接零电路如图 7 - 44 所示。保护接零是将电气设备的不带电的金属外壳，通过导线与 380V 三相四线制供电系统的零线接在一起的技术措施。其作用是一旦电气设备绝缘损坏漏电时，漏电电流能使保护装置动作或熔体熔断，从而自动切断电源。值得注意的是，在同一电网内，应采用同一种保护方式不允许某些电气设备接零，而另一些电气设备接地。

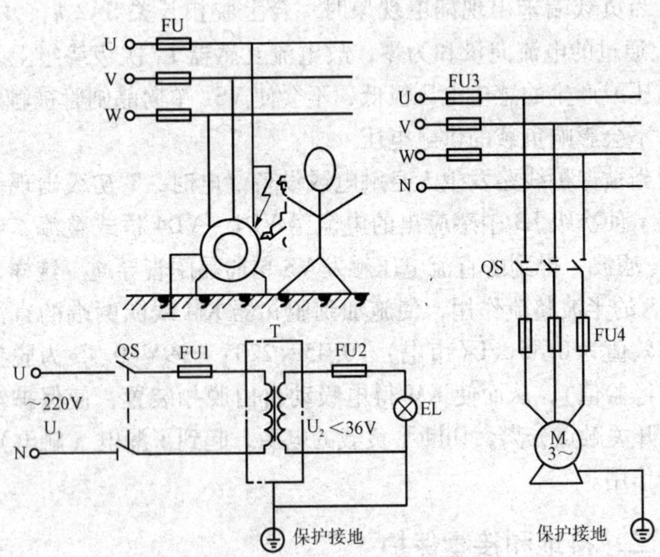

图 7－43 保护接地电路图

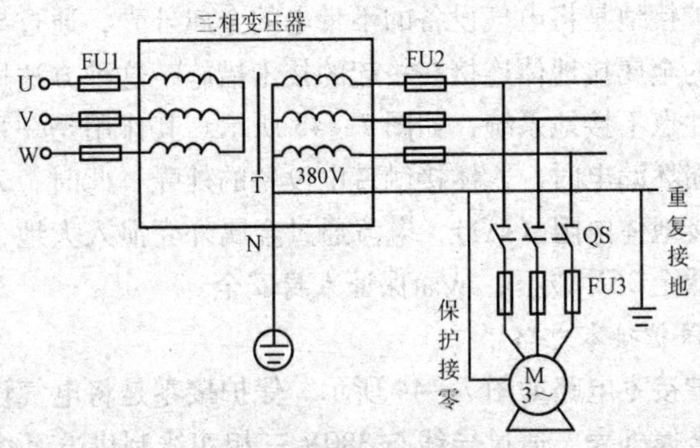

图 7－44 保护接零电路图

3. 重复接地保护电路

采用保护接零时，除系统的中性点接地外，还必须在零线上一处或多处进行接地，这称为重复接地，如图 7－45 所示。

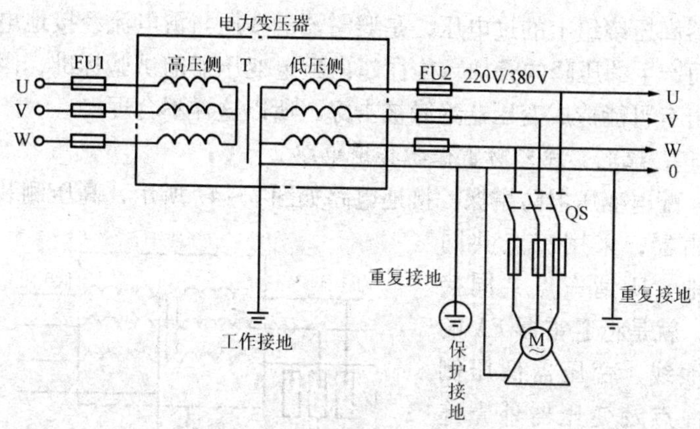

图 7－45　重复接地保护电路图

在中性点直接接地的220V/380V三相四线制供电系统中，要求零线重复接地。若不采取重复接地，在零线断开的情况下，断开点以后的接零设备相当于既没有接零，又没有接地。由于三相负载的不平衡，三相负载电压不对称，负载中性点电压不为零，即断开点以后的所有接零设备外壳上均存在一定的危险电压。当人触及设备外壳时，短路电流将通过人体流入大地，这是很危险的。在一处或多处重复接地，即使零线折断，发生相线碰壳现象时，短路电流通过重复接地与系统构成回路，使保护电器动作。

三、防雷保护

1. 配电变压器防雷保护接地电路1

配电变压器防雷保护接地电路如图7－46所示，高压侧装设避雷器FA，采用避雷器单独接地方式。

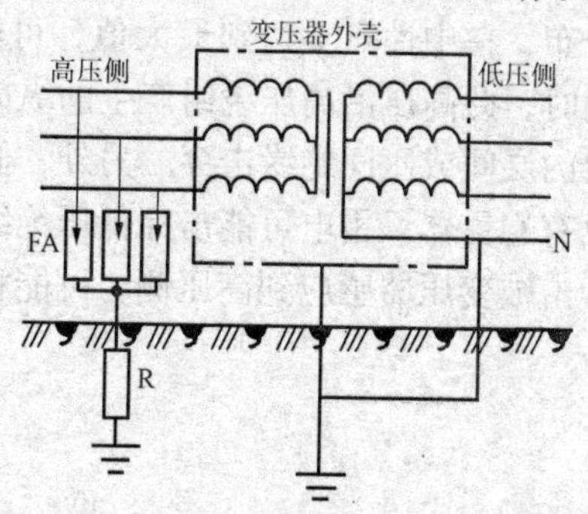

图 7－46　配电变压器防雷保护接地电路图 1

当雷击高压侧(10kV)，避雷器对地放电，作用在变压器高压绕组上的过电压，是避雷器的残压与雷电流经接地电阻R而产生的压降的叠加，往往超出配电变压器的试验标准，因此雷击有可能造成变压器绝缘被击穿，所以这样不合理。

2. 配电变压器防雷保护接地电路2

配电变压器防雷保护接地电路如图7－47所示，高压侧装设避雷器，采用三点共同接地。所谓三点共同接地，就是将避雷器FA的接地线、变压器低压侧中性点及变压器外壳连接在一起，然后接地。这种保护接地方式目前使用较普通。但是这种接线不尽完善。假使雷击高压侧避雷器对地放电时，因三点成一点接地，低压侧中性点及变压器外壳的电位相应提高，所以作用在高压绕组上的过电压，仅是避雷器的残压，高压绕组减少了危害，使变压器得以保护。但是这种方式存在一定缺点，仍有击穿绕组的可能性。由于高压绕组出线端的电压受到避雷器限制，所以高电压沿高压绕组分布，在中性点上达到最大值，可能把中性点附近的绝缘击穿。同时，此高压沿高压绕组产生的纵向电压也很大，可能将高压绕组的层间或匝间绝缘击穿。另外，假如雷击低压侧时，因低压侧没有避雷器，雷电可能击穿低压绝缘，同时作用在低压侧的雷电冲击被变压器感应到高压侧，可能将高压绝缘击穿。

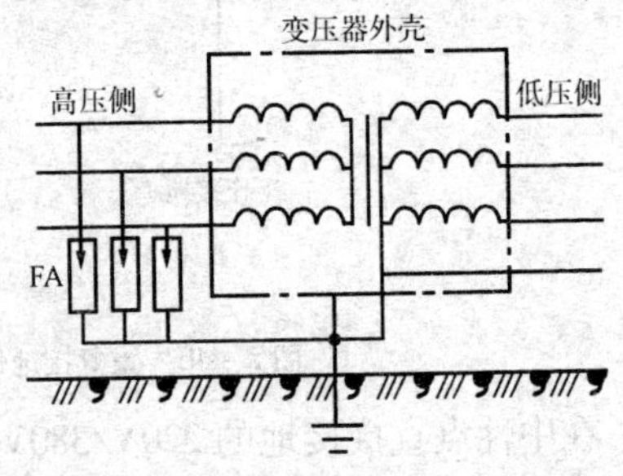

图7－47 配电变压器防雷保护接地电路图2

参考文献

[1] 王建. 电气设备安装与维修. 北京：机械工业出版社，2007.
[2] 王建. 电气设备控制线路安装与维修. 北京：中国劳动社会保障出版社，2007.
[3] 金续曾. 电动机电气线路365例. 北京：中国电力出版社，2009.
[4] 金续曾. 实用电工电气线路365例. 北京：中国电力出版社，2009.
[5] 王俊峰. 电工实用电路300例. 北京：机械工业出版社，2009.
[6] 刘法治，马孝琴. 新编电工实用电路集萃. 北京：机械工业出版社，2009.
[7] 孙余凯，吴鸣山，项绮明. 电工实用电路集锦. 北京：电子工业出版社，2008.
[8] 陈玉芝，王建. 实用电工电路. 沈阳：辽宁科学技术出版社，2010.
[9] 魏素珍. 常用电工电路280例解析. 北京：中国电力出版社，2004.
[10] 王建. 最新电工线路应用实例. 郑州：河南科学技术出版社，2011.
[11] 郎永强. 维修电工识图入门. 北京：机械工业出版社，2009.
[12] 赵玲玲，杨奎河，许海. 电工识图. 北京：金盾出版社，2011.